산업곤충 사육기준

(학습애완곤충 / 사료용, 식·약용곤충)

이상현 · 박영규

光文閣
www.kwangmoonkag.co.kr

머리말

지구상 동물계의 3/4 이상으로 약 130만 종 정도 서식하고 있는 곤충은 그 종 다양성만큼이나 자원화 가치가 다양한 잠재성과 성장 가능성을 가지고 있으며, 최근 곤충에 대한 관심이 더욱 높아지면서 정서·애완 곤충을 중심으로 업체와 농가들이 늘어나고 있습니다.

그러나 이들 대부분이 유통 체계가 미비한 영세 규모로 재래적인 방법에 의존하고 있으며, 일부 개선된 사육 방법도 각 농가별로 상이하고 곤충에 대한 전문지식을 습득할 기회가 또한 적어 곤충 농가들이 사육 중에 많은 애로를 겪고 있습니다.

농촌진흥청의 연구사업을 통해 국내 주요 곤충 사육 농가들의 기술과 정보를 수집하고 분석하여 곤충 종류별 사육 시설 기준과 표준 설계, 규격 및 등급 등에 관한 지침서를 발간하게 되었습니다.

이 지침서를 통해 산업적으로 이용 가능한 곤충의 사육 전반에 걸친 기준과 이를 토대로 곤충 산업의 다양화와 기술의 안정화 및 국내 곤충 산업의 발전은 물론 국제 경쟁력을 높일 수 있다고 생각합니다.

앞으로 우리 곤충 사육 농가나 관련 업체 등에서 이 지침서를 활용함으로써 곤충 사육 생산성 증대는 물론, 곤충의 새로운 가치 창출과 시장 확대에 조금이나마 도움이 되길 기대합니다. 끝으로 이 책을 출판해 주신 광문각출판사 박정태 회장님과 임직원들께 감사의 인사를 드립니다.

2016년 6월
이상현·박영규

|차례|

제1부
산업곤충의 기초

제1부. 산업곤충의 기초

제1장. 산업곤충의 기본적 특성 및 선발 기준

1. 곤충의 특성

지구상에 존재하는 전체 동물은 약 180만 종으로 알려져 있으며, 곤충은 그 가운데 75%인 약 130만 종 이상인 것으로 알려져 있다. 하지만 실제로 지구상에 살고 있는 곤충의 종수는 그보다 훨씬 더 많은 것으로 추정되며, 일반적으로 300~500만 종이 넘을 것으로 추정되고 있다.

이러한 곤충들은 종류마다 생김새가 다 다르고 독특하다. 또한, 우리 주변에서 가장 쉽게 만날 수 있는 야생동물이자 심지어 아주 어린 아이들도 만지고 상대할 수 있는 동물이 바로 곤충이다. 이렇게 우리 주변에서 쉽게 접할 수 있고, 또 우리의 생활과 밀접하게 관련되어 있는 곤충의 특징을 잘 이해하는 것은 곤충으로부터 보다 많은 도움을 받고, 곤충을 유용하게 이용하는데 밑거름이 될 뿐만 아니라 나아가 곤충과 더불어 살아가는데 매우 중요한 일이라 할 수 있다.

곤충은 일반적인 척추동물들과 다르게 몸속에 뼈가 없고, 대신 피부가 딱딱한 외골격 구조로 되어 있다. 그래서 곤충의 피부가 단단한 뼈의 역할을 한다. 분류학적으로 보면 이렇게 외골격을 가지고, 몸이 마디마디 나누어진 동물들을 절지동물로 본다. 뼈가 되는 딱딱한 피부 때문에 몸을 움직이기 위해서는 몸이 마디마디 나누어져 있기 때문이다. 절지동물에는 곤충과 사촌격인 새우, 게, 가재와 같은 갑각류도 있고, 여덟 개의 다리를 가진 거미류, 지네와 같은 다지류도 있다.

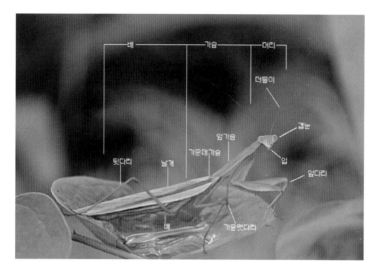

그림 1-1-1. 곤충의 몸

많은 절지동물들 중에서 곤충의 가장 큰 특징은 여섯 개의 다리를 가지고 있다는 점이다. 곤충의 몸은 머리, 가슴, 배로 나뉘며, 각각은 다시 여러 개의 마디로 이루어진다. 곤충이 가진 여섯 개의 다리는 가슴의 세 마디에 한 쌍씩 위치하고 있다. 또 곤충은 가운데 가슴과 뒤가슴에 각각 한 쌍씩의 날개를 가지고 있다. 곤충의 머리에는 여러 개의 홑눈이 모여 이루어진 겹눈이 한 쌍 위치하고 있으며, 한 쌍의 예민한 더듬이가 있다.

곤충은 일반적으로 알→애벌레→(번데기)→어른벌레에 이르는 탈바꿈(변태)을 통해 성장한다. 위에서 언급한 바와 같이 곤충은 단단한 외골격을 가지고 있기 때문에 성장하기 위해서는 껍질을 벗고 더 큰 새로운 껍질을 만들어야 하는 과정을 거치게 된다. 이런 과정을 탈바꿈이라고 하며, 다 자란 어른벌레가 되기까지 여러 차례의 탈바꿈 과정을 겪는다. 곤충의 탈바꿈 과정 중에는 번데기의 과정을 거치는 곤충도 있고, 거치지 않는 곤충도 있다. 번데기의 과정을 거치는 곤충을 갖춘탈바꿈곤충이라 하여 나비, 딱정벌레 등의 곤충이 속하며, 번데기의 과정을 거치지 않는 곤충을 안갖춘탈바꿈곤충이라고 하여 메뚜기, 잠자리, 매미 등의 곤충이 이에 속한다. 일반적으로 갖춘탈바꿈을 하는 곤충은 애벌레와 어른벌레의 형태, 먹이, 생리, 생태가 완전히 달라지며, 안갖춘탈바꿈을 하는 곤충들은 비교적 변화가 적다.

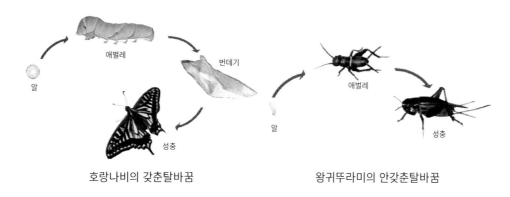

호랑나비의 갖춘탈바꿈   왕귀뚜라미의 안갖춘탈바꿈

그림 1-1-2. 곤충의 탈바꿈

우리의 생활에 곤충을 보다 적절히 이용하고, 더 나아가 곤충과 함께 조화를 이루면서 살아가기 위해서는 곤충에 대한 정확한 이해가 선행되어야 한다. 최근 다양한 분야에서 곤충을 이용하기 위한 다양한 노력들이 시행되고 있다는 점은 매우 고무적이고 바람직한 일이나 곤충의 기본적인 특성과 특징을 정확히 이해하지 못하면 곤충을 이용하는 범위가 그 만큼 좁아질 수밖에 없으며, 잘못된 이해로 말미암아 생태계의 교란과 환경의 파괴와 같은 문제에 직면할 수 있다. 그렇기 때문에 이러한 곤충의 기본적인 특징에 대한 이해의 토대 위에 다양한 곤충들이 가진 각기 다른 생태와 생리, 이용성에 대한 접근이 필요할 것이다.

2. 산업곤충의 기본적 특성

곤충 산업의 발달과 더불어 곤충에 대한 자원으로서의 중요한 가치가 새롭게 부각되면서 다양한 분야에서 곤충의 활용 방안들이 연구되고 있다. 또한, 많은 농가와 연구소, 생태학습원 등에서 곤충을 활용한 소득자원의 개발을 위해 노력하고, 그로 인해 다양한 종류의 곤충들에 대한 인공적인 사육 방법이 모색되고 있으며, 실제 많은 종의 곤충이 인공적인 방법으로 사육되어 지고 있다.

산업곤충은 협의의 의미로는 곤충 그 자체로 산업적 이용가치가 있는 것을 의미한다. 예를 들어 전통 곤충 산업이라 할 수 있는 잠사업의 누에나 양봉업의 꿀벌이 그러하며, 최근들어 천적곤충이나, 화분매개 곤충을 비롯한 곤충의 특성을 이용한 다양한 분야의 직·간접적인 산업들이 폭넓게 연구되고 사업화되고 있다. 또, 넓게 보면 곤충은 자연의 에너지 순환고리의 일부로서 매우 중요한 역할을 수행하고 있다. 다양한 동물의 먹이 자원으로서의 역할과, 분해자로서의 역할, 식물의 화분매개자로서의 역할이 그러하다. 하지만 이 책에서는 협의의 의미로서의 산업곤충으로서의 곤충의 특성과 관리에 대해서만 다루도록 한다.

산업곤충으로서 곤충이 갖추어야 할 특성은 여러 가지를 고려할 수 있으나 인위적인 조절이 가능해야 한다는 점이다. 산업곤충의 제일 중요한 가치는 유용성이다. 이미 산업곤충이라는 이름에서도 알 수 있는 것처럼 곤충이 우리의 실생활에 어떻게 직접적으로 연관되고 이용되는가 하는 인위적인 분류 기준이 적용되기 때문이다. 유용성의 의미를 확대해서 생각한다면 곤충이 자연상태 그대로 이용되기보다는 인공적인 환경하에서 조절되고 이용되어야 함을 내포하고 있다. 즉, 곤충의 생활 전반에 대한 완전한 이해를 바탕으로 그 곤충이 가지고 있는 잠재적 위험성까지도 완벽하게 조절할 수 있어야 하는 것이다. 이러한 조절을 위해서는 보다 철저한 관리가 요구된다.

곤충을 산업화하기 위해서는 곤충의 대량 사육이 전제되어야 한다. 자연계 내에서 모든 생물은 각각의 생태적 지위와 서식 여건하에 적절한 밀도를 가지고 분포하고 있으며, 생태계라고 하는 거대한 순환고리 내에서 자연적인 조절 과정을 거치며 유지되고 있다. 하지만 산업곤충으로 이용되기 위해서는 이러한 자연적인 조절에서 벗어나 인위적인 환경하에서 높은 밀도로 대량 사육이 이루어지게 되고, 인위적인 야외 방사를 통해 좁은 지역 내에서의 생태계 불균형을 유발시키게 된다. 그렇기 때문에 최초 사육 단계부터 철저한 관리를 통하여 활용 가치가 높은 곤충의 지속적인 대량 사육과 환경 및 생태계에 대한 유해성을 차단해야 할 것이다.

산업곤충의 철저한 관리를 위해서는 사육 시설이 준비가 요구되며, 시설 내에서 사육의 모든 과정이 이루어지고 통제되어야 한다. 곤충은 산업적 이용 가치의 측면과 함께 자칫 자연 생태계를 교란하고 파괴할 수 있는 대상이기 때문에 보다 철저한 관리와 통제가 가능한 사육 시설의 기준이 필요하다.

3. 산업곤충의 선발 기준

산업곤충으로서의 갖추어야 할 기본적 특성 중에 가장 중요한 것은 유용성의 측면이다. 그러므로 산업곤충의 선발에 있어서 우선적으로 고려해야 하는 부분도 바로 유용성이라고 할 수 있다. 곤충의 유용성은 곤충에 대한 이용 가치가 그 판단 기준이 된다. 곤충은 다양한 분야에서 인간에게 유용함을 제공하고 있다. 전통적인 곤충산업인 양봉과 잠사 분야뿐만 아니라 천적과 화분매개, 학습 애완, 환경 정화 등 실로 다양한 분야에서 인간에게 많은 도움을 주고 있다. 최근에는 산업공학적인 측면과 식·약용 자원으로서의 가치를 비롯한 의학적, 유전학적 연구에 이르기 까지 이용 가치가 매우 광범위하다. 곤충의 다양한 특성에 대한 기초적인 연구를 바탕으로 향후 새롭게 산업화될 수 있는 잠재성을 가진 곤충들에 대한 지속적인 탐색을 통해 새로운 산업 곤충이 선발되고 개발되어질 것이다.

산업곤충으로서 갖추어야 할 요건 중에 두 번째로 중요한 것은 안전성이다. 곤충은 동전의 양면과 같아서 해로운 면과 이로운 면을 동시에 가지고 있기 때문에 어제의 해충이 오늘 유익한 곤충이 될 수도 있으며, 유용한 곤충으로 대량 사육되고 이용되는 곤충이 자연 생태계 내에서 해충이 될 수 있다. 그 때문에 곤충의 산업화에 있어 안전성은 매우 중요하며, 우선적으로 고려해야 할 부분이다. 또 곤충의 양면성 때문에 안전하게 곤충 자원을 이용하기 위한 다양한 제도적 장치와 시설을 비롯한 관리기술의 개발도 요구된다.

곤충이 산업화되기 위해서는 사육이 용이하고 생산성이 우수해야 한다. 곤충은 자연계 내에서 다양한 종의 수만큼이나 다양한 생활방식을 가지고 있다. 또 곤충은 소비자로서의 역할뿐 아니라 때로는 분해자로서의 역할을 수행하고, 상위 포식자들에 대한 먹이로서 생태계의 중요한 연결고리를 담당하고 있다. 곤충을 산업적으로 이용하기 위한 대량 사육의 과정에서 곤충의 이러한 생활방식에 따른 특성을 이해하고, 거기에 맞는 사육 기술의 개발이 필요하다. 사육이 용이하지 않을 경우에는 산업적 이용 가치가 없기 때문에 산업곤충의 선발 기준에 있어서 사육 용이성이 충분이 검토되어야 할 것이다.

그 밖에도 우수한 이용 가치를 가진 산업곤충을 선발하기 위해서는 인간과의 공존 가능성과 환경 위해성 등 곤충의 대량 생산과 이용에 따라 나타날 수 있는 다양한 문제와 변수들에 대해서도 충분한 검토가 이루어져야 할 것이다.

제2장. 산업곤충의 활용

과거에 곤충에 대한 일반적인 생각은 꿀벌과 누에를 제외한 대부분의 곤충을 해충으로 인식하여 방제의 대상으로 생각하였었다. 하지만 최근 곤충을 인간에게 유용한 생물자원으로 인식하고 그 중요성에 대한 연구들이 진행 중에 있다. 곤충은 지구상 동물계의 3/4 이상을 차지하고, 130만 종 이상이 서식하고 있으므로 그 다양성만큼이나 다양한 잠재성과 성장 가능성을 가지고 있다.

곤충자원에 대한 연구는 농촌진흥청을 비롯하여 농업회사 등과 민간회사, 연구단체 등에서 천적 곤충이나 애완용, 화분매개 곤충, 식·약용, 사료용 곤충 등에 대해서 많은 연구가 진행되고 있다.

1. 문화 곤충

학습·애완용 곤충을 포함하는 문화 곤충은 곤충산업의 태동을 마련한 분야라고 할 수 있다. 대표적인 곤충으로 장수풍뎅이, 사슴벌레, 나비류 등을 대량 생산하여 인터넷과 전국의 마트를 통해 판매할 수 있는 시장이 구축되었다. 하지만 시장이 과열되면서 초과 공급에 따른 가격 하락과 같은 문제점들이 생겨나기도 하였다. 이러한 문제점을 극복하기 위해서는 다양한 상품을 개발하여 소비자의 호기심을 유발하여야 할 것이다. 다양한 곤충 상품의 예로 잘 알려지지 않았으나 호기심을 유발할 수 있는 곤충종(무당벌레, 귀뚜라미, 나비 등)으로 사육, 프로그램이 가능한 곤충 종이나 교과서에 나오는 학습용 곤충 사육 키트를 예로 들 수 있다.

각 지역의 행사용 곤충으로서 활용할 수 있는 방안도 좋은 방법이라 할 수 있다(반딧불축제, 나비축제, 체험학습장의 곤충 체험 프로그램 등). 그리고 대량 생산된 곤충을 식·약용 및 사료용 곤충으로 응용하여 활용하는 것도 문화 곤충 산업을 발전시킬 수 있는 방법이 될 것이라 생각된다.

2. 식·약용 곤충

국내에서 누에번데기와 메뚜기(벼메뚜기)는 식용으로 허가된 곤충종으로 유일하다. 하지만 다른 곤충들도 식용 또는 약용으로 활용할 수 있는 다양한 기능성을 갖고 있어 충분히 식·약용 곤충산업으로 확대할 수 있을 것으로 생각된다. 또한, 최근 비인도적으로 사육된 가축을 통해 단백질을 섭취하는 것에 대한 여러 가지 부작용과 문제점들이 알려지고 있어 앞으로 곤충 단백질원을 적극적으로 활용하는 기회가 생길 것으로 생각된다. 2013년 UN FAO(국제연합 식량농업기구)의 식량 보고서에서 곤충은 미래 대체 식품, 미래의 식량 문제를 해결한 자원이라고 보고하고 있다.

최근 식·약용 곤충으로 유력한 곤충 종으로 갈색거저리, 흰점박이꽃무지, 슈퍼밀웜, 쌍별귀뚜라미 등의 곤충들이 주목을 받고 있으며 여치, 하늘소, 땅강아지, 매미, 지네 등 한약재로 활용할 수 있는 곤충을 포함한 절지동물에 대해서도 대량 생산 기술을 확보하기 위한 연구들이 진행 중이다.

그림 1-2-1. UN FAO의 보고서《먹을 수 있는 곤충들(식용곤충들)》

3. 사료용 곤충

최근 사료용 곤충에 대한 연구들이 많이 진행되고 있다. 사료용 곤충은 단순히 사료에 첨가되는 단백질을 대체하는 역할뿐 아니라 기능성 역할(천연 항생, 항균 기능 및 면역기능 향상)의 목적으로 활용될 수 있다. 대부분의 곤충들은 생체 방어 능력을 가지고 있으며 체표 또는 체내에 항균, 항생 물질들이 있는 것으로 알려져 있어 앞으로 이러한 기능들의 활용에 대한 연구들이 진행 중에 있다. 가축을 대량으로 사육하면서 대상 가축들이 다양한 질병에 노출되고 다양한 항생제의 오남용으로 축산품의 품질을 저하시키는 것에 대한 대안으로 곤충을 활용하면 축산품의 품질을 향상시키는데 기여할 것으로 기대된다. 이러한 사료용 곤충산업을 위해서는 사료에 첨가되는 곤충의 가격 경쟁력과 대량 사육을 통한 안정적인 공급이 필수적일 것이다.

최근 사료용 곤충으로 유력한 곤충 종으로 갈색거저리, 슈퍼밀웜, 쌍별귀뚜라미, 집파리, 아메리카동애등에, 바퀴벌레, 장수풍뎅이 등의 곤충들이 주목을 받고 있으며 대량 생산 기술을 확보하기 위한 연구들이 진행 중이다.

4. 환경 정화 곤충

환경 정화 곤충이라 하면 인간에 의해 인위적으로 만들어진 유기성 폐기물을 자연계에 존재하는 먹이사슬의 한 단계인 부식성 곤충을 이용하여 안전한 물질인 퇴비로 만드는 데 활용할 수 있는 곤충을 의미한다.

유기성 폐기물 중에서 가장 큰 문제가 되는 음식물쓰레기와 축분을 곤충을 이용하여 처리할 수 있는 연구들은 국내 농촌진흥청 국립농업과학기술원에서 꾸준하게 진행되어져 왔다. 특히 집파리, 쇠똥구리, 동애등에에 대한 연구는 이미 상용화 단계에 이르러 앞으로의 곤충산업에 핵심적인 역할을 할 수 있을 것으로 기대된다.

제2부

곤충 사육 기준

제2부. 곤충 사육 기준

제1장. 곤충 사육 계획

곤충의 사육에 앞서 사육하고자 하는 곤충에 대한 사육 계획을 수립하는 것이 보다 효율적이고 안정적으로 곤충을 사육하는 방법이다. 곤충의 사육 계획은 사육의 목적을 명확히 하고 목적에 부합하는 적정한 사육 규모를 결정하는 일로 시작되며, 거기에 따른 사육 방법의 선정, 먹이의 공급계획, 시설 및 사육 용기의 준비 등을 계획하는 것이다. 그리고 곤충을 사육하기에 앞서 사육하고자 하는 대상 곤충 종의 선정, 대상 곤충의 생리 생태적 특성에 대한 조사, 대상 곤충의 사육 방법에 대한 기술적 검토 등이 충분히 이루어져야 한다. 또 사육 곤충의 환경에 미치는 영향에 대한 사항들도 사전에 검토하여 곤충의 대량 사육으로 인한 부작용을 미연에 방지할 수 있도록 해야 한다.

곤충을 사육하는 목적은 그 곤충의 활용 방안에 따라 달라진다. 예를 들어 같은 곤충이라도 애완용으로 기를 것인가 식·약용으로 기를 것인가에 따라 사육 방법이나 규모가 달라질 수 있다. 또 천적이나 화분매개 곤충과 같이 농업적으로 이용되는 곤충이나 환경위생 곤충과 같이 산업적으로 이용되는 곤충 역시 이용 방법에 따라 사육 규모와 방법이 달라질 수 있다. 또, 곤충 자체로 산업적 이용 가치가 있는 경우도 있지만 최근에는 곤충 체내에 함유된 특정 성분을 의약품의 원료로 이용할 수 있는 연구가 활발하게 진행되고 있으며, 곤충 체내의 미생물에 대한 연구도 관심을 받고 있고, 천적을 대량 생산하기 위한 천적 곤충의 숙주로 사육되는 곤충들도 있다. 이처럼 곤충의 산업적 활용 방안에 따라 또 각기 다른 사육 계획이 수립되어야 할 것이다. 애완용 곤충의 경우 애완용이라는 특성상 곤충의 크기와 모양, 색과 같은 외형적 특성이 곤충의 활용에 있어 가장 중요한 목적이 되기 때문에 외형적 특징을 잘 살릴 수 있도록 사육 계획을 고려해야 할 것이다.

곤충은 종에 따라 또는 충태에 따라 각기 다른 생태적 지위를 가지고, 전혀 다른 방식으로 생활한다. 예를 들어 장수풍뎅이의 경우 애벌레 시기에는 충분히 부숙된 낙엽이나 퇴비를 먹고 그 속에서 생활하며, 성충이 되면 나무 수액을 즐겨 먹는다. 또 나비류의 대부분은 식물의 꽃에서 꿀을 빨지만 왕오색나비와 같은 대형 나비들은 나무 수액도 먹기도 한다. 물론 나비 애벌레들은 그 먹이가 더 다양해서 식물의 잎과 꽃은 물론 진딧물과 같은 육식성 먹이를 먹는 바둑돌부전나비도 있다. 이처럼 다양한 먹이 환경은 곤충이 생태계 내에서 생존하기 위해 끝없는 진화의 과정 속에서 이루어진 것이다. 하지만 곤충을 대량 사육하고 이를 이용하기 위해서는 이러한 곤충의 다양한 먹이 환경을 이해하고, 적절한 먹이를 찾아 공급하는 것이 무엇보다 중요하다. 이 때문에 곤충 사육 계획을 수립함에 있어 가장 우선적으로 고려해야 하는 것이 곤충의 생태적 특성을 파악하고, 적절한 먹이를 공급하는 것이다.

신선한 식물의 잎을 먹이로 하는 나비를 대량 사육하기 위해서는 식물을 재배하여 공급하는 것이 가장 바람직하다. 야외에서 식물을 채집하여 공급하는 것도 가능하지만 많은 양의 먹이가 소요되기 때문에 조달하기도 힘이 들고 자연을 훼손하는 일이 되기 때문에 금해야 할 것이다. 또 나비에 따라서 시장에서 판매하는 식물을 구입하여 사육할 수도 있지만, 식물이 재배된 환경에 따라 나비 애벌레가 피해를 입을 수도 있기 때문에 주의해야 한다. 나비 애벌레는 농약에 매우 민감하여 재배 초기에 농약이 살포되어 잔류 농약이 검출되지 않은 식물로부터 약해를 받아 애벌레가 사멸되는 경우도 있기 때문이다. 더욱이 배추흰나비를 제외한 대부분의 나비는 재배 작물을 먹이로 하지 않기 때문에 구입에 의존하기는 어려운 실정이다. 이 때문에 특히 나비류의 대량 사육의 경우 사전에 먹이식물을 확인하고 필요한 양 만큼 식물의 재배가 선행되지 않으면 사육 자체를 진행할 수 없다. 또 먹이식물의 재배지 선정 시 공해나 농약 살포와 같은 환경오염이 발생될 수 있는 지역을 피하는 것도 고려해야 할 요소이다.

곤충을 사육 계획의 수립에 있어 상기와 같이 곤충의 생태적 특성을 이해하고 사육의 목적이 수립되었다면 다음으로 사육 규모를 결정하는 것이 중요하다. 사육 규모는 사육의 목적이나 활용방안에 따라 달라질 수 있지만 무엇보다도 사육 환경에 따라 결정되어야 하기 때문에 사육 여건을 잘 고려하여 규모를 결정해야 한다. 곤충 사육의 효율성을 높이고 수익성을 증대시키기 위해서는 적정 규모의 사육 계획을 수립하는 것이 중요하다. 물론 좁은 면적에서 많은 양의 곤충을 사육할수록 생산량의 증가에 따라 수익성이 증대될 수 있겠지만 적정 사육 밀도를 초과할 경우 질병이나 열악한 환경으로 인한 품질의 저하와 폐사 등의 문제가 야기될 수 있기 때문이다. 곤충의 특성에 따라 단위면적당 적정 사육 개체 수가 달라진다. 예를 들어 아메리카 동애등애의 경우 60×40×15cm 크기의 사육 상자에 5,000~10,000마리 정도를 사육하는 것이 적당하다고 한다. 사슴벌레의 경우에는 애벌레는 850cc 크기의 버섯 재배용 종균병에 애벌레를 1마리씩 분리 사육하는 것이 좋으며, 성충의 경우에도 채란용은 한 쌍씩, 개체 사육 시에는 1마리씩 사육하는 것이 좋다. 사육 용기별 개체 수와 밀도가 결정되면 사육 시설에 따른 사육 규모를 결정할 수 있게 된다.

곤충의 사육 시설은 초기에 노지에서 자연 상태와 비슷한 조건에서 사육이 이루어졌지만, 점차 비닐하우스를 이용한 간이 시설 사육이 보편화되고, 최근에는 패널을 이용한 건물에서 사육하는 경우도 많이 있다. 노지 사육의 경우 곤충 사육의 가장 중요한 요소인 안전성이 결여되고, 사육 전반에 대한 통제가 이루어지지 못하기 때문에 진정한 의미의 산업적 곤충 사육이라고 볼 수 없다. 또 비닐하우스 시설 역시 외부의 환경 변화에 민감하고, 외부와의 단절이 이루어지기 힘들기 때문에 사육 과정을 조절하는 것이 어렵다. 그 때문에 곤충산업의 발전을 위해서는 최소한 패널을 이용한 건축물 내에서 계획적이고 조절 가능한 범위에서 곤충 사육이 이루어져야 한다. 패널 건물의 경우에는 바닥을 콘크리트로 포장하고 외부와 단절되는 벽을 설치하기 때문에 외부 환경과 분리된 인공 환경의 조성이 용이하고, 곤충의 출입을 거의 완벽하게 차단할 수 있다는 장점이 있다. 다만, 모든 환경관리가 인위적으로 이루어지기 때문에 자칫 환경관리를 소홀히 할 경우 곤충 사육에 실패할 수도 있으므로 주의해야 한다. 또 사육 규모를 결정하는 데 있어서도 환경관리의 용이성을 고려하여 사육실 내부가 너무 과밀되지 않도록 주의해야 한다. 예를 들어 선반을 이용한 다단식 사육실의 경우 단위면적당 사육 개체 수는 증가 하겠지만 상대적인 밀도가 높아지기 때문에 환기와 온·습도 조절을 통한 환경관리에 보다 많은 신경을 기울여야 하며, 인위적인 조절 범위 밖으로 사육개체수를 늘리지 않도록 해야 하는 것이다.

사육된 곤충의 저장에 대한 부분에 사전에 준비하고 계획하는 것이 좋다. 곤충은 애완용 곤충이나 천적 곤충, 화분매개용 곤충과 같이 살아 있는 채로 이용되는 경우가 많기 때문에 불시 사육을 통해 연중 안정적인 개체의 확보가 중요하지만, 불시 사육은 시설비, 유지비가 많이 들고 기술적 노하우가 요구되므로 어려운 점이 많다. 그 때문에 곤충의 저장을 통해 이용성을 높이고, 곤충의 이용 가치를 극대화하는 것이 곤충 사육의 성패를 좌우하는 한 가지 요소가 될 수 있다. 곤충은 종에 따라 저장하는 방법이 달라진다. 다만, 온대성 곤충의 경우 자연 상태에서도 겨울을 나기 위해 충태에 따라 체내의 변화가 이루어지므로 이를 적절히 이용하여 월동태의 곤충의 생산하여 저장하면 필요 시에 휴면을 깨워 이용할 수 있으므로 편리하다.

사육 목적에 따라 사육 규모를 정하고 먹이와 시설이 준비되면 곤충의 사육을 진행할 수 있다. 하지만 실제 사육을 진행하기 전에 사육 방법에 대한 사전 조사를 통한 사육 기술을 숙지하고 환경관리를 포함한 관리 방법을 충분히 고려해야 하며, 사육된 곤충이 사후관리에 대한 부분까지도 고려하여 사육 과정 및 사육 후에도 안전하고 지속적인 관리가 이루어지도록 해야 한다.

제2장. 곤충 사육 시설의 설치

1. 곤충 사육실 설계의 구성

일반적인 사육 시설에서 곤충을 집단적으로 사육하기 위해서는 이미 실내에서 누대 사육되어 적응된 곤충을 사육하는 경우를 제외하고는 자연적인 환경에서 수많은 세대를 거치면서 경험하였던 조건과 다른 환경과 스트레스에 노출되게 된다.

대량으로 곤충을 사육하기 위해서는 곤충을 사육하기 위한 인공 먹이를 먹게 될 뿐만 아니라 사육의 효율을 높이기 위해서 항온, 항습 및 일정한 인공광 조건의 환경 조건을 유지하게 된다. 사육의 경제성 및 효율성을 위해 자연 상태와는 전혀 다른 비정상적인 높은 밀도로 사육될 수밖에 없다.

이러한 밀도 조건은 곤충 각각의 경쟁, 동종 포식과 스트레스를 유발하며 질병이 신속하게 확산될 수 있는 조건이 된다. 또한, 질병의 예방 및 확산을 위한 화학물질의 처리는 알의 부화율이나 생존율에 영향을 미칠 수도 있다. 이러한 조건들은 곤충들의 생존을 위협하는 적응력의 한계까지 몰아갈 수 있으며, 적응력이 부족한 곤충들은 전혀 생존하지 못하거나 몇 세대 이후에 죽게 될 수도 있다. 따라서 대상 곤충의 대량 증식을 위해서는 곤충의 사육(생산) 설비는 곤충 사육이 지속적으로 성공할 수 있도록 적절한 조건을 맞춰 설계되고 제작되어야 한다. 잘못 설계된 건축물은 결점의 보완이 어렵고 설계 오류가 지속적인 곤충의 사육에 영향을 미칠 수 있다.

곤충 사육 시설은 일반적인 건축물과 유사하나 매우 전문화된 건물이며 이러한 시설을 설계하는 것은 매우 어려운 일이기 때문에 많은 사육 경험을 바탕으로 세세한 부분까지 고려되어야 한다. 일반적인 곤충의 사육 방법과는 달리 특정한 곤충 종에 따라 사육 설비는 특징이 있으며 대부분의 사육 시설들은 곤충 연구자들에 의해 자체 제작되는 경우가 많으므로 정형화되거나 제품으로 완성된 사육 시설들은 거의 없는 실정이다.

그러나 일반적인 곤충 사육을 위한 국공립연구소나 대학 그리고 곤충 관련 소규모 회사(체험학습장, 애완곤충 사육농가 등)에서 사육하는 유형과 전문적으로 곤충을 대량 생산하는 천적 회사 등과 같은 사육 시설에 대한 예를 소개하려 한다.

2. 일반적인 곤충 사육기준

가. 사육관리

(1) 곤충의 종류, 크기, 특성 및 생육 상태 등을 고려한 적정한 사육 시설 또는 관리 시설을 갖추고 그에 알맞은 환경을 조성, 제공하여야 한다.

(2) 사육, 관리하는 곤충이 다른 사람에게 공포감을 조성하거나 소리, 냄새 등으로 인하여 피해를 주지 않도록 해야 한다.

나. 사육 시설

(1) 시설 형태 : 콘트리트, 비닐하우스, 조립식 패널, 컨테이너, 일반 사육사(재배사, 가축사육사, 버섯사, 창고 등)

(2) 사육실

　　① 기본적으로 온도, 습도, 광조절이 필요함

　　② 사육실로 유입되는 공기는 필터를 통할 수 있도록 설비함

　　③ 사육실마다 냉, 난방기, 가습기 및 광조절 장치를 설비함

　　④ 방의 넓이를 너무 크게 하는 것보다 10~13㎡ 정도가 용이함

　　⑤ 작은 사육실을 여러 개 만들어 단계별로 사육함

(3) 작업실

　　① 사료의 조제, 채란, 알 또는 부화유충의 접종, 유충 또는 번데기의 수거 작업

　　② 사육 용기의 세척 및 소독 작업

(4) 저장실

　　① 사료 저장실 : 기주식물, 조제된 인공사료, 사료 성분 등 저장(2~5℃ 유지)

　　② 곤충 저장실 : 곤충 발육 단계 조절이나 휴면, 유충의 보관(5~15℃ 유지)

다. 사육 환경 제어 및 병해충 관리

(1) 온도 : 적정 사육 온도는 곤충의 종류나 목적에 따라 다르지만, 23~27℃ 정도를 유지하는 것이 좋다.

(2) 습도 : 사육실의 습도는 50% 정도를 유지하고, 사육 용기 내의 습도를 50~70% 수준으로 조절

(3) 광조건

① 일반적으로 광주기는 16시간, 암주기는 8시간 유지

② 1만 룩스(lux) 이상의 광 조건을 유지(외부의 빛을 적절히 이용함)

(4) 병원균 예방 : 5장 곤충 질병관리의 내용 참고

(5) 병해충 관리

① 병충, 해충으로부터의 예방을 위하여 정기적으로 곤충의 특성에 따른 진단, 소독 등 예
방 조치를 수행

② 곤충에 질병이 발생하여 확산된 우려가 있는 경우는 즉시 격리 등 필요한 조치 수행

3. 일반적인 곤충 사육실 구조

하우스 구조

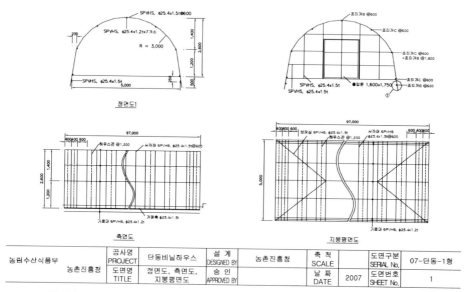

그림 2-2-1. 기본 하우스 구조 사육실 외부 형태(출처 : 원예특작시설 내재해형 규격설계도, 시방서
[농림수산식품부 고시 제 2010-128호 (2010. 12. 7)] 참고)

조립식 패널

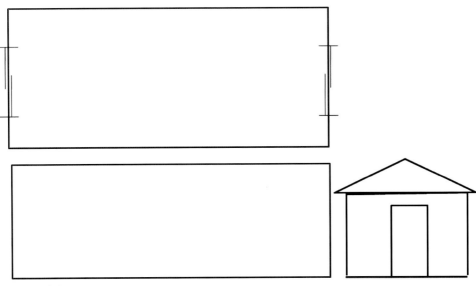

＊ 기본 사양
 - 골조 : 50~100㎜ 조립식 난연 패널
 - 창호 : 자연 채광, 밀폐
 - 공기순환 : 환기구, 후드 등

그림 2-2-2. 기본 조립식 패널 구조 사육실 외부 형태

4. 곤충 사육실의 구성

곤충의 대량 사육에 성공하기 위해서는 곤충 사육에 많은 경험을 가진 사육 농가 및 전문가의 자문을 통해 사육 시설 및 장비의 적절한 구성 요소를 선택하여 설계하여야 한다.

가. 구조적 요소

건축물의 재료에 해당하는 다양한 재질이 구조적인 요소로서 중요하다. 건축물의 재료 및 내부, 표면, 창호, 바닥 등이 포함된다.

(1) 벽과 천장

곤충은 대부분 격리하여 키우는 것이 좋으므로 벽과 천장은 사육실의 가장 기본이 되는 요소이다. 사육하는 곤충의 탈출을 막으로 외부로부터의 천적 및 유해 곤충의 침입을 막을 수 있어야 한다. 따라서 벽과 모서리, 벽과 천장의 접합 지점은 아귀가 잘 맞고 밀봉되어져야 한다. 일반적으로 마감재의 선택이 중요하며 수시로 외부와의 격리를 조사하여야 한다. 벽과 천장은 사육 중인 곤충이 기어오르거나 불순물이 쌓이지 않도록 매끈하여야 한다. 전선 및 콘센트 등은 벽 속에 설치되어야 하며 밀봉하여 곤충이 침입하지 못하도록 제작되어야 한다. 또한, 대부분의 곤충이 건조한 조건에 취약하여 국내 환경 조건에서는 겨울철에 가습기를 사용할 경우가 많으므로 종이 재질은 피해야 한다. 콘크리트 재질이나 목재, 금속, 위에 덧붙인 석고보드 재질인 경우는 방수 재질의 페인트칠을 해야 한다. 방수 코팅에는 여러 종류가 있으며 세재, 표백제 또는 고압 분무기에도 견딜 수 있어야 한다. 코팅제로는 비닐 시트와 플라스틱 패널이 포함되는데 이음새가 매끄럽고 불침투성 표면이어야 한다. 일반적으로 바닥처리재로 사용하는 에폭시 페인트도 항균 성분, 고광택, 냄새가 적고 충격 저항이 크며 균열을 방지할 수 있는 기능을 포함할 수 있어 좋은 재료이다.

수성 라텍스 페인트는 주기적으로 물로 세척하지 않는 공간에서 사용이 가능하다. 기본적으로 곤충 사육을 위해서는 독성이 없으며 냄새가 적은 제품을 사용하여야 한다.

(2) 바닥

바닥은 매끄럽고 물청소가 가능하여야 하며 불 침투성으로 세제나 염소계 소독제와 같은 화학물질에 대한 저항성이 강해야 한다. 미끄럽지 않으며 일체형이어야 하고 곤충이 파고들거나 물어뜯지 못하도록 단단해야 한다. 일반적으로 에폭시 수지(catalyzed epoxy resin)를 사용하면 튼튼한 바닥을 만들 수 있다. 표면은 미끄럽지 않게 처리되어야 하며 물걸레질을 할 수 있을 정도로 매끄러워야 한다. 비닐 시트도 이음새가 매끄럽게 잘 연결되어 붙이면 좋은 바닥재가 될 수 있다. 만약 콘크리트로만 바닥을 쓰려면 먼지 발생을 줄이고 청결함을 유지하기 위해 페인트칠을 해야만 한다.

배수로는 곤충 사육실 내벽과 바닥을 물로 청소할 때 유용하다. 배수로는 사용하지 않을 경우에는 하수구에서 가스가 올라오지 않도록 덮개로 덮어 놔야 한다. 흙이나 찌꺼기를 자주 씻어내야 하는 곳의 배수로에는 거름 장치를 설치하는 것이 좋다. 바닥 배수로 설치의 결정은 가능한 설계 초기에 하는 것이 좋다. 바닥 배수로는 미생물과 곤충 오염원들과 같은 유기물질이 생기지 않도록 자주 청소해 주어야 한다.

벽과 벽이 만나는 지점에 몰딩(cove molding)을 대지 않는 것이 바람직하다. 만약 틈이 있게 되면 곤충이나 먼지가 쌓이게 되는 원인이 되기 때문이다. 한 곤충 사육실에서 몇 년에 걸쳐 담배나방 일종의 유충들이 몰딩 사이로 기어들어가 바닥 밑의 구조물을 갉아 구멍을 만들어 번데기 방을 형성해 바닥이 물렁물렁해진 경우가 있었고, 꿀벌부채명나방의 부화유충은 구석으로 파고드는 습성으로 고무 등을 갉아 피해를 준 경우도 있다. 일반적인 사육실에서는 개미, 딱정벌레, 진드기(토양성, 부식성 응애 등) 그리고 외부에서 유입된 거미 등이 사육실을 오염시킨다. 코브 몰딩 대신에 바닥 포장재를 10㎝ 정도 벽으로 올려붙여 부드러운 곡선으로 이어지게 하면 청소가 쉬워질 수 있다. 에폭시 바닥의 경우 바닥재를 벽에 올려 붙이고 벽 페인트를 올려붙여진 곳 2㎝까지 덧칠해서 틈을 메꾸어 바닥과 벽 사이에 틈을 제거한다. 곤충 사육실로 통하는 바닥 물 틈은 카트나 바퀴가 달린 선반의 동선을 어렵게 하거나 먼지가 쌓이거나 곤충과 미생물들로 오염의 문제를 유발할 수 있다. 왁스나 다른 바닥 마감재는 사육실로 곤충과 장비들이 들어가기 전에 처리되어야 한다. 몇몇의 바닥 마감재는 곤충과 식물에 영향을 줄 수 있는 유독한 냄새를 낸다. 공간이 비어 있을 때 바닥 처리를 하게 되면 이러한 문제를 제거할 수 있다.

(3) 문

문은 안전하고 부드럽게 작동해야 한다. 문은 시설 내 오염원 전파의 경로가 될 경우가 많으므로 문이 닫혔을 때는 잘 봉해져야 한다. 곤충 사육실에서는 종종 속이 빈 철제문이 사용되기도 하는데 이러한 문은 튼튼하고 나무문과 달리 습도에 영향을 받지 않아 효과적일 수 있다. 문 넓이는 카트 및 선반이 이동할 수 있는 크기로 공간에서의 작업, 장비의 크기, 문을 이용하는 통행량과 종류에 따라 정해져야 한다. 주 출입구의 경우 최소 1.2m 넓이이어야 한다.

자동 개폐식 문은 물건이나 재료가 자주 옮겨지는 사육실이나 사료보관실 등에 매우 유용하다. 자동문은 보통 도보 통행량이 많은 복도 쪽으로 열리는 경우에는 불편할 수 있으며 문이 필요 이상 자주 열리게 되면 곤충 사육실이 오염원에 더 많이 노출됨으로 주 출입구에 자동문을 설치하지 않는 것이 좋다. 냉장고 문에 있는 것과 비슷한 자석 개스킷은 금속재 문 둘레에 작은 틈새를 메우고 근접한 방들 사이의 오염원이 오가는 것을 줄이기 위해 자주 사용된다. 이러한 틈새 메우기는 근접한 복도나 방들로부터 차가운 공기의 흐름을 제한함으로써 실내 온도를 조절하는데 도움을 준다. 실링(seals)은 문 밑을 통한 곤충의 이동과 다른 오염원의 확산을 막는데 도움이 된다. 미닫이문은 경첩에 달린 문 설치가 용이하지 않는 곳에서 좋다. 이러한 미닫이문은 일반적인 문과는 다른 실링을 필요로 한다. 예를 들면, 브러시 타입의 실링은 오염원이 공간의 내부와 외부로 오가는 것을 막을 수 있어 좋다. 부득이한 안전 문제가 있지 않으면 창문이 있는 문은 곤충 사육실에는 좋지 않을 수 있다. 특히 옆방이 밤에도 불이 켜져 있다면 더욱 사육 곤충에게 좋지 않다. 야간 주기에 빛이 사육실에 들어오면 정상적인 광주기에 영향을 주어 곤충의 행동을 바꿀 수도 있기 때문이다. 곤충이 없는 공간에서는 문에 창문을 다는 것이 좋을 수도 있다.

자주 이용하는 외부 출입문은 바람에 의해 낙엽, 먼지, 외부 곤충 그리고 다른 잔재물이 바람에 날려 들어오는 방향으로 설치되어서는 안 된다. 문을 벽 표면 레벨에서 조금 들어오게 설치하는 것은 강한 바람이 불어서 문 사용이 어려워지는 것과 비가 안으로 들이치는 것을 막을 수 있다. 사육실이 내부와 외부에 식물을 키우는 것은 제한해야 한다. 식물에는 사육 시설 내의 사육 곤충에 영향을 줄 수 있는 진딧물, 총채벌레, 진드기, 포식자, 기생자, 병원균에 감염된 곤충 또는 다른 생물들이 자주 발생할 수 있기 때문이다.

보안은 문이 설치된 모든 곳에 고려되어야 한다. 주 사육 시설로의 접근은 시설 내로 오염원이 유입되는 것을 최소하기 위해 관계자외의 외부 인력은 철저히 제한되어야 한다. 일반적인 열쇠와 자물쇠, 키 카드나 버튼을 사용하는 자기 판독기, 번호입력 자물쇠 등으로 해결된다. 위에 어떠한 것을 쓰던지 비상시 내부에서 문을 쉽게 여닫을 수 있어야 한다. 출입구 보안과 사육 시설로의 접근을 제한시키게 되면, 특별히 더 강한 조치가 필요하지 않는 한 시설 내부의 여러 공간들을 잠그고 다닐 필요가 없다. 제한 구역의 경우 문에 표시를 해두어야 한다. 제한 구역 표시는 사육시설 내 담당자 연락처와 비상시 연락처가 반드시 포함되어야 한다. 곤충 사육 시설의 주요 출입구의 근처나 문 옆에 전화를 설치하면 출입 통제를 하는데 도움이 된다.

(4) 조명

조명기구는 방습, 방충이 되어 세척이 가능한 것이 좋다. 직부조명(flush mount light)이 깨끗이 유지하는데 가장 쉽다. 유리섬유 형광 조명기구는 높은 습도가 유지되는 공간에서 매우 유용하게 사용된다. 이 조명기구는 천정과 맞닿은 부분을 실링 함으로 해서 곤충이 숨을 장소가 없다. 어느 조명기구든지 전구를 바꾸기 쉬워야 한다.

(5) 창문

창문은 자연광이 들어오게 하고 사육 인원들로 하여금 반복적인 일에서 벗어나 휴식을 취하는데 도움을 준다. 모든 창문은 결로 현상과 곰팡이가 자라는 것을 방지하도록 단열처리 되어야 한다. 고정식 창문 오염원이 침투를 막기 위해 설치되어야 한다. 남향 창문은 종종 차양, 천막 또는 반사막이 필요한데, 이는 태양광의 자외선이 시설 내로 들어오는 것을 조절하기 위함이다. 곤충 사육실의 창문은 설치하지 않는 것이 좋은데, 이유는 온도 조절과 통풍, 일정한 광주기를 유지하는데 어렵기 때문이다. 게다가 곤충 사육실의 창문은 원치 않는 곤충의 행동을 유발할 수 있다. 예를 들어 사육 곤충이 산란 상자 내에서 밝은 부분에만 모여드는 경우가 있다.

(6) 싱크

싱크는 곤충 사육실 전반에 걸쳐 다양한 범위의 작업에 사용된다. 벽에 설치되거나, 바닥에 혹은 작업대 안에 설치될 수도 있다. 싱크는 스테인리스, 에폭시 그리고 프라스틱으로 만들어지고, 작업대와 한 세트로 제작되기도 한다. 안쪽의 둥근 모서리는 싱크 청소를 용이하게 한다. 싱크 안에서 벌어지는 작업 과정의 유형은 싱크 보울(bowl)의 개수와 크기를 결정짓는다. 작업에 맞지 않게 너무 작은 싱크는 비효과적이고 쉽게 어지럽혀지고 쓰기에 매우 불편하다. 설거지/세척용 싱크는 크고, 한 개에서 세 개까지 싱크 보울이 포함된다. 이것들은 사육장(cages)이나 다른 큰 장비들을 세척할 때 유용하다. 청소용 싱크는 청소 도구가 보관되는 장소에 같이 설치될 수 있다. 이 싱크는 바닥에 설치되며 깊이는 그리 깊지 않아서 대걸레 버킷을 비우는데 들어 올리는 높이를 최소화한다.

싱크 주변에 스폰지, 비누, 핸드크림 등을 놓아두도록 작은 공간이 있어야 한다. 냉·온수 수도꼭지는 물 온도 조절이 중요한 곳에 설치되어야 한다(예, 곤충 알 표면 소독처리). 호스가 필요하지 않다면, 분사기(aerator)가 적은 압력에서도 유수량이 더 좋아 곤충 사육 시설에서 더 유용하다. 수도꼭지는 용도에 맞는 다양한 형태의 제품을 선택하여 사용할 수 있다.

(7) 단열 처리

곤충이 있는 공간의 벽과 천장은 공기 처리 시스템 고장이나 정전 시에 몇 시간 동안 온도를 유지할 수 있도록 단열 처리되어야 한다. 남향의 벽이 있는 공간이나 극단적인 기상 조건이 자주 발생하는 곳에서는 좀 더 좋은 단열처리가 필요하다. 바닥 단열처리는 따뜻한 온도와 높은 습도로 유지되는 사육실에서 겨울 동안 결로현상이 발생하는 것을 방지한다. 또한, 차가운 바닥에 의해 발생하는 온도성층(temperature stratification)을 줄여준다.

(8) 기타 사육 관련 시스템
① 경보기와 같은 안전 장비

화재와 긴급피난 경보기, 비상시 보조 조명기구, 소화기, 눈 세척기, 안전 샤워기, 흄 후드 (fume hood)는 반드시 필요한 곳에 설치되어야 한다. 위에서 마지막 세 가지는 포름알데히

드나 그 외에 다른 위험한 화학물질이 사용되는 곳에서 특히 중요하다.

② 가스

압축 공기는 곤충을 옮기거나 사육장 청소를 하거나 인공 사료 분배기를 운영할 때 필요로 한다. 이산화탄소는 곤충을 잠시 기절시켜 다루기 편하게 하기 위해 자주 사용된다. 천연 가스는 가스 스토브나 버너를 위해 필요하다.

③ 통신

유무선 인터넷과 지역 네트워크의 컴퓨터 연결은 고객, 재료 공급자와 소통할 수 있게 하고 정보를 얻을 수 있게 한다. 인터콤은 사육 시설 내에서 내부 소통에 사용된다. 이들 통신 수단은 효율을 높이고 오염의 가능성을 낮춘다. 전화는 현관과 작업실에 설치되어야 하지만 곤충이 있는 공간에는 설치해서는 안 된다.

④ 전력

국내에서는 일반적으로 단상 220v가 사용된다. 이보다 강한 3상 전력은 인공 사료 믹서나 스팀 발생기가 내장되어 있는 오토클레이브(autoclave)를 사용하는 데 필요하다. 각 방마다 최소한 두 개의 분리된 전기 서킷을 설치해서 한 서킷이 사용 불가능이 되었을 경우 다른 하나는 사용 가능해야 한다. 각 전기 소켓마다 어느 전기 서킷에 연결된 것인지 번호로 표시를 해둬야 한다.

누전 차단기는 전력 누수가 탐지되면 곧바로 전기 흐름을 차단한다. 전기 소켓이 물 가까이 설치되어 있는 곳에서는 필수적인 안전장치이다. 몇몇 곤충 사육 시설은 모든 전기 서킷에 누전 차단기를 설치해서 보호되고 있다. 방수 커버는 벽과 바닥을 세척할 때 누전이 되는 것을 막아준다.

비상 전력은 냉장고, 냉동고, 날개가루 집진기, 사육실 그리고 조명기구 같은 필수 장비를 위해 필요하다. 시설 전체에서 여러 개의 전기 소켓은 이 비상 전력 시스템에 연결해서 정전 시에도 환풍기나 히터 그리고 휴대용 조명기구를 사용할 수 있도록 한다. 이런 소켓에는 표시를 해두어야 비상시에 쉽게 찾을 수 있다. 전력이 끊어졌을 때 자동으로 켜지는 조명은 사육 시설 노동자들로 하여금 시설 내를 안전하게 움직여 다닐 수 있게 하고 전력이 차단되는 동안에도 작업이 계속되어야 하는 곳에서는 충분한 조명을 제공한다.

⑤ 분변 및 부산물 퇴비장

곤충 사육 시 발생하는 곤충의 분변 및 탈피각, 사체 등은 적합한 용도로 활용할 수 있으며 용도가 없을 경우 퇴비화하여 사용할 수 있다.

⑥ 물

곤충 사육에 필수적인 물은 일반적으로 수돗물이나 지하수를 사용할 수 있다. 멸균된 상태의 인공 사료를 만들기 위해서는 증류기를 통하여 생산된 증류수를 사용할 수 있다. 지하수의 경우 살충제 등과 같은 화학물질, 중금속 등에 오염이 될 수 있으므로 정기적인 검사를 통해 안정성을 확보해야 한다.

(9) 환경 조절 시스템

대기 조절 시스템(HVAC : heating, ventilating, and air conditioning)은 온도와 상대습도뿐만 아니라 공기 순환 속도, 흐름의 유형, 공기의 청결한 정도, 공기 교환율, 공기의 압력성층 등을 유지한다.

적절한 HVAC 시스템을 선택하는 것은 매우 어려운 일인데, 사육시설에 관련된 경험을 가진 엔지니어들 간의 의견이 달라서 더더욱 어렵다. 예를 들어 어떤 이는 각 곤충 사육실마다 개별 에어컨디셔닝 시스템을 달아야 한다는 반면에 다른 이는 중앙통제식 냉난방 시스템을 권하기도 한다.

사육 프로그램에 가장 맞는 대기 조절 시스템을 설치하기 위해선 설계 엔지니어와 건물 소유주의 협력이 필요하다. 소유주는 설계 엔지니어에게 자금의 정도와 적절한 기능적인 목표를 말해주어야 하고, 설계 엔지니어는 각각의 HVAC 시스템의 장점과 단점을 알려주어야 한다. 이 과정은 특히나 생물을 기르는 시설에서는 HVAC 시스템이 가장 큰 영향을 미치기 때문이다.

① 환경 모니터링 시스템

이 시스템은 배양기, 냉동고, 냉장고 같은 중요한 장비를 비롯해서 시설 내부의 전반적인 온도와 습도를 모니터링한다. 또한, 환기, 필터 내 압력 강하 그리고 그 밖의 요소들도 모니터링한다. 한 요소가 제한점을 넘어섰을 때 알람을 울리고 담당자에게 알리도록 프로그래밍을 할 수 있다. 가장 요구되는 시스템은 사용하기 편리해야 하고, 모니터링 데이터의 저장과 추적이 가능한 소프트웨어가 있어야 하고, 데이터 처리와 분석이 가능하며, 다양한 형태의 리포트에 대한 축약된 정보 제공이 있어야 하고, 마이크로 소프트의 엑셀 같은 프로그램으로 데이터 전송이 가능해야 한다.

② 온도

곤충의 체온은 주변 환경의 온도에 따라 변화하는 변온동물이다. 그 결과로 온도가 올라가면 비례하여 곤충의 발육률도 올라간다. 곤충이 정상적으로 발육하여 성장하려면 정확한 양의 누적된 온도가 필요하다(적산 온도). 일반적인 곤충의 알은 부화하는 데 필요한 유효 적산 온도에 도달하면 부화가 시작되므로 온도에 따라 부화 시기가 서로 달라질 수 있다. 유충의 발육과 번데기의 숙성에 필요한 적산 온도도 마찬가지이다. 사육실의 사육 온도가 높을수록 그 필요한 온도(적산 온도) 양에 빨리 도달하여 발육 기간을 단축시킬 수 있다.

곤충 사육과 관련된 온도는 사육 실내의 설정 온도는 하루 중 온도 편차, 사육실 내의 위치에 따른 온도 편차 등을 고려하여 설정 온도를 결정하여야 한다.

설정 온도는 곤충이 사육실에서 사육 기간에 노출될 평균 온도이다. 이것은 보통 곤충 사육실 내부의 자동온도조절장치(난방 보일러 및 냉방장치 등의 센서)에 세팅된다. 사육 온도는 각각의 사육 곤충 사육 목적에 따라 사육 프로그램에 맞게 설정하여 발육 속도를 안정적으로 조절할 수 있다. 일반적으로 대부분의 곤충 사육 시설에서 설정 온도는 25~27℃이다. 이 설정 온도를 유지하기 위해서는 각 방마다 개별적인 온도조절 장치가 있어야 하며 온도가 원하는 한계점을 넘어갈 때를 위해 고온과 저온 차단 기능이 HAVC 시스템에 반드시 같이 설치되어야 한다. 온도 변동은 원하는 설정 온도 부근의 온도 변화다. 대부분의 사육 시설에서는 ±2℃가 적당하고 사육 목적에 따라 온도 편차를 더 줄 수도 있다.

사육실 내의 온도층(temperature stratification)이 생겨나는 것은 따뜻하고 가벼운 공기는 천장 부근에 모이게 되는 반면, 차갑고 무거운 공기는 바닥 부근에 모일 때 형성된다. 이러한 온도층은 곤충을 올려놓은 선반의 꼭대기와 바닥 부근에 온도 차이를 주게 되는데, 선반의 상부에 가까이 위치할수록 곤충이 더 빨리 자라게 된다. 2~3℃ 차이는 곤충 생산 품질에 영향을 줄 수 있을 정도의 다른 곤충 발육 속도를 유발한다. 0.6℃ 정도의 온도층은 괜찮다. 온도층은 찬공기가 제대로 실링되지 않은 문이나 창문, 단열처리 되지 않은 바닥에서 유입될 때 심화된다.

③ 습도

상대습도는 일정 온도에서 공기 중에 포함된 습도의 %를 말한다. 습도는 습도계로 측정할 수 있다. 시설 내의 상대습도는 계절적 요인, 외부에서 유입되는 공기량, 사육실 내 공기의 온도, 설정 온도 그리고 가습 장치에서 더해지는 습도량 등에 따라 달라진다.

습도는 모든 곤충에서 매우 중요한 생육 조건으로 습도에 민감한 곤충은 사망률과 직접적으로 매우 큰 연관이 있다.

표 2-2-1. 곤충 사육 시 비정상적인 고습도와 저습도에 의한 여러 가지 결과

종류/장소	고습도	저습도
토양성 곤충	인공 사료에 난 곰팡이는 유충과 번데기의 사망률을 높이고 섭식량이 줄어드는 결과를 가져온다. 곤충병원균에 의한 감염이 일어날 수 있다.	산란율이 낮아지고 사망률이 증가하여 생존이 어렵다.
갈색거저리	사육배지에 곰팡이 등에 의한 감염 및 부패가 일어날 수 있다. 곤충병원균 및 세균에 의한 사망률이 증가할 수 있다.	산란수 및 부화율이 낮아지며 동종 포식에 의해 사망률이 크게 증가한다.
쌍별귀뚜라미	먹이에 곰팡이가 발생하여 사망률이 증가할 수 있으며 성충이 계란판 등에 산란할 수도 있다.	사망률이 크게 증가하며 산란 수도 감소한다.

온도와 더불어 적절한 습도는 곤충 발육을 위해 최소한의 변동으로 일정하게 유지되어야 한다. 원하는 설정습도는 사육 곤충 종류마다 그리고 같은 종에서는 다른 발달 단계마다 요구치가 서로 다를 수 있다. 예를 들면 나비 성충으로부터 최대한의 산란율과 수정률을 얻기 위해서는 60~70% 상대습도를 필요로 한다. 반면에 유충이 인공 사료로 사육되는 경우에는 40~50% 상대습도만으로도 충분하다. 겨울 동안에 곤충 사육에 적합한 온도(약 25~27℃)로 난방을 하면서 상대습도를 유지하는 것은 매우 어려운 일이다. 외부의 차갑고 건조한 공기가 사육실로 유입되기 전에 가열될 때 습도가 한자릿수로 떨어질 수 있다(일반적인 가습기가 없는 사육실은 10~20%까지 낮아진다). 따라서 각 방마다 요구되는 설정 습도에 맞출 수 있도록 자동습도조절계가 있어야 한다.

습도 변동은 설정 습도 근처에서 변화하는 습도량이다. 대부분의 사육 시설에서는 ±5%가 적당하다. 상하 한계를 포함하는 설정 습도 가능 범위가 필요할 수도 있다. 이 범위에 따라 설치되는 가습기 혹은 제습기의 가동량이 결정될 수 있기 때문이다. 일반적인 범위는 40~80% 이다.

시장에는 여러 가지 가습기들이 있으나 스팀 가습기가 가장 안정적이고 효율적이다. 스팀은 필요한 공간으로 직접 혹은 HAVC 덕트 시스템을 통해 유입될 수 있다.

④ 빛

조명 시스템은 전자적인 환경의 주기성, 강도와 빛의 질을 조절한다. 빛은 곤충 발육과 행동에 영향을 주며, 광원은 각 방마다 설치되어야 한다.

표 2-2-2. 곤충 사육 시설 내부 세 장소를 위한 조명 세부 사항

장소	빛의 강도(lux)	광원으로부터의 작업 거리(m)	광주기(L:D)(시간)
곤충 사육실	807 ~ 1,076	천장부터 1.2m	14 : 10
작업실	1,076	천장부터 1.2m	작업자가 있을 때만 조명
조명 선반 (light cart)	4,306 ~ 5,382	선반부터 0.3m	14 : 10

빛의 강도는 광원으로부터 일정 거리에서의 측정한 밝기이다. 다양한 종류를 기르는 사육 시설 내에서의 형광등 빛의 강도는 설치 위치 등에 따라 달라진다. 높은 천장 혹은 더 강한 빛의 강도를 요구하는 곳에서는 형광등이 한 판에 여러 개 달린 구조를 벽과 수직이 되도록 설치한다. 더불어 각 선반의 카트는 개별적으로 조명이 되면 좀 더 개선된 조명을 할 수 있다. 또는 필요에 따라 조명기구를 높이거나 낮추기 좋게 높낮이 기능이 달린 구조에 설치하는 것이 좋다.

광주기는 24시간 동안 낮(조명이 켜져 있는 시간)과 밤(조명이 꺼져 있는 시간) 시간의 길이를 말한다. 각 곤충 사육실은 천장이나 벽에 붙어 있는 조명기구에 광주기를 조절할 수 있는 타이머가 설치되어 있어야 한다.

추가 조명은 특별한 경우 필요할 수도 있다. 예를 들면 반사판이 달린 100와트 형광등은 배추흰나비의 사육장 바로 밖에 설치해 주어야 하는데, 배추흰나비의 섭식과 교미 그리고 산란을 촉진하기 위해서이다. 여러 사육 시설들은 성충 나비류의 산란을 촉진하기 위해서 야간조명을 이용한다. 이들 추가 조명의 온/오프를 조절하기 위해 집에서 쓰는 타이머를 전기 소켓에 연결해 두면 된다.

⑤ 공기 조절

공기 조절은 각 방과 시설 전체 내부의 공기 움직임, 신선한 공기와의 혼합, 다른 기압 그리고 공기로 전파되는 오염물질을 줄이기 위한 필터링으로 구성된다.

● 공기 흐름의 유형

공기 흐름의 유형은 공간 내를 조절된 공기가 지나가는 경로이다. 공기가 천장의 통풍구로부터 방으로 유입되고 바닥이나 양 벽에 설치된 덕트(return duct)로 빠져나가는 것이 이상적이다. 천장의 환풍기는 부드러운 하강 기류를 만들어 공간 내부의 온도성층을 최소화한다. 이 환풍기는 높고 매끄러운 천장에 설치해서 안전 위험 요인을 최소화해야 한다. 휴대용 환풍기 역시 좀 더 일정한 온도와 습도를 위한 보다 나은 공기 흐름을 만드는데 사용할 수 있다.

● 통풍

통풍은 공기의 희석, 오염된 공기 제거, 냄새 제거, 습도와 결로 조절, 방 내부 공기압 조절, 시설 내 공기 흐름 조절, 그리고 스팀 케틀과 오토 클레이브에 의해 더워진 공기 제거의 과정이다. 통풍은 시간당 환기 횟수(air changes/hour)로 측정된다. 시간당 10~30회의 환기 횟수는 원하는 환경 조건, 신선한 공기 공급 그리고 사육실 내부의 공기를 통해 전파되는 오염원의 제거에 도움이 되기 때문에 권유된다. 환기 횟수가 클수록 방 내부의 오염원을 제거하는데 더 적은 시간이 든다.

● 기압 차이

공기 조절 시스템으로부터 유입되는 공기는 기압을 생성한다. 한 방에서의 기압이 근접한 복도의 기압보다 높으면 공기는 방에서 복도로 흘러갈 것이다. 방의 기압이 낮은 경우는 그 반대가 될 것이다. 두 공간의 기압이 같다면 두 공간 사이에 공기 흐름은 없을 것이다. 기압 차이는 공기로 전파되는 미생물의 확산을 막는 데 이용될 수 있다.

● 공기의 청결함

곤충 사육 시설에서 나오는 미생물과 입자들은 곤충과 노동자들에게 유해한 영향을 줄 수 있다. 박테리아나 곰팡이 같은 오염원들은 곤충과 영양원을 두고 경쟁을 하게 된다. 박테리아, 곰팡이, 원생동물, 그리고 바이러스 같은 병원균들은 사육 곤충의 품질, 생산 효율 그리고 조건이 맞을 경우 누대 사육 전체를 망칠 수 있다. 나방의 날개가루, 인공 사료 분말, 흙, 질석 그리고 곰팡이 포자 같은 입자들은 노동자들에게 건강상 해롭다. 미생물과 입자들은 작고 쉽게 공기 중으로 확산되며 보통 공기의 흐름을 통해 시설 내로 퍼진다. 이러한 오염원들을 조절하는 장비는 반드시 이러한 오염원이 발생되는 과정이 일어나는 장소에 가능한 한 가까이 설치되어야 한다.

Owens(1984)는 곤충 사육 시설에서는 99.9%의 HEPA(high efficiency particulate air) 필터를 최소한 시간당 30회의 환기 횟수율과 함께 사용하기를 권한다. 95%의 HEPA 필터 역시 곤충 사육 시설에서 효과적으로 사용되어 왔다. HEPA 필터의 단점(비싼 설치비용, 교환비용 그리고 큰 압력 고저 차이)이 없는 다른 필터들도 역시 성공적으로 사용되고 있다.

저효율의 필터를 공기 흐름의 상부에 설치해 놓으면 고효율의 필터를 빨리 막히게 해 유효 사용 기간을 단축시키는 큰 입자들의 대부분을 걸러낼 수 있다. 간단한 일회용 필터는 HEPA 필터의 유효 기간을 25%만큼 늘릴 수 있다. 그러나 90% 연장표면 필터를 일회용 필터에 뒤이어 사용하면 HEPA 필터의 수명을 거의 900%까지 연장할 수 있다. 이 방식은 매우 효과적으로 절약할 수 있게 해준다. HEPA 필터는 정상적으로 작동하게 하려면 주기적으로 점검해야 한다. HEPA 필터는 필요한 곳에 가능한 한 가까이 설치하는 것이 좋다. 만약 공기가 시설 내에서 재순환되고 있다면, 반드시 HEPA 필터를 거치도록 해야 오염원이 시설 내부로 다시 유입되는 것을 막을 수 있다. 저효율의 필터는 배출구에 필요할 수도 있는데, 곤충이 시설에서 탈출해 다른 공간이나 시설 외부로 빠져나가는 것을 막기 위함이다.

나. 곤충 사육실의 기타 장비

장비들은 사육자로 하여금 사육 과정의 안전하고 효율적인 수행을 하도록 돕는다. 새 시설에 설치될 모든 주요 장비에 대한 목록을 작성해야 한다. 목록에는 장비의 자세한 스펙(모델명, 생산 넘버, 설치 위치), 원하는 사용 용도, 크기 및 규격, 보조 전력, 통풍 그리고 요구되는 유틸리티 등이 포함되어야 한다. 시설의 실측 도면은 장비를 위치시키는 과정을 단순화한다. 다음은 곤충 사육 시설 내에서 흔히 설치되는 장비들이다.

(1) 오토클레이브(autoclave)

증기를 이용하는 오토클레이브는 미생물을 고온 고압으로 죽인다. 재사용 가능한 사육장, 용기 그리고 다른 실험용품을 멸균시키는데 사용된다. 그 밖에도 사료에 사용되는 배지 준비, 곤충 죽이기, 다양한 목적으로 사용되는 물 끓이기, 사료 분배기의 사용 전 가열 등에 이용된다.

(2) 냉동고

냉동고는 사육장 내의 곤충을 죽이거나, 알코올 표본을 보관하거나 화학약품 그리고 인공 사료 재료를 보관할 때 쓸 수 있다. 작은 물건 보관을 위해서는 0.6㎥ 용적의 냉동고가 적절하고, 걸어 들어갈 수 있는 큰 크기의 냉동고는 더 큰 물건을 보관할 때 적합하다.

(3) 온수기

온수 탱크가 없거나 설치하기가 부적절하다면, 벽에 부착하는 순간온수기를 사용할 수 있다. 다양한 최대 온도, 용량, 전력 사용량의 모델들이 있다.

(4) 조명 카트

식물을 기르는데 사용되는데, 조절 가능한 선반과 각 선반마다 형광등 조명판이 달려 있다. 크기는 대략 넓이 1.4m×깊이 0.6m×높이 1.8m이다.

(5) 조명 트랩

블랙 라이트(black light)는 많은 곤충을 끌어들이는데, 이런 특징은 곤충 트랩에 이용하는데 아주 적절하다. 두 가지 유형이 곤충 사육 시설 내 오염원을 조절하는데 유용하다. 전기 충격형은 블랙 라이트 앞에 전기 철망을 설치해 날아들어 온 곤충이 닿으면 죽게 하고 죽은 곤충은 밑에 있는 용기에 떨어져 수거가 쉽다. 두 번째는 끈끈이 트랩형이다. 끈끈이 트랩은 트랩에 많은 곤충이 붙었을 때 쉽게 교환할 수 있다. 이 트랩은 조용하고 깨끗하며 전기 충격 트랩이 죽이지 못하는 작은 곤충까지도 잡을 수 있다.

(6) 사료 혼합기(교반기)

혼합기는 인공 사료의 재료를 혼합하는데 사용한다. 소형의 믹서기를 비롯하여 대형의 사료 교반기를 구입 및 제작하여 사용할 수 있다.

(7) 소독실(passthrough)

소독실은 방으로 통하는 문이 양쪽에 설치되어 있는 박스 형태의 통로이다. 오염원의 전파를 최소화하면서 곤충, 사육장, 용기들을 한 방에서 다른 방으로 옮길 때 사용된다. 소독실은 종종 문이 동시에 열리는 것을 방지하도록 연동되어 있고, 이동 후에 내부 표면을 살균하도록 UV 라이트가 설치되어 있다. 벽을 세울 때 붙박이식으로 설치하거나 미리 완성된 제품을 사서 벽 사이에 끼워 넣을 수도 있다. 주로 순간적인 에어 샤워로 몸에 붙은 미생물 및 곤충을 떨어뜨리는 기능을 한다.

(8) 냉장고

냉장고는 미가공 사료 재료, 가공된 인공 사료, 배지 등을 보관할 때 필요하다. 또한, 곤충의 성장을 늦추거나 손쉽게 다루기 편하도록 곤충을 잠시 느려지게 할 때도 사용된다. 냉장 창고 또한 과일, 감자 같은 기주가 되는 재료를 보관하기 위해 요구된다.

(9) 날개가루 집진기(scale collector)

곤충 날개가루나 다른 미세한 입자들은 노동자들에게 알러지를 유발할 수 있는 인자여서 곤충 사육실 내에서 제거되어야 한다. 동물 격리 장치(animal containment enclosure, 예시 : NuAire, NU-605-500)는 공기가 사육장을 지나 방으로부터 유입될 때 프리필터(pre-filter)를 지나 HEPA 필터를 통과해서 방으로 다시 유입되면서 날개가루와 공기에 떠다니는 부스러기를 제거한다. 이 장치는 청소나 필터 교환 시에 이동이 가능하다.

제3장. 곤충의 먹이

모든 동물이 먹이를 통하여 영양분을 섭취하여 살아갈 수 있는 에너지를 공급받는 것처럼 곤충들도 균형 잡힌 양질의 먹이를 통해 정상적으로 발육하고 산란할 수 있다. 지구상에 존재하는 곤충의 종류가 다양한 만큼 곤충들은 광범위한 먹이자원을 활용하고 있다. 다양한 곤충들은 자연계에서 각각의 곤충이 먹이활동을 통하여 자신이 선호하는 다양한 먹이자원을 섭식한다. 이러한 기주 특이성은 오랜 시간 동안 생태계에 적응한 결과라고 할 수 있다.

표 2-3-1. 먹이의 종류에 따라 곤충의 구분

구분	곤충종
식식(食植)성 곤충	식물을 먹는 곤충들로서 벼메뚜기, 하늘소, 진딧물 등
부식(腐食)성 곤충	죽은 동물이나 죽어서 발효된 식물을 먹는 곤충으로 파리류, 흰개미, 장수풍뎅이, 꽃무지 등
분식(糞食)성 곤충	동물의 분변을 먹이로 하는 곤충으로 대부분의 파리류, 소똥구리
포식(捕食)성 곤충	먹이가 되는 곤충을 직접 잡아먹는 곤충으로 무당벌레, 잠자리
기생(寄生)성 곤충	먹이가 되는 곤충(기주, host)의 몸에 기생하여 생존하는 곤충으로 기생벌, 기생파리 등
흡혈(吸血)성 곤충	동물의 피를 흡혈하는 곤충으로 성충 시기의 모기, 이, 침파리, 진드기

일반적으로 곤충들은 먹이에 대한 특이성(기주 특이성)과 선호성을 갖는다. 따라서 각각의 곤충을 사육하기 위해서는 사육 대상 곤충이 선호하는 적합한 먹이를 찾아 공급하는 것이 중요하다.

1. 먹이의 종류

가. 자연 먹이(천연 먹이)

자연 상태에서 곤충이 먹고 살 수 있는 먹이를 말하며 먹이 선호성에 따라 1종에서 여러 종의 먹이가 해당될 수 있다. 기주 특이성이 강한 나비목 곤충은 실내에서 사육하기 위해서는 필수적으로 기주 식물을 관리할 수 있는 공간이 필요하다. 이러한 천연 먹이는 연중 대량으로 공급받기가 곤란하여 이용에 제약이 많다. 상대적으로 기주 특이성이 약해 다양한 기주를 이용할 수 있는 곤충들이나 저장 곡물을 기주로 하는 곤충들은 실내에서 인공 사육하기가 쉽다(예 : 갈색거저리, 줄알락명나방 등). 또한, 생활사 중 특정 시기에 기주를 활용하는 곤충들과 같은 경우에는 실내에서 사육하기가 어렵다(예 : 솔잎혹파리 – 산란처(솔잎), 하늘소 – 산란처(기주식물) 등).

나. 대체 먹이(alternative host)

대체 먹이는 자연 생태계에서 먹이로서의 선호도는 낮아 잘 먹지 않는 먹이이나 생육에는 지장이 없는 영양 성분을 갖고 있어 실내 사육에 활용할 수 있는 먹이자원을 말한다. 이러한 대체 먹이의 장점은 연중 쉽게 공급받을 수 있어 곤충의 누대 사육 및 대량 사육이 가능할 수 있다.

표 2-3-2. 곤충의 종류별 자연 먹이와 대체 먹이

곤충종	자연 먹이	대체 먹이
애꽃노린재, 무당벌레	총채벌레, 진딧물	줄알락명나방 알, 화분
송충알벌	솔나방 알	산누에나방 알
개미침벌	하늘소	갈색거저리

다. 인공 먹이(artificial diet)

인공 먹이란, 자연계에 존재하는 여러 가지 영양 성분을 인위적으로 배합하고 제조하여 곤충이 먹기 좋도록 만든 먹이이다. 인공 먹이의 제작은 곤충을 실내에서 쉽게 연중 사육하기 위하여 저장이 가능한 먹이로 만드는 것이 중요하다. 기생성 곤충의 인공 먹이로서 비닐로 제작된 인공 알, 인공 번데기에 곤충의 혈림프(hemolymph)를 넣어 산란을 유도하고 발육시키는 등의 목적으로 활용할 수도 있다.

① 천연물 혼합 사료

재배가 가능하고 저장성이 좋은 작물 및 식물체를 주성분으로 제작되는 사료로서 곤충의 대량 사육에 가장 적합한 사료이다.

② 반합성 사료

　　주로 재배가 가능하고 저장성이 좋은 작물을 주성분으로 하고 인공적인 영양 성분을 보충하여 제작하는 인공 사료로서 가장 일반적인 사료이다. 주로 사용하는 재배 작물은 콩, 밀의 배아 등이며 인공적인 영양 성분으로는 카제인, 당류, 비타민, 기타 추출물을 포함한다.

③ 순합성 사료

　　정제된 시약의 형태로 제작된 화학물질을 사용하여 제작된 사료로서 제작에 필요한 시약의 종류 및 함량에 대한 명확한 연구결과를 바탕으로 제작된다. 곤충의 정밀한 실험에 필요하나 대량 증식에는 경제성 및 편리성에서 단점이 있다.

2. 인공 먹이의 조건

① 대상 곤충이 정상적으로 발육하여 누대 사육이 가능한 먹이(발육에 필요한 영양소가 충분하며 섭식 자극 물질을 함유한 것)
② 구하기 쉬운 재료(예, 밀기울, 미강, 옥수수가루, 콩가루, 분유 등)
③ 제작이 간편할 것
④ 저장이 용이할 것
⑤ 먹이로 공급하기 편리할 것

3. 일반적인 인공 먹이의 제작법

① 아가나 젤라틴 등 고형제를 끓인다.
② 믹서에 넣고 기본 영양 성분(탄수화물, 단백질, 아미노산, 지방산, 섬유질, 비타민 등)을 혼합한다.
③ 각 곤충 종의 필수적 성분(고추씨기름, 기주식물분말 등)을 혼합한다.
④ 필요에 따라 항생 및 방부 물질(예, 페니실린, 스트렙토마이신, 포르말린, 소르빈산, 메틸파라벤 등)을 혼합한다.
⑤ 굳기 전에 용기에 붓는다.

⑥ 굳은 후 적당한 크기로 잘라 냉장 보관하여 먹이로 공급한다.

표 2-3-3. 일반적인 곤충 유충의 인공 먹이 조성 성분(○ : 필요한 영양분)

기본먹이	매미나방, 미국흰불나방	하늘소류	암끝검은표범나비	줄알락명나방
물	○	○	○	
한천	○	○	○	
맥아	○	○	○	
카제인	○	○	○	
복합비타민	○	○	○	○
당류	○	○	○	
아미노산	○	○	○	
무기염	○	○	○	
소르빈산	○	○	○	
섬유소 (셀룰로오스)		○		
기주식물		○	○	
가축사료				○
글리세린				○

표 2-3-4. 매미나방 인공 사료 조성 성분

성분		함량(g)
물	Water	2.4 ~ 2.5L
아가	Agar	42 ~ 45
맥아	Wheat germ	250 ~ 360
카제인(분유)	Casein	70 ~ 75
무기염류	Salt Mix.	23 ~ 24
소르빈산	Sorbic acid	6 ~ 7

성분		함량(g)
메틸파라벤	Methyl Paraben	2.8 ~ 3
복합비타민	Vitamin mix.	28 ~ 30
시트르산철 암모늄	Ferric Citrate	0.14 ~ 0.2

주) 출처 : http://www.und.edu/misc/copitarsia/Rearing.pdf

제4장. 곤충 충질관리

충질관리라 함은 곤충을 산업적으로 이용하는 데 있어서 곤충이 가지고 있는 기본적인 특성이 자연 상태에서와 동등하거나 그 이상의 상태를 유지할 수 있도록 하는 것을 의미한다. 곤충을 산업적으로 대량 생산하고, 활용하기 위해서는 안정적인 충질관리가 충분히 지속적으로 유지되어야 한다. 충질관리 과정은 곤충을 산업적으로 이용하기 위한 대량 사육의 과정이 자연 생태계의 조절 과정을 벗어나 인위적으로 이루어지기 때문에 보다 철저한 관리와 조절이 요구된다.

야외에서 채집한 곤충을 실내에서 누대 사육하면 생육이나 증식이 나빠져서 계속적인 사육을 할 수 없게 되는 경우가 있다. 또 사육은 안전하게 계속되지만 야외에서 서식하는 곤충과 비교하여 행동력이 약해지는 경우도 있다. 이와 같은 충질의 변화는 먹이, 온도, 습도 및 사육 밀도 등의 환경에 의한 변화와 채집 조건, 교배 및 사육 환경 등이 유전자에 작용한 유전적 변화가 원인이 된 때문이라고 생각되고 있다.

누대 사육한 곤충의 충질이 변화하는 것은 항상 일어나는 현상이므로 이에 대한 평가기준을 마련하여 대비하고, 개선하는 방법을 고려해야 한다. 곤충의 충질을 평가하는 방법은 대개 산란 수량, 부화율, 우화율, 유충의 생육기 간, 성충의 생존 기간, 유충, 번데기, 성충의 체중 등 기본적인 것을 측정하여 평가한다. 또 사육 목적이나 대상 곤충의 종류에 따라 충질을 평가하는 방법이나 평가 항목 또한 달라질 수 있다. 약용 곤충의 경우에는 약리 성분의 함유도가 중요한 평가 항목이 될 것이며, 살충제의 검정을 위한 경우에는 살충제에 대한 감수성이 중요한 평가 항목이 되어야 할 것이다.

충질관리에 있어서 첫 번째 요건은 품질의 안정성이다. 곤충을 산업적으로 이용하기 위해서는 대량 사육의 과정이 필요하며, 산업적 이용 가치를 높이기 위해 좁은 공간을 이용한 대량 생산이라는 효율성 부분을 고려해야 한다. 하지만 곤충의 밀도가 높아짐에 따라 곤충의 건강 상태가 나빠질 수 있으며, 그로 인한 품질의 저하가 유발될 수 있다. 곤충의 품질은 대개 수명, 크기 등의 외적인 기준을 통해 평가되며, 수명이나 크기를 결정하는 요인은 유전적 퇴화나 질병, 경쟁에 의한 도태, 환경 적응 과정을 통한 퇴화 등 다양한 원인에 있다. 그러므로 품질의 안정화를 위해서는 곤충의 종류에 따라 품질의 저하에 영향을 미치는 요인을 철저히 분석하여 개선하는 노력이 따라야 할 것이다.

충질관리의 두 번째 요소는 균일성이다. 이는 품질의 안정성과도 밀접한 관련이 있는 요건으로 곤충의 산업적 이용 측면에서 보면 곤충 자체를 이용한 상품이나 곤충의 활용 면에서 중요한 관리 조건이 된다. 곤충을 인공적인 환경에서 사육할 경우 사육 조건에 따라 다양한 변이의 발생이 야기되며, 그로 인해 개체 간, 세대 간 충질이 불균일해지는 경우가 빈번하다. 곤충 종에 따라 다양한 원인이 있겠지만, 일반적으로는 사육 및 관리 기술의 변화가 원인인 경우가 많다. 이를 개선하기 위해서는 사육 기술을 표준화하고, 사육 환경에 대한 관리 기준을 정하여 균일한 환경 조건을 유지해 주는 것이 중요하다.

다음으로 충질관리에 있어 중요한 요인은 동등성이라 할 수 있다. 동등성이라 함은 인위적인 대량 사육의 과정을 거쳐 생산된 곤충이 자연계에서 서식하는 곤충과 비교하여 최소한 동등하거나 그 이상의 특성을 유지하는 것을 말한다. 인공 사육을 통해 생산되는 곤충들은 대개 사육 과정의 여러 요인으로 인한 활력의 저하와 퇴화, 근친 교배로 인한 유적적 약세 등으로 인해 자연 상태의 개체보다 작거나 약하고, 수명이 짧은 개체가 생산될 가능성이 높아 진다. 이를 극복하기 위해서는 우수한 형질을 가진 개체들 간의 교잡을 통한 선발로 사육 모충의 유전적 형질을 개선하고, 환경 조건을 자연과 유사하거나 더 안정적인 상태로 유지하여 환경 조건으로 인한 활력 저하를 예방해야 한다. 실제로 몇몇 브리더들에 의한 노력의 결과 사슴벌레류의 곤충들은 자연 상태에서 보다 더 크고 튼튼하며, 긴 수명을 가진 개체들로 육성되는 경우도 있다.

충질관리에 있어 마지막으로 고려해야 하는 부분은 지속성이다. 곤충의 사육과 이용이 일회성으로 그치는 것이 아니고, 지속적으로 이용되어야 한다는데 그 이용 가치가 있다는 짐을 고려할 때 지속적인 생산과 동일한 품질의 연속성이 산업적 이용 가치를 높여준다는 사실이다. 지속성에 영향을 미치는 요인 역시 유전적 퇴화나 좁은 공간 내에서의 높은 사육 밀도, 그로 인한 질병의 발생 등 환경적 요인이 큰 원인이므로 개체군 간의 교잡이나 환경 개선을 통한 품질 저하에 대한 예방 노력이 요구되는 부분이다.

곤충을 인위적으로 조성한 환경 조건에서 사육할 경우 질적으로 전혀 변화가 일어나지 않도록 사육하는 것은 거의 불가능한 일이다. 여러 세대를 사육함으로써 충질이 나빠졌을 때는 먹이, 밀도, 온도 및 습도 등 환경이 오염된 경우가 많기 때문에 사육 방법을 재검토하여 개량함으로써 개선하도록 하여야 한다. 곤충을 사육할 목적으로 야외에서 사육용 모충을 채집할 경우 많은 개체를 채집하여 커다란 집단에서부터 사육을 시작하여 사육 집단의 유전자풀을 크게 하는 것도 중요한 방법이다. 지역성이나 약제 감수성이 다른 계통을 채집할 경우에도 이러한 점을 고려해야 한다. 사육 규모가 작으면 교배 시에 근친 교배가 되기 쉬운 동시에 충질의 약화도 일어나기 쉽다. 따라서 사육 규모를 가급적 크게 하여 교배 임의로 계속되게 함으로써 충질이 나빠지는 것을 예방할 수 있다. 그러나 나비류와 같이 산란 수가 많은 곤충의 경우에는 사육 규모를 크게 하기 위해서는 시설이나 노력이 많이 소요되기 때문에 3개의 개체군을 따로 사육하여 순환 교배를 시키면 충질의 약화를 막을 수 있는 좋은 방법 이다.

제5장. 곤충 질병관리

곤충 사육자들은 사육실 내에서 곤충 사육이 원활하게 이루어지기를 바라지만 여러 가지 유해한 병원 미생물들에게의 노출로 인한 충체 및 사료(먹이)의 오염으로 유충의 치사 또는 생육부진, 병원균 잠복 등의 결과를 야기하여 결과적으로 성공적인 사육에 실패하는 경우가 많다.

곤충 사육의 실패 요인을 살펴보면 사육 과정 중 상기와 같은 외부의 유해 병원균에 노출되어서 피해를 보는 경우와, 몇 세대의 걸친 계대 사육으로 인한 충질 저하로 인한 경우가 있다. 위두가지 요인은 곤충 사육에 결정적 피해를 주는 요소로 집단 폐사로 이어지는 경우가 대부분이지만 일반인의 경우 구분하기가 쉽지 않다.

곤충의 대량 사육 시 질병에 노출될 경우 최소 50% 이상의 치사율을 나타내며, 심할 경우 사육구 전체가 전멸하는 경우가 대부분이다. 이렇게 사육구 전체가 전멸할 경우 다음 세대로의 계대가 끊어지게 되어 해당 사육구를 다시 복원하는 데는 많은 시간이 소요되어 경제적으로 큰 부담이 된다. 따라서 사육 과정 중 유충의 생육 상태를 면밀하게 관찰하여 이상 징후가 느껴질 경우 신속히 조치하여 사육구의 전멸을 방지할 수 있도록 하는 것이 중요하다.

곤충의 사육 과정 중 질병으로 인해서 폐사되는 원인을 살펴보면 크게 곰팡이(fungi), 세균(bacteria), 바이러스(virus), 선충(nematode) 등에 의한 것이 대부분이며 그 원인별 병징과 증상은 아래와 같다(표).

표 2-5-1. 곤충의 주요 질병 원인과 증상

병원의 종류	병징	설명
Fungi	굳음, 황변	진균 형태의 균사 또는 포자 전염
Bacteria	무름, 부패	세균 원충의 침입 및 증식
Virus	무름	무생물적 바이러스 원충 침입 및 증식
Nematode	팽창, 비대	충체 내 침입 및 증식
Protozoa, Microsporidia	괴사, 무름	충체 내 경구 또는 경피침입
Parasite	괴사	충체 내 침입 및 섭식을 통한 치사

1. 대표적인 질병 감염 사례

가. 딱정벌레목 곤충

현재 국내에서 사육, 유통되고 있는 곤충들의 대다수를 차지하는 분류군으로 장수풍뎅이, 사슴벌레류, 꽃무지류 등이 여기에 포함된다. 완전탈바꿈(Complete metamorphosis)을 하며 번데기 시기를 거치는 특징을 가지고 있다. 다른 분류군의 곤충들에 비해서 질병에 대한 저항력이 매우 높은 편이며, 질병으로 인한 폐사 확률이 높지 않다.

딱정벌레목 곤충들의 사육 시 가장 문제가 되는 부분은 곰팡이(진균) 및 세균에 의한 감염이다. 때때로 유·성충 시기에 외부 기생성 진드기에 의한 피해가 관찰되기도 한다.

장수풍뎅이의 경우 유충 시기에 세균의 감염에 의한 생리 장애로 폐사하는 경우가 대부분이며 곰팡이의 감염에 의한 폐사는 많지 않은 편이다. 흰점박이꽃무지의 경우는 곰팡이(진균)에 의한 피해가 가장 많은 종으로서 곰팡이균이 유충 시기에 체내에 침입, 생장하여 몸 전체를 굳게 만드는 증상이 가장 대표적이다. 주로 Metarhizium속의 병원균이 이러한 증상을 일으키는 것으로 알려져 있으며 통상적으로 녹강균(녹색곰팡이)로 불린다. 흰색의 곰팡이균으로 몸 전체를 하얀색으로 굳게 만드는 원인균은 Beauberia속의 병원균으로 흔히 백강균으로 불린다.

그림 2-5-1. 세균에 감염되어 폐사중인 장수풍뎅이 유충

그림 2-5-2. 백강균에의해 감염된 흰점박이꽃무지 유충

그림 2-5-3. 녹강균에의해 감염된 흰점박이꽃무지 유충

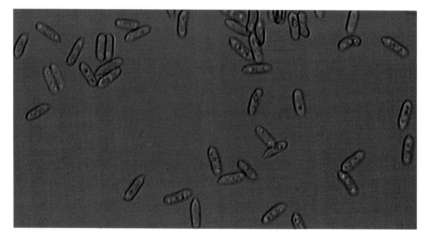

그림 2-5-4. 녹강균(Metarhizium sp.)의 분생 포자

그림 2-5-5. 질병으로 폐사한 딱정벌레 성충(사슴벌레, 장수풍뎅이, 꽃무지)

그림 2-5-6. 기생성 진드기에 감염된 꽃무지 성충

나. 나비목 곤충

나비목 곤충의 경우 대부분이 교육용 또는 축제용으로 이용되는 나비류(Rhophalocera)가 대부분이며 일부의 경우 실험용으로 이용되는 나방류 해충의 사육이 이루어지고 있다. 나비목 곤충은 비교적 세대 기간이 짧고 대부분 천연 먹이 또는 반인공 먹이를 먹기 때문에 외부 병원균에 노출될 소지가 많이 있고 딱정벌레에 비해서 질병에 상당히 취약한 분류군이다.

나비류 사육에 있어서 가장 큰 질병은 미포자충(Nosema속)에 의한 경우가 대부분이며 경우에 따라서 핵다각체바이러스(Baculovirus) 등에 의한 폐사가 관찰된다. 또한, 기생벌(Parasitoid)에 의한 기생에 상당히 취약하여 야외 조건에서는 기생에 의한 피해가 매우 크게 나타나고 있다.

그림 2-5-7. 미포자충으로 폐사한 나비 유충

그림 2-5-8. 기생으로 폐사한 배추흰나비 번데기

2. 전염 예방

가. 경피 전염의 예방

대부분 유충기에 외부의 병원균이 피부를 통해서 체내로 들어와서 발현하는 경우이다. 일부 진균류의 경우 포자 자체에서 특정한 효소를 내어서 곤충의 피부를 녹인 후 침입하는 경우도 있다. 또한, 곤충의 탈피 과정이 진행되는 경우는 피부 자체가 상대적으로 약해져서 병원균의 침입에 유리하게 작용하는 경우도 있다.

무엇보다도 외부 병원균이 사육구에 침입하지 못하도록 물리적인 장벽을 만드는 것이 중요하며, 예기치 못하게 병원균에 노출되었을 경우를 대비하여 사육구를 소규모로 몇 개씩 분리하여 운영하는 것도 좋은 방법이다.

나. 경구 전염의 예방

바이러스, 세균 등의 경우 곤충의 먹이에 포함되어 곤충의 체내로 인입되어 발현되는 경우가 많다. 곤충의 대량 사육 시에는 곤충의 사료(먹이)가 대량으로 한꺼번에 관리되는 경우가 많아서 자칫 사육도구나 사육자의 손을 통해서 먹이 전체에 병원균이 오염되어 전체 사육구를 전염시킬 수 있으므로 사료의 관리나 사육도구 등의 관리에 특히 유의해야 한다.

다. 경란 전염의 예방

이미 감염된 암컷(어미)가 보균하고 있는 병원균이 알(egg)을 통해서 다음 세대에 전염이 되는 경우와 병원균에 노출된 알이 보균하게 되는 경우가 있다. 경란 전염을 원천적으로 차단할 수 있는 방법은 없고 건전한 암컷 사육구를 별도로 유지하여 건전충을 육성하는 것이 중요하다. 일반 병원균의 경우 현미경 등을 이용한 검경 과정에서 확인하기 어려운 경우가 많지만 미포자충의 경우는 검경 과정을 통해서 감염 여부를 확인할 수 있다.

3. 살균 방법

가. 건열살균

(1) 금속, 유리 재질의 사육도구 소독에 효과적

(2) 건열살균기(Dry oven) 등에서 180℃, 1시간 정도 살균

나. 증기멸균

(1) 내열성 120℃ 미만의 사육 용기 살균에 적합

(2) 1.2기압 이상, 50분 내외가 적당함

(3) 포도당이나 카제인의 산화방지를 위해 112℃에서 30분 정도 살균

(4) 증기 보일러, 살균기 등 비교적 고가 장비 필요

다. 열탕살균

(1) 가장 보편적이면서 저렴한 살균 방법

(2) 60℃ 조건에서 20분 내외 살균

라. 자외선 살균

(1) 곤충, 가열할 수 없는 플라스틱 사육용품 모두 적용

(2) 일반 태양광 조사 3시간 / 자외선 조사기구 1시간 이상 조건

마. 이외 살균법

(1) Washing법 : 흐르는 멸균수에 장시간 씻어내는 방식

(2) 사육용기 및 사육실 살균

　　① 차염소산나트륨 0.3~1% 수시 소독

　　② 하라솔 300~500배 희석해서 사용

　　③ 포르말린 2~3%액을 방 전체에 골고루 뿌린 다음 하룻밤 밀폐 후 환기

　　※ 주의 : 포르말린은 인체에 유독하므로 사용 시 각별한 주의가 요구됨

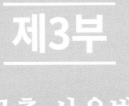

제3부

곤충 사육법

제3부. 곤충 사육법

제1장. 학습 애완곤충

1. 장수풍뎅이(*Allomyrina dichotoma* Linnaeus)

그림 3-1-1. 장수풍뎅이

가. 일반 생태

(1) 분류학적 특성

　장수풍뎅이는 딱정벌레목(Coleoptera) 장수풍뎅이과(Dynastinae)에 속하는 곤충으로 우리나라에 알려진 풍뎅이 무리 중에 크기가 가장 크고, 곤충 전체에서도 가장 큰 곤충의 하나이다. 한반도에서는 주로 중부 이남에 분포하며 연 1회 발생한다. 우리나라 외에도 일본·중국·인도 등지에 분포하며, 낙엽층이 두꺼운 활엽수림 지역에 서식한다. 장수풍뎅이과에는 장수풍뎅이 이외에도 외뿔장수풍뎅이 등이 알려져 있으나, 그 크기가 훨씬 작고 개체 수도 적은 편이다.

장수풍뎅이의 학명은 *Allomyrina dichotoma Linnaeus*이고, 일본 명은 장수의 투구를 의미하는 카부토(ヵブト)에 풍뎅이를 의미하는 무시(ムシ)를 붙여 카부토무시(ヵブトムシ, 투구풍뎅이)라 불린다. 이는 장수풍뎅이 수컷의 머리에 있는 뿔의 모양이 장수의 투구와 닮았다 해서 붙여진 이름으로 우리나라의 장수풍뎅이라는 이름과 같은 맥락에서 붙여진 이름으로 보인다.

장수풍뎅이는 몸길이가 30~55㎜로 우리나라 풍뎅이 중 가장 크다. 중국에서는 몸길이 60.2㎜, 폭 32.5㎜인 개체가 채집되었다는 기록이 있다. 우리나라에서는 1933년 고(故) 조복성 박사가 조사한 바에 따르면 몸길이 53㎜인 개체가 보고된 바 있다. 이 개체의 경우 수컷의 머리 뿔 길이가 32㎜로 몸길이의 절반이 넘는다. 장수풍뎅이 수컷의 경우에는 머리 뿔 외에도 가슴에도 작은 뿔이 있어 머리 뿔과 함께 다른 곤충과 싸울 때 이용된다. 장수풍뎅이의 몸은 전체적으로 밤껍질 색깔을 띠며 수컷은 광택이 있다. 암컷은 더 검고 회황색 짧은 털이 덮고 있어 광택이 없다. 암컷의 이마에는 가로로 세 개의 짧고 뾰족한 돌기가 있다.

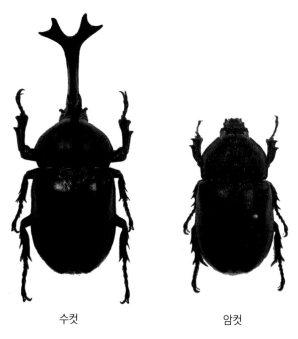

수컷   암컷

그림 3-1-2. 장수풍뎅이 암수 비교

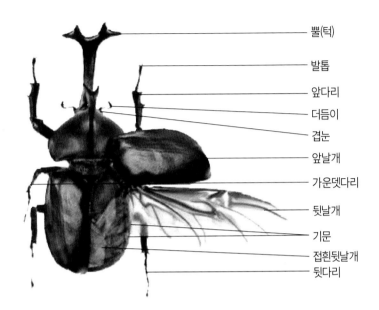

뿔(턱)

발톱

앞다리

더듬이

겹눈

앞날개

가운뎃다리

뒷날개

기문

접힌뒷날개

뒷다리

그림 3-1-3. 그림 3-3-3. 장수풍뎅이 몸의 외부 구조

장수풍뎅이의 몸 구조는 일반적인 곤충들과 같이 머리, 가슴, 배의 세 부분으로 나뉘어 있으며, 머리에는 머리 뿔(수컷)과 함께 한 쌍의 더듬이와 한 쌍의 겹눈이 있다. 장수풍뎅이 성충의 입은 노란색의 솜털이 뭉쳐진 것과 같은 모양이며, 액체나 반고체(gel) 상태의 먹이를 핥듯이 먹는다. 딱딱한 딱지날개 속에는 막질로 된 한 쌍의 날개가 있어 잘 날 수 있다.

세계적으로 유명한 근대 장수풍뎅이학자 앙드뢰디는 세계 각지에 분포하는 장수풍뎅이를 모두 채집하면 2,000종이 넘을 것이라고 했다. 대부분의 종이 아메리카 대륙에 살고, 오스트레일리아나 마다가스카르 섬에도 많이 살며, 15~30㎜의 크기인 것이 대부분이다. 그렇지만 네팔에서 셀레베스 섬까지 분포하는 코카서스장수풍뎅이(*Chalcosoma caucasus*), 그리고 중남미 열대 지방에 사는 악테온코끼리왕장수풍뎅이(*Megasoma actaeon*)라는 종은 몸길이가 55~85㎜나 된다. 역시 중남미 열대 지방에 사는 헤라클레스장수풍뎅이(*Dynastes herculus*)는 몸길이가 50~65㎜이지만, 앞가슴에 있는 뿔까지 합치면 100㎜나 된다.

코카서스장수풍뎅이

헤라클레스장수풍뎅이

악테온코끼리왕장수풍뎅이

그림 3-1-4. 외국의 장수풍뎅이

(2) 생태

그림 3-1-5. 나무 수액에 모인 장수풍뎅이(싸움과 짝짓기)

장수풍뎅이는 연 1회 발생하는데 우리나라에서는 6월 하순~8월 하순 사이에 주로 남부지방에서 자연 상태의 성충이 관찰되며, 최성기는 7월 중순경이다. 장수풍뎅이 성충의 수명은 1~3개월 정도이며, 암컷이 수컷보다 수명이 길다. 성충은 야행성이며, 참나무나 밤나무와 같은 활엽수의 나뭇진에 모여들고, 불빛을 보고 날아온다. 장수풍뎅이 성충은 암·수 모두 나뭇진이 먹는다. 또 수컷은 나뭇진이 나오는 나무를 먼저 차지하고 암컷이 날아오기를 기다려 짝짓기를 한다. 짝짓기를 마친 암컷은 썩은 낙엽이나 퇴비, 건초더미 속에 파고들어 가 한 개씩 알을 낳는다. 산란된 알은 10~15일 사이에 부화하여 썩은 낙엽이나 퇴비 등을 먹으며 그 속에서 자란다. 부화한 지약 1개월이 지나면 3령에 이르며, 3령이 되면 더 이상의 탈피 없이 크기만 커지다 그 상태로 겨울을 나고 그 이듬해 6월경 부엽토 속에 번데기 방을 만들고 번데기가 된다. 약 한 달간의 번데기 기간이 지나면 번데기 방 속에서 우화하여 성충이 된다. 장수풍뎅이의 한살이를 정리해 보면, 7월경 산란된 알은 부화 후 약 10개월 내외의 기간 동안 애벌레 상태로 있다가 이듬해 7월경 다시 성충이 되어 나온다. 7~8월경 성충으로 우화한 개체가 산란한 알이 다시 성충이 되기까지 정확히 1년이 소요되는 셈이다. 다만, 실내 사육 시에는 환경 조절로 알에서 성충까지 6개월 이내의 기간이면 된다.

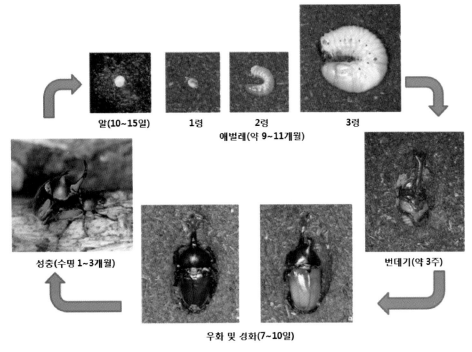

알(10~15일) 1령 2령 3령
애벌레(약 9~11개월)

성충(수명 1~3개월)

우화 및 경화(7~10일)

번데기(약 3주)

그림 3-1-6. 장수풍뎅이의 생활사

장수풍뎅이는 알, 애벌레, 번데기, 성충의 변태 과정을 모두 거치는 완전탈바꿈곤충으로 모든 완전탈바꿈곤충들과 마찬가지로 애벌레 시기의 생태와 성충의 생태가 완전히 다르다. 장수풍뎅이 애벌레는 잘 부숙된 퇴비나 낙엽을 먹이로 하기 때문에 씹어 먹는 입과 큰 턱이 발달해 있으며, 주로 퇴비 속에서 서식한다. 반면 성충은 잘 날아다닐 수 있고, 나뭇진을 먹이로 하기 때문에 튼튼한 다리와 발톱이 발달하고, 핥아 먹는 입이 발달하였다.

나. 사육 방법

(1) 사육용 모충(종충)의 확보

① 장수풍뎅이의 성공적인 사육을 위해서는 무엇보다도 크고 건강한 사육용 모충(종충)의 확보가 중요하다.

② 우수한 모충(종충)의 확보 방법

- 장수풍뎅이의 사육용 모충은 성충 상태에서 크기나 건강한지의 여부를 판단하기가 가장 유리하기 때문에 비슷한 시기에 우화한 성충들 중에서 선별하는 것이 좋다.
- 적은 수의 사육 개체군에서 지속적으로 종충을 선별하여 사용할 경우에는 근친 교배에 의한 유전적 퇴화의 원인이 될 수 있으므로, 야외에서 채집·선별한 수컷과의 합사를 통해 유전적 다양성을 확보하는 것도 중요하다.
- 또 야외에서 성충 상태로 채집한 암컷의 경우 이미 짝짓기가 완료되었을 가능성이 크므로 채집 후 바로 채란을 하고, 자손 1대에서 우수한 개체를 선별하여 교잡하는 것이 바람직하다.

③ 우량한 종충의 선별 기준

- 수컷 성충을 기준으로 머리 뿔을 포함한 길이가 90㎜ 이상이 개체가 좋고, 용화 직전의 3령 애벌레의 경우 35g 이상의 무게가 나가는 개체가 좋다.
- 애벌레를 기준으로 선별한 경우라면 성충 우화 후 다시 선별 과정을 거치는 것이 우량한 개체를 생산하는 데 유리하다.
- 시중에서 판매되는 성충의 경우 대개 자연 상태와 유사한 기후 조건인 6~8월경에 생산된 성충의 크기가 크고 건강하다.

(2) 알 받기

① 산란 상자의 준비

- 장수풍뎅이의 채란을 위해서는 따로 산란 상자를 준비한다.
- 산란 상자는 일반적인 사육 상자를 이용하면 되는데, 먼저 약 60~65% 정도의 수분을 함유한 부엽토를 사육 상자의 절반 정도가 차도록 넣어 준다.
- 발효 톱밥 : 발효 매트라는 이름으로 시중에 판매가 되고 있기 때문에 소규모 사육 시에는 구입해서 사용해도 되지만, 대량 사육 시에는 별도로 준비를 해야 한다. 손쉽게 구할 수 있는 방법으로는 표고를 재배한 폐목을 분쇄하여 이용하면 된다.
- 준비된 산란 상자에 우화한 암수 한 쌍을 넣고 먹이를 공급하면 곧 짝짓기를 한다.
- 야외에서 채집한 암컷은 대부분 교미가 끝난 상태이므로 별도로 수컷을 넣지 않아도 산란을 한다.

그림 3-1-7. 장수풍뎅이 산란 상자의 구성

② 산란 상자의 관리
- 장수풍뎅이는 야행성이기 때문에 먹이활동과 짝짓기 등은 주로 밤에 이루어지나, 수컷의 경우에는 낮에도 나와 활동하는 개체들도 있다.
- 암컷은 짝짓기할 때와 먹이활동을 할 때를 제외하면 대부분 톱밥 속에 숨어 있다.
- 교미가 끝난 암컷은 곧 톱밥을 파고 들어가 산란을 한다. 부엽토를 파고 들어간 암컷은 알의 크기보다 조금 큰 공간을 만들고, 뒷발을 사용해 톱밥을 단단하게 만든 후 산란을 한다.
- 대개 산란 상자의 바닥 부분에 산란을 하기 때문에 투명한 용기로 산란 상자를 준비하면 산란하는 암컷이나 알을 관찰하기가 용이하다.
- 사육실의 온도는 25~30℃ 정도로 조절하되, 야외에서 활동하는 시기라면 별도의 가온은 필요하지 않다.

③ 장수풍뎅이 암컷의 산란 수량
- 암컷 한 마리가 산란하는 양은 암컷의 상태와 환경에 따라 다르나 대략 100개 내외인 것으로 알려져 있다.

- 더 많은 알을 채란하기 위해서는 일주일 단위로 새로운 산란 상자를 준비하여 암컷을 옮겨주거나, 좀 더 큰 산란 상자를 준비하는 방법이 있다.
- 산란 상자의 크기에 따른 산란 수량
  - 400×300×250㎜의 산란 상자에 한 쌍의 장수풍뎅이를 사육 시에 98.7개의 산란을 보여 가장 산란 수가 많았음.
  - 250×150×170㎜의 산란 상자에 네 쌍의 장수풍뎅이 사육 시에는 암컷 한 마리당 12.7개만을 산란하여 가장 산란 수가 적음.
- 장수풍뎅이 암컷은 약 2개월 정도를 사는 것으로 알려져 있으며, 교미 후 주로 산란 활동을 하는 시기는 약 1개월 내외이다. 이 시기에 전체 산란 수의 70 % 이상의 알을 산란하며, 성충이 된지 2개월이 지난 암컷은 거의 산란을 하지 않는다.

④ 장수풍뎅이 알의 특징

- 장수풍뎅이의 알은 직경 3㎜ 내외의 크기로, 약간 타원형의 구형이며 색은 노란빛을 띤 우윳빛이다.
- 부화가 가까워지면 알의 크기가 약간 더 커지고, 색깔이 진해지며, 모양도 점점 원형으로 변해 간다.
- 부화 직전의 알속에 〈 〉 모양의 검은 점이 보이는 데 나중에 큰 턱이 되는 부분이다.
- 장수풍뎅이의 알 기간 : 10~15일

산란 직후

부화 직전

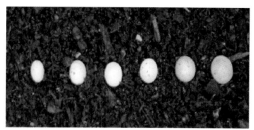
기간별 알의 변화

그림 3-1-8. 산란 후 경과 기간에 따른 알의 변화

(3) 애벌레 사육

① 장수풍뎅이 애벌레의 성장에 따른 두폭 및 체중의 변화

- 장수풍뎅이를 비롯한 완전탈바꿈곤충의 애벌레는 몸이 신축성이 많아 두폭을 기준으로 탈피 여부를 파악하는 것이 가장 정확하다.
- 장수풍뎅이 애벌레의 령별 두폭
  - 알에서 갓 부화한 애벌레(1령 애벌레)의 두폭 : 3.25㎜ 내외
  - 2령 애벌레의 두폭 : 5.78㎜ 내외
  - 3령 애벌레의 두폭 : 10.37㎜ 내외
- 영기의 증가에 따라 두폭이나 체중이 대폭 증가하여 3령 애벌레의 체중은 2령 애벌레 보다 무려 9배 이상 늘어난다.

그림 3-1-9. 장수풍뎅이 애벌레의 령별 변화 및 전용 직전의 애벌레

② 장수풍뎅이 애벌레의 사육 상자 준비

- 산란이 끝난 산란 상자는 성충을 제거하면 그대로 애벌레의 사육 상자로 이용할 수 있다.
- 어린 애벌레는 가능한 갑자기 환경을 바꾸지 않는 것이 좋으므로 3령 애벌레가 될 때까지 처음 채란된 상태로 유지하는 것이 좋다.

③ 장수풍뎅이 애벌레의 성장에 따른 관리

- 알에서 부화한 애벌레는 약 5주 정도가 경과되면 두 번의 탈피 과정을 거쳐 3령 애벌레

로 탈바꿈하며, 3령 애벌레 때부터는 먹이 섭식량 및 배설량이 급격히 늘어나게 된다.

- 3령 이후의 영양 상태에 따라 장수풍뎅이 성충의 충질이 결정되고 몸의 변화가 가장 많은 시기이기 때문에 먹이관리와 배설물 처리 등 사육에 만전을 기해야 하는 시기이다.

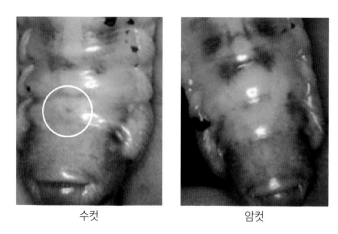

수컷   암컷

그림 3-1-10. 장수풍뎅이 애벌레의 암수 구별(v자 있으면 수컷)

- 장수풍뎅이 애벌레의 배설물
  - 장수풍뎅이 3령 애벌레의 배설물은 길이가 약 1㎝에 이르는 납작한 타원형 모양이며 건조하면 손으로도 잘 부서지지 않을 만큼 단단해 진다.
  - 사육 상자 내에서 배설물은 사육용 톱밥 위로 모이기 때문에 쉽게 걷어낼 수 있다. 사육 상자의 50% 정도가 배설물로 채워지면 톱밥을 교체해 준다.
- 사육 상자 내의 부엽토 관리 및 교체
  - 평소에는 분무기를 이용하여 톱밥 표면이 마르지 않도록 주기적인 관수가 필요하다.
  - 관수 시에도 표면의 톱밥이 젖을 정도로 소량을 관수만 실시하여 과다 관수로 인한 과습 상태가 되지 않도록 주의한다.
  - 엽토를 교체하는 방법 : 위쪽의 배설물을 걷어내고, 새로운 톱밥을 약 60~65% 정도의 습도가 유지되도록 조절하여 사육 상자에 추가한다.
  - 주의사항 : 부엽토의 습도가 너무 높거나 낮으면 질병의 원인이 되고 자칫 장수풍뎅이 애벌레가 폐사에 이를 수도 있다.

④ 사육실의 온도관리

- 장수풍뎅이는 야외에서도 애벌레 상태로 겨울을 나기 때문에 시설 내에서 사육 시 가온을 하지 않아도 된다.

- 불시 사육을 위해서 가온을 하면 애벌레의 생육이 지속되어 애벌레 기간을 절반 이하로 줄일 수도 있다.

- 실내 가온 시에는 톱밥이 더 건조되기 쉽기 때문에 적절한 관수 조절로 톱밥의 습도가 유지되도록 해야 한다.

(4) 번데기관리

① 번데기의 형성

- 장수풍뎅이 애벌레는 성장이 완료되면 스스로 번데기 방을 만들고 그 속에서 번데기가 된다.

- 번데기 방을 만든 애벌레는 몸에 주름이 잡히고, 몸 전체가 갈색을 띄는 전용 상태가 되며, 전용 상태로 일주일 내외의 기간이 경과하면 번데기가 된다.

- 장수풍뎅이의 번데기 기간은 대략 20일 내외로, 전용 기간과 번데기 기간은 개체의 특성이나 사육 환경에 따라 달라질 수 있다.

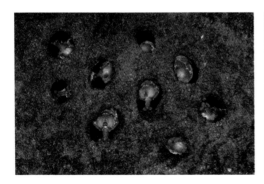

그림 3-1-11. 장수풍뎅이의 번데기 방

② 번데기 방의 특징

- 번데기 방은 수컷이 암컷보다 훨씬 커서 7㎝ 내외이며, 암컷은 4㎝ 내외의 크기이다.

- 장수풍뎅이의 번데기 방은 애벌레의 크기, 즉 번데기의 크기에 따라 차이를 보이며, 번데기 방이 큰 경우 번데기의 크기도 크고 성충의 크기도 큰 양상을 보인다.

③ 번데기 시기의 관리 및 주의사항
- 스스로 만든 번데기 방은 절대 훼손되지 않도록 주의해야 하며, 외부의 자극에도 민감하기 때문에 충격이나 진동이 가해지지 않도록 하고 주변을 어둡게 관리하는 것도 중요하다.
- 번데기 방이 훼손된 경우에는 우화 시 우화부전으로 인한 기형 개체가 나오거나 죽는 경우가 많으므로 특히 주의해야 한다.
- 만약 번데기 방이 훼손되었다면 인공적으로 번데기 방을 만들어주는 것도 방법이다.

④ 인공적인 번데기 방 만들기
- 인공적으로 번데기 방을 만드는 방법은 사육용 톱밥에 약간의 수분을 보충하여 65% 내외의 습도가 되도록 만든 후 단단하게 다지고 나서 번데기 방과 비슷한 타원형의 동굴 모양을 만들면 된다.
- 만들어진 번데기 방에 번데기의 머리가 위를 향하도록 수직으로 세워서 넣고 위에 젖은 종이를 덮어 습도가 유지되도록 한다.

⑤ 번데기 방의 관찰
- 보통 소형 사육 용기에 개별적으로 사육 시에는 용기의 표면부에서 번데기 방을 형성하기 때문에 관찰이 용이하다.
- 용기 표면에서 번데기 방을 만드는 이유는 애벌레가 번데기 방의 안전성을 위해 단단하고 매끈한 부위에 번데기 방을 만드는 습성이 있기 때문인 것으로 보인다.
- 애벌레 사육 용기를 검은색 종이나 천으로 가려주면 보다 쉽게 표면에서 번데기 방을 만들도록 유도할 수 있다.

그림 3-1-12. 장수풍뎅이의 단계별 우화 과정

(5) 성충관리

① 우화관리

- 정상적인 경우 번데기 방을 형성하고 약 30일 전후의 번데기 기간이 경과하면 성충으로 우화한다.

- 처음 우화한 장수풍뎅이 성충은 몸은 부드럽고 연한 색을 띠고 있으며, 우화한 후에도 약 일주일간은 번데기 방 속에서 머무르게 되는데, 그동안 몸이 점차 단단해지고 색깔도 장수풍뎅이 본연의 짙은 밤색을 띠게 된다.

- 장수풍뎅이 성충이 스스로 번데기 방에서 나올 때까지는 강제로 꺼내지 말고 두는 게 좋다. 또한, 스스로 활동하기 전까지는 먹이도 먹지 않으므로 먹이를 급여할 필요도 없다.

그림 3-1-13. 장수풍뎅이 성충관리 - 먹이 공급(곤충 젤리)

② 성충의 먹이관리

- 장수풍뎅이 성충이 활동을 시작하면 먹이를 급여하고, 필요에 따라 암수를 합사하여 짝
  짓기를 유도한다.
- 장수풍뎅이 성충의 먹이는 자연 상태에서는 참나무의 나뭇진이며, 간혹 썩은 과일에도
  모인다.
- 바나나나 수박과 같은 과일을 잘 먹기 때문에 여름에는 과일 상점에서 상한 과일을 구
  해 먹이로 급여하는 것도 좋은 방법이다. 다만 초파리의 발생에 유의하여 보다 청결한
  관리가 요구된다.
- 인공 먹이의 공급
  - 불시 사육이나 채란을 위한 계대 사육 시에는 자연 상태에서 먹이를 구하기 어려운 경
    우도 있다.
  - 젤리 형태의 장수풍뎅이 전용 먹이가 다양하게 개발되어 시판되고 있으며, 각종 영양소
    의 첨가로 수명 연장, 산란량 증가 등의 효과가 있다고 한다.
- 먹이 급여 시의 주의사항
  - 먹이의 급여 시에는 너무 많은 먹이를 넣어주는 것은 초파리와 같은 잡충의 번식으로
    사육 상자가 지저분해 질 수 있기 때문에 주의한다.
  - 하루 정도에 다 먹어치울 정도의 먹이를 공급하고, 매일 새로운 먹이로 교환해 주는 것
    이 가장 좋다.

③ 성충의 사육 상자 만들기와 관리

- 발효 톱밥 : 장수풍뎅이 성충의 사육 상자를 구성하기 위해서는 먼저 애벌레의 먹이와
  같은 부엽토을 준비하여 수분을 60~65% 내외로 조절한 후 사육 용기의 바닥에 5㎝ 높
  이로 깔아준 후 가볍게 다진다.
- 놀이 목 : 직경 3~5㎝에 길이 15~20㎝의 참나무토막을 넣어주면 되고, 참나무 껍질 등을
  추가로 넣어주어도 된다. 장수풍뎅이는 거북이와 같아서 실수로 뒤집어질 경우 주변에
  붙잡을 것이 없으면 잘 일어나지 못하고, 에너지를 소진해서 죽을 수도 있기 때문에 놀
  이 목을 넣어주는 것도 중요한 과정이다.
- 먹이 접시 : 먹이 접시는 곤충 전용 젤리를 넣어주는 그릇으로 젤리에 톱밥이 묻거나 톱
  밥이 오염되는 것을 막을 수 있게 해준다. 젤리가 아닌 과일과 같이 다른 먹이를 공급하

게 될 경우에는 다른 형태의 먹이 접시(일반적인 접시 등)를 준비하는 것이 좋다.

● 사육과 동시에 채란을 하고자 할 때는 발효 톱밥의 높이를 조금 더 높게 해서 사육 상자의 절반까지 채워도 된다.

● 구성이 완료된 사육 상자에 장수풍뎅이를 넣고 뚜껑을 덮는다.

● 장수풍뎅이는 낮에는 톱밥 속에 숨어 있거나 간혹 나와서 먹이를 먹기도 하지만 밤이 되면 활발하게 활동하고, 날개를 펼쳐서 잘 날아다니기 때문에 반드시 뚜껑을 잘 닫아 두어야 한다.

● 방충용 시트 또는 망사 덮기 : 장수풍뎅이의 먹이는 초파리를 유인하여 발생시키기 때문에 뚜껑을 덮기 전에 방충용 시트나 망사 등을 덮어 잡충의 유입을 막을 수 있도록 한다.

(6) 저장관리

① 저장 시의 충태

● 장수풍뎅이는 알이나 번데기 상태로는 저장이 어렵고, 성충 상태로도 장기 저장은 불가능하다.

● 수풍뎅이는 야외에서 3령 중기 이후의 애벌레 상태로 겨울을 나기 때문에 사육 중 저장 시에도 3령 중기 이후의 애벌레 상태로 저장하는 것이 가장 좋다.

② 노지 월동 : 장수풍뎅이의 노지 사육 시에는 발효 톱밥의 높이를 60~70 ㎝ 이상으로 유지하면 자연 조건에서도 겨울나기가 가능하다.

③ 시설을 이용한 불시 사육 및 저장

● 장수풍뎅이의 애벌레를 저장하기 위해서는 사육 상자 안에 60~65%(약간 낮게)로 수분을 조절한 부엽토를 80% 이상 가득 채우고, 애벌레를 넣은 후 저온 저장고에 넣어 보관하면 된다.

● 저장 온도는 7~10℃ 내외가 적당하며, 저장 중에 발효 톱밥의 수분함량이 줄어들기 때문에 뚜껑을 덮어 두도록 한다.

● 600×400×300㎜ 크기의 사육 상자에는 대략 50~100마리 정도의 애벌레를 함께 넣어 보관할 수 있다.

- 사육 상자의 상단에 직경 5㎜ 크기의 구멍을 4면에 다수 뚫어 내부의 공기가 정체되고, 유리 수분이 생기지 않도록 한다.

(7) 먹이 및 환경 기준

① 장수풍뎅이 애벌레와 성충의 먹이의 차이

- 장수풍뎅이의 먹이는 성충일 때와 애벌레일 때가 완전히 다르다.
- 장수풍뎅이 애벌레는 야외에서 부숙된 퇴비나 낙엽을 먹이로 하고, 사육 시에는 발효된 톱밥을 먹이로 한다.
- 성충은 자연 상태에서 나무 수액이나 썩은 과일에 모여 즙을 빨아 먹으나, 사육 시에는 곤충 전용 젤리나 과일을 먹인다.

② 발효 톱밥의 종류

- 생톱밥을 발효시켜 이용
- 표고버섯 재배목을 분쇄하여 이용

③ 생톱밥의 발효

- 생톱밥 발효 시에는 60~65%로 수분함량을 조절한 톱밥을 60㎝ 내외의 높이로 쌓아서 인위적으로 발효를 시킨다.
- 발효를 촉진시키기 위해 발효 미생물을 첨가하면 발효의 속도가 빨라지고 발효 산물이 균일해지는 이점이 있다.
- 톱밥의 발효는 실내에서도 가능하며, 온도가 균일한 환경에서 발효시키면 보다 안정되고 균일한 발효 톱밥을 얻을 수 있다.
- 야외에서 발효시키고자 할 때는 바닥에서 이물질이 유입되지 않도록 유의한다.
- 발효에 소요되는 기간은 미생물의 첨가 여부와 환경의 영향에 따라 7~20일까지 소요된다.

④ 표고버섯 재배 폐목 톱밥

- 분쇄 방식에 따라 입자가 다소 굵어질 수 있으나, 어린 애벌레 시기가 아니면 사육에 크게 영향을 미치지는 않는다.

- 표고버섯의 재배 상태가 불량하여 부후가 덜 된 나무나 잡균에 의한 오염이 심한 나무는 분쇄 전에 선별하여 제거하는 것이 좋다.
- 부후가 덜된 톱밥이 혼입될 경우 장수풍뎅이 애벌레를 기르기 위해 수분을 첨가할 때 후발효로 인해 열이 발생될 수 있으므로 사육 실패의 원인이 된다. 그러므로 미연의 사육 실패를 사전에 예방하기 위해서는 표고버섯 폐목 톱밥에 수분을 보충한 후 약 7일 내외의 기간 동안 방치하여 충분히 후발효가 일어나도록 하는 것이 좋다.

⑤ 발효 톱밥의 조건
- 장수풍뎅이 애벌레의 먹이용으로 적합한 발효 톱밥은 순수한 참나무 톱밥이 가장 양호하며, 사육 시의 수분함량은 60~65% 내외가 적당하다.
- 톱밥의 굵기는 사육에 크게 영향을 미치지는 않으나 입자가 너무 가는 경우에는 톱밥 내에 공극이 부족하고, 톱밥이 단단하게 뭉쳐지는 단점이 있다.
- 톱밥 입자가 너무 굵은 경우에는 어린 애벌레의 섭식에 장애가 발생할 수 있고 통기성과다로 인해 톱밥의 적정한 수분 유지가 어려운 단점이 있다.

⑥ 성충의 먹이
- 장수풍뎅이의 대량 사육 시 성충의 먹이는 곤충 전용 젤리가 주로 이용된다.
- 곤충 전용 젤리의 특징
  - 곤충 전용 젤리의 특징은 일반적인 젤리와 달리 단백질과 같은 영양 성분이 보충되어 있다는 것인데, 단순히 성충의 사육만 할 경우에는 먹이에 따라 수명의 차이가 나타날 수 있지만 먹이의 성분에 따른 성충의 수명과의 상관관계는 아직 명확히 밝혀져 있지 않다.
  - 성충의 사육과 함께 채란을 병행할 때는 단백질과 같은 영양 성분의 함유를 통해 산란량을 증대시킬 수 있다는 보고가 있다.
  - 곤충 전용 젤리는 일본산 젤리가 수입되어 유통되는 경우가 많이 있으며, 최근에는 우리나라에서도 다양한 제품이 개발되어 있다.

그림 3-1-14. 다양한 곤충 젤리 상품

⑦ 환경 기준
  ● 애벌레 시기의 환경관리
    • 발효 톱밥의 수분관리 : 발효 톱밥이 과습하거나 과건조하게 되면 자칫 애벌레가 폐사
      할 수도 있고, 죽지는 않더라도 먹이 섭식의 장애로 인해 기형이나 소형 개체의 출현으
      로 이어질 수도 있다.
  ● 번데기 시기의 환경관리
    • 외부의 환경 변화와 충격에 대단히 민감한 시기이기 때문에 급격한 온도 변화와 외부
      의 충격이나 진동이 발생되지 않도록 한다.
    • 특히 번데기 방이 무너지지 않도록 주의해야 한다.
  ● 성충 시기의 환경관리
    • 성충 시기는 비교적 환경 변화에 대한 적응력이 뛰어나기 때문에 안전하지만, 위생환경
      관리에 주의해야 한다.
    • 특히 사육 상자 내에 잡충이나 곰팡이 등이 발생되지 않도록 유의해야 한다.

다. 사육 단계별 사육 체계

(1) 사육 단계별 사육 체계
① 장수풍뎅이의 사육 단계
  ● 장수풍뎅이의 사육 단계는 채란의 과정에서 시작하여 애벌레, 번데기, 성충 및 채란의 단
    계로 나누어지며, 각 단계별로 사육 체계는 아래 그림에 나타낸 바와 같다.

- 장수풍뎅이의 사육 단계에 있어서 가능한 많은 양의 알을 채란하기 위해서는 채란용 사육 상자를 3~5회 정도 옮겨 가면서 알을 받는 것이 좋다.

② 사육 단계별 관리

- 장수풍뎅이는 종충의 크기가 자손의 크기를 결정하는 가장 중요한 요소이기 때문에 건전하고 큰 종충을 확보하는 것이 무엇보다 중요하다.
- 채란이 끝난 사육 상자는 성충을 분리한 후 별도로 관리하면서 애벌레의 상태를 점검하거나, 알이나 어린 애벌레를 수거하여 관리한다.
- 주기적으로 상태를 확인하여 이병된 개체는 신속히 제거하여야 다른 개체로의 전염을 막을 수 있다.
- 연중 지속적인 생산을 위해서는 저장성을 활용한 방법이 가장 유리하며, 저장 후의 개체의 활력이나 품질이 저하되지 않도록 관리하는 것이 중요하다.

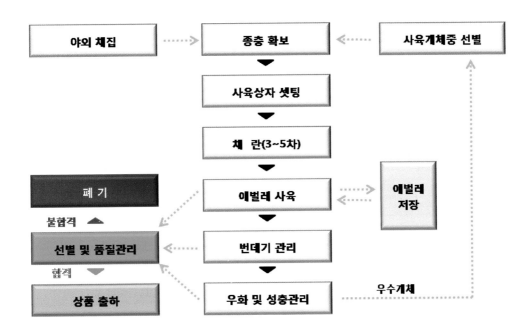

그림 3-1-15. 장수풍뎅이의 사육 체계

(2) 사육 단계별 관리 방법 및 사육 조건

장수풍뎅이의 사육 단계별 관리 방법 및 사육 조건은 다음의 표에 나타낸 바와 같다.

표 3-1-1. 장수풍뎅이의 사육 단계별 관리 방법 및 사육 조건

충태 및 사진		기간	특징 및 관리 방법
알		10~15일	• 암컷 마리당 최대 100개 내외 산란 • 알의 크기가 점차 커짐 • 동그란 탁구공 모양으로 변화 • 채란 후 성충을 옮기거나 알과 어린 애벌레를 수거
1령 애벌레		13~15일	• 부화 후 알껍질을 먹음 • 몸길이 5mm내외로 매우 작음 • 애벌레 수거시 애벌레는 주로 용기의 바닥에 있으므로 다치지 않도록 주의
2령 애벌레		17~20일	• 몸길이가 2cm 내외로 아직 작음 • 가능한 사육 용기를 옮기지 않음 • 발효 톱밥의 표면이 마르지 않을 정도로 관수 (분무기 이용)
3령 애벌레		8~9 개월	• 약 2~3개월 후에는 20g 전후까지 성장 • 먹이 섭식량과 배설량이 급격히 많아짐 • 주기적으로 배설물을 제거 및 톱밥 교환 • 필요 시 저온저장(10℃) 가능
전용		7~12 일	• 활동이 둔화되며 표피가 누렇게 변함 • 번데기가 될 준비를 하는 기간 • 몸안의 배설물을 모두 내보냄 • 주변의 톱밥을 다져서 번데기 방 형성
번데기		20~25일	• 번데기 방 내에서 번데기 형성 • 가장 예민하고 위험한 시기 • 충격을 주지 않게 특히 조심 • 부서지면 인공적으로 만들어 줌
성충		수명 1~3개월	• 우화 후에도 번데기 방에서 딱지날개가 완전히 경화될 때까지 머무름 • 스스로 나온 이후에 먹이 급여 • 먹이 : 곤충 젤리 또는 과일

라. 사육 시설 기준

(1) 사육 도구 기준

① 사육 상자 : 애벌레와 성충 사육 시 공통으로 이용되는 도구

- 사육 상자의 종류
  - 크기별 A형 : 250×150×170mm
    - B형 : 330×240×190mm
    - C형 : 400×300×250mm
    - D형 : 600×400×300mm
  - 재질 : 플라스틱
- 사육 상자의 크기별 특징 및 장단점
  - 소형 사육 상자(A, B형) : 많은 양의 채란을 위해서는 약 1주일 단위로 성충을 옮겨주어야 하는 등 사육관리에 번거로움이 있지만 한 상자에 한 쌍씩 성충을 사육하기에 적당하고, 관리가 용이하다는 장점이 있다.
  - 중대형 사육 상자(C, D형) : 성충의 산란량이 많아지고, 많은 수의 애벌레를 키울 수 있다는 장점이 있으나, 병이 발생했을 경우에는 피해의 범위가 상대적으로 커질 수 있다는 단점이 있다.
  - 가장 많이 사용되는 사육 상자 : D형
  - 성충의 경우 여러 마리의 암수 개체를 합사할 경우 상호간의 경쟁에 의해 수명도 짧아지고 산란량도 줄어드는 경향을 보이므로 작은 상자(B형)를 이용하여 한 쌍씩 분리하여 사육하는 것이 가장 우수하며, 애벌레의 경우 3령 이후에는 C, D형과 같이 큰 사육 상자에 50~100마리의 애벌레를 합사하는 것도 무난할 것으로 보인다.

그림 3-1-16. 사육 상자의 크기 비교

② 기타 사육 도구 : 먹이 접시, 놀이 목, 방충 시트, 곤충 젤리, 발효 톱밥 등

- 사육 상자를 제외한 나머지 사육 도구들은 작은 형태의 소품들로 먹이 접시, 놀이 목 등이며, 사육 상자의 뚜껑 안쪽에 덮는 방충 시트 등이 있다.
- 그 밖에 성충의 먹이인 곤충 전용 젤리와 애벌레의 먹이인 발효 톱밥이 중요한 사육 도구들이라 할 수 있다.

먹이 접시

놀이 목

곤충 젤리

발효 톱밥

방충 시트

그림 3-1-17. 다양한 곤충 사육 재료

(2) 사육 시설 기준

① 장수풍뎅이의 사육 시설의 설치 기준

- 장수풍뎅이는 생활사의 80% 이상이 애벌레 기간이므로 애벌레의 사육에 맞추어 사육 시설을 설계하고 시설을 설치하면 된다.
- 보다 안전한 사육과 철저한 관리를 위하여 비닐하우스 형태의 건축물보다는 조립식 패널을 이용한 사육 시설을 설치하는 것이 좋다.

- 조립식 패널을 이용한 건축 시에는 벽체의 두께가 두꺼울수록 외부와의 차단 기능이 우수하여 냉·난방비를 절감에 도움을 되지만 건축비용을 감안하여 선택하도록 하되, 외벽의 경우 최소 두께 100㎜ 이상의 패널을 이용하도록 한다.

② 사육실의 바닥
- 사육실의 바닥은 콘크리트로 포장하여 외부와의 단절을 시킴으로서 사육 과정 중에 발생할 수 있는 잡충의 유입과 두더지 등의 침임으로 인한 애벌레의 손실을 예방할 수 있어야 한다.
- 조립식 패널을 이용한 사육실의 설치 시에는 바닥의 보온에도 주의하여 바닥을 통한 열의 손실을 최소화하도록 하고, 여름철 온도차로 인한 결로현상을 예방할 수 있도록 한다.

③ 환기 시설
- 시설 내의 원활한 환기와 채광을 위해 1×1m 크기 이상의 창을 2개소 이상 설치하는 것이 좋으며, 강제 환기를 할 수 있도록 환풍기를 설치하는 것도 좋다.
- 모든 창에는 방충망을 설치하여 외부의 잡충 유입을 막는다.

④ 사육 선반의 설치
- 사육실 내부에는 공간 활용도를 높이기 위해 벽면 위주로 선반을 설치하고, 사육 상자를 올려놓으면 좋다.
- 사육 선반의 간격은 최소 50㎝ 이상을 유지하여 사육 상자의 과밀과 작업의 효율성을 높일 수 있도록 한다.
- 사육 선반 설치 시에는 바닥으로부터 20㎝ 이상을 이격하여 바닥으로부터의 냉기를 차단하고, 바닥의 이물질이 사육 상자에 달라붙지 않도록 한다.
- 사육 선반의 단수는 사육실의 실내 높이에 따라 다르나 대개 4단으로 설치하는 것이 좋다.

⑤ 냉·난방시설

- 인위적인 환경관리와 불시 사육을 위해서는 냉·난방 시설을 설치하는 것이 유리하나 사육규모와 불시 사육의 필요성에 따라 탄력적으로 적용하는 것이 바람직하다.

⑥ 사육실의 면적

- 사육실의 면적은 관리상의 편의를 고려하여 너무 크거나 작지 않게 구성하는 것이 좋다.
- 사육실 1개의 면적은 5×8m가 적당하며, 사육 규모에 따라 같은 크기의 사육실을 여러 개 설치하여 관리하면 여건에 따라 가감하면서 이용할 수 있기 때문에 관리비용을 절감할 수 있다.

⑦ 사육 준비실의 설치

- 사육실과는 별개로 사육용품의 세척 및 먹이의 준비 등 작업이 가능한 사육 준비실을 설치하는 것이 좋다.
- 애벌레나 성충의 사육실과 사육 준비실을 구분하여 사육 준비실로부터 오는 오염이나 외부의 충격을 차단할 수 있도록 하는 것이 좋다.

⑧ 저온 저장고의 설치

- 사육실과 가까운 곳에 저온 저장고를 설치하면 애벌레의 저장관리가 용이하기 때문에 건물 내부나 인접한 곳에 저온 저장고를 설치한다.
- 저온 저장고가 있으면 애벌레의 장기 저장이 가능하므로 불시 사육에 따른 비용을 절감할 수 있고, 시장 상황에 따라 자유롭게 출하시기를 조절하여 보다 수익성을 높일 수도 있다는 장점이 있다.

⑨ 장수풍뎅이 사육 시설의 권장 설계안

- 장수풍뎅이의 대량 사육을 위한 사육실은 여러 가지 형태가 가능할 것으로 판단되나 조립식 패널을 이용한 사육 시설이 가장 적합할 것으로 선정하였다.
- 장수풍뎅이의 사육 규모에 따라 크기나 면적이 달라지겠지만 대체로 한 건물 내에 사육실과 작업장, 저온 저장고를 함께 갖추고 있는 것이 생산성이나 관리 면에서 유리할 것으로 보인다.

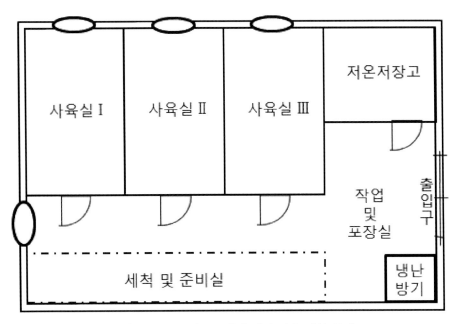

저온저장고

사육실 Ⅰ

사육실 Ⅱ

사육실 Ⅲ

작업
및
포장실

출입구

세척 및 준비실

냉난
방기

그림 3-1-18. 장수풍뎅이 권장 사육 시설 설계

그림 3-1-19. 장수풍뎅이 사육 시설 및 작업 전경(함평나비)

(3) 단위 생산성

① 사육 상자당 사육 가능 개체 수

- 600×400×300㎜ 크기의 사육 상자를 활용할 경우 상자당 50~100마리 까지의 장수풍뎅이 애벌레를 사육할 수 있다.
- 저장 시에도 같은 개체 수를 저장할 수 있으므로 사육 상자를 통일하여 사용하면 편리하며 공간 효율을 높일 수 있다.

② 사육실의 면적에 따른 사육 가능 개체 수

- 40㎡(5×8 m) 면적의 사육실 3면에 4단 사육 선반을 설치할 경우 약 152개의 사육 상자를 상치할 수 있다.
- 사육 상자당 50~100마리의 애벌레를 사육할 수 있으므로 사육실 1실당 7,600~15,200마리의 장수풍뎅이 애벌레를 사육할 수 있다.

③ 저장 시설

- 저온 저장고는 일반 농가형 저온 저장고를 이용할 수 있으며, 작업 동선 등을 고려하여 설치한다.
- 저온 저장고의 경우 우레탄 패널을 이용하여 단열 효과를 높이도록 설치하고, 면적은 사육 규모에 따라 달라질 수 있으나 대개 18㎡(3×6m) 면적의 저온 저장고가 일반적으로 이용된다.
- 저온 저장고의 경우 선반 간격을 줄이고 단수를 늘리면 최대 6단까지 적재가 가능하므로, 18㎡ 면적의 저온 저장고에 사육 상자 168개 정도를 적재할 수 있다.
- 사육 상자당 50~100마리를 넣어 저장한다고 가정할 경우에 약 8,400~16,800마리의 장수풍뎅이 애벌레를 저장할 수 있다.

마. 활용 및 주의사항

(1) 활용 방법 및 예시

① 장수풍뎅이는 애완용 곤충으로 가장 많이 알려져 있고, 현재까지 가장 많이 유통되고 있는 종이다. 우리나라의 곤충시장에 새로운 패러다임을 제시하고, 곤충이 일반인들에게 애완용으로 인식될 수 있는 계기를 불러온 곤충이기도 하다. 그만큼 다양하게 활용되고 있

으며, 많은 개체가 사육되고 있다.

② 장수풍뎅이는 일반적으로 애완용 곤충으로 이용되는 경우가 가장 많으며, 시중에서 애벌레나 성충 상태로 유통되어 진다. 알 기간은 워낙 짧고, 번데기 기간은 예민하기 때문에 유통되지 못한다. 장수풍뎅이의 애벌레는 대개 3령 중기 이후의 형태로 유통되며, 성충은 갓 우화한 개체를 위주로 거래가 이루어진다.

③ 또한, 장수풍뎅이는 곤충의 대명사답게 거의 모든 곤충 생태관이나 곤충과 관련한 전시회, 체험교육, 축제나 이벤트의 필수적인 곤충으로 자리 잡고 있다.

(2) 사육 시 주의사항
① 장수풍뎅이의 사육 과정에서 가장 주의해야 하는 시기는 번데기 시기이다. 번데기 시기에는 주변의 작은 충격에도 쉽게 손상을 입어 기형적인 개체로 우화할 수 있기 때문에 주의해야 한다. 특히 번데기 방이 상하면 죽거나 기형 개체가 되기 때문에 되도록 건드리지 않도록 하는 것이 중요하다.

② 그 밖에도 장수풍뎅이는 애벌레나 성충 모두 야행성이므로 생육 과정에서 자연 상태와 비슷한 환경 조건을 조성해 주는 것이 필요하다. 애벌레의 생활 공간이자 먹이인 발효 톱밥은 적당한 수분함량을 유지해야 하며 과습하거나 건조하면 애벌레의 크기가 작아지고 병 발생의 우려가 높다. 특히 3령 이후의 영양 상태에 따라서 성충의 충질이 결정되기 때문에 발효 톱밥의 관리에 주의를 기울여야 한다.

③ 장수풍뎅이는 크기에 따라 가격이 달라지기 때문에 최초 사육 시의 사육용 모충을 크고 건강한 개체로 선택해야 후에 거대한 양질의 장수풍뎅이를 생산할 수 있다.

④ 장수풍뎅이의 사육 과정에서는 양질의 먹이를 안정적으로 공급하는 것이 무엇보다 중요하다. 애벌레 시기에는 잘 발효된 발효 톱밥을 공급해 주어야 하며, 성충 시기에는 수명을 연장시키고, 산란율을 높이는 먹이를 공급해 주어야 한다.

2. 넓적사슴벌레(*Serrognathus platymelus castanicolor* (Motschulsky))

그림 3-1-20. 넓적사슴벌레

가. 일반 생태

(1) 분류학적 특성

넓적사슴벌레는 딱정벌레목(Coleoptera) 사슴벌레과(Lucanidae)에 속하는 곤충으로 우리나라에서 가장 많이 볼 수 있는 사슴벌레 중 하나이며, 몸집의 크기도 가장 크다. 넓적사슴벌레의 큰 턱으로 인해 예로부터 우리 어린아이들에게 가장 인기 있는 곤충이었다. 참나무 숲에서 발견되나 야행성이라 낮에는 발견하기 힘들다. 낮에는 참나무 틈이나 줄기 구멍 속 또는 나무 밑동의 땅 속이나 낙엽 속에 숨어 지내다 주로 밤에 참나무 진을 먹기 위해 모이며, 불빛에도 민감하게 반응하여 시골길에 있는 가로등 불빛에 모이기도 한다.

사슴벌레과의 곤충들은 일명 집게벌레라고 불리며, 아이들의 장난감으로 친숙하고 흔한 곤충이었다. 그러나 급속한 산업화의 영향으로 서식지가 줄어들어 현재는 그 수가 감소하여 보기조차 힘들어져 가고 있다. 일본에서는 1980년대에는 장수풍뎅이가 어린이들의 애완곤충으로 인기를 누려왔으나 최근에는 이 사슴벌레가 애완곤충으로 상당한 인기를 차지하여 산업화가 되고 있으며, 1년 동안 거래되는 사슴벌레의 금액이 150억 엔 정도에 이른다고 한다.

사슴벌레과는 세계적으로 1,000여 종이 알려져 있으며, 우리나라에는 10속 14종의 사슴벌레가 알려져 있다. 우리나라에는 넓적사슴벌레와 비슷한 참넓적사슴벌레(*Serrognathus consentaneus*)가 있다. 참넓적사슴벌레는 넓적사슴벌레와 매우 닮았지만 큰턱 바깥쪽이 둥글게 굽었고 뒷다리 종아리마디에 가시 같은 돌기가 없는 것이 넓적사슴벌레와 다른 점이다.

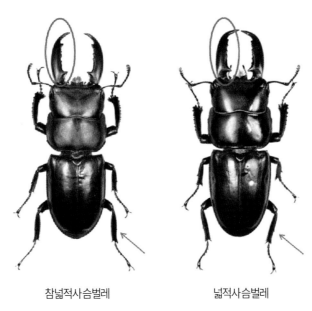

참넓적사슴벌레   넓적사슴벌레

그림 3-1-21. 참넓적사슴벌레와 넓적사슴벌레의 비교

넓적사슴벌레는 수컷의 몸길이가 38~85㎜이고 큰턱의 길이만 4~23㎜이다. 암컷은 28~44㎜로 수컷보다 작고 큰 턱이 발달하지 않았지만 날카롭고 뾰족하여 단단한 나무도 쉽게 구멍을 낼 수 있을 만큼 강하다. 수컷은 광택이 적은 검정이며 크기가 작은 개체들의 경우 광택이 많이 나는 경우도 있다. 크기가 작은 수컷의 경우 개체에 따라 차이가 있지만 가슴 부분에 붉은빛이 많이 나타난다. 수컷의 경우 큰 턱은 두 갈래의 긴 집게가 나란히 앞으로 향하고 있으며, 끝은 안쪽으로 굽어 있다. 수컷의 큰 턱 안쪽으로는 불규칙한 톱니상의 거치가 배열하고 있다. 암컷의 딱지날개 표면은 매끈하며 광택이 있어 왕사슴벌레 암컷의 줄무늬와 구별된다.

그림 3-1-22. 넓적사슴벌레 암수 비교

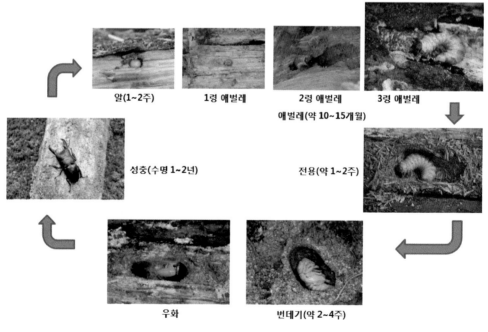

그림 3-1-23. 넓적사슴벌레의 생활사

(2) 생태

넓적사슴벌레는 참나무 숲에 서식하며 성충은 참나무의 나뭇진을 먹이로 하고 나뭇진이 나오는 곳을 차지한 수컷이 암컷과 짝짓기를 한다. 짝짓기를 한 암컷은 주로 죽은 참나무류 중 굵기가 굵고 땅속에 묻혀 있어서 수분이 일정하게 유지되는 나무에 알을 낳는다. 암컷은 참나무류, 밤나무, 생강나무, 은사시나무, 미루나무, 뽕나무 등 여러 종류의 나무에 알을 낳지만 주로 참나무류를 선호한다. 애벌레는 썩은 나무를 파먹으면서 자라는데 약 10~15개월 정도의 애벌레 기간을 지나고 번데기가 된다. 산란 시점부터 성충이 되는 데까지는 약 1~1.5년이 소요된다. 25℃의 온도에서 알을 낳으면 그로부터 약 2주 후에 부화하여 1령이 된다. 1령에서 2령의 기간은 약 26일 전후, 2령에서 3령의 기간은 약 29일, 3령에서 번데기가 되는 기간은 약 8~13개월, 번데기 기간은 30일 전후의 시간이 필요하다. 애벌레가 자라는 기간은 먹이와 온도에 따라 차이가 날수 있으며, 온도가 높으면 전반적으로 그 기간이 단축되며 먹이가 좋을수록 그 크기가 크게 나타난다.

자연 상태에서 수컷은 먹이가 풍부한 나무에서 암컷이 오기를 기다렸다가 짝짓기를 한다. 주로 밤에 활동을 하고 낮이 되면 나무줄기의 구멍에 숨거나 나무 밑동의 땅속 또는 낙엽 속에서 휴식을 취한다. 밤이 되면 불빛에 날아오는 습성이 있어 가로등불 밑에서 사람에게 밟혀 죽거나 차에 치어 죽는 경우도 있다. 넓적사슴벌레 성충의 수명은 1~2년인 것으로 알려져 있으며, 환경에 따라 차이가 난다. 사슴벌레중에 왕사슴벌레는 3~5년 정도의 수명을 지니고 있어 곤충 중에서는 가장 수명이 긴 것으로 알려져 있다.

나. 사육 방법

(1) 알 받기(채란)

① 사육용 모충(종충)의 확보

- 넓적사슴벌레 사육의 첫 단계는 건강한 모충(종충)을 확보하는 것이다.
- 다른 사슴벌레들과 마찬가지로 대형 사슴벌레를 키워내기 위해서는 모충이 크고 건강해야 한다는 전제가 성립한다. 물론 후천적인 영양으로 어느 정도까지 큰 개체를 육성해낼 수 있지만, 몇 대에 걸친 선발을 통한 계대 사육으로 보다 더 큰 개체를 생산하는 단계에 까지 이르기 위해서는 각 계대 사육 단계별로 우수한 종충을 선별하고 우수한 종충으로부터 지속적으로 브리딩(breeding)을 하는 과정이 요구된다.
- 넓적사슴벌레의 선별은 대개 성충 상태에서 이루어지며 성충 수컷의 경우 큰 턱을 포함한 몸 전체 길이가 70㎜ 이상인 개체면 양호하다. 또 암컷의 경우에는 35㎜ 이상의 개체

를 선별하여 사육용 모충을 사용한다.

- 지속적인 계대 사육시 근친 교배에 의한 약세가 나타날 수 있기 때문에 여러 개체군를 별도로 사육하고 개체군 간 또는 야외에서 채집한 개체와 교배를 시키는 방법을 사용하여 유전적 퇴화를 예방할 수 있어야 한다.

② 알 받기(채란)

- 넓적사슴벌레는 야행성으로 주로 밤에 활동하며, 먹이 활동이나 짝짓기 역시 밤에 이루어진다.
- 넓적사슴벌레의 사육 과정 중에서 첫 번째 과정은 성충으로부터 채란을 하는 과정이다.
- 야생에서 채집된 넓적사슴벌레 암컷의 경우 불빛에 모이거나 나무 수액에 모이는 경우에는 거의 대부분 짝짓기를 마친 상태이기 때문에 바로 채란 과정으로 들어갈 수 있으나, 사육된 개체의 경우에는 수컷 성충과의 합사를 통해 짝짓기가 이루어지도록 해야 한다.
- 산란 목의 준비
  - 사슴벌레류의 산란 목은 표고버섯 재배 폐목을 약 20㎝ 길이로 잘라서 사용하면 되는데 이때 잡균에 오염되어 검게 변한 부분을 사용하지 않는다.

| 침수 | 겉말림 | 톱밥 넣기 | 세팅 |

산란 목의 준비 과정 / 사육상자 세팅

그림 3-1-24. 넓적사슴벌레의 산란 목 준비 및 사육 상자 세팅

  - 표고 균사가 나무를 완전히 분해하여 잘 부숙된 표고 폐목은 밝은 흰색 또는 미색을 띠며, 손으로 쥐어도 쉽게 부스러질 정도로 조직이 연화되어 있다. 겉껍질은 벗겨져 없어도 산란 목으로 이용하는데 아무런 문제가 없다.
- 채란을 위한 사육 상자의 세팅
  - 넓적사슴벌레의 채란을 위한 사육 상자의 세팅은 우선 65% 정도의 수분함량을 지닌 발효 톱밥을 사육 상자의 바닥에 약 5㎝ 높이로 깔고 가볍게 다져주는 과정으로 시작한다.

- 넓적사슴벌레는 산란 목뿐만 아니라 발효 톱밥에도 알을 낳기 때문에 발효 톱밥의 준비과정도 중요하다. 하지만 산란 목을 이용할 경우 더 많은 알을 얻을 수 있다.

- 산란 목은 건조 상태에 따라 하루 전에 미리 물에 담궈 두어 수분을 충분히 적신 후에 겉 부분의 유리 수분을 말린 후 사육 상자에 넣는다.

- 미리 깔아둔 발효 톱밥 위에 산란 목을 올려놓고, 산란 목의 윗부분이 약간 노출될 정도까지 주변을 발효 톱밥으로 채운다.

- 마무리로는 먹이를 공급할 수 있는 먹이 접시(발효 톱밥에 직접 먹이를 넣어 줄 경우 톱밥이 오염될 수 있기 때문에 먹이 접시를 사용한다), 놀이 목 등을 넣어준다.

- 세팅이 완료된 사육 상자에 넓적사슴벌레 암수 한 쌍을 넣으면 된다. 성충을 투입한 후에는 사육 상자 위에 망사로 된 천을 덮어 초파리와 같은 잡충의 유입을 막아 준다.

- 사육 상자의 옆이나 뚜껑에는 환기를 위하여 직경 5mm 내외의 구멍을 여러 개 뚫어준다.

• 짝짓기 및 산란

- 합사 후 약 7일 내외면 짝짓기를 하는데 대개의 경우 밤에 짝짓기를 하기 때문에 직접 관찰하기는 어렵다.

- 짝짓기를 마친 암컷은 발효 톱밥 속으로 파고들어 가거나 산란 목을 갉는 행동을 보이는데 산란을 하기 위한 행동으로 보면 된다.

- 넓적사슴벌레는 발효 톱밥 속으로 들어가 산란 목의 표면을 갉아 구멍을 내고 그 속에 한 개씩 알을 낳는다. 경우에 따라서는 산란 목과 발효 톱밥의 경계 부분에 알을 낳는 경우도 있기 때문에 알이나 애벌레를 회수할 때는 발효 톱밥에 산란된 알이 있는지 확인해야 한다.

그림 3-1-25. 사육 상자의 세팅

- 넓적사슴벌레의 산란 시 환경관리
  - 넓적사슴벌레의 채란을 위해서는 발효 톱밥과 산란 목의 수분함량이 산란에 영향을 미치는 중요한 요소이기 때문에 발효 톱밥과 산란 목이 과습하거나 과건조하지 않도록 주의해야 한다.
  - 넓적사슴벌레가 야생에서 주로 활동하는 시기에는 별도의 온도관리가 필요하지 않으나 불시 사육을 위해서는 사육 상자 내의 온도가 25~30℃ 정도로 유지되도록 하는 것이 중요하다.
- 사육 상자의 관리
  - 넓적사슴벌레의 산란을 위한 사육 상자는 350×250×250㎜ 정도의 크기가 적당하며, 크기가 더 큰 상자보다는 작은 상자를 여러 개 준비하여 일정 기간의 채란이 끝나면 성충을 옮겨 사육하는 것이 좋다.
  - 사육 상자가 크더라도 너무 오랫동안 채란 받을 경우 먼저 부화한 애벌레가 성충에 의해 피해를 입을 수도 있고, 애벌레 간에 서로 피해를 입을 수도 있기 때문이다. 더 많은 알을 채란하기 위해서는 사육 상자를 옮겨 채란을 하는 것이 유리하다.

(2) 애벌레 사육

① 먹이의 준비

- 넓적사슴벌레의 애벌레를 사육하기 위해서는 애벌레의 먹이인 발효 톱밥이나 균사 재배 톱밥(균사병)을 준비한다.
- 표고버섯 재배 폐목분의 이용
  - 가장 쉽게 먹이를 준비하는 방법은 표고버섯을 재배하고 난 후 폐목을 잘게 부수어 부숙을 시킨 다음 유충의 먹이로 이용하면 된다.
  - 표고버섯 재배 폐목의 분쇄 시에는 분쇄 방식에 따라 입자가 다소 굵어질 수 있으므로 채로 쳐서 1㎜ 내외의 입자를 선별하여 사용한다.
  - 표고버섯의 재배 상태가 불량하여 부후가 덜 된 나무나 잡균에 의한 오염이 심한 나무는 분쇄 전에 선별하여 제거하는 것이 좋다.
  - 완전히 부식이 되지 않은 부분은 후발효가 일어날 수 있으므로 사전에 수분을 첨가하여 약 7일 정도 적치하여 후발효가 일어난 후 사용하는 것이 좋다. 사육 중에 후발효로 인해 열이 발생되면 애벌레가 폐사하여 사육 실패의 원인이 된다.

- 생톱밥을 발효시켜 만드는 발효 톱밥
  - 발효 톱밥은 톱밥과 미강 또는 밀기울을 10 : 1의 비율로 혼합한 후 수분함량을 60~65%로 맞추고 발효 미생물을 접종하여 상온에서 발효시켜 제조한다.
  - 발효온도가 적당하지 않거나 오염되면 발효하지 않고 썩어버리기 때문에 주의해야 한다.
  - 생톱밥의 발효 시에 애벌레의 배설물을 혼합하여 사용하는 것이 오히려 발효도 잘되고 무난한 방법이다.
  - 생톱밥의 발효 시에는 약 1주일에 한 번씩 잘 섞어 주어 발효를 촉진시킨다.
  - 잘 발효된 톱밥은 초콜릿색을 띄고 있으며 악취가 전혀 나지 않는다.

② 알 및 애벌레의 수거
- 약 40일 정도의 채란을 마치면 성충은 다른 산란용 사육 상자로 옮기고 산란된 알과 애벌레를 수거한다.
- 넓적사슴벌레의 애벌레는 사육 중에 다른 애벌레를 만나면 강한 턱으로 물어 죽이는 경우가 있기 때문에 알이나 어린 애벌레를 분리하여 개별적으로 사육하는 것이 좋다.

③ 애벌레의 개별 분리 사육
- 분리한 알이나 애벌레는 균사 배양용 병이나 1 L 내외의 톱밥이 들어갈 수 있는 용기를 준비한 후 발효 톱밥을 다져서 넣어준 다음 병당 1마리씩 애벌레를 넣어준다.
- 다져진 톱밥 상단에 약간의 홈을 만들고 애벌레나 알을 올려주면 스스로 톱밥 속으로 파고들어 간다.

④ 균사병을 이용한 사육
- 넓적사슴벌레 애벌레는 배양된 균사를 이용해서도 사육할 수 있지만 균사를 이용할 경우 많은 비용이 들어가기 때문에 잘 고려하여 사육 방법을 정하면 된다.
- 발효 톱밥만으로 사육한 경우보다 균사와 병행하여 사육한 경우 보다 큰 개체를 얻을 수 있다는 장점이 있다.

그림 3-1-26. 균사병과 발효 톱밥

⑤ 애벌에의 사육관리

- 먹이의 교환

  - 넓적사슴벌레의 애벌레는 애벌레 기간 동안 약 4L 정도의 발효 톱밥을 먹기 때문에 사육 중에 새로운 사육병으로 옮겨주어야 한다.

  - 투명하거나 반투명한 사육병을 이용할 경우 발효 톱밥의 상태를 확인할 수 있기 때문에 관리가 용이하다.

  - 일반적으로 발효 톱밥은 짙은 갈색을 띄고, 애벌레의 배설물은 밝은색을 띠기 때문에 구별이 용이하다.

  - 균사병을 이용한 사육 시에는 균사가 흰색을 띠고 애벌레가 균사 속으로 터널을 만들며 균사를 먹은 후에는 갈색을 띠기 때문에 구별이 용이하다.

  - 외관상 배설물이 50% 정도가 되면 새로운 사육병으로 옮겨준다.

⑥ 3령 애벌레의 관리

- 넓적사슴벌레의 애벌레는 알에서 부화한 후 약 40일이 경과하면 3령 애벌레로 탈바꿈하게 된다.

- 3령 애벌레 시기부터는 크기도 급격히 커지고, 먹이 섭식량과 배설량이 급격히 늘어나기 때문에 주의해서 관찰하고 먹이 공급에 차질이 발생하지 않도록 해야 한다.

- 3령 애벌레 시기의 먹이 섭식량에 따라 애벌레의 영양 상태와 크기가 달라질 수 있으며, 3령 애벌레의 크기가 바로 성충의 크기와 직결되기 때문에 우수한 개체를 생산하기 위해서는 가장 주의를 기울여야 하는 시기이다.

⑦ 애벌레 시기의 환경관리
- 애벌레의 사육 적온은 25℃ 내외이며, 지속적으로 항온실에서 사육 시에는 사육 기간을 단축시킬 수 있는 장점이 있다.
- 자연 상태에서 넓적사슴벌레의 애벌레 기간은 약 10~15개월이 소요되나 항온실에서 사육 시 약 8~10개월 정도면 번데기가 된다. 하지만 개체의 특성과 암수, 습도, 온도, 먹이 조건에 따라 시간이 단축되거나 늘어날 수 있다.

(3) 번데기관리
① 전용
- 넓적사슴벌레 애벌레는 번데기 시기가 가까우면 먹이 활동이 줄고 몸이 갈색으로 변해 가면서 몸 안의 배설물을 모두 배설하게 된다.
- 이 시기의 애벌레를 전용이라고 한다.
- 전용 단계의 애벌레는 자신이 자라고 있는 썩은 나무나 발효 톱밥 속에 누에 고치 형태의 번데기 방을 만들고 그 속에서 번데기가 될 준비를 한다.

② 번데기의 관리
- 1~2주의 전용 기간이 지나면 번데기가 되는데 매우 예민하여 외부의 충격에 의해 기형이 될 수도 있기 때문에 주의해야 한다.
- 번데기 방이 부서지면 죽거나 기형이 될 확률이 높기 때문에 특히 주의해야 한다.
- 부주의로 번데기 방이 부서질 경우에는 오아시스나 톱밥을 이용하여 번데기 방과 비슷한 모양으로 번데기 방을 만들어 주어야 한다.
- 넓적사슴벌레의 번데기 기간은 대개 2~4주 정도의 기간이 소요되는데 온도나 환경에 따라 약간의 차이가 있다.

(4) 성충관리

① 우화

- 넓적사슴벌레는 성충으로 우화하면 처음에는 체색이 흰색에 가깝고, 몸이 경화되지 않아 연한 상태이다.
- 우화 후에도 약 2~3주간은 번데기 방에서 나오지 않고 몸을 경화시키는 단계를 거친다.
- 이 시기 동안에는 먹이도 먹지 않고 활동도 거의 않은 채 몸이 굳기를 기다린다.
- 이 시기에도 비교적 몸이 약한 시기이기 때문에 관리에 주의를 기울이고 외부에서 충격이 가해지지 않도록 하는 것이 좋다.
- 특히 번데기 방에서 경화되지 않은 성충을 꺼내게 되면 기형이 되거나 죽을 수도 있기 때문에 주의해야 하며, 스스로 번데기 방을 나와 먹이를 찾을 때까지 기다리는 것이 좋다.

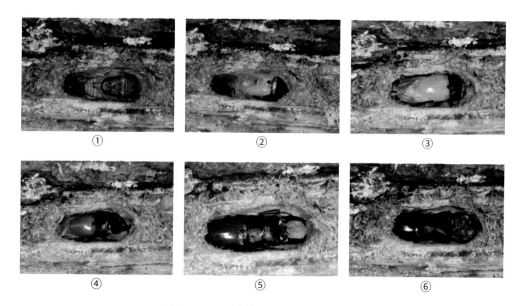

그림 3-1-27. 넓적사슴벌레의 우화 과정

② 후식

- 경화가 완료된 성충이 밖으로 나와 먹이를 먹는 것을 후식이라고 하며, 이때부터가 완전한 성충의 단계라고 할 수 있다.

- 이 시기부터는 암수의 합사를 통한 짝짓기와 채란 등 사육의 새로운 과정을 진행할 수 있게 된다.

③ 성충의 관리
- 넓적사슴벌레 성충의 수명은 1~2년 정도인 것으로 알려져 있으나 개체의 특성과 환경에 따라 수명에 큰 차이가 나타난다.
- 성충의 수명을 더 오래 유지하기 위해서는 위생적인 환경관리와 적절한 먹이의 공급이 무엇보다 중요하다.
- 성충의 먹이는 곤충 전용으로 만들어진 젤리 형태의 먹이가 다양하게 개발되어 시판되고 있다.
- 곤충 전용 젤리는 각종 영양 균형을 고려하여 제작되었으며, 위생적인 관리가 가능하기 때문에 가장 좋다.
- 대량 사육 시에는 곤충 전용 젤리를 이용한 사육은 많은 비용이 들기 때문에 바나나 수박과 같은 과일 등을 구하여 공급하는 것도 좋은 방법이다.

(5) 저장관리
① 충태
- 넓적사슴벌레는 알이나 번데기 상태에서는 저장이 어렵기 때문에 애벌레나 성충 상태에서 저장을 한다.
- 애벌레로 저장을 할 경우에는 3령 중기 이후의 애벌레를 저장하는 것이 좋으며, 개체의 크기가 크고 건강한 개체를 선별하여 저장하는 것이 저장에 의한 피해를 줄일 수 있는 방법이다.
- 선별된 애벌레는 발효 톱밥에 넣어진 상태로 저온 창고에 저장한다. 저온 저장 시의 온도는 10℃ 내외로 하고 용기의 통기성이 좋게 유지하되 주기적으로 관찰하여 발효 톱밥이 마르지 않도록 한다.
- 애벌레나 성충의 저장 시에 대량으로 저장하는 것보다는 균사병이나 비슷한 크기의 용기에 발효 톱밥을 채우고 한 마리씩 개별적으로 저장하는 것이 좋다.
- 저장 기간 중에도 소량씩 먹이를 먹기 때문에 주기적으로 먹이의 상태를 확인하고 공급해 주어야 한다.

- 저온 저장 기간은 6개월 이내로 하는 것이 좋으며, 너무 길게 저장할 경우 활력을 잃고 죽게 되는 경우도 있으므로 주의한다.

(6) 먹이 및 환경 기준

① 넓적사슴벌레 애벌레의 먹이

- 넓적사슴벌레 애벌레는 야외에서 부숙된 나무나 뿌리를 먹이로 하고, 사육 시에는 발효된 톱밥을 먹이로 한다.
- 자연 상태에서 넓적사슴벌레의 애벌레는 썩은 나무 밑동이나 쓰러진 고사목에서 발견되곤 하는데 이를 응용해 버섯균사 재배병을 이용한 먹이도 개발되어 있다.

② 발효 톱밥의 종류

- 넓적사슴벌레의 사육을 위한 발효 톱밥은 표고버섯 재배 폐목을 분쇄한 톱밥이나 미생물을 이용해 발효시킨 톱밥을 이용한다.
- 생톱밥을 발효시켜 이용
- 표고버섯 재배목을 분쇄하여 이용

③ 생톱밥의 발효

- 생톱밥 발효 시에는 60~65%로 수분함량을 조절한 톱밥을 60㎝ 내외의 높이로 쌓아서 인위적으로 발효를 시킨다.
- 발효를 촉진시키기 위해 발효 미생물을 첨가하면 발효의 속도가 빨라지고 발효 산물이 균일해지는 장점이 있다.
- 톱밥의 발효는 실내에서도 가능하며, 온도가 균일한 환경에서 발효시키면 보다 안정되고 균일한 발효 톱밥을 얻을 수 있다.
- 야외에서 발효시키고자 할 때는 바닥에서 이물질이 유입되지 않도록 유의한다.
- 발효에 소요되는 기간은 미생물의 첨가여부와 환경의 영향에 따라 7~20일까지 소요된다.

④ 표고버섯 재배 폐목 톱밥

- 분쇄 방식에 따라 입자가 다소 굵어질 수 있으므로 체로 쳐서 1㎜ 내외의 입자를 이용하도록 한다.

- 표고버섯의 재배 상태가 불량하여 부후가 덜 된 나무나, 잡균에 의한 오염이 심한 나무는 분쇄 전에 선별하여 제거하는 것이 좋다.

- 부후가 덜된 톱밥이 혼입될 경우 넓적사슴벌레 애벌레를 기르기 위해 수분을 첨가할 때 후발효로 인해 열이 발생될 수 있으므로 사육 실패의 원인이 된다. 그러므로 미연의 사육실패를 사전에 예방하기 위해서는 표고버섯 폐목 톱밥에 수분을 보충한 후 약 7일 내외의 기간 동안 방치하여 충분히 후발효가 일어나도록 하는 것이 좋다.

⑤ 발효 톱밥의 조건

- 넓적사슴벌레 애벌레의 먹이용으로 적합한 발효 톱밥은 순수한 참나무 톱밥이 가장 양호하며, 사육 시의 수분함량은 60~65%가 적당하다.

- 톱밥의 굵기는 사육에 크게 영향을 미치지는 않으나 입자가 너무 가는 경우에는 톱밥에 공극이 부족하고, 톱밥이 단단하게 뭉쳐지는 단점이 있다.

- 톱밥 입자가 너무 굵은 경우에는 어린 애벌레의 섭식에 장애가 발생할 수 있고 통기성 과다로 인해 톱밥의 적정한 수분 유지가 어려운 단점이 있다.

⑥ 균사 재배 톱밥(균사병)의 이용

- 넓적사슴벌레 애벌레의 먹이용으로 개발된 균사병은 버섯 재배용 종균병을 이용하여 제조된다.

- 종균병에 65% 정도의 습도로 조절된 참나무 톱밥을 충진하고 잘 다진 후 느타리버섯이나 구름버섯 등의 종균을 접종한 후 약 30~60일 정도 배양한 상태의 균사병을 이용한다.

- 경우에 따라서는 균사병에 단백질 원인 미강이나 밀기울 등의 영양제를 혼합하여 균사병을 제조하는 경우도 있다.

- 균사병의 배양은 별도의 배양 시설이 갖추어 져야 하기 때문에 일반 농가에서는 직접 균사병을 배양하기는 어려우며, 배양 완료된 상태의 균사병을 구입하여 사육에 이용하는 것이 일반적이다.

- 균사병의 구입 시에는 균사병 표면이 흰색 균사로 균일하게 배양된 것을 선별하고, 회색이나 갈색, 푸른색의 얼룩이 있는 것은 사육에 이용하지 않도록 한다.
- 넓적사슴벌레 사육 시 발효 톱밥 단용으로 사육하는 것보다 균사병과 병용하여 사육하면 보다 큰 개체를 얻을 수 있기 때문에 사육 단계에 따라 균사병을 이용하여 사육하면 보다 크고 품질 좋은 넓적사슴벌레를 생산하는데 유리하다.

⑦ 성충의 먹이
- 넓적사슴벌레의 대량 사육 시 성충의 먹이는 곤충 전용 젤리가 주로 이용된다.
- 곤충 전용 젤리의 특징
  - 곤충 전용 젤리의 특징은 일반적인 젤리와 달리 단백질과 같은 영양 성분이 보충되어 있다는 것인데, 단순히 성충의 사육만 할 경우에는 먹이에 따라 수명의 차이가 나타날 수 있지만, 먹이의 성분에 따른 성충의 수명과의 상관관계는 아직 명확히 밝혀져 있지 않다.
  - 성충의 사육과 함께 채란을 병행할 때는 단백질과 같은 영양 성분의 함유를 통해 산란량을 증대시킬 수 있다는 보고가 있다.
  - 곤충 전용 젤리는 일본산 젤리가 수입되어 유통되는 경우가 많이 있으며, 최근에는 우리나라에서도 다양한 제품이 개발되어 있다.
- 곤충 전용 젤리 외에도 나무의 수액과 유사한 쥬스(juice) 형태나 젤(gel) 형태의 먹이도 개발되어 있으나 관리상의 불편함으로 인해 널리 이용되고 있지는 않다.

⑧ 환경 기준
- 넓적사슴벌레는 25℃ 전후의 조건에서 왕성한 생육을 보이며, 온도가 너무 높거나 낮으면 행동이 더디고, 병에 쉽게 걸리게 되므로 주의한다.
- 발효 톱밥의 수분은 60~65%로 조절하도록 하고 과습하지 않도록 주의한다. 발효 톱밥의 수분관리는 표면이 마르지 않도록 유지하는 수준으로만 하면 된다. 일반적으로 개별 사육 시에는 별도의 수분 보충이 필요하지 않으나 사육실 내부가 과건조할 경우에는 확인 후 약간의 수분을 분무해 주는 것으로 충분하다.
- 발효 톱밥이 과습하거나 과건조하게 되면 자칫 애벌레가 폐사할 수도 있고, 죽지는 않더라도 먹이 섭식의 장애로 인해 기형이나 소형 개체의 출현으로 이어질 수도 있다.

- 번데기 시기의 환경관리

  - 외부의 환경 변화와 충격에 대단히 민감한 시기이기 때문에 급격한 온도 변화와 외부의 충격이나 진동이 발생되지 않도록 한다.

  - 특히 번데기 방이 무너지지 않도록 주의해야 한다.

- 성충 시기의 환경관리

  - 성충 시기는 비교적 환경 변화에 대한 적응력이 뛰어나기 때문에 안전하지만, 위생환경 관리에 주의해야 한다.

  - 특히 사육 상자 내에 잡충이나 곰팡이 등이 발생되지 않도록 유의해야 한다.

다. 사육 단계별 사육 체계

(1) 사육 단계별 사육 체계

- 넓적사슴벌레의 사육 단계는 채란의 과정에서 시작하여 애벌레, 번데기, 성충 및 채란의 단계로 나누어지며, 각 단계별로 사육 체계는 아래 그림에 나타낸 바와 같다.

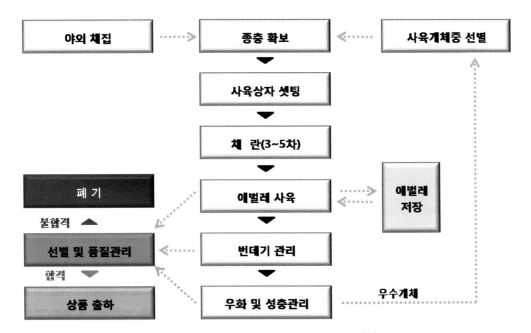

그림 3-1-28. 넓적사슴벌레의 사육 체계

(2) 사육 단계별 관리 방법 및 사육 조건

넓적사슴벌레의 각 사육 단계별 특징 및 관리 방법은 다음의 표에 나타낸 바와 같다.

표 3-1-2. 넓적사슴벌레의 관리 방법 및 사육 조건

충태 및 사진		기간	특징 및 관리 방법
알		1~2주	• 암컷이 산란 목에 구멍을 뚫고 한 개씩 산란 • 암컷 마리당 10~50개 정도 산란 • 발효 톱밥에도 산란함 • 알에서 부화 후 알껍질을 먹고 자람
1령 애벌레		2~4주	• 알 상태에서 수거가 어려우며, 부화 후 1령 유충 상태에서 수거하여 개별 사육 • 약 1개월 경과 후에 수거 작업 • 산란 목 및 발효 톱밥에도 애벌레 확인
2령 애벌레		4주	• 2령 애벌레부터 먹이 섭식량이 증가 • 균사병 또는 발효 톱밥에 개별 사육 • 집단 사육 시 서로 죽이기도 함
3령 애벌레		8~13 개월	• 본격적인 성장이 이루어지는 시기 • 외관상 균사병의 3/4 정도 먹으면 새로운 균사병으로 옮겨줌
전용		1~2주	• 몸속의 배설물을 모두 배설 • 번데기가 될 준비 단계 • 몸이 갈색으로 변하고 주름이 많음 • 발효 톱밥을 다져 번데기 방을 만듦
번데기		2~4주	• 가장 예민한 시기로 주의해서 관리 • 번데기 방이 부서지면 기형 개체 출현 • 번데기 방이 부서지면 인공적으로 만들어 줌
성충		1~2년	• 우화 후 스스로 나올 때까지 기다림 • 우화 후 2~3주의 적응기 지나고 나옴 • 먹이 공급 후부터 암수 합사 가능 • 먹이 : 곤충 젤리 또는 과일

라. 사육 시설 기준

(1) 사육 도구 기준

① 사육 상자

- 넓적사슴벌레의 사육용 도구는 애벌레와 성충 사육 시 공통으로 이용되는 도구로 사육 상자가 있다.
- 사육 상자는 다양한 크기의 사육 상자가 사육 농가별로 이용되고 있는 것으로 조사되었다.
- 일반적으로 넓적사슴벌레는 큰 턱의 무는 힘이 강하고 서로 싸우는 경우가 많기 때문에 한 쌍씩 분리하여 사육하는 것이 좋다.
- 사육 상자도 주로 채란용으로만 사용되므로 큰것 보다는 소형 또는 중형의 사육 상자를 이용하는 것이 보다 일반적이다.
- 사육 상자의 종류
  - 재질 : 플라스틱
  - 크기 8L 용량 : 330×240×190㎜
  - 　　　19L 용량 : 400×300×250㎜

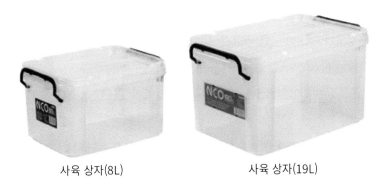

사육 상자(8L)　　　　　　사육 상자(19L)

그림 3-1-29. 사슴벌레 사육 상자

② 개별 사육 용기

- 넓적사슴벌레의 애벌레는 날카로운 턱을 가지고 있어 사육 중에 서로 만나면 상대에게 상처를 내 죽게 만드는 경우도 있으므로 주의해야 한다.
- 개별 사육 용기는 플라스틱 재질로 대개 1L 내외의 용량을 가진 것을 많이 사용하지만 크기나 모양에서 다양한 형태의 제품이 개발되어 있다.

- 대량 사육 시에는 버섯 재배용 종균병을 주로 이용하며 용량은 850ml부터 1,400ml까지 다양하게 이용된다.

그림 3-1-30. 개별 사육 용기

③ 기타 사육 도구

- 먹이 접시, 놀이 목 등 사육 상자 구성 시에 넣어주는 도구가 있으며, 성충의 산란을 위한 산란 목과 사육 상자의 뚜껑 안쪽에 덮는 방충 시트 등이 있다.
- 그 밖에 성충의 먹이인 곤충 전용 젤리와 애벌레의 먹이인 발효 톱밥이 중요한 사육 도구들이라 할 수 있다.

먹이 접시   놀이 목   산란 목

곤충 젤리   발효 톱밥   방충 시트   균사병

그림 3-1-31. 다양한 곤충 사육 재료

(2) 사육 시설 기준

① 사육 시설의 조건

- 넓적사슴벌레의 사육 시설은 주로 애벌레의 사육에 맞추어 설계하고 시설을 설치하면 된다.
- 보다 안전한 사육과 철저한 관리를 위하여 비닐하우스 형태의 건축물보다는 샌드위치 패널을 이용한 사육실이 요구된다.
- 사육실의 바닥은 콘크리트로 포장하여 외부와의 단절을 시킴으로서 사육 과정 중에 발생할 수 있는 잡충의 유입과 두더지 등의 침입으로 인한 애벌레의 손실을 예방할 수 있어야 한다.
- 시설 내의 원활한 환기와 채광을 위해 1×1m 이상의 창을 2개소 이상 설치하는 것이 좋다. 창에는 방충망을 설치하여 외부의 잡충 유입을 막는다.
- 환풍기를 설치하여 필요 시 강제 환기가 가능하도록 한다.
- 애벌레나 성충의 사육실과 사육 준비실을 구분하여 사육 준비실로부터 오는 오염이나 외부의 충격을 차단할 수 있도록 하는 것이 좋다.
- 사육실과 가까운 곳에 저온 저장고를 함께 운영하면 애벌레의 저장관리가 용이하기 때문에 건물 내부나 인접한 곳에 저온 저장고를 설치한다.

② 내부 시설

- 사육실 내부에는 공간 활용도를 높이기 위해 벽면 위주로 선반을 설치하고, 사육 상자를 올려놓으면 좋다.
- 인위적인 환경관리와 불시 사육을 위해서는 냉·난방 시설을 설치하는 것이 유리하나 사육규모와 불시 사육의 필요성에 따라 탄력적으로 적용하는 것이 바람직하다.

③ 사육실의 규모

- 사육실의 면적은 관리상의 편의를 고려하여 너무 크거나 작지 않게 구성하는 것이 좋다.
- 사육실 1개의 면적은 5×8m가 적당하며, 건물 내에 2~3개의 사육실을 두고 구분하여 관리하면 여건에 따라 가감하면서 이용할 수 있기 때문에 관리비용을 절감할 수 있다.

④ 넓적사슴벌레 사육 시설의 권장 설계안

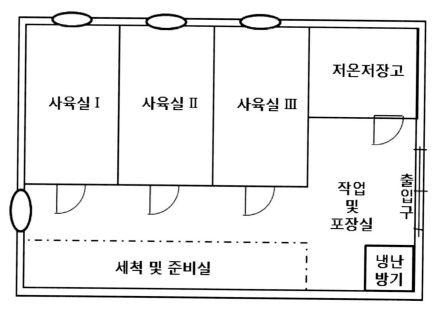

그림 3-1-32. 넓적사슴벌레 권장 사육 시설 설계

그림 3-1-33. 넓적사슴벌레 사육실 내부

그림 3-1-34. 사육 시설 외부 전경(곤충천황)

(3) 단위 생산성

① 사육 상자당 사육 가능 개체 수

- 넓적사슴벌레의 경우 개별 사육을 하는 것이 가장 효율적이며, 개별 사육 시 사육병 16개가 들어가는 사육 상자를 활용한다.
- 사육 상자의 규격은 400×400㎜ 크기가 일반적으로 사용되고, 사육병의 높이는 대개 170~200㎜까지 다양하다
- 개별 사육 시 사육 상자당 16마리의 넓적사슴벌레의 애벌레를 사육할 수 있다.
- 저장 시에도 동일한 병과 상자를 이용하면 편리하며 공간 효율을 높일 수 있다.

② 사육실의 면적에 따른 사육 가능 개체 수

- 40㎡(5×8 m) 면적의 사육실 3면에 6~8단 사육 선반을 설치할 경우 약 300~400개의 사육 상자를 상치할 수 있다.
- 사육 상자당 16마리의 애벌레를 사육할 수 있으므로 사육실 1실당 4,800~6,400마리의 넓적사슴벌레의 애벌레를 사육할 수 있다.

- 채란용 사육 상자의 경우 8L 용량(330×240×190㎜)의 사육 상자를 동일한 면적에 약 600 개(암수 1,200쌍) 정도 상치할 수 있다.

③ 저장 시설

- 저온 저장고는 일반 농가형 저온 저장고를 이용할 수 있으며, 작업 동선 등을 고려하여 설치한다.
- 저온 저장고의 경우 우레탄 패널을 이용하여 단열 효과를 높이도록 설치하고, 면적은 사육 규모에 따라 달라질 수 있으나 대개 18㎡(3×6m) 면적의 저온 저장고가 일반적으로 이용된다.
- 저온 저장고의 경우 선반 간격을 줄이고 단수를 늘리면 최대 10단까지 적재가 가능하므로, 18㎡ 면적의 저온 저장고에 사육 상자 340개 정도를 적재할 수 있다.
- 사육상 자당 균사병 16개를 넣고 개별 저장 시 상자당 16마리를 넣어 저장할 수 있으므로 약 5,440마리의 사슴벌레 애벌레를 저장할 수 있다.

마. 활용 및 주의사항

(1) 활용 방법 및 예시

① 넓적사슴벌레는 비교적 수명이 길고 기르기가 쉬어 애완용 곤충으로 많이 알려져 있고, 현재까지 장수풍뎅이 다음으로 가장 많이 유통되고 있는 종이다.

② 대량 사육 기술의 개발과 보급으로 비교적 저렴한 가격에 일반인들도 쉽게 접할 수 있으며, 곤충 전시관에 가면 어느 곳에서나 전시되어 있을 만큼 흔하다.

③ 넓적사슴벌레는 일반적으로 애완용 곤충으로 이용되는 경우가 가장 많으며, 시중에서 애벌레나 성충 상태로 유통되어 진다.

④ 알 기간은 워낙 짧고, 번데기 기간은 예민하기 때문에 유통되지 못한다.

⑤ 넓적사슴벌레의 애벌레는 대개 3령 중기 이후의 형태로 유통되며, 성충은 갓 우화한 개체를 위주로 거래가 이루어진다.

(2) 사육 시 주의사항

① 넓적사슴벌레의 사육 과정에서 가장 주의해야 하는 시기는 번데기 시기이다.

② 번데기 시기에는 주변의 작은 충격에도 쉽게 손상을 입어 기형적인 개체로 우화할 수 있기

때문에 주의해야 한다. 특히 번데기 방이 상하면 죽거나 기형 개체가 되기 때문에 되도록 건드리지 않도록 하는 것이 중요하다.

③ 넓적사슴벌레의 애벌레는 강한 턱을 가지고 있어서 서로에게 상처를 주는 경우가 많이 발생하기 때문에 반드시 개별 사육하여 사육 중 손실이 발생하지 않도록 한다. 일반적으로 발효 톱밥에서도 잘 자라지만 대형 종으로 기르기 위해서는 균사병 사육을 병행하는 것도 좋은 방법이다.

④ 넓적사슴벌레는 암수 한 쌍씩 산란 상자를 조성하는 것이 일반적이며, 여러 개체를 합사하는 경우에는 지나친 경쟁으로 산란 효율이 낮아지고, 서로에게 상처를 주거나 죽게 하는 경우도 발생하므로 주의해야 한다.

⑤ 넓적사슴벌레는 자연 상태에서 주로 밤에 활동하는 특성을 지니고 있으므로 사육실은 어둡게 관리하는 것이 좋으며, 환경 변화를 최소화하여 그로 인한 스트레스를 줄여주는 것도 수명을 연장시키고 산란율을 높이는 방법이다.

3. 왕사슴벌레(*Dorcus hopei* (E. Saunders))

그림 3-1-35. 왕사슴벌레

가. 일반 생태

(1) 분류학적 특성

왕사슴벌레는 딱정벌레목(Coleoptera) 사슴벌레과(Lucanidae)에 속하는 곤충으로 우리나라에서 서식하고 있는 사슴벌레 중 가장 수명이 길어 자연 상태에서도 4년까지 사는 것으로 알려져 있다. 왕사슴벌레는 우리나라 전역에 분포하고 있으며, 특히 중부지방의 참나무가 많은 숲에 서식한다. 우리나라 외에도 중국·일본·대만 등지에 분포하나 유전적으로는 차이가 있는 것으로 알려져 있다.

왕사슴벌레 수컷은 큰 턱이 크고 튼튼하며 안쪽으로 둥글게 구부러져 있는 특징이 있고, 큰 턱의 안쪽으로는 한 개의 큰 이빨이 있다. 수컷은 큰 턱은 적을 물리치고 암컷을 차지하기 위한 싸움에 이용된다. 반면 암컷의 턱은 짧고 끝이 날카롭게 되어 있으며, 나무에 구멍을 파고 산란을 하기에 용이한 형태로 발달되어 있다. 왕사슴벌레 수컷의 등딱지날개는 검은색으로 비교적 광택은 적은 편이고, 희미한 긴 세로줄이 보이기도 한다. 암컷의 등딱지날개는 광택이 있는 검은색이며, 8~10개의 세로줄이 있어 다른 사슴벌레 암컷들과 구분된다.

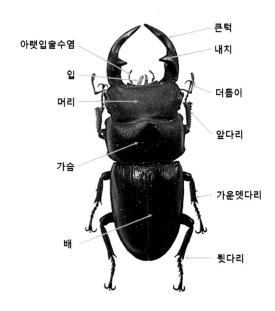

아랫입술수염
입
머리
가슴
배

큰턱
내치
더듬이
앞다리
가운뎃다리
뒷다리

그림 3-1-36. 왕사슴벌레의 몸 구조

<수컷>   〈암컷〉

그림 3-1-37. 왕사슴벌레의 암·수 비교

왕사슴벌레 수컷의 일반적인 크기는 55㎜ 정도 전후이며 간혹 큰 개체는 70㎜를 넘기도 한다. 최근에는 대만·일본 등에서 수입된 개체와의 교잡을 통하여 보다 큰 개체들이 생산되고 유통되고 있다. 이러한 교잡에 의해 우리나라 토종 왕 사슴벌레가 자칫 사라질 수도 있기 때문에 각별한 주의와 관리가 필요하다. 대만이나 일본에서 수입된 개체의 경우 우리나라 토종 왕사슴벌레와 비교하여 크기가 더 큰 것 외에는 외형상 거의 구분이 가지 않으며, 최근 토종 왕사슴벌레의 DNA 분석을 통하여 수입종과의 구분이 가능해 진 바 있다.

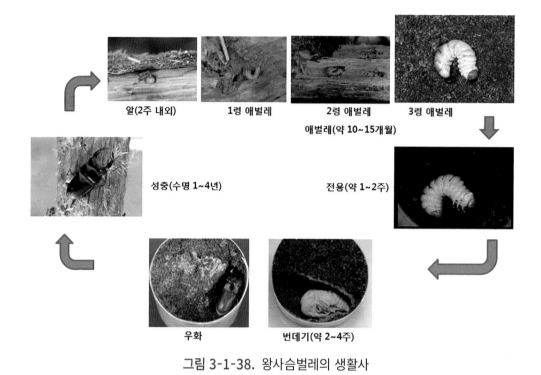

알(2주 내외)　　1령 애벌레　　2령 애벌레　　3령 애벌레

애벌레(약 10~15개월)

성충(수명 1~4년)　　　　　　　전용(약 1~2주)

우화　　　　　　번데기(약 2~4주)

그림 3-1-38. 왕사슴벌레의 생활사

(2) 생태

　왕사슴벌레는 사슴벌레류 중에서 가장 오래 사는 종으로 보통 수명이 1~4년 정도이다. 성충은 6~9월에 걸쳐 활동하며, 야행성으로 낮에는 나무 구멍 속이나 땅속에 숨어 있다가 밤이면 나무의 수액에 모이며 때로는 불빛에 날아들기도 한다.

　여름이 되면 짝짓기를 하고 알 낳기를 시작하는데, 참나무류 죽은 나무의 지상 부위에 산란하는 특성을 지니고 있다. 산란된 알은 25℃의 온도에서 약 2주 전후의 기간이 지나면 부화하여 1령이 된다. 1령에서 2령의 기간은 약 24일, 2령에서 3령의 기간은 약 30일, 3령에서 번데기가 되는 기간은 약 130일, 우화까지의 번데기 기간은 30일 정도의 시간이 필요하다. 애벌레가 자라는 기간은 먹이와 온도에 따라 차이가 날수 있고 온도가 높으면 전반적으로 그 기간이 단축되며, 먹이가 좋을수록 그 크기가 크게 나타난다.

　다른 종류의 사슴벌레에 비해 그 성격이 온순한 편이며 높은 산지보다는 낮으면서 참나무류의 나무들이 많은 숲에서 살아간다. 애벌레는 참나무류를 모두 먹고 자라지만 굴참나무는 선호도가 떨어지는 편이다. 또한, 죽은 상수리나무에서 애벌레들이 많이 발견된다.

나. 사육 방법

(1) 알 받기(채란)

① 사육용 모충(종충)의 확보

- 왕사슴벌레 사육의 첫 단계는 건강한 모충(종충)을 확보하는 것이다.
- 왕사슴벌레는 국내산 순수 혈통 개체의 경우 크기가 55㎜ 내외로 비교적 작은 편이며, 시중에 유통되고 있는 대형 왕사슴벌레의 경우 대만산 등과의 교잡종이 많으므로 구입 시 주의해야 한다.
- 순수 혈통을 보호하고 유지하기 위해서는 모충 구입 시 모충의 혈통에 대한 정보를 파악하고, 구입처와 특징 등을 기록하여 관리하는 것이 중요하다. 또 농가에서 대량 누대 사육을 통해 많은 개체 수를 확보하고 판매하고자 할 때는 최초 모충에 대한 정확한 정보가 중요하기 때문에 더욱 철저히 관리해야 할 필요가 있다.
- 사슴벌레를 비롯한 애완용 곤충은 대개 대형 개체를 선호하기 때문에 대형 개체를 사육하기 위한 다양한 노력이 시행되고 있다. 대형 사슴벌레를 키워내기 위해서는 모충이 크고 건강해야 하는 것은 물론이다. 다만 교잡을 통해 육성된 개체의 경우 유전적 차이로 인한 크기의 차이이므로 예외적으로 생각해야 한다.
- 최근 우리나라의 왕사슴벌레 애호가와 브리더(breeder)들의 경우에는 비록 크기가 작더라도 토종의 순수 혈통 왕사슴벌레를 보호하고 교잡을 막기 위한 노력이 이루어지고 있다.
- 왕사슴벌레는 성충의 수명이 4년에 이르므로 구입 시에는 우화한 지 1년 이내의 건강한 모충을 구입하도록 해야 한다.

② 알 받기(채란)

- 왕사슴벌레의 사육 과정 중에서 첫 번째 과정은 성충으로부터 채란을 하는 과정이다. 왕사슴벌레는 야행성으로 주로 밤에 활동하며, 먹이 활동이나 짝짓기 역시 밤에 이루어지나 사육 상자 내부를 어둡게 관리하면 낮에도 활동하고 짝짓기나 산란이 이루어지므로 가능한 어둡게 관리하는 것이 좋다.
- 채집된 왕사슴벌레 암컷의 경우 거의 대부분 짝짓기를 마친 상태이기 때문에 바로 채란 과정으로 들어갈 수 있으나, 사육된 개체의 경우에는 수컷 성충과의 합사를 통해 짝짓기가 이루어지도록 해야 한다.

- 산란 목의 준비
  - 사슴벌레류의 산란 목은 표고버섯 재배 폐목을 약 20㎝ 길이로 잘라서 사용하면 되는데 이때 잡균에 오염되어 검게 변한 부분을 사용하지 않는다.

<산란 목의 준비 과정>   <사육 상자 세팅>

| 침수 | 겉말림 | 톱밥넣기 | 세팅 |

그림 3-1-39. 왕사슴벌레의 산란 목 준비 및 사육 상자 세팅

- 표고 균사가 나무를 완전히 분해하여 잘 부숙된 표고 폐목은 밝은 흰색 또는 미색을 띠며, 손으로 쥐어도 쉽게 부스러질 정도로 조직이 연화되어 있다. 겉껍질은 벗겨져 없어도 산란 목으로 이용하는데 아무런 문제가 없으나 잡균에 의해 오염될 가능성이 있으므로 주의한다.
- 채란을 위한 사육 상자의 세팅
  - 산란용 사육 상자는 20~30L 크기의 플라스틱 상자를 준비하고, 발효 톱밥의 수분함량을 65%로 조절하여 사육 상자의 바닥에 깔아준 후 하루 정도 물에 담가 수분을 충분히 흡수한 산란 목을 발효 톱밥에 절반 정도 묻히도록 해주면 된다.
  - 마무리로는 먹이를 공급할 수 있는 먹이 접시(발효 톱밥에 직접 먹이를 넣어 줄 경우 톱밥이 오염될 수 있기 때문에 먹이접시를 사용한다), 놀이목 등을 넣어준다.
  - 세팅이 완료된 사육 상자에 왕사슴벌레 암수 한 쌍을 넣고, 사육 상자의 윗부분을 망사나 스타킹으로 덮어 잡충의 유입을 막도록 하고, 그 위에 다시 뚜껑을 덮는다.
  - 사육 상자의 옆이나 뚜껑에는 환기를 위하여 직경 5㎜ 내외의 구멍을 여러 개 뚫어준다.
- 짝짓기 및 산란
  - 산란 상자에 왕사슴벌레를 투입하고 약 10일 이내에 짝짓기가 이루어진다.
  - 짝짓기를 마친 암컷은 발효 톱밥 속으로 파고 들어가거나 산란 목을 갉는 등의 산란 행동을 보인다.

그림 3-1-40. 왕사슴벌레 암컷의 산란

- 왕사슴벌레는 발효 톱밥 속으로 들어가 산란 목의 표면을 갉아 구멍을 내고 그 속에 한 개씩 알을 낳는다.
- 암컷이 산란을 시작하면 수컷을 분리하여 암컷만으로 산란을 유도하는 것이 좋다. 수 컷은 지속적으로 암컷과의 교미를 시도하여 산란을 방해하고, 때로는 암컷에게 상처 를 입히기도 한다. 야외에서 채집한 암컷은 수컷 없이 암컷만 산란 상자에 넣어 산란 을 하도록 유도하는 것도 무난하다.
- 한 번 짝짓기를 한 암컷은 이듬해에도 짝짓기 없이 산란하므로 이듬해부터는 암컷만 넣거나 암컷 5마리에 수컷 1마리 정도의 비율로 산란 상자를 세팅하여 채란한다.
- 채란을 하는 동안 암컷의 에너지 소모가 많고, 예민하므로 충분한 먹이를 급여하고 스트레스를 받지 않도록 관리하는 것이 중요하다.

그림 3-1-41. 사육 상자의 세팅

- 왕사슴벌레의 산란 시의 환경관리
  - 산란 상자의 내부는 발효 톱밥의 수분함량이 65% 정도로 유지될 수 있도록 하고, 2~3일에 1회 정도 분무기를 이용하여 표면이 젖을 정도로 습을 보충한다. 왕사슴벌레의 채란을 위해서는 발효 톱밥과 산란 목의 수분함량이 산란에 영향을 미치는 중요한 요소이기 때문에 발효 톱밥과 산란 목이 과습하거나 과건조하지 않도록 주의해야 한다.
  - 사육실의 온도는 25~30℃ 정도로 유지되도록 한다.
- 사육 상자의 관리
  - 산란용 사육 상자는 20~30L 정도의 크기가 적당하며, 크기가 더 큰 상자보다는 작은 상자를 여러 개 준비하여 일정 기간의 채란이 끝나면 성충을 옮겨 사육하는 것이 좋다.
  - 대개 약 1개월간 채란을 하고 새로운 사육 상자로 옮겨 주며, 2~3회 정도 사육 상자를 옮겨 채란을 받는다.
  - 1개월간 채란 받는 동안 암컷 한 마리가 10~50개 정도의 알을 낳는다.

(2) 애벌레 사육

① 먹이의 준비
- 왕사슴벌레의 애벌레를 사육하기 위해서는 애벌레의 먹이인 발효 톱밥이나 균사 사료(버섯재배 균사병)를 준비해야 한다.
- 발효 톱밥은 표고버섯 재배목 분쇄 톱밥이나 생톱밥을 미생물을 이용하여 발효시켜 준비한다.

- 균사 사료는 참나무 톱밥에 영양원인 미강 등을 혼합한 후 버섯종균을 접종하여 50일 이상 배양한 것을 이용한다.
- 표고버섯 재배 폐목분의 이용
  - 가장 쉽게 먹이를 준비하는 방법은 표고버섯을 재배하고 난 후 폐목을 잘게 부수어 부숙을 시킨 다음 유충의 먹이로 이용하면 된다.
  - 표고버섯 재배 폐목의 분쇄 시에는 분쇄 방식에 따라 입자가 다소 굵어질 수 있으므로 채로 쳐서 1㎜ 내외의 입자를 선별하여 사용한다.
  - 표고버섯의 재배 상태가 불량하여 부후가 덜 된 나무나 잡균에 의한 오염이 심한 나무는 분쇄 전에 선별하여 제거하는 것이 좋다.
  - 완전히 부식이 되지 않은 부분은 후발효가 일어날 수 있으므로 사전에 수분을 첨가하여 약 7일 정도 적치하여 후발효가 일어난 후 사용하는 것이 좋다. 사육 중에 후발효로 인해 열이나 가스가 발생되면 애벌레가 폐사하여 사육 실패의 원인이 된다.
- 생톱밥을 발효시켜 만드는 발효 톱밥
  - 발효 톱밥은 톱밥과 미강 또는 밀기울을 10 : 1의 비율로 혼합한 후 수분함량을 60~65%로 맞추고 발효 미생물을 접종하여 상온에서 발효시켜 제조한다.
  - 발효 온도가 적당하지 않거나 오염되면 발효하지 않고 썩어 버리기 때문에 주의해야 한다.
  - 생톱밥의 발효 시에 애벌레의 배설물을 혼합하여 사용하는 것이 오히려 발효도 잘되고 무난한 방법이다.
  - ·톱밥의 발효 시에는 약 1주일에 한 번씩 잘 섞어 주어 발효를 촉진시킨다.
  - 잘 발효된 톱밥은 초콜릿색을 띠고 있으며 악취가 전혀 나지 않는다.

② 알 및 애벌레의 수거
- 약 1개월 정도의 채란을 마치면 성충은 다른 산란용 사육 상자로 옮기고, 약 1개월간 그 상태로 유지한 후 산란된 알과 갓 부화한 애벌레를 수거한다.
- 알이나 애벌레의 수거 시에는 자칫 알이 손상되는 경우가 있으므로 각별히 조심하고, 전문가로부터 도움을 받는 것이 좋다.
- 알의 수거 시에는 산란 목에 묻은 이물질을 제거한 후 산란 목에 남아 있는 산란 흔적을 찾아야 한다.

- 일자드라이버나 손도끼를 이용하여 산란 흔적이 있는 곳부터 조심스럽게 산란 목을 쪼갠 후 핀셋이나 작은 스푼을 이용하여 알을 수거한다.

③ 애벌레의 개별 분리 사육
- 분리 수거한 알이나 애벌레는 균사 배양용 병이나 1L 내외의 톱밥이 들어갈 수 있는 용기를 준비한 후 발효 톱밥을 다져서 넣어준 다음 병당 1마리씩 애벌레를 넣어준다.
- 다져진 톱밥 상단에 약간의 홈을 만들고 애벌레나 알을 올려주면 되는데, 부화한 애벌레는 스스로 톱밥 속으로 파고들어 간다.

④ 균사 사료를 이용한 사육
- 왕사슴벌레의 경우에는 보다 큰 개체를 사육하기 위해서 균사배지를 이용한 사육이 보편적으로 이루어지고 있다. 다만, 균사 사료는 많은 비용이 들기 때문에 경제성을 고려하여 선택해야 한다. 또 1령 초기의 애벌레는 균사 사료에서 적응에 실패하여 죽는 경우도 있으므로 주의하여야 한다.
- 발효 톱밥만으로 사육한 경우보다 2령 이후 균사 사료와 병행하여 사육한 경우에 보다 큰 개체를 얻을 수 있다는 장점이 있다.

그림 3-1-42. 균사병과 발효 톱밥

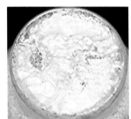
표면 균사 제거

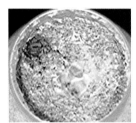
1령 애벌레 접종

균사병 교환

애벌레의 성장

그림 3-1-43. 왕사슴벌레의 균사 사육 과정

⑤ 애벌레의 사육관리

• 먹이관리

• 왕사슴벌레의 애벌레는 애벌레 기간 동안 약 4L 정도의 발효 톱밥을 먹고, 균사 사료의 경우 850cc 균사병 3~4개를 먹기 때문에 사육 중에 주기적으로 새로운 사육병으로 옮겨주어야 한다.

• 사육용 병은 반투명한 PP 재질의 균사 배양병을 주로 이용하며, 애벌레의 상태나 먹이의 부족을 확인할 수 있어서 유리하다.

• 발효 톱밥을 먹이로 이용할 때는 발효 톱밥을 단단하게 다져서 공급하도록 한다.

• 균사 사료를 공급할 때는 배지 표면에 구멍을 내고 애벌레를 구멍 속에 넣어주면 스스로 파고들어 간다.

• 먹이 교환

• 일반적으로 25℃ 의 온도에서 2~3개월이면 약 1L(1병)의 먹이를 먹기 때문에 2~3개월마다 먹이를 교환해 주어야 한다.

• 외관상 배설물이 50% 정도가 되면 새로운 사육병으로 옮겨 준다.

• 균사 배지를 이용할 경우에는 병 표면의 흰색 균사가 30% 이하로 남으면 새로운 균사 배지로 옮겨 준다.

• 일반적으로 발효 톱밥은 짙은 갈색을 띠고, 애벌레의 배설물은 밝은색을 띠기 때문에 구별이 용이하다.

• 균사 사료를 이용한 사육 시에는 균사가 흰색을 띠고 애벌레가 균사 속으로 터널을 만들며 균사를 먹은 후에는 갈색을 띠기 때문에 구별이 용이하다.

- 왕사슴벌레의 애벌레는 알에서 부화한 후 3~4주가 경과하면 탈피하여 2령 애벌레가 되고, 다시 4~5주가 경과하여 부화 후 60일 정도가 경과되면 3령 애벌레로 탈바꿈하게 된다.
- 3령 애벌레 시기부터는 비교적 안전하여 외부의 환경 변화에도 잘 견디는 편이나, 먹이의 질과 양에 따라 성충의 충질이 결정되는 시기이므로 우수한 개체를 생산하기 위해서는 양질의 먹이를 충분이 공급하는 것이 무엇보다 중요하다.

⑥ 애벌레 시기의 환경관리
- 애벌레의 사육 적온은 25℃ 내외이며, 지속적으로 항온실에서 사육 시에는 사육 기간을 단축시킬 수 있는 장점이 있다.
- 자연 상태에서 왕사슴벌레의 애벌레 기간은 약 10~15개월이 소요되나 항온실에서 사육 시 약 8~10개월 정도면 번데기가 된다. 하지만 개체의 특성과 암수, 습도, 온도, 먹이 조건에 따라 시간이 단축되거나 늘어날 수 있다.

(3) 번데기관리
① 전용
- 왕사슴벌레 애벌레는 번데기 시기가 가까우면 먹이 활동이 줄고 몸이 갈색으로 변해가면서 몸 안의 배설물을 모두 배설한 후 전용기에 들어간다.
- 전용 단계의 애벌레는 자신이 자라고 있는 발효 톱밥 사료나 균사 사료 속에 누에고치 형태의 번데기 방을 만들고 그 속에서 번데기가 될 준비를 한다.

② 번데기의 관리
- 1~2주의 전용 기간이 지나면 번데기가 되는데 매우 예민하고, 번데기 방이 부서지면 죽거나 기형이 될 확률이 높기 때문에 번데기 방이 손상되지 않도록 주의해야 한다.
- 왕사슴벌레의 번데기 기간은 대개 2~4주 정도의 기간이 소요되는데 온도나 환경에 따라 약간의 차이가 있다.

(4) 성충관리

① 우화

- 왕사슴벌레는 성충으로 우화하면 처음에는 체색이 흰색에 가깝고, 몸이 경화되지 않아 연한 상태이다.
- 우화 후에도 약 2~3주간은 번데기 방에서 나오지 않고 몸을 경화시키는 단계를 거친다. 이 시기 동안에는 먹이도 먹지 않고 활동도 거의 않은 채 몸이 굳기를 기다린다.
- 이 시기에도 비교적 몸이 약한 시기이기 때문에 관리에 주의를 기울이고 외부에서 충격이 가해지지 않도록 하는 것이 좋다.
- 특히 번데기 방에서 경화되지 않은 성충을 꺼내게 되면 기형이 되거나 죽을 수도 있기 때문에 주의해야 하며, 스스로 번데기 방을 나와 먹이를 찾을 때까지 기다리는 것이 좋다.

② 후식

- 경화가 완료된 성충이 밖으로 나와 먹이를 먹는 것을 후식이라고 하며, 이때부터가 완전한 성충의 단계라고 할 수 있다.
- 이 시기 부터는 암수의 합사를 통한 짝짓기와 채란 등 사육의 새로운 과정을 진행할 수 있게 된다.

③ 성충의 관리

- 왕사슴벌레 성충의 수명은 1~4년 정도인 것으로 알려져 있으나 개체의 특성과 환경에 따라 수명에 큰 차이가 나타난다.
- 성충의 수명을 더 오래 유지하기 위해서는 위생적인 환경관리와 적절한 먹이의 공급이 무엇보다 중요하다.
- 성충의 먹이는 곤충 전용으로 만들어진 젤리 형태의 먹이가 개발되어 있으며, 바나나나 수박과 같은 과일을 구하여 공급해도 무방하다.
- 곤충 전용 젤리는 각종 영양 균형을 고려하여 제작되었으며, 위생적인 관리가 가능하기 때문에 가장 좋다. 특히 산란 중인 암컷의 경우 많은 양의 단백질 영양원을 필요로 하기 때문에 전용 젤리를 공급하는 것이 암컷의 수명 연장과 산란율의 증가에 도움이 된다.

(5) 저장관리

- 왕사슴벌레는 성충이나 애벌레 상태로 저장이 가능하며, 애벌레로 저장을 할 경우에는 3령 중기 이후의 애벌레를 저장하는 것이 좋다.
- 애벌레의 저장 시에는 발효 톱밥이나 균사 사료에서 사육 중인 상태로 4℃ 내외의 저온 창고에 저장한다.
- 애벌레는 저온 저장 중에도 소량씩 먹이 활동을 하고, 발효 톱밥이 건조해 질 수도 있기 때문에 주기적으로 관찰하여 발효 톱밥을 관리하여야 한다.
- 왕사슴벌레의 저온 저장 시에는 한 마리씩 개별적으로 저장하는 것이 좋다.
- 저온 저장 기간은 6개월 이내로 하는 것이 좋으며, 너무 길게 저장할 경우 활력을 잃고 죽게 되는 경우도 있으므로 주의한다.

(6) 먹이 및 환경 기준

① 애벌레 먹이 – 생톱밥을 발효시킨 발효 톱밥 사료

- 생톱밥 발효 시에는 60~65% 로 수분함량을 조절한 톱밥을 60㎝ 내외의 높이로 쌓아서 인위적으로 발효를 시킨다.
- 발효를 촉진시키기 위해 발효 미생물을 첨가하면 발효의 속도가 빨라지고 발효 산물이 균일해지는 장점이 있다.
- 톱밥의 발효는 실내에서도 가능하며, 온도가 균일한 환경에서 발효시키면 보다 안정되고 균일한 발효 톱밥을 얻을 수 있다.
- 발효에 소요되는 기간은 미생물의 첨가 여부와 환경의 영향에 따라 대개 45일 내외의 기간이 소요된다.

② 애벌레 먹이 – 표고버섯 재배목 분쇄 발효 톱밥 사료

- 표고버섯을 재배한 참나무 재배목을 분쇄하여 톱밥으로 만든 것으로 분쇄 톱밥을 그대로 이용하거나 영양원의 첨가 또는 2차 발효 과정을 거친 톱밥을 이용한다.
- 분쇄 방식에 따라 입자가 다소 굵어질 수 있으므로 체로 쳐서 1㎜ 내외의 입자를 이용하도록 한다.
- 표고버섯의 재배 상태가 불량하여 부후가 덜된 나무나 잡균에 의한 오염이 심한 나무는 분쇄 전에 선별하여 제거하는 것이 좋다.

- 부후가 덜된 톱밥이 혼입될 경우 왕사슴벌레 애벌레를 기르기 위해 수분을 첨가할 때 후 발효로 인해 열이 발생될 수 있으므로 사육 실패의 원인이 된다. 그러므로 미연의 사육 실패를 사전에 예방하기 위해서는 표고버섯 폐목 톱밥에 수분을 보충한 후 약 7일 내외 의 기간 동안 방치하여 충분히 후발효가 일어나도록 하는 것이 좋다.

③ 애벌레 먹이 – 균사 사료
- 왕사슴벌레 애벌레의 먹이용으로 개발된 균사 사료는 버섯 재배용 종균병을 이용하여 제 조된다.
- 종균병에 65% 정도의 습도로 조절된 참나무 톱밥을 충진하고 잘 다진 후 느타리버섯이 나 구름버섯 등의 종균을 접종한 후 약 30~60일 정도 배양한 상태의 균사 배양병을 이 용한다.
- 경우에 따라서는 균사병에 단백질원인 미강이나 밀기울 등의 영양제를 혼합하여 균사병 을 제조하는 경우도 있다.
- 균사병의 배양은 별도의 배양 시설이 갖추어 져야 하기 때문에 일반 농가에서는 직접 균 사병을 배양하기는 어려우며, 배양 완료된 상태의 균사병을 구입하여 사육에 이용하는 것이 일반적이다.
- 균사병의 구입 시에는 균사병 표면이 흰색 균사로 균일하게 배양된 것을 선별하고, 회색 이나 갈색, 푸른색의 얼룩이 있는 것은 사육에 이용하지 않도록 한다.
- 왕사슴벌레 사육 시 발효 톱밥 단용으로 사육하는 것보다 균사병과 병용하여 사육하면 보다 큰 개체를 얻을 수 있기 때문에 사육 단계에 따라 균사병을 이용하여 사육하면 보 다 크고 품질 좋은 왕사슴벌레를 생산하는데 유리하다.
- 균사 사료의 제조 과정

〈균사 사료의 제조 과정〉
① 버섯 재배에 이용되는 종균병(850~1,400cc)을 준비한다.
② 참나무 톱밥에 미강을 부피비로 8 : 2가 되도록 혼합하고, 탄산칼슘 등의 미량원소를 3~5% 정도 혼합하고 잘 섞어준다.
③ 물을 첨가하여 함수율을 65% 내외로 조절한 후, 준비된 종균병에 상부 약 2cm 를 남기고 단단하게 충진한다.
④ 고압살균기에 넣어 121℃에서 약 90분간 고온고압으로 살균한다.
⑤ 무균실내에서 충분히 식힌 후 뚜껑을 열고 버섯종균(느타리버섯, 구름 버섯 등)을 10~30g 정도 접종한다.
⑥ 배양실에서 약 20~23℃ 의 온도를 유지하고, 가능한 암실 상태에서 30~60일 정도를 배양한다.

④ 성충의 먹이

- 곤충 전용 젤리
- 왕사슴벌레의 대량 사육 시 성충의 먹이는 곤충 전용 젤리가 주로 이용된다.
- 곤충 전용 젤리의 특징
  - 곤충 전용 젤리의 특징은 일반적인 젤리와 달리 단백질과 같은 영양 성분이 보충되어 있다는 것인데, 단순히 성충의 사육만 할 경우에는 먹이에 따라 수명의 차이가 나타날 수 있지만 먹이의 성분에 따른 성충의 수명과의 상관관계는 아직 명확히 밝혀져 있지 않다.
  - 성충의 사육과 함께 채란을 병행할 때는 단백질과 같은 영양 성분의 함유를 통해 산란율을 높일 수 있다는 보고가 있다.
  - 곤충 전용 젤리는 일본산 젤리가 수입되어 유통되는 경우가 많이 있으며, 최근에는 우리나라에서도 다양한 제품이 개발되어 있다.
  - 곤충 전용 젤리 외에도 나무의 수액과 유사한 주스(juice) 형태나 젤(gel) 형태의 먹이도 개발되어 있으나 관리상의 불편함으로 인해 널리 이용되고 있지는 않다.

⑤ 환경 기준

〈일반적인 사육 환경 관리〉

- 왕사슴벌레의 애벌레는 25℃ 전후의 조건에서 왕성한 생육을 보이며, 온도가 너무 높거나 낮으면 행동이 더디고, 병에 쉽게 걸리게 되므로 주의한다.
- 발효 톱밥의 수분은 60~65%로 조절하도록 하고 과습하지 않도록 주의한다. 발효 톱밥의 수분관리는 표면이 마르지 않도록 유지하는 수준으로만 하면 된다. 일반적으로 개별 사육 시에는 별도의 수분 보충이 필요하지 않으나 사육실 내부가 과건조할 경우에는 확인 후 약간의 수분을 분무해 주는 것으로 충분하다.
- 발효 톱밥이 과습하거나 과건조하게 되면 자칫 애벌레가 폐사할 수도 있고, 죽지는 않더라도 먹이 섭식의 장애로 인해 기형이나 소형 개체의 출현으로 이어질 수도 있다.

〈번데기 시기의 환경관리〉

- 외부의 환경 변화와 충격에 대단히 민감한 시기이기 때문에 급격한 온도 변화와 외부의 충격이나 진동이 발생되지 않도록 한다.

• 특히 번데기 방이 무너지지 않도록 주의해야 한다.

〈성충 시기의 환경관리〉

• 성충 시기는 비교적 환경 변화에 대한 적응력이 뛰어나기 때문에 안전하지만, 위생환경
  관리에 주의해야 한다.

• 특히 사육 상자 내에 잡충이나 곰팡이 등이 발생되지 않도록 유의해야 한다.

다. 사육 단계별 사육 체계

(1) 사육 단계별 사육 체계

• 왕사슴벌레의 사육 단계는 채란의 과정에서 시작하여 애벌레, 번데기, 성충 및 채란의 단
  계로 나누어지며, 각 단계별로 사육 체계는 아래 그림에 나타낸 바와 같다.

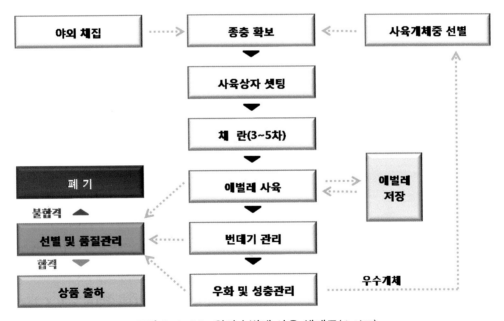

그림 3-1-44. 왕사슴벌레 사육 체계도(순서도)

(2) 사육 단계별 관리 방법 및 사육 조건

왕사슴벌레의 각 사육 단계별 특징 및 관리 방법은 다음의 표에 나타낸 바와 같다.

표 3-1-3. 왕사슴벌레의 사육 단계별 관리 방법 및 사육 조건

사육 단계		기간	특징 및 관리방법
알		2주	• 암컷이 산란 목에 구멍을 뚫고 한 개씩 산란 • 암컷 마리당 10~50개 정도 산란 • 발효 톱밥에도 산란함 • 알에서 부화 후 알 껍질을 먹고 자람
1령 애벌레		3~4주	• 알 상태에서 수거가 어려우며, 부화 후 1령 애벌레 상태에서 수거하여 개별 사육 • 산란 목 및 발효 톱밥에도 애벌레 확인
2령 애벌레		4~5주	• 2령 애벌레부터 먹이 섭식량이 증가 • 균사병 또는 발효 톱밥에 개별 사육 • 집단 사육 시 서로 죽이기도 함
3령 애벌레		4~10 개월	• 본격적인 성장이 이루어지는 시기 • 외관상 균사병의 3/4 정도 먹으면 새로운 균사병으로 옮겨줌
전용		1~2주	• 몸속의 배설물을 모두 배설 • 번데기가 될 준비 단계 • 몸이 갈색으로 변하고 주름이 많음 • 발효 톱밥/균사를 다져 번데기 방을 만듦
번데기		2~4주	• 가장 예민한 시기로 주의해서 관리 • 번데기 방이 부서지면 기형 개체 출현 • 번데기 방이 부서지면 인공적으로 만들어 줌
성충		1~4년	• 우화 후 스스로 나올 때까지 기다림 • 우화 후 2~3주의 적응기 지나고 나옴 • 먹이 공급 후부터 암수 합사 가능 • 먹이 : 곤충 젤리 또는 과일

라. 사육 시설 기준

(1) 사육 도구 기준

① 사육 상자

- 왕사슴벌레의 사육용 도구는 애벌레와 성충 사육 시 공통으로 이용되는 도구로 사육 상자가 있다.
- 사육 상자는 다양한 크기의 사육 상자가 사육 농가별로 이용되고 있는 것으로 조사되었다.
- 일반적으로 왕사슴벌레는 큰 턱의 무는 힘이 강하고 서로 싸우는 경우가 많기 때문에 한 쌍씩 분리하여 사육하는 것이 좋다.
- 사육 상자도 주로 채란용으로만 사용되므로 큰 것보다는 소형 또는 중형의 사육 상자를 이용하는 것이 보다 일반적이다.
- 사육 상자의 종류
  - 재질 : 플라스틱
  - 크기 15L 용량 : 330×240×190㎜
    29L 용량 : 400×300×250㎜

사육 상자(15L)   사육 상자(29L)

그림 3-1-45. 사슴벌레 사육 상자

② 사육 용기

- 왕사슴벌레의 애벌레는 날카로운 턱을 가지고 있어 사육 중에 서로 만나면 상대에게 상처를 내 죽게 만드는 경우도 있으므로 주의해야 한다.
- 개별 사육 용기는 플라스틱 재질로 대개 1L 내외의 용량을 가진 것을 많이 사용하지만, 크기나 모양에서 다양한 형태의 제품이 개발되어 있다.

● 대량 사육 시에는 버섯 재배용 종균병을 주로 이용하며 용량은 850㎖부터 1,400㎖까지 다양하게 이용된다.

<균사병>　　　　　　　　　　　　　<발효 톱밥>

그림 3-1-46. 개별 사육 용기

● 왕사슴벌레의 애벌레를 발효 톱밥을 이용해 사육할 경우 발효 톱밥을 단단하게 다져야 할 필요가 있는데, 이때는 발효 톱밥 다짐틀을 이용한다.

● 발효 톱밥 다짐틀 아래에 균사병 16개를 바구니에 담아 놓고, 그 위에 발효 톱밥 다짐틀을 올려놓은 후 발효 톱밥을 붓고 쇠로 된 공이로 다져 넣으면 발효 톱밥을 단단하게 다져 넣을 수 있다.

그림 3-1-47. 발효 톱밥 다짐틀

③ 기타 사육 도구

- 먹이 접시, 놀이 목 등 사육 상자 구성 시에 넣어주는 도구가 있으며, 성충의 산란을 위한 산란 목과 사육 상자의 뚜껑 안쪽에 덮는 방충 시트 등이 있다.
- 그 밖에 성충의 먹이인 곤충 전용 젤리와 애벌레의 먹이인 발효 톱밥이 중요한 사육 도구들이라 할 수 있다.

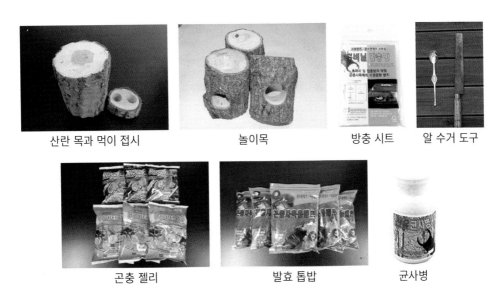

산란 목과 먹이 접시	놀이목	방충 시트	알 수거 도구
곤충 젤리		발효 톱밥	균사병

그림 3-1-48. 다양한 곤충 사육 재료

(2) 사육 시설 기준

① 사육 시설의 조건

- 왕사슴벌레의 사육 시설은 주로 애벌레의 사육에 맞추어 설계하고 시설을 설치하면 된다.
- 보다 안전한 사육과 철저한 관리를 위하여 비닐하우스 형태의 건축물보다는 샌드위치 패널을 이용한 사육실이 요구된다.
- 사육실의 바닥은 콘크리트로 포장하여 외부와의 단절을 시킴으로서 사육 과정 중에 발생할 수 있는 잡충의 유입과 두더지 등의 침입으로 인한 애벌레의 손실을 예방할 수 있어야 한다.
- 시설 내의 원활한 환기와 채광을 위해 1×1m 이상의 창을 2개소 이상 설치하는 것이 좋다. 창에는 방충망을 설치하여 외부의 잡충 유입을 막는다.

- 환풍기를 설치하여 필요 시 강제 환기가 가능하도록 한다.
- 애벌레나 성충의 사육실과 사육 준비실을 구분하여 사육 준비실로부터 오는 오염이나 외부의 충격을 차단할 수 있도록 하는 것이 좋다.
- 사육실과 가까운 곳에 저온 저장고를 함께 운영하면 애벌레의 저장관리가 용이하기 때문에 건물 내부나 인접한 곳에 저온 저장고를 설치한다.

그림 3-1-49. 왕사슴벌레의 산란실 내부

② 내부 시설

- 사육실 내부에는 공간 활용도를 높이기 위해 벽면 위주로 선반을 설치하고, 사육 상자를 올려놓으면 좋다.
- 인위적인 환경관리와 불시 사육을 위해서는 냉·난방 시설을 설치하는 것이 유리하나 사육규모와 불시 사육의 필요성에 따라 탄력적으로 적용하는 것이 바람직하다.

그림 3-1-50. 왕사슴벌레의 발효 톱밥을 이용한 개별 사육실 내부

③ 사육실의 규모

- 사육실의 면적은 관리상의 편의를 고려하여 너무 크거나 작지 않게 구성하는 것이 좋다.
- 사육실 1개의 면적은 5×8m가 적당하며, 건물 내에 2~3개의 사육실을 두고 구분하여 관리하면 여건에 따라 가감하면서 이용할 수 있기 때문에 관리비용을 절감할 수 있다.

④ 왕사슴벌레 사육 시설의 권장 설계안

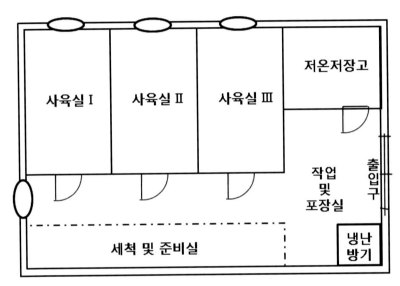

그림 3-1-51. 왕사슴벌레 권장 사육 시설 설계(개념도)

(3) 단위 생산성

① 사육 상자당 사육 가능 개체 수

- 왕사슴벌레의 경우 개별 사육을 하는 것이 가장 효율적이며, 개별 사육 시 사육병 16개가 들어가는 사육 상자를 활용한다.
- 사육 상자의 규격은 400×400㎜ 크기가 일반적으로 사용되고, 사육병의 높이는 대개 170~200㎜까지 다양하다
- 개별 사육 시 사육 상자당 16마리의 왕사슴벌레의 애벌레를 사육할 수 있다.
- 저장 시에도 동일한 병과 상자를 이용하면 편리하며 공간 효율을 높일 수 있다.

② 사육실의 면적에 따른 사육 가능 개체 수

- 40㎡(5×8m) 면적의 사육실 3면에 6~8단 사육 선반을 설치할 경우 약 300~400개의 사육 상자를 상치할 수 있다.
- 사육 상자당 16마리의 애벌레를 사육할 수 있으므로 사육실 1실당 4,800~6,400마리의 왕사슴벌레의 애벌레를 사육할 수 있다.
- 채란용 사육 상자의 경우 15L 용량(330×240×190㎜)의 사육 상자를 동일한 면적에 약 600개(암수 1,200쌍) 정도 상치할 수 있다.

③ 저장 시설

- 저온 저장고는 일반 농가형 저온 저장고를 이용할 수 있으며, 작업 동선 등을 고려하여 설치한다.
- 저온 저장고의 경우 우레탄 패널을 이용하여 단열 효과를 높이도록 설치하고, 면적은 사육 규모에 따라 달라질 수 있으나 대개 18㎡(3×6m) 면적의 저온 저장고가 일반적으로 이용된다.
- 저온 저장고의 경우 선반 간격을 줄이고 단수를 늘리면 최대 10단까지 적재가 가능하므로, 18㎡ 면적의 저온 저장고에 사육 상자 340개 정도를 적재할 수 있다.
- 사육 상자당 균사병 16개를 넣고 개별 저장 시 상자당 16마리를 넣어 저장할 수 있으므로 약 5,440마리의 사슴벌레 애벌레를 저장할 수 있다.

마. 활용 및 주의사항

(1) 활용 방법 및 예시

① 왕사슴벌레는 비교적 수명이 길고 기르기가 쉬어 애완용 곤충으로 많이 알려져 있고, 현재까지 장수풍뎅이 다음으로 가장 많이 유통되고 있는 종이다.

② 대량 사육 기술의 개발과 보급으로 비교적 저렴한 가격에 일반인들도 쉽게 접할 수 있으며, 곤충 전시관에 가면 어느 곳에서나 전시되어 있을 만큼 흔하다.

③ 왕사슴벌레는 일반적으로 애완용 곤충으로 이용되는 경우가 가장 많으며, 시중에서 애벌레나 성충 상태로 유통되어 진다.

④ 알 기간은 워낙 짧고, 번데기 기간은 예민하기 때문에 유통되지 못한다.

⑤ 왕사슴벌레의 애벌레는 대개 3령 중기 이후의 형태로 유통되며, 성충은 갓 우화한 개체를

위주로 거래가 이루어진다.

(2) 사육 시 주의사항

① 왕사슴벌레의 사육 과정에서 가장 주의해야 하는 시기는 번데기 시기이다.

② 번데기 시기에는 주변의 작은 충격에도 쉽게 손상을 입어 기형적인 개체로 우화할 수 있기 때문에 주의해야 한다. 특히 번데기 방이 상하면 죽거나 기형 개체가 되기 때문에 되도록 건드리지 않도록 하는 것이 중요하다.

③ 왕사슴벌레의 애벌레는 강한 턱을 가지고 있어서 서로에게 상처를 주는 경우가 많이 발생하기 때문에 반드시 개별 사육하여 사육 중인 손실이 발생하지 않도록 한다. 일반적으로 발효 톱밥에서도 잘 자라지만, 대형 종으로 기르기 위해서는 균사병 사육을 병행하는 것도 좋은 방법이다.

④ 왕사슴벌레는 암수 한 쌍씩 산란 상자를 조성하는 것이 일반적이며, 여러 개체를 합사하는 경우에는 지나친 경쟁으로 산란 효율이 낮아지고, 서로에게 상처를 주거나 죽게 하는 경우도 발생하므로 주의해야 한다.

⑤ 왕사슴벌레는 자연 상태에서 주로 밤에 활동하는 특성을 지니고 있으므로 사육실은 어둡게 관리하는 것이 좋으며, 환경 변화를 최소화하여 그로 인한 스트레스를 줄여주는 것도 수명을 연장시키고 산란율을 높이는 방법이다.

4. 애반딧불이(*Luciola Lateralis* Motshulsky)

그림 3-1-52. 애반딧불이

가. 일반 생태

(1) 분류학적 특성

반딧불이는 딱정벌레목(Coleoptera) 반딧불이과(Lampyridae)에 속하는 곤충으로 오래전부터 인가와 가까운 시냇가, 산기슭 및 마을 주변에 서식하여 정서 곤충으로 잘 알려 있는 곤충이다. 그러나 최근에는 산업화와 도시화의 진행으로 서식지가 줄어들어 환경오염의 정도를 알려주는 지표 곤충으로 더 중요성이 부각되고 있다. 특히, 1982년 정부는 전라북도 무주군 설천면 일원의 반딧불이와 그 먹이인 다슬기 서식지를 천연기념물 제322호로 지정하여 보호하고 있다. 반딧불이는 개똥벌레라고도 하는데, 이름의 기원은 반딧불이가 습기를 좋아하고 야행성인 생태적 특징에 의해 낮에는 습기가 축축하고 은신하기 쉬운 가축 분뇨에서 많이 관찰되기 때문이다.

반딧불이는 지구상에서 5~7천만 년 전 신생대부터 서식했던 것으로 알려져 있으며, 현재는 남·북극을 제외한 전 지역에 약 2,000종이 서식하고 있다. 국내에서는 8종이 기록되어 있으며, 현재는 애반딧불이(*Luciola lateralis*), 운문산반딧불이(*Hotaria unmunsana*), 늦반딧불이(*Pyrocoelia rufa*), 파파리반딧불이(*Hotaria papariensis*)만이 국내에 서식하는 것으로 알려져 있다. 특히, 애반딧불이는 백두대간을 중심으로 동·서 간에 서식하여 전국 86개소에서 분포가 확인된 바 있다. 최근에는 운문산반딧불이와 파파리반딧불이는 동일종으로 보는 견해가 지배적이다.

애반딧불이

늦반딧불이

운문산반딧불이

그림 3-1-53. 우리나라에 서식하는 3종의 반딧불이

애반딧불이는 한반도 전역에 분포하며, 연 1회 발생한다. 우리나라 외에도 일본, 중국 등 동아시아에 넓게 분포하며, 6~7월 청정 지역의 논 주변, 유속이 완만한 습지가 형성된 산기슭 주변에 밤에 불빛을 내며 날아다니는 것을 볼 수 있다. 동일 속에 속하며, 일본에 서식하는 겐지반딧불이(*Luciola cruciata*)는 애반딧불이와 동소종이라는 사실 등으로 생리·생태적으로 유사한 것으로 잘못 인식되어 왔으나 이 두 종은 유충 서식지, 먹이, 산란 수, 탈피 횟수 등에 명백한 차이를 나타내는 전혀 다른 종이다.

애반딧불이의 학명은 *Lucicla lateralis*이며, 일본명은 ヘイケボタル(헤이께호타루), 영어명은 Firefly, Lightning bug 등으로 불리며, 불빛을 내는 벌레의 뜻을 가지고 있다. 몸길이는 8~10㎜로 암컷이 수컷보다 크며, 수컷은 복부 제5, 6절에 암컷은 6절에만 발광기관이 존재한다. 애반딧불이는 불빛의 간격으로 의사소통을 하는 것으로 알려져 있다.

(2) 생태

애반딧불이는 지역별로 약간씩의 차이는 있지만 일반적으로 6~7월경에 성충이 활동한다. 암컷과 수컷 모두 날개가 있어 날아다닐 수 있지만 주로 수컷이 날아다니며 암컷에게 빛으로 구애를 한다. 애반딧불이의 빛은 배마디에 위치한 발광기관에서 발생하며, 반딧불이의 빛은 종에 따라 발광 시간, 강도, 빛의 밝기와 색이 다르게 나타난다. 성충은 서식지 근처의 수로나 논둑 주변, 숲을 배회하며 상대를 찾아 짝짓기를 하고, 물가의 이끼에 알을 낳는다. 애반딧불이 성충은 입구조가 퇴화하여 먹이를 먹지 않으며, 성충으로 사는 기간 동안 오직 짝짓기와 산란에만 열중한다. 애반딧불이는 외형상 암수의 구별이 쉽지 않으나 일반적으로 크기는 암컷이 더 크고 잘 날지 않으며, 빛을 내는 위치도 약간의 차이가 있다.

　애반딧불이의 서식지는 주로 논을 중심으로 하여 농수로 등의 약한 유속이 있는 계류 주변이나, 논이 없는 계류 등에서도 서식이 관찰되기도 한다. 애반딧불이 애벌레의 주요 먹이는 물달팽이로 농약 등으로 인해 물달팽이가 서식할 수 없는 환경에서는 애반딧불이도 서식할 수 없게 된다.

논 주변의 계류

계단식 논

그림 3-1-54. 애반딧불이의 서식지

　물가의 이끼에 산란된 알은 0.5㎜ 내외의 크기로 약간 타원형이며, 유백색을 띤다. 약 2~4주가 경과되면 부화하여 1령 애벌레가 깨어나는데, 부화한 애벌레는 본능적으로 물을 향해 기어가 물속 생활을 시작한다. 애반딧불이의 애벌레는 애벌레 기간 전체를 물속에서 생활하며 논이나 농수로, 습지, 고인 물 및 유속이 완만한 배수로 등에서 물달팽이나 다슬기 등을 먹고 자란다. 1령 애벌레는 이후 성장에 따라 4회 탈피를 하여 5령에 이르며, 종령인 5령 애벌레는 체색이 흑갈색을 띠며, 크기는 약 12~18㎜ 정도이다. 애벌레는 머리와 꼬리 부분이 가늘고 가운데가 볼록한 좀꼴형으로 몸이 길고 편평한 형태이며, 몸의 측면에 기관 아가미가 있어 물속에서 아가미로 호흡을 한다.

　애벌레 상태로 물속에서 겨울을 나며, 이듬해 5~6월에 상륙하여 물가의 흙 속에 고치를 짓고 번데기가 되며 약 1개월 후 6~7월에 성충으로 우화한다. 애반딧불이의 번데기는 처음에 유백색이다가 점차 우화 시기가 가까워지면 복안과 날개 부위 등이 검게 변하기 시작한다. 성충은 불빛으로 서로 교신하고 특히 수컷의 경우에는 다른 수컷이나 암컷의 불빛을 잘 확인할 수 있도록 복안이 잘 발달되어 있다. 짝짓기를 마친 애반딧불이 암컷은 서식지 물가의 이끼를 찾아 이끼 사이에 50~100개의 알을 산란하는데 대개 2~3일이면 산란이 모두 끝이 난다. 애반딧불이 성충의 수명은 대개 2주 내외이다.

알(20~25일) 애벌레(약 250~340일)

성충(수명 약 15일) 전용(약 4~6일)

우화(4~5일) 번데기(약 5~7일)

그림 3-1-55. 애반딧불이의 생활사

(3) 현황

애반딧불이는 과거 70~80년대까지만 해도 우리 주변에서 흔히 볼 수 있었으나 농약의 남용과 환경오염으로 최근에는 환경오염의 정도를 나타내는 환경 지표 곤충으로 새롭게 인식되고 있다. 반딧불이는 스스로 빛을 내는 곤충으로 예로부터 우리의 삶과 밀접한 정서 곤충 또는 문화 곤충으로 귀한 대접을 받는 곤충이다. 최근에는 산업화와 도시화로 인한 환경 파괴와 서식지의 감소로 그 개체 수가 급감하여 보호가 시급한 실정이며, 다행히 한국반딧불이연구회를 비롯한 국가기관 연구소, 각 지자체 등에서 지역별로 반딧불이를 보호하고 복원하고자 하는 노력들이 시행되고 있다. 반딧불이의 복원을 위해서는 인공적인 사육 기술의 개발이 우선되어야 하며, 애반딧불이를 비롯한 국내 서식 종에 대한 사육 기술의 개발도 상당한 진전을 보이고 있다.

최근에는 반딧불이의 인공 사육이 체계를 잡아가면서 지역별로 반딧불이를 이용한 생태 체험이 활성화되고 있으며, 전국적으로 반딧불이 서식지를 보호하고 반딧불이 서식지를 탐사하는 관광 상품들이 개발되고 있는 실정이다.

나. 사육 방법

(1) 사육용 모충(종충)의 확보

① 애반딧불이의 인공 사육을 위해서는 무엇보다도 애반딧불이의 사육을 위한 사육 모충을 확보하는 일이 우선되어야 한다.

② 애반딧불이 모충의 채집

- 애반딧불이의 사육용 모충은 서식지에서 성충의 발생 시기에 맞추어 채집을 하는 것이 가장 보편적인 방법이다.
- 애반딧불이 성충의 발생 시기는 지역마다 약간씩의 차이가 있으나 대개 6월 중순 전후가 가장 적당하다.
- 애반딧불이 성충은 암수 모두 발광하며, 초저녁부터 밤새도록 빛을 내기 때문에 초저녁 무렵에만 빛을 내는 늦반딧불이에 비해 비교적 채집이 용이하다.
- 애반딧불이의 채집은 빛을 내고 있는 성충을 채집하는 것이 가장 용이하기 때문에 반딧불이의 빛이 잘 보이는 달이 없는 밤이 채집에 가장 좋은 시기이다.
- 채집은 주로 암컷 위주로 하는 것이 좋은데, 애반딧불이 수컷은 대개 공중에서 비행하며 이리저리 날아다니는 반면 암컷은 풀이나 산란처인 이끼 주변 또는 땅 위를 기면서 빛을 내는 경우가 많으므로 암컷을 채집하기 위해서는 가만히 앉아서 빛을 내거나 기어 다니는 개체를 채집하는 것이 좋다.
- 야외에서 채집한 애반딧불이 암컷은 대부분 짝짓기를 마친 경우가 많으므로 바로 산란 상자로 옮겨 채란을 받도록 한다. 채집 시에는 짝짓기가 안 된 암컷에 대비하여 수컷도 일부 채집하여 산란 상자에 함께 넣어 준다.

③ 계대 사육 시 모충의 관리 및 짝짓기

- 계대 사육을 통해 확보한 모충은 짝짓기를 위해 망실을 설치한 후 망실 내에 성충을 방사하여 짝짓기를 유도하기도 하나, 반딧불이의 사육과 전시를 병행하지 않을 때는 군이 망실을 설치할 필요는 없다.
- 망실 내에는 자연 상태와 가능한 비슷한 환경이 만들어지도록 수반과 채란용 채반 등을 설치하고 가능한 어두운 상태가 되도록 해 준다.
- 망실 없이도 산란용 채반만으로 짝짓기와 채란을 동시에 실시하는 것도 가능하므로 소

규모 사육 시에는 별도의 망실을 설치하지 않고, 산란용 채반에 우화한 성충을 투입하여 채반 내에서 짝짓기와 산란이 이루어지도록 하는 것이 편리하다.

(2) 알 받기 및 부화

① 산란용 채반의 이용

- 애반딧불이의 채란을 위해서는 따로 산란 장치를 준비한다.
- 산란 장치는 그림에서 보는 바와 같이 어린 애벌레가 통과할 수 있을 정도의 눈을 가진 채반을 준비하고 그 속에 알을 낳을 수 있는 이끼를 바닥에 깐 다음 물이 채워진 수반 위에 나뭇가지를 걸치고 그 위에 채반을 올려 놓으면 된다.
- 이끼는 바위나 나무 등에 붙어 있는 것을 채취하여 준비하며, 채반에 넣기 전에 깨끗이 씻어 이물질을 제거하도록 한다. 이끼는 채반의 바닥에 약 1~2㎝의 두께로 깔아준다.
- 수반은 세숫대야 형태로 된 것이면 무난하며, 직경 40~50㎝ 정도의 플라스틱 용기를 준비한다. 수반에는 약 5~10㎝ 정도 높이로 물을 채우고, 기포기를 작동시킨다. 기포기는 물속에 산소를 공급하는 것과 함께 미세한 물방울을 채반 속의 이끼에 공급하여 자연스러운 산란 환경이 이루어진다.
- 수반에 채반을 올려놓을 때는 채반의 아랫부분이 직접 물에 닿지 않도록 받침대를 놓거나 나뭇가지를 두 개 가지런히 놓고 그 위에 채반을 올려놓도록 한다.
- 채반의 상부에는 비닐이나 유리판 등을 이용하여 덮개를 설치하여 성충이 외부로 나가지 못하도록 하고, 내부의 습도가 적절히 유지될 수 있도록 한다.

그림 3-1-56. 애반딧불이 산란용 채반의 세팅

② 채란 및 관리

- 산란용 채반에는 애반딧불이 성충을 암수 비율 2 : 3 정도가 되도록 넣어 준다. 채반당 투입 수량은 직경 30㎝의 채반의 경우 암·수 합하여 40~50마리 정도의 성충을 넣으면 적당하다. 일반적으로 산란용 채반에 넣어주는 반딧불이 성충의 밀도는 100㎠에 20마리 정도가 적당하다고 알려져 있다.

- 애반딧불이는 야행성이어서 주로 밤에 짝짓기와 산란 행동이 이루어지므로 산란용 채반은 어두운 곳에 둔다.

- 채란 작업 중에도 수시로 채반 내부를 살펴 죽은 개체는 바로 제거해 주어 곰팡이가 피거나 환경이 더러워지는 것을 막는다.

- 수반의 기포기가 작동하지 않으면 이끼가 말라 산란이 잘 이루어지지 않으므로 기포기의 작동 상태도 수시로 점검하여야 한다.

- 산란 시에 온도는 23~25℃가 유지될 수 있도록 하되, 애반딧불이의 활동 시기에는 별도의 온도조절 장치가 없이 채란 작업이 가능하다.

- 애반딧불이 암컷 한 마리는 대개 50~100개의 알을 산란하는 것으로 알려져 있으며, 짝짓기를 마친 암컷은 바로 산란을 시작하여 2~3일에 걸쳐 지속적으로 산란한다.

그림 3-1-57. 이끼에 산란된 애반딧불이 알

③ 부화

- 애반딧불이 알은 이끼 속이나 주변에 산란되는데 건조에 취약하므로 알이 건조해지지 않도록 특히 주의해야 한다. 알이 건조해지면 부화율이 급격히 낮아지고, 부화까지의 기간이 길어진다.
- 채반 내부의 습도 유지는 수반에 설치한 기포기에서 발생되는 미세한 물방울로 유지되기 때문에 기포기가 지속적으로 잘 작동되도록 하는 것이 중요하다.
- 부화 시의 온도는 23~25℃를 유지하고 성충이 다 죽고 나면 상부의 뚜껑을 제거하여 공기순환이 잘 이루어지도록 한다.
- 산란 후 약 25일 전후의 알 기간이 지나면 1령 애벌레가 알껍질을 깨고 부화한다. 1령 애벌레는 몸길이가 2~3mm로 몹시 작기 때문에 눈으로 확인이 어렵고, 스스로 아래쪽 수반으로 이동하도록 두면 된다.

이끼에서 갓 우화한 애벌레

스스로 물로 이동하는 1령 애벌레

그림 3-1-58. 부화하여 물로 이동하는 1령 애벌레

(3) 애벌레 사육

① 애벌레 사육용 수조의 구성

- 애반딧불이 애벌레는 애벌레 기간 전체를 물속에서 생활하기 때문에 수반이나 수조를 이용한 사육 장치를 구성하고 수질관리에 특히 주의하여야 한다.
- 애벌레 사육용 수조는 일반적인 유리 어항도 가능하나 관리에 불편이 따르므로 플라스틱 상자를 이용하는 것이 편리하다.

- 애벌레 사육용 플라스틱 상자는 가로 40㎝, 세로 60㎝에 높이 15~20㎝ 크기의 플라스틱 상자면 무난한데, 사육 규모에 따라 다양한 크기와 모양의 상자를 이용할 수 있다.
- 수조의 내부에는 부분적으로 굵은 모래를 깔고, 애벌레가 은신할 수 있는 돌멩이나 기왓장 조각 등을 넣어준다.
- 수심은 5~10㎝ 내외로 유지하는데, 수심이 너무 깊으면 물속의 용존산소가 부족해 질 수 있고, 수질관리에 어려움이 있으므로 너무 깊지 않게 관리하는 것이 좋다.

그림 3-1-59. 애벌레 사육용 수조의 구성

- 애반딧불이 애벌레는 아가미를 이용해 호흡을 하기 때문에 기포기를 설치하고 지속적으로 가동해서 용존산소가 떨어지지 않도록 해야 한다. 사육 중에 기포기가 작동이 되지 않을 경우에는 하루 만에 모든 애벌레가 폐사에 이를 수도 있기 때문에 예비 기포기를 준비하는 등 산소 공급에 특히 유의해야 한다.
- 수조 내에는 수면 위로 올라올 정도의 돌을 한두 개 놓아 두어 애벌레가 숨을 수 있는 은신처를 제공하고, 산소 부족 시 애벌레가 돌을 기어올라 수면 위로 피신할 수 있게 하는 것도 요령이다.

② 애벌레의 사육관리

- 애벌레 사육 시 수온은 21~23℃를 유지하도록 한다. 수온이 너무 높으면 용존산소가 부족해지기 쉽고, 물속에 미생물의 번식으로 인해 수질이 악화될 수 있기 때문이다.

- 또 수온이 너무 낮을 경우에는 애벌레의 성장 속도가 더디게 되어 적기 사육이 어렵고, 사육관리 비용이 증가하는 등의 단점이 있다.

- 물속의 산소량을 유지하기 위해 산소 발생기가 지속적으로 작동되도록 항상 주의하여 관리하고, 주기적으로 물을 교환하여 수질이 나빠지지 않도록 해야 한다.

- 애반딧불이 애벌레는 야행성이므로 낮에는 돌 밑이나 자갈 사이에 숨어서 쉬었다가 어두워지면 나와서 활동하기 때문에 자연광이 들어 오는 조건이면 별도의 조명이 필요하지 않으나, 외부와 완전히 차단된 사육실의 경우에는 타이머를 설치하여 외부와 같은 광주기로 조명을 실시한다.

- 애반딧불이 애벌레는 자연 상태에서도 대개 종령 애벌레 상태로 겨울을 나는데, 이는 사육 시에도 동일한 방법으로 종령까지 사육한 후에 겨울을 나도록 하는 것이 좋다.

- 애벌레가 종령이 되면 수온을 점차 내려 4℃ 내외까지 수온을 낮춘 상태로 3개월 정도를 유지한다. 저온 기간을 지나지 않으면 번데기 형성이 잘되지 않거나 우화를 못하는 개체들이 많아지게 된다.

- 저온 기간의 조절로 애반딧불이의 발생 시기를 어느 정도 조절할 수 있기 때문에 인공 사육을 통한 활용 시에는 사육 온도와 저장 기간 등을 미리 계획하여 필요한 시기에 성충으로 우화할 수 있도록 해야 할 것이다.

- 사육 수조 내의 애벌레 사육 밀도는 100㎠당 1~3령은 50~60마리, 4~5령은 15~20마리가 적당하다고 알려져 있으며, 40×60㎝ 크기의 사육 수조에서는 종령 애벌레 기준으로 약 200~300마리 정도의 애벌레를 사육할 수 있다.

③ 수조 내의 수질관리

- 애벌레 사육 수조의 물은 주기적으로 교환해 주어야 하는데, 오염되지 않은 개울물로 교환하는 것이 가장 좋으나 수돗물이나 지하수를 이용해도 무방하다.

- 수돗물로 물을 갈아줄 때는 수돗물을 하루 전에 미리 받아 두어 물속의 염소 성분이 자연스럽게 제거된 상태로 갈아준다. 수돗물을 바로 갈아주면 염소의 소독작용으로 애벌레가 피해를 입을 수 있기 때문에 주의해야 한다.

- 개울물은 잡충의 알이나 해로운 균이 포함될 수 있으므로 주의해야 하고, 특히 주변에 경작지가 있어 농약 성분이 포함된 물을 공급하게 되면 애벌레가 폐사할 수도 있기 때문에 더욱 주의해야 한다.

- 수조의 물갈이는 대개 10~15일 주기로 하는 것이 좋으며, 기존의 물이 심하게 오염되지 않은 경우에는 부분 환수로 1/3 정도의 물은 남겨두고 새 물을 2/3 정도 추가하는 방법을 이용한다.

- 새 물을 넣어줄 때는 가능한 기존 수조의 물과 온도를 맞추어 넣어주도록 한다. 너무 낮은 수온의 물을 넣어주면 애벌레가 저온으로 인한 쇼크가 발생할 수도 있고, 심하면 죽는 개체들이 나오기도 한다.

- 애벌레가 어릴 때는 육안으로 잘 식별이 되지 않아 물갈이 도중 흘러나가는 개체가 있을 수 있으므로 주의하고, 다슬기 껍데기 속에 숨어서 껍데기와 함께 버려지는 애벌레가 없도록 유의한다.

④ 먹이관리

- 애반딧불이 애벌레는 물속에 사는 권패류인 물달팽이, 논고동, 다슬기 등을 먹이로 자라는데 이 중에서는 물달팽이가 껍데기도 얇고 조직이 연하여 가장 좋은 먹잇감이다. 다만, 먹이를 따로 사육하거나 시중에서 구입하여 제공하기에는 다슬기가 비교적 쉽게 구할 수 있는 먹이이므로 대량 사육 시에는 다슬기를 먹이로 이용하는 것이 좋다.

- 애벌레의 먹이는 애벌레와 비슷한 크기의 것을 공급해야 애벌레가 공격하기 좋고, 쉽게 먹을 수 있다. 만약 먹이가 너무 클 경우에는 포식 활동이 곤란하고, 애벌레가 껍데기에 끼어 죽을 수도 있기 때문에 주의해야 한다.

- 애벌레가 어릴 때는 먹이를 잘게 잘라서 공급해 주기도 하는데, 이때는 먹이로 인해 물이 오염되기 쉬우므로 물을 더 자주 교환해 주어야 한다.

- 애벌레가 먹다 남은 먹이는 확인하는 대로 제거하여 물이 오염되지 않도록 하고, 껍데기를 꺼낸 후 다른 깨끗한 물에 1~2일 방치하여 껍데기 속에 숨어 있던 애벌레가 밖으로 나오도록 유도한 후 버리도록 한다.

다슬기를 포식하고 있는 애벌레   먹이를 작게 잘라 공급

그림 3-1-60. 애벌레의 먹이

그림 3-1-61. 다슬기

(4) 번데기관리

① 상륙

● 애반딧불이의 종령 애벌레는 상륙할 때가 가까워지면 물속에서 가끔씩 빛을 내기 시작한다. 이는 상륙할 시기가 가까워졌다는 의미이다.

- 애반딧불이는 애벌레 시기에는 물속 생활을 하지만 번데기가 되기 위해서는 물가의 적당한 자리를 찾아 상륙하고, 흙속에서 흙을 이용하여 고치를 짓고 그 속에서 번데기가 된다.
- 애반딧불이의 인공 사육 시에는 인위적으로 상륙 장치를 만들어 주어야 애반딧불이의 번데기 형성이 용이하게 된다.

② 상륙 상자의 구성
- 애반딧불이 애벌레의 상륙 상자는 사육용 수조와 동일한 형태의 직사각형 플라스틱 상자를 이용하면 편리하다.
- 플라스틱 상자에 1/2 정도를 흙으로 채우되 흙은 차츰 경사지게 해서 낮은 곳은 흙이 채워지지 않도록 하고, 굵은 모래로 채워 물을 넣었을 때 흙이 씻겨나가 물이 탁해지는 것을 막아준다.
- 흙 위에 부직포를 덮거나 돌을 얹어 두어 애반딧불이 애벌레가 번데기를 형성할 수 있는 은신처를 제공한다.
- 물을 5㎝ 이내로 넣어 흙 아랫부분이 물에 잠기도록 하고, 기포기를 가동해 둔다. 2~3일이 경과하여 물이 안정화되면 애반딧불이 종령 애벌레를 투입하여 상륙을 유도한다.
- 흙은 물 빠짐이 좋은 흙으로 선택하되 모래만으로는 고치를 형성하기 어려우므로 사질 양토면 적당하다. 대개는 애반딧불이 서식지 근처 물가의 흙을 이용하면 된다. 너무 영양분이 많은 흙은 물이 오염되므로 피한다.

상륙 상자의 구성

우화시 뚜껑 설치

그림 3-1-62. 상륙 상자

③ 상륙 상자의 관리

- 먹이는 지속적으로 공급하되 양을 조절하여 먹고 남은 먹이로 인해 물이 오염되지 않도록 하고, 먹이관리에 더 주의해서 남은 먹이는 자주 청소를 해주는 것이 좋다.
- 흙이 마르지 않도록 관리하고, 물이 더 많이 증발하기 때문에 일정 수위가 유지되도록 물을 보충해 주어야 한다.
- 성충이 우화하기 시작하면 상륙 상자에 모기장으로 만든 뚜껑을 덮어 우화한 성충이 외부로 나가지 못하도록 막아준다.

④ 번데기의 형성 및 관리

- 온도와 환경 조건 및 개체의 발육 정도에 따라 다르지만 상륙 상자에 애벌레를 투입한 후 수 일에서 십여 일이 지나면 대부분의 애벌레가 번데기를 형성하기 위해 상륙한다.
- 상륙하기 시작한 애벌레는 23℃의 온도 조건에서 약 2~4일간 흙 속에 번데기 방인 고치를 형성하고, 그 안에서 전용기를 맞는다. 약 4~6일의 전용기가 지나면 탈피하여 번데기가 된다.
- 번데기 초기에는 유백색이지만 우화 시기가 다가오면 딱지날개와 머리의 겹눈 부분이 검게 변한다.
- 번데기 기간은 약 5~7일(23℃)이 소요되며, 우화한 후에도 다시 3~5일간 번데기 방 속에서 경화한 후 스스로 번데기 방을 뚫고 밖으로 나온다.
- 상륙 시점부터 성충으로 우화하기까지 걸리는 시간은 사육 온도에 따라 큰 차이를 보이는 것으로 나타났으며, 약 20℃의 조건에서는 약 30일이 소요되는 반면 25℃에서는 18일 내로 짧아지는 것으로 보고된 바 있다.

| 전용 | 번데기 | 우화 |

그림 3-1-63. 애반딧불이의 번데기와 우화

(5) 성충관리

- 애반딧불이 성충은 번데기 방을 뚫고 스스로 나올 때까지 기다려서 회수를 하는 것이 좋다. 번데기 방 내에서 충분히 경화가 이루어진 성충은 스스로 번데기 방을 뚫고 나오는데 미리 꺼내거나 할 경우에는 날개의 경화 과정에 이상이 발생해 비정상적인 성충이 될 가능성이 높다.

- 우화한 성충은 어두운 곳에서 스스로 빛을 내고 활동을 시작하기 때문에 야간에 수거하면 편리하다.

- 애반딧불이 성충은 우화 후 아무것도 먹지 않기 때문에 별도의 먹이를 준비할 필요는 없으며, 활용 방안에 따라 관리하면 된다.

- 우화 시기가 개체마다 차이가 나기 때문에 모아서 동시에 이용하고자 할 때는 처음 우화한 개체들은 습도가 유지되는 용기에 넣어 보관한다.

- 성충의 수명은 보통 15일 내외로 알려져 있으나 이는 온도와 환경에 크게 영향받기 때문에 성충관리는 15℃ 이하의 낮은 온도에서 보관하는 것이 성충의 수명을 길게 하는데 유리하다.

- 성충의 수명은 암컷보다 수컷이 더 길다고 하는 보고가 많은데 이는 다른 곤충들과는 달리 애반딧불이와 같이 성충 상태에서 먹이를 먹지 않을 경우 산란으로 인한 에너지 소모가 많기 때문으로 추측된다.

- 성충의 보관 용기는 특별한 규격이 없고, 내용량 4L 내외의 플라스틱 용기에 이끼를 깔고 이끼 표면이 젖을 정도로 물을 뿌려준 후 성충을 넣고, 10~15℃의 온도에서 저장하면 된다.

그림 3-1-64. 애반딧불이 성충의 보관

(6) 저장관리

- 애반딧불이는 1년에 1회 발생하고, 반드시 겨울을 나야 정상적으로 우화하는 것으로 알려져 있다. 자연 상태에서는 종령 애벌레의 상태로 겨울을 나기 때문에 인공 사육 시에도 겨울을 날 때와 같은 조건으로 저장하는 것이 가장 무난하다.

- 애반딧불이 애벌레는 저온에서 사육할 경우 생장 속도가 매우 느려지며, 15℃에서는 애벌레 기간이 무려 340일 이상이 소요되는 것으로 알려져 있다. 반면 25℃에서는 약 250일의 애벌레 기간이 소요되어 약 90일이 빨라진다.

- 이를 이용하여 애벌레 사육 시 온도를 15~20℃로 조절하여 생장 속도를 조절할 수 있을 것으로 생각되나, 낮은 온도에서 지속적으로 사육 시 우화율이 낮아지는 현상을 보이므로 일정 기간 내에서만 저온 사육을 시행해야 할 것으로 보인다.

- 일반적으로는 21~23℃ 내외의 생육 적온에서 사육하고, 종령 애벌레가 되면 4℃ 내외의 저온 처리를 해야 하는데, 저온 처리 기간이 약 3개월 이상 되어야 정상적인 우화가 가능한 것으로 알려져 있다. 실험 결과 저온 저장 기간을 6개월까지 늘려도 애반딧불이의 우화에 큰 영향을 미치지 않으므로 가장 이상적인 저장 방법이라고 할 수 있다.

- 저온 보관 시에도 기포기를 지속적으로 작동하여 물속의 용존산소를 유지하고 별도의 먹이 급여는 필요 없지만 물은 주기적으로 교환해 주어야 한다.

그림 3-1-65. 애반딧불이 애벌레의 저장

(7) 먹이 및 환경 기준

① 애반딧불이 애벌레의 먹이

- 애반딧불이는 애벌레 시기에만 먹이를 먹기 때문에 애벌레 사육용 먹이인 물달팽이나 다슬기 등을 준비하면 된다.
- 소량 사육 시에는 야외에서 먹이를 채집하여 공급하는 것도 가능하나, 대량 사육 시에는 먹이 동물도 함께 사육하는 것이 바람직하다. 물달팽이나 다슬기는 모두 사육이 용이한 편이나, 관리 면에서나 수급 면에서는 다슬기의 사육이 좀 더 편리하고 보편화되어 있다.

| 물달팽이 | 다슬기 | 논우렁이 |

그림 3-1-66. 애반딧불이 애벌레의 먹이 동물

② 환경 기준

- 알 : 산란 시기부터 부화 시까지 23~25℃ 정도의 온도가 적합하고, 습도는 80% 이상을 유지하여 알이 마르지 않도록 관리.
- 애벌레 : 애벌레 기간을 물속에서 생활, 수온은 21~23℃ 내외를 유지하고, 월동 시기에는 4℃ 전후로 관리, 수질에 민감하므로 잔여 먹이를 깨끗이 치우고 10~15일에 1회씩 물을 교환하여 수질을 유지시킴. 물속의 용존산소는 생명에 직결되므로 산소 발생기를 지속적으로 유지.
- 번데기 : 온도는 23~25℃를 유지하고, 습도는 80% 이상으로 유지.
- 번데기 방이 건조하면 우화율 저하나 우화 부전 발생.
- 성충 : 온도는 23~25℃를 유지하고 습도는 80% 이상 유지.

다. 사육 단계별 사육 체계

(1) 사육 단계별 사육 체계

- 애반딧불이의 사육 단계는 최초 사육 모충을 확보하는 단계부터 채란, 애벌레 사육, 번데기 관리(상륙 장치 구성), 성충의 수거 및 2차 사육의 단계로 나누어지며, 각 단계별로 사육 체계는 아래 그림에 나타낸 바와 같다.

- 사육 기간의 대부분이 애벌레 사육 기간이며, 애벌레 사육과 번데기관리 단계가 가장 중요한 단계로 애벌레 시기의 먹이와 수질관리, 번데기 형성을 위한 상륙 장치의 구성에 특히 유의해야 한다.

- 성충의 이용 시기가 자연 상태에서 애반딧불이가 발생하는 시기라면 자연 상태와 같은 조건에서 사육해도 무방하지만 연중 사육 시에는 온도와 환경관리를 통해 사육 시기를 조절할 수 있어야 한다.

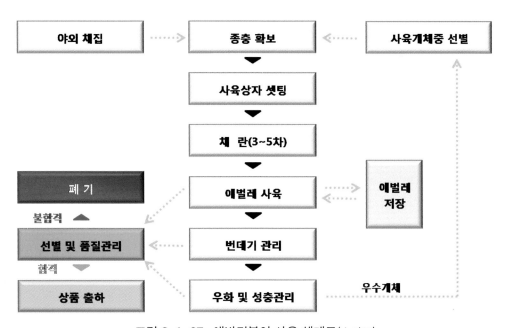

그림 3-1-67. 애반딧불이 사육 체계도(순서도)

(2) 사육 단계별 관리 방법 및 사육 조건

애반딧불이의 사육 단계별 관리 방법 및 사육 조건은 다음의 표에 나타낸 바와 같다.

표 3-1-4. 애반딧불이의 사육 단계별 관리 방법 및 사육 조건

사육 단계	기간	특징 및 관리 방법
알	20~25일	• 암컷이 물가의 이끼에 한 개씩 산란 • 암컷 마리당 50~100개 정도 산란(2~3일) • 산란실 온도 23℃ 내외 유지, 산란용 채반 이용
애벌레	250~340일	• 4회 탈피 : 1~5령 애벌레 • 애벌레 사육 상자 : 400×600×200㎜(플라스틱) • 산란 후 20~25일 후 부화 • 부화한 애벌레는 스스로 물로 이동 • 애벌레의 먹이 : 물달팽이, 다슬기, 논고동 • 애벌레 기간은 온도에 따라 차이가 큼 • 용기당 적정 마릿수 : 용기당 200~300마리 • 수질관리를 위해 10~15일마다 물 교환 • 물속의 용존산소량이 매우 중요(산소발생기) • 먹고 남은 먹이나 사체는 수시 청소 • 사육 조건 : 21~23℃, 14시간 조명 • 월동 조건 : 4℃, 10시간 조명 • 저장 시에는 종령 애벌레 상태, 월동 조건으로 저장
번데기	20~30일	• 상륙 장치 설치(반육반수 장치) • 종령 애벌레가 흙으로 이동하여 흙 속에 고치를 만들고 그 속에서 번데기 형성 • 번데기 방에서 나올 때까지 그대로 둠
성충	7~15일	• 성충은 먹이를 먹지 않음 • 불빛을 이용하여 서로 교신하고 짝짓기 • 성충은 10~15℃ 전후의 온도에서 보관 • 우화 후 짝짓기 및 산란작업 병행

라. 사육 시설 기준

(1) 사육 도구 기준

① 산란용 채반

- 애반딧불이의 채란에 이용되는 도구로, 채반과 수반으로 구성됨.
- 채반은 망의 눈이 1~2mm 정도로 애벌레가 빠져 내려가서 물로 이동할 수 있는 크기여야 함.
- 채반의 크기는 일반적으로 직경 30cm 내외의 크기가 적당하며, 수반용 플라스틱 용기는 직경 50cm 정도의 크기가 적합.
- 지속적으로 기포를 발생시키기 위한 산소 발생기도 필수적으로 필요함.

그림 3-1-68. 산란용 도구 - 채반

② 사육용 수반

- 애벌레의 사육을 위해 물을 담아 둘 수 있는 용기면 모두 가능하나, 관리의 편의상 직사각형의 플라스틱 용기가 적당함.
- 용기의 크기는 400×600×200mm의 크기

그림 3-1-69. 사육용 수반

③ 상륙 상자

- 애벌레 사육용 수반과 동일한 규격의 플라스틱 상자를 사용하는 것이 관리하기에 용이함.
- 대량으로 사육 시에는 대형 상륙 상자를 제작하여 이용하기도 함.

그림 3-1-70. 대형 상륙 장치(나무 제작)

④ 그 밖의 사육 도구

- 산소 발생기 : 애벌레 사육 수조 내에 기포를 발생시키는 장치로 소규모 사육 시에는 수족관용 기포기를 이용하나 대규모 사육 시에는 에어컴프레서를 이용하기도 함. 산소 발생기와 함께 사용되는 에어호스, 조절 밸브, 기포 발생용 콩돌 등이 필요함.
- 확대경 : 작은 애벌레를 관리하기 위해 사용.
- 핀셋 : 애벌레나 성충을 옮기는 데 사용.
- 스포이드 : 어린 애벌레를 옮기는 데 사용.
- 이끼 : 산란용 채반에 깔아 산란을 유도하는데 사용.
- 유리판 : 산란용 채반의 덮개.
- 모기장 뚜껑 : 성충 우화 시의 덮개.

(2) 사육 시설 기준

① 먹이 동물(다슬기) 사육 시설

- 애반딧불이 애벌레의 먹이가 되는 다슬기의 사육 시설.
- 비닐 온실을 이용한 사육도 가능하고, 실내에 대형 수조를 만들어 사육하는 것도 가능하다.
- 물을 상시 순환시킬 수 있는 시설이 필요하며, 경우에 따라서는 물을 여과시킬 수 있는 장치가 필요하다.

비닐하우스 사육 시설   조립식 패널을 이용한 사육 시설

그림 3-1-71. 다슬기 사육 시설

② 애반딧불이 애벌레의 사육 시설

- 조립식 패널을 이용한 항온 사육실을 이용하는 것이 연중 사육과 사육관리에 유리하다.

- 보온을 위해 우레탄 패널을 이용해 사육 시설을 건축하고, 내부에 냉·난방 시설과 환기 시설, 사육용 선반 등을 갖추어야 한다.

- 시설 내의 원활한 환기와 자연광의 채광을 위해 1×1m 크기의 창을 설치하는 것이 좋으나 냉·난방 단열 효과를 고려하여 무창으로 설치해도 무방하다. 다만, 무창으로 설치할 경우에는 별도의 강제 환기장치(환풍기)를 설치하고, 타이머를 이용하여 일조 시간을 조절할 수 있게 한다.

- 창을 설치할 경우에는 모든 창에 방충망을 설치하여 외부의 잡충 유입을 막는다.

- 사육실 내부에는 공간 활용도와 작업 효율을 높이기 위해 벽면 위주로 선반을 설치하고, 사육 상자를 올려놓으면 좋다. 애반딧불이 애벌레의 사육 과정이 대부분 물을 이용하기 때문에 선반은 2단으로 설치하여 관리가 용이하도록 한다.

- 인위적인 환경관리와 불시 사육을 위해서는 냉·난방 시설을 설치하는 것이 유리하나 사육규모와 불시 사육의 필요성에 따라 탄력적으로 적용하는 것이 바람직하다.

- 사육실의 면적은 관리상의 편의를 고려하여 너무 크거나 작지 않게 구성하는 것이 좋다.

- 사육실 1개의 면적은 3×6m가 적당하며, 사육 규모에 따라 같은 크기의 사육실을 여러 개 설치하여 관리하면 여건에 따라 가감하면서 이용할 수 있기 때문에 관리비용을 절감할 수 있다.

- 저온 저장고는 애반딧불이 애벌레의 월동을 위해 반드시 필요하나 일반적으로는 사육실을 겨울 동안 저온 저장고로 활용하는 경우가 많다. 다만, 연중 사육을 위해서는 별도의 저온 저장고 시설을 갖추는 것이 유리하다.

그림 3-1-72. 애반딧불이의 사육 시설(외부)

그림 3-1-73. 사육 시설 내부 및 사육 선반의 설치

(3) 단위 생산성

① 사육 상자당 사육 가능 개체 수

- 600×400×200㎜ 크기의 사육 상자를 활용할 경우 상자당 20~300마리까지의 애반딧불이 애벌레를 사육할 수 있다.
- 저장 시에도 같은 개체 수를 저장할 수 있으므로 사육 상자를 통일하여 사용하면 편리하며 공간 효율을 높일 수 있다.

② 사육실의 면적에 따른 사육 가능 개체 수

- 18㎡(3×6m) 면적의 사육실 3면에 2단 사육 선반을 설치할 경우 약 60~72개의 사육 상자를 상치할 수 있다.
- 사육 상자당 200~300마리의 애벌레를 사육할 수 있으므로 사육실 1실당 12,000~21,600마리의 애반딧불이 애벌레를 사육할 수 있다.

마. 활용 및 주의사항

(1) 활용 방법 및 예시

① 애반딧불이는 정서 곤충, 문화 곤충으로 예로부터 많은 사람의 사랑을 받아 왔다. 형설지공이라는 말에서도 알 수 있는 것처럼 열심히 노력하고 성실한 삶을 살아가는데 도움을 주는 곤충이고, 어찌 보면 훌륭한 사람이 되는데 반딧불이의 불빛과 함께한 숨은 노력이 있음을 보여주는 덕담이기도 하다. 이처럼 반딧불이는 우리의 삶과 밀접한 곳에서 많은 좋은 의미로 녹아 있다. 반딧불이는 어린이에서 어른 할 것 없이 누구나 좋아하고 신비함과 호기심을 유발시키며, 동심의 추억을 느끼게 만들어 준다.

② 반딧불이는 환경 보전의 가치 척도로, 환경오염의 지표 종으로의 역할을 수행한다. 반딧불이가 서식하기 위해서는 반딧불이의 서식 환경이 보존되어야 하는데, 반딧불이의 서식할 수 있는 환경이라 함은 인간으로부터 만들어지는 공해 물질과 농약으로부터 안전한 곳이라는 인식이 되어 있다. 반딧불이가 우리 주변에서 함께 살아간다는 것만으로 우리의 삶의 질이 함께 높아진다는 것을 의미한다.

③ 반딧불이는 환경 생태 교육으로의 활용 가치가 높다. 앞서 얘기한 바대로 반딧불이가 서식할 수 있는 환경이 우리 인간이 가장 안전하게 살아갈 수 있는 환경이기도 하다. 반딧불이의 보호와 환경의 보존이 밀접한 관련이 있음을 어린 아이들의 호기심을 통해 새롭고 살

아 있는 교육으로 연계할 수 있다.

④ 최근에는 반딧불이의 이러한 교육적 효과를 이용해 생태 관광 자원으로서의 활용 가치가 증대되고 있다. 반딧불이가 서식했거나 서식할 수 있는 환경을 보존하고 조성하여 반딧불이를 복원하고, 이를 활용하여 반딧불이 탐사와 관찰을 주된 프로그램으로 하는 생태 관광 산업이 태동하고 있다. 환경도 보호하고 산업발전도 모색할 수 있는, 파괴 없는 생산이 가능한 새로운 산업인 셈이다.

⑤ 반딧불이와 관련한 각 지자체의 보호와 보존 노력에 맞물려 반딧불이의 대량 사육 기술의 개발과 반딧불이의 이용에 대한 관심이 크게 증가하고, 이를 이용한 지자체의 축제나 행사가 줄을 잇고 있으며, 전국 도처에 산재한 곤충 생태원에서 반딧불이 전시관을 운영하거나 운영할 계획을 수립하고 있다. 반딧불이 사육 기술을 정립과 보급을 통해 곤충 사육 농가의 새로운 수입원의 창출과 부가가치의 증대를 기대해 볼 만하다.

(2) 사육 시 주의사항

① 애반딧불이 사육 과정은 채란과 애벌레 사육, 번데기의 형성과 우화로 크게 나누어지며, 모든 사육 과정이 중요하고 조심스럽게 관리해야 하지만 특히 번데기를 형성시키는 단계의 관리가 매우 중요하다. 일반적으로 채란이나 애벌레 사육 과정은 무난하게 이루어지는데 번데기의 형성이 제대로 되지 않아 사육에 실패하는 경우가 빈번하다. 번데기를 형성시키기 위한 상륙 장치의 관리에 보다 세심한 주의를 기울일 필요가 있다.

② 애벌레 사육 시기에는 어린 애벌레 시기의 먹이관리와 월동기 관리가 중요하며, 수질관리 또한 매우 중요하다. 수질은 주기적인 물 교환을 통해 항상 깨끗한 수질을 유지할 수 있도록 하고, 먹다 남은 먹이는 자주 청소해서 먹이가 부패되어 수질이 나빠지지 않도록 한다. 산소 발생기는 여분으로 설치하여 사육 중에 기계 고장으로 인한 실패를 미연에 방지하도록 해야 한다.

5. 배추흰나비(*Artogeia rapae* Linnaeus)

그림 3-1-74. 배추흰나비

가. 일반 생태

(1) 분류학적 특성

배추흰나비는 나비목(Lepidoptera) 흰나비과(Pieridae)에 속하는 곤충으로 우리나라 전역에서 관찰되는 매우 흔한 나비이다. 이름에서 알 수 있는 것처럼 배추와 같은 겨자과(배추과, 십자화과)의 작물을 가해하는 해충으로 더 많이 알려져 있다. 그래서 배추나 유채, 갓을 재배하는 밭에서는 언제나 관찰이 가능하다. 또 애벌레는 '배추벌레'라 하여 배추나 갓을 재배하는 농가에서는 꽤나 꺼려하는 존재였다. 배추흰나비는 한살이 기간이 짧고 번식력이 좋아 같은 작물을 재배하는 농가에서는 무척이나 성가신 해충이었을 것이 분명하다.

배추흰나비라는 이름은 고 석주명 박사가 붙인 이름으로 애벌레가 배추와 같은 식물을 먹이로 한다고 해서 배추흰나비라는 이름이 붙여졌다. 영국에서는 이 나비를 비슷한 생김새의 큰 배추흰나비(*Pieris brassicae*, Large white butterfly)보다 작고 희다는 부분에 의미를 두어 'Small white butterfly'라 부르며, 미국에서는 'Cabbage white butterfly' 또는 'European cabbage white butterfly'라 해서 양배추와 관련된 이름으로 불린다. 한편, 가까운 일본에서는 몬시로쵸 ―(モンシロチョウ)라 해서 흰무늬가 있는 나비라는 의미의 이름으로 불리며, 북한에서는 다른 수식

어 없이 흰나비라 불린다. 이처럼 배추흰나비는 유럽, 북아메리카, 아시아, 뉴질랜드 등 전세계적으로 분포하며, 흰색의 나풀거리는 모양과 배추나 양배추와 같은 작물에 대한 해충이라는 의미의 이름으로 알려져 있다.

(2) 생태

수컷   암컷

그림 3-1-75. 배추흰나비 암수의 구별

배추흰나비의 색이나 모양은 발생 시기나 암·수에 따라 다르나 대개 백색이며 앞날개 앞쪽에는 검은 반점이 2개, 뒷날개에는 1개가 있다. 날개는 전체적으로 흰색을 띠며, 수컷의 날개는 유백색을 띠고, 암컷의 날개에는 노란빛이 섞여 있다. 암컷은 수컷보다 날개 기부에 검은색 무늬가 더 발달하였고, 앞날개 밑에도 검은색 가루가 많다. 한쪽 앞날개의 길이는 23~33mm로 중소형종에 속한다. 배추흰나비의 몸은 머리, 가슴, 배의 세 부분으로 나뉘어 있으며, 머리에는 시계 태엽처럼 말린 입과 곤봉 모양의 더듬이가 한 쌍 있고, 여러 개의 낱눈이 모여 이루어진 한 쌍의 겹눈이 있다. 배추흰나비의 입은 빨대와 같은 구조로 이루어져 식물의 꽃에서 꿀을 빨기에 유리한 모양으로 되어 있으며, 눈은 피사체에서 반사되는 자외선을 인식할 수 있어서 암컷을 찾거나, 흡밀할 꽃을 찾는 데 이용된다고 한다. 나비류의 더듬이는 코와 같은 역할을 수행하여, 냄새를 맡거나 기류의 변화를 감지하고, 배우자를 탐색하는 데 이용된다고 한다. 가슴은 다시 앞가슴, 가운데가슴, 뒷가슴으로 나뉘지며, 각 마디에 한 쌍씩 총 세 쌍의 다리가 있다. 또 가운데가슴과 뒷가슴에는 각각 한 쌍씩의 날개가 있다. 배는 총 10개의 마디로 나뉘어 있으며, 8~10마디는 생식기로 분화되어 있다. 배마디의 양쪽 측면에는 숨관이 배열되어 있다. 날개에는 시맥이 있어 날개의 뼈대와 같은 역할을 하며, 우화하고 날개가 펴진 후 굳어지면 날 수 있게 된다. 또 날개의 표면에는 인편(비늘가루)이 기와집 지붕처럼 가지런히 붙어 있는데, 다양한 색과 무늬를 띠어 형형색색의 아름다운 날개무늬가 만들어진다.

겹눈과 입

더듬이

그림 3-1-76. 배추흰나비의 몸 구조

이른 봄에 발견되는 배추흰나비는 겨울을 난 번데기가 우화를 한 것이다. 짝짓기를 마친 배추흰나비 암컷은 땅 가까이에서 낮게 날면서 배추나 무와 같은 재배 식물뿐 아니라 냉이와 같은 십자화과 식물의 잎 뒷면에 한 개씩 산란한다. 알은 주로 잎 뒷면에 낳지만 때로는 꽃잎이나 꽃봉오리, 어린 줄기 등에도 낳는다. 부화한 애벌레는 4번의 탈피 과정을 거치면서 5령 애벌레로 성장한다. 다 성장한 애벌레는 다시 한 번 탈피하여 번데기가 되고, 번데기가 된 후 5~7일 후 우화하여 나비가 된다. 따뜻한 남부 해안지방이나 제주도에서는 연 6~7회 발생한다고 알려져 있으나 추운 지방에서는 연 2회만 발생하여, 온도에 따른 발생 횟수에도 많은 변화가 있다.

배추흰나비의 알은 포탄 모양으로 처음에는 황록색을 띤 흰색이다가 부화가 가까워지면 노랑~주황색으로 변한다. 온도 조건에 따라 다르지만 대개 산란후 5~7일이 경과되면 부화하는 데, 부화한 애벌레는 가장 먼저 자신의 알껍질을 먹는다. 이 행동은 영양을 보충한다는 의미와 자신의 흔적을 감추기 위한 것으로 해석되며, 대부분의 나비에서 공통적으로 나타나는 현상이다. 처음 알에서 깨어난 애벌레의 몸 색깔은 거의 황색에 가까운 황록색을 띠며 몸길이도 2㎜ 정도에 불과하다.

애벌레는 먹이식물의 잎을 먹으면서 자라는 데, 자라면서 4번에 걸쳐 허물을 벗으면서 성장한다. 알에서 부화한 애벌레를 1령 애벌레라고 하며, 그 후 한 번 허물을 벗을 때마다 2령, 3령, 4령, 5령 애벌레라고 한다. 특히 5령 애벌레는 애벌레로서는 마지막 단계로서 종령 애벌레라고도 한다. 알에서 갓 태어난 애벌레는 황색이었다가 녹색의 먹이식물 잎을 먹으면서 차츰 황록색~녹색으로 변해 간다. 다 자란 애벌레는 길이가 20㎜ 내외까지 자라고, 긴 원통형 몸에 머리와 배 끝 부분은 약간 가늘어 지는 모양을 하고 있다. 배추흰나비의 종령 애벌레는 배추벌레, 청벌레라고 하여 해충으로 여긴다.

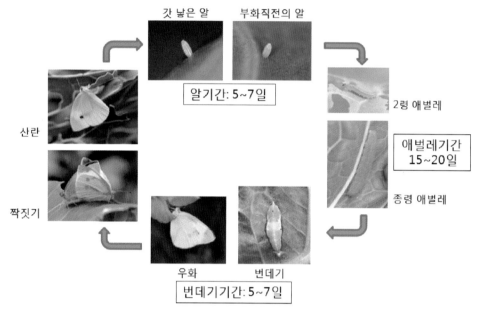

그림 3-1-77. 배추흰나비의 생활사

배추흰나비의 종령 애벌레는 먹이식물 줄기나 주변의 돌, 다른 식물의 줄기 등에 이동해서 번데기가 된다. 번데기가 될 때는 몸속의 배설물 등을 다 배설하여 몸의 색이 투명한 옅은 녹색으로 변하며, 실을 내어 자신의 몸을 고정한 후 번데기가 된다. 배추흰나비 번데기는 번데기가 된 후 온도에 따라 차이가 있지만 대개 5~7일이 경과되면 나비로 우화한다. 알에서 부화한 애벌레가 우화하기까지는 온도와 환경 조건에 따라 대략 20~30일 정도가 소요된다.

성충은 야외에서 엉겅퀴, 파, 개망초, 민들레 등의 꽃에서 흡밀을 하며, 잎의 윗면에 앉아 일광욕을 하거나 햇볕이 강할 때는 잎 뒷면에서 휴식을 취하기도 한다. 배추흰나비 수컷은 꽃과 꽃 사이를 비교적 빠르게 날아다니며 흡밀을 하고 암컷이 보이면 쫓아가 구애 행동을 한다. 대부분의 암컷은 우화 직후 찾아온 수컷과 짝짓기를 하는 경우가 많으며, 짝짓기를 마친 암컷은 꼬리를 높이 들어 다른 수컷과의 짝짓기를 거부하는 교미 거부 행동을 보이기도 한다. 암컷은 수컷보다 몸이 무거워 나는 속도가 느리고, 산란을 위해 땅 가까이에서 낮게 날아다닌다. 배추흰나비 성충의 수명은 대략 1~2주 정도이며, 암컷이 수컷보다 조금 더 오래 사는 것으로 알려져 있다. 암컷은 먹이식물을 찾아 잎 뒷면에 한 개씩 알을 낳는다. 알을 낳을 때는 알과 함께 접착제 성분의 분비물을 이용해 알을 잎 뒷면에 단단히 고정시킨다.

나. 현황

최근 들어 곤충에 대한 인식이 변화하면서, 인간에게 피해를 주는 존재가 아니라 우리 생활과 밀접하고, 때론 많은 도움을 준다는 사실이 속속 밝혀지고 있다. 배추흰나비의 경우에도 예전에는 해충으로 박멸해야 할 대상이었지만 최근에는 배추흰나비와 같은 곤충이 갉아 먹은 흔적이 있는 채소는 오히려 무농약이라는 점이 부각되어 각광을 받고 있다. 또 초등학교 교과서에도 배추흰나비를 관찰하고, 길러 보는 과정에 대한 실습이 교과 과정에 포함되었을 정도로 아이들의 교육용으로도 널리 이용된다. 2000년대에 들어 각 지자체나 민간단체에서 운영하는 곤충 생태원이나 생태체험장이 전국 각지에 다수 생겨나면서 생태원에 전시하는 가장 대표적인 곤충으로 자리매김한 지 오래다. 그 뿐만 아니라 각종 축제나 이벤트 행사용으로도 널리 이용되면서 대량 사육의 필요성이 대두되어 대량 사육 기술이 개발되고, 이를 새로운 소득원으로 삼고자 나비를 기르는 농가나 회사도 다수 등장하고 있다. 배추흰나비는 나풀거리는 모양이 아름답고, 날개의 흰색이 깨끗한 이미지를 주기 때문에 생태관이나 이벤트 행사용으로 가장 적격인 나비라 할 수 있다. 또한, 기르기도 비교적 쉬운 편이어서 약간의 사육 시설과 기술만 갖춘다면 누구나 쉽게 기를 수 있는 나비이다.

다. 사육 방법

(1) 먹이식물 재배

① 먹이식물의 조건

- 배추흰나비를 기르기 위해서는 우선 농약으로부터 안전하고 건강한 양질의 먹이를 확보하는 것이 제일 중요하다.
- 배추흰나비의 애벌레는 농약에 매우 민감하여 약한 농약의 잔류에도 견디지 못하고 죽는다. 심지어는 농약을 주고 6개월이 경과한 밭에서 자란 식물로 사육을 한 경우에도 잔류 농약에 의한 피해를 입은 경우도 있다.
- 또한, 주변의 가로수나 농작물에 살포한 농약이 바람에 비산하여 영향을 미치기도 하기 때문에 각별한 주의가 필요하다.

② 먹이식물의 종류 및 선택

- 배추흰나비의 먹이식물은 겨자과의 배추, 양배추, 케일, 갓, 유채, 무 등이며, 자연 상태에 서는 냉이도 즐겨 먹는 먹이이다.

- 배추흰나비의 먹이식물은 여러 종의 겨자과 식물이 가능하지만 대량 사육을 위한 먹이 식물로는 유채와 케일이 가장 적합하다.

- 배추나 양배추의 경우 결구로 인해 알 받기나 사육에 불편이 따르고, 갓이나 무의 경우 에는 상대적으로 잎의 크기가 작아 더 많은 양의 먹이식물 재배가 필요하기 때문이다.

- 배추흰나비 애벌레의 먹이식물에 대한 선호도는 비슷하지만 배추의 경우에는 식물 내에 수분함량이 많아 사육통에 사육 시 과습의 우려가 있다.

- 유채나 케일은 품종에 따라 약간씩의 차이가 있지만 배추나 양배추와 달리 대개 잎이 호생하여 서로 붙지 않고, 다 자란 식물의 경우 잎의 크기가 직경 10~20cm 정도로 갓이 나 무에 비해 크기 때문에 나비 사육에 활용하기에 적당하다.

- 유채의 경우 꽃유채 품종은 잎이 작고 꽃대가 빨리 나오기 때문에 나비 사육용으로는 부적합하다. 종자를 선택할 때는 쌈용 품종을 선택하면 된다. 유채의 경우 비교적 더위 에 약한 단점이 있기 때문에 여름에는 케일을 이용하는 것이 유리하다.

갓	양배추	배추
유채	케일	무

그림 3-1-78. 배추흰나비 애벌레의 먹이식물

③ 먹이식물의 재배

- 유채나 케일 종자의 파종은 50구 파종 트레이에 한 구당 3~5립 정도씩 파종하여 다수 발생으로 인한 약세나 발아 불량으로 인한 피해를 줄이는 것이 좋다.

- 파종용 흙은 원예용 상토를 이용한다.

- 유채의 경우 파종 후 5일 정도가 지나면 떡잎이 올라오고 20일 정도가 되면 본 잎이 2~4장 정도가 되어 화분에 이식하기에 적당한 크기가 된다. 케일은 이보다 4~5일 정도가 더 소요된다.

- 정식용 화분은 12㎝ 컬러포트를 이용한다. 컬러포트는 일반 화분보다 가격이 저렴하고, 포트를 넣을 수 있는 운반용 트레이가 시중에 다양하게 시판되고 있어 편리하다.

- 파종 트레이에서 자란 모종은 한 개씩 분리하여 포트에 심는다. 포트에 화분용 흙을 미리 1/3 정도 채운 후 식물을 심고 다시 흙을 4/5 정도까지 채워주면 된다.

- 화분용 흙은 마사토에 퇴비를 4:1정도의 비율로 섞어서 사용하면 된다. 화분용 흙으로 원예용 상토를 사용해도 되나 흙이 무르고 건조를 타는 경향이 있으며, 영양분이 부족하여 재배 후반부에 식물이 옆으로 쓰러지거나 초세가 약해지기 때문에 사용하지 않는 것이 좋다.

파종(50구 파종상)　　　파종후 7일 경과　　　파종후 20일 경과
(이식적기)

정식후 25일 경과　　　화분에 옮겨심기　　　노지에 옮겨심기
(사용적기)

그림 3-1-79. 배추흰나비 먹이식물(유채) 재배 과정

④ 먹이식물의 이용

- 포트에 정식이 완료된 식물은 정식 후 약 20~30일간 더 자라면 나비의 사육에 이용할 수 있다.
- 케일은 유채에 비해 약 5~10일 정도 더 소요되지만 더 오래 두고 사용할 수 있는 장점이 있다.
- 배추흰나비의 알 받기(채란)나 애벌레의 먹이식물로 이용하기 전에 떡잎이나 제일 바깥쪽 잎 1~2장은 제거하고, 나머지 4~5장의 잎만 이용하는 것이 좋다. 바깥쪽 잎의 경우 알을 받은 후 5~7일 정도 경과하여 애벌레가 부화할 즈음에는 누렇게 시들거나 세어져서 애벌레가 잘 먹지 못하는 현상이 발생하며, 통 사육 시에도 금방 시들어 버리기 때문이다.

(2) 씨나비(모충, 종충)의 준비

① 건전한 모충의 중요성

- 배추흰나비의 성공적인 사육을 위해서 중요한 두 번째 과정은 건강하고 병이 없는 씨나비(사육용 모충)를 확보하는 것이다.
- 특히 배추흰나비의 경우 모충으로부터 원충이 경란 전염되는 경우도 있고, 수대에 걸친 계대 사육 시 근친 약세나 불임과 같은 유전적인 퇴화 문제로 인해 사육이 실패하는 일이 많기 때문에 더욱 주의해야 한다.
- 더욱이 대량 사육 시 좁은 공간에 과밀한 상태로 사육되는 경우가 많기 때문에 약한 개체의 혼입으로 인해 전체 사육 개체에 병이 전염되는 경우도 발생한다.

② 사육용 모충의 선별

- 배추흰나비는 비교적 알 받기가 용이하기 때문에 대량 사육 과정은 성충으로부터 알을 받는 것으로 시작된다.
- 사육용 모충은 기존에 사육한 개체군으로부터 선별하여 따로 관리하는 것이 좋다. 애벌레 과정에서 선별할 경우 종령 애벌레에서 선별하게 되는데, 일반적으로 크기가 크고, 몸색이 깨끗한 녹색으로 얼룩덜룩한 무늬가 없는 개체를 선별하는 것이 좋다.
- 일단 병이 발생되어 사육 중에 일부 개체가 묽은 배설물을 내거나 폐사하는 개체가 있다면 누대 사육 시 질병이 심화되기 때문에 그러한 개체군에서는 씨나비를 선별하지 않는 것이 좋다.

③ 사육용 모충의 확보 방법

- 배추흰나비의 씨나비를 확보하는 가장 좋은 방법은 야외에서 건강한 모충을 채집하는 것이다.
- 배추흰나비는 4~10월까지 전국 어디에서나 쉽게 관찰되기 때문에 씨나비를 확보하기가 용이하다.
- 야외에서 채집할 경우 대개의 암컷은 이미 짝짓기를 마친 상태이므로 짝짓기의 과정이 필요없고, 유전적 다양성으로 인해 근친 교배에 의한 약세를 우려할 필요가 없다.
- 배추흰나비의 암·수 성비는 1 : 1이라고 알려져 있으나 야외에서 채집하면 암컷보다 수컷이 더 많이 보인다. 이는 수컷이 꽃과 암컷을 찾아 더 활발하게 움직이기 때문이다. 암컷은 대개 먹이식물 주변을 낮게 날고, 날개의 색이 더 검기 때문에 조금만 익숙해지면 날고 있는 나비를 보고도 구분할 수 있게 된다.
- 야외에서 씨나비를 채집할 때는 꼭 필요한 수만큼만 채집하여 무분별한 채집으로 인한 피해가 발생되지 않도록 해야 한다. 사육하고자 하는 규모에 따라 다르지만, 10개체의 암컷만 가지고도 수천 마리 이상의 배추흰나비를 길러낼 수 있다.
- 한 번 채집하여 증식시킨 배추흰나비는 약 4~5대 정도 까지만 계대 사육을 실시하고, 씨나비를 새롭게 준비하여 사육하는 것이 좋다. 이는 위에서도 언급한 바와 같이 배추흰나비가 지속적인 근친 교배로 인한 이병률이 높아지고, 유전적인 퇴화로 인해 사육이 실패할 수도 있기 때문이다.

(3) 알 받기(채란)

① 사육용 모충(암컷)의 수에 따른 알 받기의 방법

- 배추흰나비의 알 받기(채란)는 사육 모충(씨나비)의 확보 수량에 따라 달라진다.
- 암컷의 숫자가 1~2마리일 때는 먹이식물 화분에 직접 망을 씌우고 암컷 한 마리씩을 투입해 알을 받는 것이 가장 간편한 방법이다. 하지만 이 방법은 나비의 수명을 단축시키고, 나비의 산란도 제한되기 때문에 소규모의 나비 사육에는 적용이 가능하나, 대량 사육에 이용하기에는 무리가 있다.
- 대량으로 사육하기 위해서는 별도의 대형 산란장을 이용해서 채란을 한다.

② 산란실
- 배추흰나비의 대량 사육을 위해서는 별도의 산란장(산란 상자)를 준비해야 한다.
- 산란장은 사육 규모와 확보된 씨나비의 수량에 따라 2가지 크기의 산란장을 준비하는 것이 좋다.
- 소규모 사육이나 확보된 씨나비 수가 10마리 미만일 때는 소형 산란 상자(500×500×650㎜)를 이용한다.
- 대규모 사육에는 대형 산란장(2,500×3,000×2,500㎜)을 이용한다.
- 대형 산란장에는 최대 200마리 이상의 씨나비를 투입하여 알 받기를 할 수 있다. 배추흰나비 암컷 한 마리는 일주일 내외의 기간 동안 200개 정도의 알을 산란하기 때문에 최대 40,000마리 정도의 나비를 동시에 길러낼 수 있다.

③ 알 받기(채란)
- 산란장이 준비되면 씨나비를 투입하고 먹이식물인 유채나 케일 화분을 넣어 산란을 유도한다.
- 야외에서 채집한 암컷의 경우에는 대부분 짝짓기가 완료된 상태이기 때문에 투입과 동시에 알 받기가 가능하지만, 사육된 개체인 경우 암수의 비율을 비슷하게 투입한 후 3~5일 정도의 기간 동안 충분한 흡밀을 공급하여 짝짓기가 이루어지도록 한 다음 채란을 하도록 한다.
- 만약 짝짓기가 이루어지지 않으면 무정란을 낳는 경우가 있어 채란을 하더라도 부화하지 않은 알이 많아 사육에 어려움을 겪게 된다.
- 나비의 수명을 길게 하고 많은 양을 알을 채란 받기 위해서는 채란 받는 기간 동안 나비의 먹이가 되는 흡밀원을 충분히 공급해 준다. 흡밀식물인 엉겅퀴나 개망초 등의 화분을 미리 준비하여 공급하는 것이 좋으나 여의치 않을 때는 난타나와 같은 열대식물을 구입하여 이용하는 것이 편리하다.
- 흡밀식물의 준비가 어려운 경우에는 10% 농도의 꿀물을 스펀지나 솜에 적셔 산란장 내부 여러 곳에 놓아주는 것도 좋은 방법이다.

소규모 망실을 이용한 채란

대형 산란실의 이용한 채란

그림 3-1-80. 배추흰나비의 채란

④ 채란관리

- 산란실은 바람이 부는 곳은 피하고, 온도가 25~28℃ 정도가 유지되어야 나비가 잘 날고, 먹이 활동이나 산란 활동이 활발하다.
- 산란실의 광량도 산란에 직접적인 영향을 미치기 때문에 실내에 산란장을 설치할 경우에는 인공적인 조명을 설치하여 2,000~4,000Lux 정도의 조도를 유지해 주고, 환기가 잘 되는 곳에 산란장을 설치한다.
- 먹이식물을 넣어 알을 받을 때에는 화분 1개(먹이식물 1포기)당 알의 수를 미리 정하여 채란하는 것이 애벌레 사육 과정에서 관리하기가 용이하다.
- 너무 많은 알을 채란하면 먼저 부화한 애벌레가 아직 부화하지 않은 다른 알에 피해를 줄 수도 있고, 먹이식물이 금방 모자라게 되어 1~2령 애벌레 때부터 따로 분리하여 사육통에서 사육을 해야하는 번거로움이 따른다. 또 너무 적은 양을 채란하면 채란한 화분의 양이 너무 많아 대량 사육 시 많은 공간이 필요해 진다.
- 일반적으로 잎이 4~5장 붙어 있는 유채나 케일의 경우 화분당 30~50개 정도의 알을 채란하는 것이 사육관리에 좋다.
- 배추흰나비는 자연 상태에서도 자리를 이동하면서 먹이식물의 잎 뒷면에 한 개씩 산란하는 습성이 있어 산란 장내에서도 연속적으로 산란을 하기보다는 몇 개 산란하고 쉬었다가 다시 산란하는 행동을 반복한다. 그렇기 때문에 온종일 연속적으로 채란을 하는 것보다는 오전 중에 시간을 정해 채란을 하는 것이 좋다.
- 대개 오전 9~11시 사이가 배추흰나비의 활동이나 산란 활동이 활발한 시간대이므로 이 시간대에 집중적으로 채란하고, 나머지 시간은 쉬게 해주는 것이 건강한 알을 얻을 수

있는 방법이다.

- 실내 산란장에서는 채란을 하지 않을 때 조명을 꺼주어 나비가 지나친 조명으로 인한 스트레스를 받지 않도록 하는 것도 나비의 수명을 연장시키는 요인이다.

(4) 애벌레 사육

① 화분 사육

- 채란된 화분은 산란장에서 꺼내어 애벌레 사육장으로 이동하여 3~4령 애벌레까지 화분 상태로 사육한다.
- 소규모 사육의 경우에는 화분 상태로 애벌레를 사육할 수 있는 공간을 확보하지 못하는 경우가 있는데, 봄부터 가을까지는 야외에서도 애벌레가 잘 자라기 때문에 문제가 없다. 다만 야외에서 사육 시 기생벌 등의 천적으로부터 피해를 입을 수 있으므로 주의해야 한다.

그림 3-1-81. 배추흰나비 애벌레 사육(화분 사육)

- 대량으로 사육하는 경우에는 비닐하우스 형태의 사육장을 마련하여 초기의 애벌레를 사육하는 것이 좋다. 사육 규모에 따라 다르지만 198㎡(60평) 규모의 비닐하우스를 기준으로 채란 받은 화분 약 1,000개(알 40,000개)를 넣고, 애벌레가 3~4령으로 자랄 때까지 유지할 수 있다. 사육장 내에 화분을 올려놓을 수 있는 50㎝ 높이의 테이블을 설치하면 애벌레의 사육 상태를 관찰하고 관리하기가 용이하다.

- 화분 상태로 사육할 수 있는 사육장이 없을 경우나 필요시에는 알에서 부화한 애벌레를 바로 수거하여 사육통으로 옮겨 사육할 수도 있다.
- 하지만 어린 애벌레일수록 이동성이 떨어지고, 옮기는 과정에서 스트레스를 받아 죽는 개체가 생겨날 수 있으므로 주의해야 한다.
- 특히, 통 사육의 경우 매일 먹이를 교환해 주고 사육통 청소를 해야 하는 만큼 애벌레가 많은 스트레스를 받게 된다.
- 그러므로 알을 받은 화분에서 3~4령까지 키운 후에 사육통으로 옮겨 사육하는 것이 바람직하다.
- 화분 상태로 사육할 경우 부화율이나 애벌레의 생육 상태를 살피기가 다소 불편하기 때문에 채란된 화분 3~5개를 샘플로 취하여 부화율을 조사하고, 애벌레의 초기 생육 상태를 관찰하여 기록하는 것이 좋다.

② 사육 용기를 이용한 사육

- 3~4령기가 되면 애벌레의 활동량이 많아지고, 먹는 양과 배설량이 급격히 늘어나기 시작한다. 최초에 알을 받은 화분의 먹이식물은 거의 잎맥만 남고 엽육은 모두 먹어치운 상태가 된다. 이때 애벌레를 수거하여 사육통으로 옮긴다.
- 령별 적정 사육 밀도 : 직경 15㎝, 높이 4㎝의 사육 접시(petri-dish)의 경우
  - 1~2령 정도의 어린 애벌레 : 약 200~250마리
  - 3~4령 애벌레의 경우 : 25~50마리
  - 5령 애벌레의 경우: 10~15마리

③ 대형 플라스틱 용기를 이용한 대량 사육

- 대량 사육 시에는 사육 접시(petri-dish)보다는 플라스틱 상자를 사용하면 더 편리하고, 효율을 높일 수 있다.
- 사육 용기 : 내용적 19L의 사육 상자(360×250×220㎜) 이용
- 플라스틱 용기 사육밀도 : 5령 기준 150마리 정도의 애벌레를 사육
- 플라스틱 용기를 이용한 사육 방법
  - 사육 상자의 바닥에는 신문지를 3~4겹 정도 깔아 둔다.
  - 사육 용기의 중간에는 가로대를 두어 먹이식물과 애벌레가 바닥에 닿지 않도록 한다.

- 가로대 위에 먹이식물을 올려놓고 그 위에 다시 애벌레를 올려준다.
- 뚜껑은 상자 자체의 뚜껑을 이용하여 덮어주면 되지만, 먹이식물의 상태나 양에 따라 신문 1~3장을 덮고, 그 위에 뚜껑을 얹듯이 덮어주면 된다. 예를 들어 용기 내가 과습하면 신문을 1장만 덮고, 먹이식물이 쉬 건조될 경우에는 그 정도에 따라 2~3장의 신문을 덮으면 된다.

● 플라스틱 용기를 이용한 사육 시 관리 방법과 주의할 점

- 바닥에 반드시 신문지를 3~4겹 이상 깔아두어 용기 내의 과습을 막고, 배설물 청소를 간편하게 할 수 있도록 한다.
- 바닥에 먹이식물과 애벌레를 넣을 경우 배설물과 먹이식물이 뒤엉켜 오염이 발생하고, 그로 인한 과습이나 질병으로 애벌레가 폐사할 수 있기 때문에 주의하고, 통의 중간 부분에 여러 개의 플라스틱 또는 대나무 막대기를 가로로 두어 먹이식물과 애벌레가 통의 중간쯤에 위치하도록 한다.
- 먹이식물은 대개 매일 1회 교환 및 보충해 주는 것을 원칙으로 하고, 하루 동안 먹을 만큼의 먹이만을 공급하도록 조절한다.
- 용기 내의 습도가 적절히 유지될 경우 바닥의 신문지 중에서 맨 윗 장만 약간 젖는 상태가 유지되며, 바닥의 신문지는 매일 교환하도록 한다.
- 배추흰나비는 사육 상자의 내부 벽이나 천정, 가로로 받쳐준 막대기 등에 붙어 번데기가 되기 때문에 먹이식물을 교환하면서 7~10일 정도를 유지하면 대부분의 애벌레가 용화하여 번데기가 된다.

그림 3-1-82. 사육 용기를 이용한 사육

④ 사육실의 관리

- 사육실 내부의 온도를 25~28℃로 유지하고, 광은 14시간 이상 유지하면 모든 애벌레는 일반형 번데기가 된다.
- 사육실 내부의 환기를 위해 벽체 상부에 외부 공기가 유입되는 소형 팬을 설치하되 잡충의 유입을 막을 수 있는 프리필터를 달아준다.
- 사육실 내부에 별도의 습도관리는 필요하지 않다.
- 월동형 번데기를 생산하기 위해서는 반드시 3령 이하의 애벌레를 수거하여 사육통에 옮겨 사육을 해야 하며, 온도를 18℃, 조명은 10시간 미만으로 유지해야 한다.

(5) 번데기관리

① 일반형 번데기의 관리

- 일반형 번데기의 경우 번데기가 된 후 약 1일이 경과되면 몸이 경화되어 떼어낼 수 있게 된다.
- 수거한 번데기는 목공용 본드를 이용해 우드락이나 골판지에 가지런히 붙여 우화시키면 된다.
- 일반형 번데기는 5~7일이면 대부분이 우화를 한다.
- 일반형 번데기는 저장하기가 거의 불가능하여 7일간 냉장 보관 시 우화율이 50%까지 낮아진다. 장기간 보관하고 필요한 시기에 나비를 이용하기 위해서는 월동형 번데기를 생산하여 관리하는 것이 유리하다.

② 월동형 번데기의 관리

- 월동형 번데기의 경우에는 우화를 위해서는 반드시 약 2개월 이상의 냉장 보관이 요구된다.
- 냉장 기간이 경과한 번데기는 필요한 시기에 꺼내어 붙여 두면 일반형과 마찬가지로 5~7일후 우화하게 된다.
- 월동형 번데기의 저장은 일반 냉장고를 이용하면 되는데, 저장 온도는 2℃ 내외로 하고, 보관 시에는 소형 플라스틱 통을 이용하여 생산된 날짜별로 소량씩 나누어 관리하는 것이 좋다.

그림 3-1-83. 저온 저장 중인 배추흰나비의 월동형 번데기

(6) 성충 사육

① 성충의 관리는 앞서 언급한 씨나비(사육 모충)의 관리와 동일한 방법으로 하면 된다.

② 배추흰나비 성충의 수명은 7~15일 정도로 비교적 짧은 편이다. 하지만 온도를 비롯한 환경 관리가 미흡하거나 먹이공급이 제대로 되지 않으면 수명이 더 짧아질 수 있으므로 주의를 기울여야 한다.

③ 성충관리에 있어 가장 중요한 요인이 온도 조건이라 할 수 있다. 성충의 활동 적온은 25~30℃이며, 온도가 25℃ 이하로 내려갈 경우 활동을 멈추고 가만히 앉아 있게 되고, 30℃ 이상 올라가면 폐사율이 높아진다.

④ 성충의 먹이 공급은 자연 상태에서의 주요 흡밀원인 엉겅퀴나 개망초, 꿀풀 등의 꽃을 제공하는 것이 가장 좋으나 좁은 공간에서 대량의 나비를 관리해야 하는 경우에는 공간적 제약이 있기 때문에 꿀물을 10% 농도로 희석하여 공급하는 것도 무방하다.

(7) 저장관리

① 배추흰나비는 번데기 상태로 월동을 하는 나비이므로 장기간 저장 시에는 월동형 번데기를 생산하여 저장해야 한다.

② 알이나 애벌레, 성충 상태로도 짧은 기간 동안은 저장이 가능하나, 5일이 경과하면 부화율, 우화율이 급격히 저하하고, 성충의 폐사가 일어나므로 저장하지 않는 것이 좋다. 부득이한 경우 5일 이내에 바로 꺼내어 사용하도록 한다.

③ 월동형 번데기의 저장은 앞서 번데기관리 부분에서 언급한 대로 하면 되는데, 일반 냉장고에 보관하더라도 별도의 번데기 보관용 전용 냉장고를 구입하여 이용하는 것이 바람직하다.

라. 사육 단계별 사육 체계

(1) 사육 단계별 사육 체계

① 연중 사육 시스템
- 배추흰나비는 사육 주기가 빠르고 먹이식물의 재배와 공급이 비교적 용이한 편이기 때문에 시설 내에서는 연중 사육이 가능하다.
- 동절기에는 많은 난방비가 들기 때문에 봄~가을 사이에 사육을 하는 것이 바람직하다.
- 배추흰나비는 번데기로 월동을 하는 특성을 가지고 있으므로 이를 이용하여 저온단일의 조건에서 사육하여 냉장 보관할 경우 6개월 정도까지 필요시에 꺼내어 이용할 수 있다는 장점이 있다.

② 월동형 번데기의 생산을 통한 사육용 모충의 확보 및 유지관리
- 배추흰나비의 연중 지속적인 생산을 위해서는 봄, 가을에 각 1회 이상 야외 채집을 통하여 사육용 모충을 확보하고, 월동형 번데기를 대량 생산하여 보관 후 이용하는 것이 가장 바람직하다.
- 월동형 번데기는 야외 채집이 용이하고, 먹이식물의 수급이 안정적인 봄, 가을에 하는 것이 유리하다.

③ 일반형 번데기의 생산관리
- 일반형 개체의 경우 사용일로부터 역순으로 계산하여 일정 기간 알 받기를 하면 대량으로 지속적인 사육이 가능하다.
- 장마철 이후의 고온다습기와 동절기에는 먹이식물의 재배 및 수급이 어렵기 때문에 필요한 양 이상의 대량 사육에는 어려움이 있다.

④ 생산관리

- 배추흰나비의 사육용 모충 채집은 4월부터 10월까지 가능하며, 4대 이상 누대 사육한 개체는 가능한 사육용 모충으로 사용하지 않는 것이 좋다.
- 야외에서 채집하여 채란 및 사육한 개체(F1)는 수가 적어 대량 증식을 위한 2차 사육을 실시하고, 사육 2대에서 생산된 개체(F2)를 이용하여 대량 사육 과정을 진행한다.
- 사육 1, 2대(F1, F2)의 애벌레를 이용하여 저온단일 조건에서 사육하여 월동형 번데기를 생산하여 저장할 경우 필요시에 바로 이용하거나 우화 후 사육용 모충으로도 이용할 수 있기 때문에 사육에 유리하며, 우화율도 높게 나타난다.

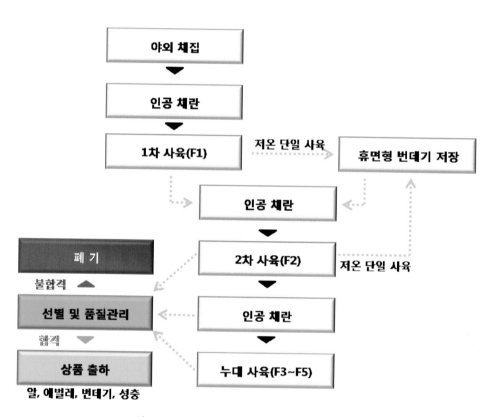

그림 3-1-84. 배추흰나비의 인공 사육 체계도

(2) 사육 단계별 관리 방법 및 사육 조건

배추흰나비의 사육 단계별 관리 방법 및 사육 조건은 다음의 표에 나타낸 바와 같다.

표 3-1-5. 배추흰나비의 사육 단계별 관리 방법 및 사육 조건

충태 및 사진		기간	특징 및 관리방법
알		5~7일	• 암컷이 먹이식물 뒷면에 한 개씩 산란 • 암컷 마리당 100~200개 정도 산란 • 산란실 규격 2.5×3×2.5m, 망실 • 산란실 온도 25~28℃ • 산란실 조명 2,000Lux 이상

애벌레		15~20일	• 먹이식물은 유채나 케일이 적합
			• 먹이식물당 30~50개 채란
			• 산란 후 5~7일 후 부화
			• 부화한 애벌레는 자신의 알껍질을 먹음
			• 초기 애벌레(1~3령)는 화분 상태로 사육
			• 3~4령 이후 애벌레는 수거하여 용기 사육
			• 용기당 적정 마릿수
			  · 내용량 19ℓ용기에 최대 150마리
			• 용기 사육 시 관리
			  · 먹이는 매일 교환, 급여량은 1일분
			  · 매일 용기 청소 및 소독
			• 일반형 사육 조건 : 25℃, 14시간 조명
			• 휴명형 사육 조건 : 18℃, 10시간 조명

번데기		5~7일	• 몸속의 배설물을 모두 배설 후 • 실을 내어 몸을 감고 부착 • 번데기 수거 시 실을 자르고 수거 주의 • 월동형 저장 : 4℃에서 6개월까지 • 4일 경과하면 몸이 투명해 짐
성충		7~15일	• 수컷이 먼저 우화 • 암컷 우화 후 바로 짝짓기 • 성충먹이 : 흡밀용 초화류, 10% 꿀물 공급 • 짝짓기 및 산란 시 충분한 흡밀 공급 필요

마. 사육 시설 기준

(1) 사육 도구 기준

① 먹이식물 재배용 도구

- 먹이식물 재배를 위해서는 먼저 모판과 화분이 필요하고, 재배용 흙인 상토 및 마사토와 거름이 되는 퇴비 등이 필요하다. 식물 재배를 위한 기본적인 도구인 모종삽, 삽, 호미, 전지가위 등도 필요한 경우가 있으므로 미리 준비해 둔다.
- 먹이식물 종자는 일반 원예용 종자를 구입하여 사용하면 되나, 케일이나 유채의 경우 쌈 채용 종자를 구입해야 한다.
- 상토는 일반적인 원예용 상토를 사용하며, 육묘용 트레이에 파종 시에 사용한다.
- 정식용 화분의 흙은 마사토와 퇴비를 4 : 1의 비율로 섞어 쓰면 물 빠짐이 좋고, 1회 재배용 거름도 충분하다. 다만, 무게가 무거워 상토를 일정 비율로 섞어 쓰기도 한다.
- 먹이식물 재배용 화분은 직경 12㎝ 크기의 1회용 포트(상품명 : 컬러포트)를 사용하며, 포트 12개가 담기는 운반용 트레이를 이용하면 관리하기 편리하다.

50구트레이   컬러 포트   운반용 트레이   모종삽

삽목 상자   상토   퇴비   전지가위

그림 3-1-85. 먹이식물 재배용 도구들

② 애벌레 사육에 필요한 도구

- 애벌레 사육에 필요한 도구는 사육 용기, 용기 내부 지지대, 신문지, 뚜껑용 플라스틱망 등의 사육 용기 세트와 핀셋, 나무젓가락, 소독수 및 소독 용기 등이 있다.

- 사육 용기는 플라스틱 제품으로 바가지 형태의 용기를 사용하기도 하나, 대량 사육 시에는 면적 대비 사육량이 적어 직사각 형태의 상자를 이용한다. 사육 상자는 내용적 19L(360×250×220㎜)의 상자를 이용한다.
- 사육 용기 내부의 바닥과 뚜껑 부분에는 신문지를 여러 겹 겹쳐 깔아주어 내부의 습기를 조절하고, 배설물 등의 청소가 용이하게 한다.
- 플라스틱망은 원예(화분)용 루바망을 이용한다.
- 애벌레의 이동에 이용되는 핀셋이나 나무젓가락은 항상 소독수(70% 에탄올)에 담가 소독 후 이용해야 병의 전염을 최소화할 수 있다.

그림 3-1-86. 애벌레 사육 용기

(2) 사육 시설 기준

① 먹이식물 재배 시설

- 먹이식물의 재배시 설은 일반적인 농가형 비닐하우스 형태로 시설한다.
- 시설 기준은 〈원예 특작시설 내재해형 규격 설계도·시방서 - 농림수산식품부 고시 제 2010-128호(2010. 12. 7)〉을 따른다.
- 먹이식물의 안정적인 관리를 위해 2중 비닐하우스 형태가 유리하며 〈단동 2중 비닐하우스(10-단동-6형)〉이 가장 적합하다.
- 배추흰나비의 먹이식물은 십자화과의 일년생 초본류가 대부분으로 필요시에는 겨울에도 가온을 해 식물을 기를 수 있다. 하지만 난방비가 많이 들기 때문에 겨울 사육은 피하는 것이 좋다.

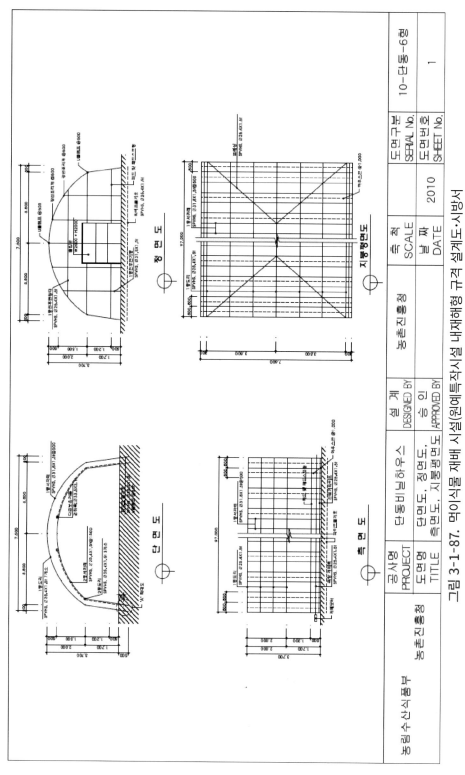

라-1-10. 단동비닐하우스(10-단동-6형) 설계도

그림 3-1-87. 먹이식물 재배 시설(원예특작시설 내재해형 규격 설계도·시방서
- 농림수산식품부 고시 제2010-128호(2010. 12. 7) 10-단동-6형

라-1-5. 단동비닐하우스(10-단동-1형) 설계도

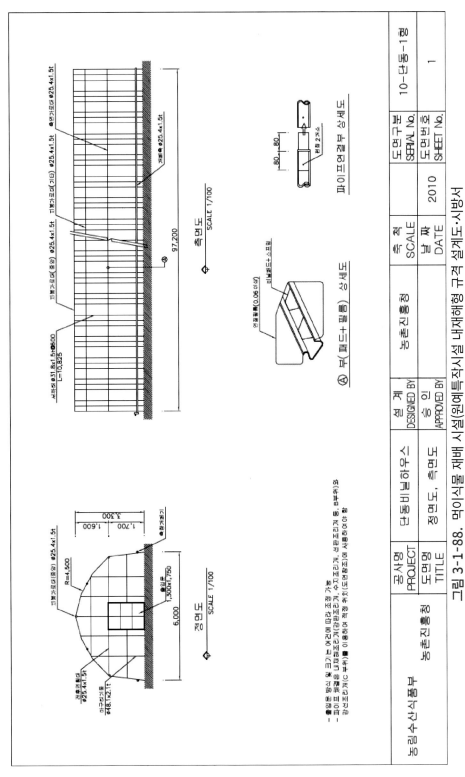

그림 3-1-88. 먹이식물 재배 시설(원예특작시설 내재해형 규격 설계도·시방서
- 농림수산식품부 고시 제2010-128호(2010. 12. 7) 10-단동-1호

- 겨울 사육을 하지 않을 경우에는 2중 비닐하우스가 아니어도 무방하며, 일반적인 단동 하우스로는 〈단동비닐하우스(10-단동-1형)〉이 가장 적합하다.

- 비닐하우스의 규격은 사육 규모에 맞추어 달라질 수 있으나, 198㎡(60평) 내외가 적당 하며, 198㎡(60평) 규모의 비닐하우스를 이용할 경우 내경 12㎝의 먹이식물 화분 약 5,300~6,200개를 동시에 재배할 수 있는 면적이다.

- 먹이식물 1개로 알부터 번데기까지 배추흰나비의 전 과정을 사육한다면, 먹이식물의 크 기와 상태에 따라 2~3마리의 애벌레를 사육할 수 있으며, 약 5,000개의 먹이식물 화분으 로는 약 10,000~15,000마리의 애벌레를 동시에 사육할 수 있다. 하지만 실제 3~4령 이후 에는 사육 용기를 이용한 사육을 진행하고, 노지에서 대량으로 재배한 먹이식물을 공급 하기 때문에 훨씬 더 많은 수의 애벌레를 사육할 수 있다.

그림 3-1-89. 먹이식물 재배 시설 외부 및 내부

② 산란실

- 배추흰나비의 산란실은 2,500×3,000×2,500㎜ 크기의 망실을 제작하여 이용한다.

- 산란실은 대개 실내에 설치하여 인공적인 산란 환경을 조성해 주는 것이 좋으며, 채란 시 에는 3,000Lux 이상의 광이 요구되므로 형광등(40W, 10개소)이나 메탈등(250W, 3개소)을 이용하여 인위적으로 조명을 해주어야 한다.

- 산란실이 위치한 실내의 온도는 28℃를 유지하여야 나비가 활발하게 날아다니며, 산란율 도 높아진다.

● 산란실 내부에는 나비가 쉴 수 있는 관목류의 나무와 계절별로 꽃이 피는 나무를 함께 식재하면 흡밀식물로 이용할 수 있다. 나비의 개체 수가 많을 때에는 별도로 인공흡밀용 꿀물 공급장치를 마련하여 넣어준다.

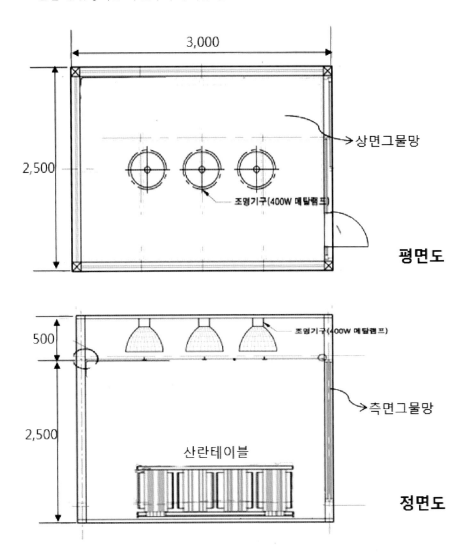

그림 3-1-90. 산란실 설치 도면

그림 3-1-91. 산란실 전경

③ 화분 상태의 애벌레 사육 시설

- 먹이식물 재배 시설과 겸용으로 이용할 수 있으나 시설 내부의 소독 작업 등에 불편함이 따르므로 동일한 크기와 형태의 비닐하우스를 추가로 설치하여 이용하는 것이 편리하다.
- 내부에는 사육용 작업대를 설치하여 작업의 편의성을 높이고, 관리가 용이하도록 한다.

그림 3-1-92. 화분 상태의 애벌레 사육 시설 및 사육용 작업대

④ 항온 사육실

- 애벌레의 용기 사육은 불시 사육과 월동형 번데기의 생산, 일반형 번데기의 생산, 종령 애벌레의 사육 시에 시행하게 되는데, 이때에는 항온 사육실을 이용하여 균일하고 안정적인 나비 사육이 이루어지도록 한다.

- 항온 사육실은 사육 규모에 따라 시설의 규모가 달라질 수 있으나 일반적으로 6평형 (19.8㎡) 규모의 항온 사육실을 기준으로 동시에 12,000~15,000마리 정도의 배추흰나비 애벌레를 사육할 수 있다.

- 항온 사육실은 100㎜ 우레탄패널 재질로 3,000×6,000×2,500m의 크기로 제작하며, 3마력 냉동기와 히터유닛을 설치하면 된다.

- 바닥도 우레탄 패널로 시공하되, C형강을 이용해 기초를 잡고 그 위에 건축하고, 다리를 세워 지면에서 10~20㎝ 정도를 이격하면 형편에 따라 위치를 이동할 수 있는 이동식형 태로 제작이 가능하다.

- 사육실 내부에는 사육 용기를 올려놓을 수 있는 선반과 작업대를 설치하여 모든 사육 작업이 작업대 위에서 이루어지도록 해야 바닥으로부터 오는 먼지나 세균의 침임을 최소화할 수 있다.

그림 3-1-93. 항온 사육실

바. 활용 및 주의사항

(1) 활용 방법 및 예시

① 배추흰나비는 우리나라에서 가장 흔한 나비로 가장 많은 수가 인공 사육되고 있으며, 다양한 활용 방안들이 개발되어 있다.

② 대부분의 나비 생태원에서 전시되고 있는 나비류의 50% 이상이 배추흰나비이며, 나비 날리기 행사 등에도 대부분을 차지한다.

③ 배추흰나비는 생활주기가 30일 내외로 빠르고 기르기가 용이하여 곤충에 대한 학습용으로도 많이 이용되고 있다.

④ 유통되는 형태는 알, 애벌레, 번데기, 성충 모두 이용되고 있으며, 대량으로 이용되는 나비 생태원에서는 주로 번데기 형태로 이용하고, 나비 날리기에서는 성충 상태로 이용된다.

⑤ 국내 수요 현황
- 국내 10여 개소의 나비 생태원에서 전시하는 배추흰나비는 연간 20~30만 마리 이상인 것으로 추정되며, 곤충 축제나 소규모 전시회를 포함하면 100만 마리에 이를 것으로 보인다.
- 나비 생태원 외에도 함평 나비축제와 무주 반딧불이축제, 나비와 함께하는 구리시 유채축제, 예천 곤충엑스포, 과천시 곤충생태전시관 등 지역 축제에서도 단기간 내 수만 마리 이상의 나비가 이용되고 있다.
- 최근에는 결혼식, 아파트 모델하우스 개관식, 환경의 날 기념식, 현충일 추념식 등 각종 행사에서도 나비를 이용한 이벤트가 활성화되어 다양한 의미로 나비가 이용되고 있다.

⑥ 초등학교 교과서에 배추흰나비의 일생에 대한 부분이 포함되면서 나비 기르기에 대한 수요가 많이 확대되고 있는 추세에 있다. 배추흰나비의 경우 먹이식물의 재배와 공급이 용이하여 사계절 나비기르기 세트가 보급될 수 있을 만큼 다양한 제품들이 개발되어 있다.

(2) 사육 시 주의사항

① 배추흰나비의 사육시에는 사육 단계별로 관리상의 주의가 요구된다. 채란 과정에서는 성

충의 수명을 연장시키고, 산란율을 높이기 위해서 나비의 성충이 활동하기에 알맞은 환경 조건을 갖추어 주어야 한다.

② 산란실의 관리
- 나비의 성충은 28℃ 정도의 온도에서 가장 활발하게 활동하며, 온도가 높거나 낮으면 활동이 둔해지고 수명이 짧아지는 원인이 된다.
- 채란은 하루 중 일정 시간(대개 오전 중 2시간 내외)을 정하여 그 시간만 채란을 받고 그 밖의 시간 동안은 나비가 충분히 쉬게 해주는 것도 중요하다.
- 나비가 쉬는 동안에는 온도는 동일하게 유지하되, 산란용 집중 조명을 소등하여 빛에 민감하게 반응하지 않도록 해준다.

③ 성충의 먹이 공급
- 먹이나비는 애벌레와 성충의 먹이가 상이하기 때문에 충태에 따라 양질의 먹이가 공급되도록 하는 것이 중요하다.
- 성충의 경우에는 가능한 꽃을 이용한 흡밀이 좋으나 지속적인 공급이 어려울 경우에는 10%로 희석한 꿀물을 급여한다.

④ 애벌레 먹이 공급
- 애벌레는 보다 먹이에 대해 민감하기 때문에 먹이가 신선하고 이물질이 묻어 있지 않도록 하고, 잡충이나 거미 등도 제거해야 한다.
- 먹이식물은 미리 시든 잎이나 제일 바깥쪽 잎을 제거하고 공급하도록 한다.

⑤ 채란용 먹이식물 관리
- 채란용 먹이식물의 화분은 넣어주기 전에 시든 가지가 없는지 확인하고 제거해 주어야 하며, 화분에 발생한 잡초도 미리 제거하여 넣어준다.
- 또 먹이식물 잎 주변을 잘 살펴 거미나 다른 벌레가 있는지 확인하여 제거하도록 하며, 진딧물이 발생한 화분은 사용하지 않거나 진딧물이 발생한 부분을 제거한 후 이용하도록 한다.

- 채란된 먹이식물 화분은 화분 상태로 초기 사육까지 진행해야 하므로 잎이 풍성하고, 새 순이 많이 돋아 있는 화분을 선택하여 넣어주는 것이 중요하다.
- 특히 어린 애벌레 시기에는 먹이식물의 상태에 따라 사육의 성패가 좌우되는 경우가 있 기 때문에 각별히 주의해야 한다.

⑥ 사육 용기관리

- 용기를 이용한 사육 시에는 먹이식물이 시들거나 부족하지 않도록 매일 새로운 먹이 를 공급해 주어야 하며, 적정한 공급량을 파악하여 너무 많은 먹이를 공급하지 않도록 한다.
- 용기의 바닥이나 뚜껑으로 덮은 신문지는 매일 갈아 주고, 용기나 뚜껑이 오염되었을 때 에는 즉각 새로운 용기로 교체한다.
- 사육 도구는 항상 청결히 세척하고 소독하여 병의 발생이나 전염을 예방할 수 있도록 하 고, 사육장에 출입하는 관리자의 개인위생에도 철저를 기해 외부로부터 잡충이나 병균 이 유입되지 않도록 한다.

⑦ 위생 및 병해충관리

- 사육 중에는 기생충이나 병원균에 감염된 개체나 농약에 의해 피해를 입은 개체를 발생 하는 경우가 있는데, 보이는 즉시 제거하여 다른 개체로의 전염이나 확산을 차단하는 것 도 중요하다.
- 배추흰나비의 사육 중에 발생되는 기생충은 알을 공격하는 애벌레를 공격하는 기생벌이 대표적이다. 고치벌의 경우에는 3~5령 애벌레의 몸에 알을 낳고, 종령 애벌레의 몸을 뚫 고 나와 고치가 된다. 같은 장소에서 지속적으로 계대 사육을 실시하면 고치벌의 밀도 가 점차 높아져 사육에 실패하게 되므로 주기적으로 사육을 중단하고 사육실을 소독하 여 기생벌의 발생을 막을 수 있도록 해야 한다.
- 배추흰나비의 사육 시에 발생하는 대표적인 질병은 원충(미포자충)에 의한 감염인데, 육 안으로 보아 애벌레의 몸 색깔이 얼룩덜룩하거나 애벌레가 무른 똥을 싸는 증상을 보인 다. 이때에는 지체없이 병이 발생한 사육 용기 전체를 폐기하고 용기를 소독해야 병의 전 염을 막을 수 있다.

그림 3-1-94. 고치벌에 기생당한 배추흰나비 애벌레

⑧ 사육관리상의 여러 가지 주의할 점들을 살펴보았으나 가장 주의해야 할 점은 농약에 의한 피해라고 할 수 있다. 사육장이나 먹이식물 재배장 주변은 항상 청결하게 유지하되 살충제와 같은 농약은 가능한 사용해서는 안 된다. 농약에 따라 잔류 독성에 차이는 있지만 심한 경우에는 6개월 이상 약효를 미치는 경우가 있다. 또 사육장 주변에 경작지가 있는 경우에도 비산하는 농약에 의해 피해를 입을 수 있기 때문에 주의해야 한다.

6. 호랑나비(*Papilio xuthus* Linnaeus)

그림 3-1-95. 호랑나비

가. 일반 생태

(1) 분류학적 특성

호랑나비는 나비목(Lepidoptera) 호랑나비과(Papilionidae)에 속하는 곤충으로 우리나라 전역에 분포하며 중부 이남에서는 봄형이 4~5월, 여름형이 6~7월, 8~10월에 걸쳐 연 3회 출현한다. 그러나 중부 이북 지방에서는 여름형이 6~9월에 걸쳐 1회만 출현하므로 연 2회 발생하는 셈이다. 우리나라 외에도 일본, 중국, 타이완, 아무르 지방에 분포하는데 따뜻한 지방에서는 3월부터 10월까지 연 5~6회나 발생한다. 호랑나비는 예로부터 우리와 매우 친숙하여 인가 근처에서도 자주 볼 수 있었으나 최근에는 도시화로 인한 서식지 파괴로 주위에서 점차 사라지고 있다.

예전에는 알록달록한 무늬가 있는 나비를 범나비라는 이름으로 통칭하였는데 고 석주명 박사가 호랑나비라 명명하여 지금까지 이르고 있다. 하지만 북한에서는 아직도 범나비라 불린다. 호랑나비의 속이름 '*Papilio*'는 린네가 명명한 이름으로 '나비'를 지칭한다. 영화 제목 '빠삐용'도 이 이름에서 유래한다. 세계적으로는 6아속 222종이 분포하는 것으로 알려져 있다. 호랑나비의 영명은 'Yellow swallowtail butterfly'라고 하여 뒷날개의 꼬리모양돌기를 고려한 제비나비류와 유사한 이름을 갖고 있다. 비슷한 모양을 하고 있는 산호랑나비(*Papilio machaon*)와는 외형이 매우 비슷하지만 애벌레의 모양이나 먹이식물이 완전히 달라 생태적으로는 확연히 구분이 된다. 산호랑나비는 전 세계적으로 분포하는 반면 호랑나비는 주로 극동아시아 지역에만 분포하고 있다는 차이점도 있다.

그림 3-1-96. 산호랑나비와 산호랑나비의 종령 애벌레

(2) 생태

호랑나비는 우리나라 전역에 분포하며 마을이나 경작지 주변의 낮은 산지에 산다. 그 수도 다른 나비에 비해 많은 편이어서 발생지의 축축한 물가에 가면 무리지어 물을 먹는 장면을 쉽게 볼 수 있다. 암수 모두 무꽃, 복숭아꽃, 진달래꽃, 아카시아 꽃에 날아와 꿀을 빨아 먹는다. 우리나라에서도 주로 분포하는 곳은 따뜻한 제주도나 남부지역으로 먹이식물인 귤나무나 탱자나무 등이 많이 분포되어 서식에 유리한 조건을 갖추고 있다. 제주도의 감귤 재배 농가에서는 귤나무 잎을 가해하는 해충으로 농민들이 꺼려하는 대상이기도 하다.

봄에 나오는 개체들은 번데기로 월동을 하고 우화한 개체들로 봄형이라 부른다. 거기에 비해 봄형 개체들이 낳은 알에서 성장한 나비들을 여름형이라 부르며, 봄형과 여름형 간에는 크기나 날개의 무늬 면에서 차이가 많다. 여름형은 크고 날개의 무늬가 짙어서 강렬한 느낌이 들며, 봄형은 작고 색채감이 오밀조밀하다.

짝짓기를 마친 호랑나비의 암컷은 먹이식물인 산초나무, 황벽나무, 귤나무, 탱자나무 등의 잎 위나 새싹, 작은 가지 등에 한 개씩 알을 낳는다. 알은 지름 1.5㎜ 정도의 구형이며, 노란색을 띤다. 알은 5~7일 경과되면 부화하며, 부화한 애벌레는 먼저 자신의 알 껍질을 먹고, 먹이식물을 먹는다. 1~4령까지의 애벌레는 검은색 몸에 흰 띠를 두른 듯한 무늬가 있는데 얼핏 보면 새똥과 같은 모양을 하고 있어 천적의 공격으로 자신을 지키기 위해 의태행동을 하는 것이다. 애벌레의 몸 색깔은 종령인 5령 애벌레가 되면 녹색으로 바뀌는데, 다 자라면 몸길이가 45㎜에 이르며, 몸 양 옆에는 검은색의 빗줄이 2개 있다. 애벌레의 몸에는 가슴에 있는 세 쌍의 다리 외에도 배 끝 부분에 2차적인 배다리가 있어 줄기를 잘 잡고 이동할 수 있다. 가슴의 세 번째 마디에 있는 뱀눈 모양 무늬로 천적을 위협하여 물리친다. 또 호랑나비 애벌레는 1령 애벌레 때부터 머리와 가슴 사이에 냄새 뿔(취각, 육각돌기)이 있어 건드리면 더듬이와 같이 냄새 뿔을 내민다. 냄새 뿔에서는 고약한 냄새가 나 천적을 물리치게 된다.

4령 애벌레의 의태(새똥모양)   5령 애벌레의 냄새 뿔

그림 3-1-97. 호랑나비 애벌레의 의태와 냄새 뿔

여름에는 20일 남짓의 애벌레 기간이 지나면 먹이식물에서 벗어나 주변의 지형지물을 이용해 은신하고 실을 내어 배 끝을 고정하고, 중간 부위에 벨트처럼 실을 둘러 몸을 고정시키고 번데기가 된다. 번데기의 색은 주로 옅은 초록색을 띠나 경우에 따라서 갈색을 띠는 개체도 있다. 호랑나비는 번데기의 상태로 겨울을 나는데, 월동형 번데기의 경우에는 대부분이 갈색을 띠기 때문에 구별이 쉽다. 10일 내외의 번데기 기간이 지나면 우화하여 성충이 된다.

호랑나비의 성충은 날개를 편 길이가 105㎜에 이를 정도로 우리나라에 사는 나비 중에는 대형종에 속한다. 봄형의 경우에는 75㎜ 내외로 다소 작은 편이다. 날개는 옅은 노란색 바탕에 검은색 줄무늬와 주황색 점무늬 등이 화려하여 마치 호랑이의 무늬를 닮은 듯 아름답다. 축축한 땅이나 축사의 배설물이 흐르는 곳에서 무리지어 앉아 물을 빠는 습성이 있는데, 이는 땅에 있는 미네랄을 섭취하기 위한 행동이라고 한다. 호랑나비는 먹이식물을 따라 주변의 탁 트인 밝은 곳을 중심으로 상당히 먼 거리까지 비행하며 생활한다. 주변의 지형지물이나 기류를 파악하여 일정한 길로만 날아다니는 습성이 있는데 이 길을 나비길이라고 부른다.

호랑나비 번데기

겨울을 나는 모습

그림 3-1-98. 호랑나비의 번데기와 겨울나는 모습

(3) 현황

호랑나비는 나비 무리 중에서 우리에게 가장 친숙한 곤충이다. 그 때문에 곤충과 관련한 각종 전시나 생태원 등에서는 빠지지 않는 곤충이기도 하다. 서식지의 파괴로 인해 최근에는 개체수가 많이 줄어들었지만 여전히 야외에서도 심심찮게 관찰되며, 남쪽지방에서는 흔히 볼 수 있는 나비중 하나이다.

최근 생태원이나 체험학습장, 이벤트 등을 통한 나비의 수요가 늘어나면서 단골손님인 호랑나비의 수요도 급증하고 있다. 가시적인 전시 효과 또한 소형 나비들보다 월등하고 같은 대형 나비인 제비나비류보다는 아름다운 날개 색으로 인해 더 인기가 있다. 하지만 배추흰나비와 같이 초본류의 식물을 먹이로 하지 않고, 목본식물의 잎을 먹이로 하는 점 등 사육에 다소 어려움이 있어 아직 공급이 수요를 밑돌고 그로 인해 배추흰나비보다 더 비싼 가격에 유통되고 있다. 곤충 산업의 여러 분야 중에서 전시, 이벤트용 곤충으로 가장 각광을 받고 있는 호랑나비의 사육 체계를 정리하고 대량 사육의 시스템을 정립하여 곤충산업 발전에 일조하기 위한 노력을 기울여야 할 것이다.

나. 사육 방법

(1) 먹이식물의 재배

① 호랑나비의 먹이식물

- 호랑나비의 애벌레는 운향과의 식물인 산초나무, 황벽나무, 귤나무, 탱자나무 등을 먹고 자란다.
- 호랑나비의 먹이식물인 이러한 나무들은 수고가 높고 크게 자라는 나무들이기 때문에 호랑나비의 대량 사육을 위해서는 과수원과 같이 이러한 먹이식물의 재배장을 미리 갖추고 있는 것이 좋다. 하지만 많은 나무라는 특성상 재배에 많은 공간이 필요하기 때문에 현실적으로 대량 재배는 어려운 실정이다.

② 먹이식물의 종류와 특징

- 호랑나비의 먹이식물 중에 산초나무는 우리나라 전국에 분포하며, 양도 많은 편이다. 하지만 줄기에 가시가 많아 다루기 어려우며, 잎이 작아 사육에 이용하기 불편한 점이 많다.
- 귤나무나 탱자나무 역시 가시로 인해 다루기가 어려우며, 호랑나비의 애벌레가 새순만 먹기 때문에 사육에 이용하기는 어렵다.
- 호랑나비의 사육에 가장 알맞은 먹이식물은 황벽나무이다. 황벽나무는 줄기에 가시도 없고 잎도 산초나무에 비해 비교적 큰 편이며, 호랑나비의 먹이 선호성도 우수하다.

황벽나무

산초나무

귤나무

그림 3-1-99. 호랑나비의 먹이식물

- 황벽나무의 특징
  - 황벽나무는 운향과의 낙엽교목으로 황경피나무라고도 한다.

- 산지에서 주로 자라며, 높이가 20m에 달하고 나무껍질에 연한 회색으로 코르크가 발달하여 깊은 홈이 지는 특성이 있다.
- 우리나라 전역에서 자생하나 흔한 편은 아니며, 산지의 계곡 주변에서 자라기 때문에 눈에 잘 띄지 않는다.

③ 황벽나무의 재배

- 황벽나무를 호랑나비의 사육에 이용하기 위해서는 직접 재배를 하는 것이 좋다.
- 황벽나무는 실생 번식이 용이하기 때문에 가을에 종자를 채취해서 이듬해 파종하고 1년을 묵히면 2년생부터는 채란이나 먹이용으로 활용이 가능하다.
- 황벽나무 종자는 대개 10월 말~11월 중순경에 종자를 채취하는데, 가을에 종자를 채취한 경우에는 배수가 잘되는 사질토양에 약 30~50㎝의 구덩이를 파고 종자와 모래를 1 : 1로 섞은 후 묻어주고 외부로부터 빗물이 유입되지 않도록 짚이나 비닐을 이용해 덮어준 다음, 이듬해 봄에 파종하여 2년 정도 키운 후에 이용한다.
- 나무라는 특성상 재배 기간이 길고, 대량 사육 시에는 많은 양의 먹이가 필요하기 때문에 미리 준비하지 않으면 호랑나비의 대량 사육에는 많은 어려움이 따르고, 자연에서 먹이식물을 채취하는 것 또한 바람직하지 못하다.
- 묘목 판매상에 의뢰하면 2~5년생 묘목을 구할 수도 있으므로 적극 활용하면 도움이 된다.
- 호랑나비의 채란을 위해서는 3~4년생 묘목으로 화분 작업을 하여 관리하면 사육에 효율성도 높고 관리가 수월하다.
- 호랑나비는 5령이 되면 먹이 섭식량이 급격히 증가하므로 화분 외에 노지에도 다량의 황벽나무를 식재하여 4령 이후 애벌레를 수거하여 사육 상자에서 사육할 때 공급할 수 있는 먹이도 다량 확보하여야 한다.

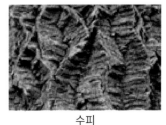

열매　　　　　　　　잎　　　　　　　　수피

그림 3-1-100. 황벽나무의 잎, 열매, 수피

④ 동절기 나비 사육과 먹이식물

- 황벽나무도 온대지방의 일반적인 낙엽성 활엽수종들과 마찬가지로 11월이면 낙엽이 지고, 이듬해 4월 중순 이후에 새순이 나온다.

- 온실에서 관리하면 좀 더 오래 잎을 볼 수 있겠지만, 스트레스로 인해 나무가 고사하고 만다. 그렇기 때문에 반드시 겨울을 나고 겨울눈이 형성되도록 해야 나무가 건강하고, 나무가 건강해야 그 잎을 먹고 사는 나비의 애벌레도 건강하게 기를 수 있다.

- 먹이식물과의 상관관계와 호랑나비의 출현 시기를 고려하면 실제로 호랑나비의 애벌레를 사육할 수 있는 기간은 1년 중 6개월 남짓 밖에 되지 않는다.

- 나비의 이용성을 극대화하고, 사계절 나비를 날리는 생태원이나 이벤트에서 활용하기 위해서는 먹이식물이 없는 시기를 극복할 수 있는 방안이 모색되어야 한다.

- 가능한 첫 번째 방법은 8~10월경에 월동형 번데기를 대량으로 생산하여 저장하고 이용하는 것이며, 이는 사육편에서 보다 자세히 설명한다. 두 번째 방법은 인공 사료를 이용한 불시 사육을 시행하는 것이다.

⑤ 호랑나비의 인공 사료 제조

- 호랑나비의 인공 사료는 누에의 인공 사료 제조를 응용하는 방법으로 여러 차례 개발된 바 있다.

- 최초로 개발된 인공 사료는 부야(1985)에 의해 개발되었는데, 기주식물의 잎이 55% 이상 들어가 있지만 성장 및 최종 우화율 등이 불량하다.

- 현재까지 기주식물 잎이 50% 이하 들어간 사료로는 사육이 불가능하다. 설 등(1997)이 개발한 사료는 우화율이 60% 수준에 이른다고 한다.

표 3-1-6. 인공 사료의 조성(곤충사육법 2005)

재 료	함 량(g)
기주잎 분말	20.0
셀룰로즈	5.0
화인겔	2.5
탈지대두분	9.0
자당	1.5
아스코르브산	0.5
무기염복합물	0.3
스테롤	0.1
비타민복합물	첨가
항생제 및 방부제	첨가
물	160㎖

(2) 씨나비(모충, 종충)의 준비

① 야외 채집에 의한 사육용 모충의 확보

- 야외 채집 시의 고려사항

  - 호랑나비는 활동 범위가 넓고 나는 속도가 빨라 야외에서 채집하기가 쉽지 않다.

  - 꽃에 날아오는 호랑나비는 대부분 수컷인 경우가 많아 채집하더라도 사육용 모충으로 활용하기 어렵다.

  - 중부지방에서는 최근 들어 호랑나비의 개체 수가 급감하여 야외에서 호랑나비를 발견하기가 흔치 않은 일이 되었다.

  - 남부지방이나 제주도에서는 서식 환경이 좋아 아직 많은 수의 호랑나비를 발견할 수 있다.

  - 야외에서 암컷을 채집하기 어렵기 때문에 적은 수의 암컷으로 사육 모충을 삼아 대량 증식하기 위해서는 초기 사육에 많은 공을 들여야 한다.

- 효율적인 야외 채집 방법

  - 호랑나비의 암컷을 채집하기 위해서는 먹이식물이 많이 자라고 있는 지역을 파악하고 먹이식물 주변에서 산란을 위해 날아오는 암컷을 기다리는 것이 확률이 높다.

  - 남부지방이나 제주도의 경우에는 귤나무나 탱자나무가 많기 때문에 채집지를 확보하기가 유리하지만, 중부지방에서는 산초나무나 황벽나무가 자라고 있는 곳을 찾아야 한다.

- 먹이식물의 잎을 잘 살피면 알이나 애벌레를 채집할 수도 있다. 하지만 야외에서 채집된 알이나 애벌레, 번데기는 기생벌의 피해를 받은 개체들이 많기 때문에 나비를 채집, 채란해서 사육을 시작하는 것이 가장 바람직하다.

② 우량 개체의 선별에 의한 사육용 모충의 확보 방법

- 계대 사육 중에 생산된 번데기 중에서 크고 우량한 개체를 선별하여 사육용 모충으로 활용한다.
- 월동형으로 생산된 번데기는 저장성이 우수하여 냉장고에서 1년이 경과되어도 우화율에 큰 변화가 없기 때문에 F1이나 F2에서 생산된 월동형 번데기를 냉장 보관하면서 주기적으로 우화시켜 사육용 모충으로 활용하면 계대 사육으로 인한 유전적 퇴화나 질병으로부터 안전하게 대량 사육을 할 수 있다는 장점이 있다.
- 사육 개체 중에서 우량한 개체를 선별하는 것은 쉽지 않다. 다만, 질병이 있거나 우화율이 낮은 개체군에서는 사용하지 않는 것이 좋다.

(3) 알 받기(채란)

① 사육용 모충의 상태에 따른 채란 방법의 차이

- 호랑나비는 알 받기(채란) 방법은 사육 모충(씨나비)의 확보 수량에 따라 달라진다.
- 암컷의 개체 수가 적고, 이미 짝짓기를 마친 상태라면 먹이식물에 망을 씌우고 암컷을 넣어 채란한다.
- 암컷의 개체 수가 많고 짝짓기가 필요한 경우라면 넓은 산란장을 이용해 채란을 한다.

② 먹이식물에 망을 씌워 채란하는 방법

- 야외에서 채집한 암컷의 경우에는 이미 짝짓기를 마친 경우가 많고, 채집 개체 수가 1~2마리 정도로 적기 때문에 먹이식물 화분에 직접 망을 씌우고 암컷 한 마리씩을 투입해 알을 받는다.
- 호랑나비는 배추흰나비와 같은 소형 나비류와 달리 비교적 넓은 공간에서 활동하는 특성상 산란실의 규모를 크게 준비하여야 하지만 개체 수가 적을 때에는 넓은 공간에 풀어놓고 알을 받을 경우 알을 낳지 않고 죽는 경우가 있기 때문에 먹이식물에 직접 망을 씌워 알을 받는 것이 더 효율적일 수 있다. 힘들게 채집한 나비가 산란도 못하고 죽게 된다

면 사육 자체가 불가능해 진다.

- 먹이식물 화분에 망을 씌워 채란할 경우 나비의 수명을 단축시키고, 나비의 산란도 제한 되는 단점은 있으나 소량의 알이라도 확실하게 받을 수 있는 방법이기도 하다.

- 단, 알이나 애벌레 상태로 채집한 개체의 경우 우화시킨 후 짝짓기를 위해 넓은 공간에 풀어놓고 짝짓기를 유도하거나 인공적인 방법으로 짝짓기를 시키는 방법을 이용해서 짝 짓기를 시킨 후에 채란을 해야 한다.

그림 3-1-101. 먹이식물에 망을 씌워 알 받는 방법

③ 산란실을 이용해 채란하는 방법

- 사육용 모충의 수가 10마리 이상으로 많거나, 계대 사육 시와 같이 짝짓기를 시켜야 할 필요가 있을 때는 별도의 산란장을 활용하여 짝짓기와 채란을 함께 한다.

- 호랑나비와 같은 대형 나비의 대량 사육을 위한 산란장은 배추흰나비와 같은 소형 나비 에 비해 훨씬 큰 규모가 요구된다. 왜냐하면, 대형 나비의 경우 좁은 공간에서도 산란은 하지만 스트레스로 인해 나비의 수명이 짧아질 수 있으며, 특히 좁은 공간에서는 짝짓기 가 잘 이루어지지 않는다.

④ 손 교배법의 이용

- 인공적인 방법으로 짝짓기를 시키는 방법을 손 교배법(hand pairing)이라 하는데 1900년 대 초에 영국의 한 학자가 산호랑나비를 대상으로 처음 시도하여 성공하였다.
- 보통 대형 종에만 적용이 가능한 방법으로 생식기의 구조를 미리 정확하게 알아두어야 성공 확률을 높일 수 있다.
- 손 교배법을 시행하는 방법은 건강한 암수를 양손에 잡고 생식기를 접촉시켜 강제로 결합이 되도록 유도하는 것이다.
- 대개 수컷이 우화한 지 3~4일지난 경우에 성공 확률이 높다고 한다.
- 무리하게 시도할 경우 날개가 상하거나 다리가 떨어져 교미가 되더라도 산란도 못하고 죽는 경우가 있으므로 부득이한 경우가 아니면 자연 교배를 시키는 것이 바람직하다.
- 근친 교배로 인한 문제점들도 야기될 수 있기 때문에 하게 되더라도 사육한 암컷과 야외에서 채집한 수컷 간에 교배를 시도하여 근친 교배로 인한 문제를 최소화할 필요가 있다.

⑤ 산란장

- 호랑나비의 산란장은 비교적 규모가 크기 때문에 야외에 설치하는 것이 일반적이다.
- 호랑나비의 산란장은 비닐하우스용 철골구조물에 망을 씌워 망실 형태로 설치한다.
- 산란장의 크기는 36㎡(6,000×6,000×3,500㎜) 정도가 적당하나, 형편에 따라 조금 적게 설치해도 된다. 실외에 설치할 여건이 되지 않을 때는 배추흰나와 같은 소형 나비의 산란장을 이용할 수도 있다. 다만, 호랑나비는 좁은 공간에서 짝짓기를 잘하지 않는 특성이 있으므로 주의해서 관리하고, 필요에 따라서는 손 교배법을 이용해 짝짓기를 시켜야 할 필요도 있다.

⑥ 산란실의 조성 및 관리

- 산란장에는 적게는 암수 각각 10마리 내외에서 최대 200마리 이상의 씨나비를 투입하여 알 받기를 할 수 있다.
- 호랑나비 암컷은 10일 이상 생존하며, 살아 있는 동안 100개 내외의 알을 산란하기 때문에 최대 20,000마리 정도의 나비를 길러낼 수 있다.
- 야외 산란장의 가장 큰 단점은 지속적으로 계대 사육을 할 경우 기생벌의 발생 우려가 있으므로 주의해야 하고, 사육에 1~2개월 정도의 주기를 두고, 주변부의 청소 및 소독을 통해 잡충의 발생과 산란장 내 유입을 막아야 한다.

그림 3-1-102. 호랑나비의 산란장

- 산란장 내에는 나비가 쉴 수 있는 관목류의 나무를 식재하고, 흡밀원이 될 수 있는 나무나, 초화류를 식재하여 가능한 자연과 비슷한 환경을 만들어주는 것이 중요하다.
- 햇볕이 잘 드는 곳이라면 별도의 조명은 하지 않아도 된다. 만약 실내에 산란장을 설치할 경우에는 형광등이나 메탈등을 활용하여 3,000Lux 이상의 밝기로 조명을 해주어야 한다.
- 실내에 산란장을 설치할 경우 채란하기 위해서는 광 조건이 중요한 요인이며, 광원이 일반형광등인 경우 바로 아래 3,400Lux에서 교미율이 가장 높았고 산란 수도 700~3,400Lux에서는 많았으나 바닥의 어두운 부분(280Lux)에서는 교미율도 낮았고 산란 수도 매우 적었다고 한다

⑦ 채란 작업 및 관리
- 산란장에 사육용 모충을 넣고 5일 정도의 기간 동안은 충분한 흡밀을 공급하여 짝짓기가 이루어지도록 한다. 만약 짝짓기가 이루어지지 않으면 무정란을 낳는 경우가 있어 채란을 하더라도 부화하지 않은 알이 많아 사육에 어려움을 겪게 된다.
- 육안으로 짝짓기하는 개체가 확인되고, 충분히 짝짓기가 이루어졌다고 판단되면 화분 상태로 준비된 황벽나무 화분을 넣어 산란을 유도한다.

- 호랑나비는 주로 먹이식물의 잎의 윗면이나 아랫면에 한 개씩 산란하나, 대량으로 채란할 때는 줄기나 화분에도 산란하는 경우가 있다.
- 화분에 산란한 알은 부화 시기에 확인하여 먹이식물 잎 위에 올려주지 않으면 화분 주변을 배회하다 죽게 되므로 주의해야 한다.

황벽나무 잎   산초나무 잎

그림 3-1-103. 기주식물 잎에 산란된 호랑나비 알

- 먹이식물의 상태나 크기에 따라 알을 받는 수량을 조절하되, 한 화분에 너무 많은 알을 받지 않도록 주의한다.
- 호랑나비와 같은 대형 나비종은 애벌레의 성장에 따라 먹이의 섭식량이 대폭 증가하기 때문에 먹이식물의 준비 여하에 따라 사육 규모를 결정하고, 채란량도 조절해야 한다.
- 대략 3년생 황벽나무 화분 100개와 야외 수고 2m 내외의 황벽나무 10그루를 가지고 있다면 동시에 1,000마리 정도의 호랑나비를 사육할 수 있는 충분한 양이 된다.

⑧ 채란 작업 중 나비 모충의 관리
- 나비의 수명을 길게 하고 많은 양을 알을 채란 받기 위해서는 채란 받는 기간 동안 나비의 먹이가 되는 흡밀원을 충분히 공급해 주는 것이 중요하다.
- 생화를 이용한 흡밀이 가장 바람직하지만 부족할 경우 10% 농도의 꿀물을 스펀지나 솜에 적셔 산란장 내부 여러 곳에 놓아주는 것도 좋다.

- 인위적으로 꿀물을 먹이는 방법은 양쪽 날개를 겹쳐 잡고 꿀물을 적신 탈지면에 나비의 빨대 모양의 입을 직접 갖다 대거나 꿀물을 스포이드로 입을 동그랗게 말고 있을 때 그 가운데 한 방울씩 떨어뜨려 주면 스스로 빨아 먹는다.

난타나   카랑코에

그림 3-1-104. 그림 3-3-65. 대표적인 온실용 흡밀식물(좌 : 난타나, 우 : 카랑코에)

그림 3-1-105. 인공 흡밀대와 꽃에서 꿀을 빠는 호랑나비

(4) 애벌레 사육

① 화분 사육

- 화분당 50개 내외의 알이 채란된 화분은 산란장에서 꺼내어 애벌레 사육장으로 이동하여 3~4령 애벌레까지 화분 상태로 사육한다.
- 화분 상태의 애벌레 사육장은 1,000마리를 사육하는 기준으로 볼 때 100㎡(30평) 정도가 소요되며, 먹이식물 화분(직경 25~30㎝) 100개를 넣을 수 있는 공간이면 된다.

- 대량으로 사육하는 경우에는 비닐하우스 형태의 사육장을 마련하여 초기의 애벌레를 사육하는 것이 좋다. 사육 규모에 따라 다르지만 198㎡(60평) 규모의 비닐하우스를 기준으로 채란 받은 화분 약 720~1,080개를 관리할 수 있는 면적이다.

- 식물의 상태에 따라 다르지만 2~5년생 먹이식물 화분 1개로 호랑나비 애벌레 약 5~10마리를 키울 수 있으므로 동시에 약 3,600~10,800마리의 호랑나비 애벌레를 키울 수 있는 먹이식물의 재배가 가능하다.

- 사육장 내에 화분을 올려놓을 수 있는 50㎝ 높이의 테이블을 설치하면 애벌레의 사육 상태를 관찰하고 관리하기가 용이하다.

- 4령 이후에는 애벌레의 먹이 섭식량이 증가하여 채란된 먹이식물 화분만으로는 먹이가 모자라게 되고, 먹이가 모자라면 애벌레가 먹이를 찾아 분산하기 때문에 먹이식물과 애벌레의 상태에 따라 사육 용기로 옮길 시점을 판단한다.

- 일반형 번데기를 생산하고자 할 때는 채란된 먹이식물 화분에 새로운 먹이식물 화분을 붙여 가능한 화분 상태에서 사육을 지속하는 것이 좋다.

② 화분 사육 시 애벌레의 사육관리

- 산란된 알은 약 5일이 경과하는데 부화된 애벌레는 제일 먼저 자신의 알 껍질을 먹고 나서 잠시 후에 먹이식물을 먹는다.

- 온도에 따라 애벌레 기간에 다소 차이가 나는데 25℃에서는 약 2일이면 탈피를 하고 2령 애벌레가 된다.

그림 3-1-106. 부화 직후 자신의 알껍질을 먹고 있는 1령 애벌레

- 50개 정도로 채란한 경우 3령이 되면 먹이 섭식량이 증가하여 채란 받은 화분만으로는 먹이가 부족해 질 수 있다. 그때는 애벌레를 수거하여 옮기지 말고, 화분 붙이기(새로운 화분을 기대어 잎들이 서로 교차될 수 있도록 해주는 것)를 해주면 애벌레가 자연스럽게 이동하여 스트레스를 받지 않는다.
- 월동형 애벌레를 생산하고자 한다면 3령 애벌레 때 수거하여 18℃의 항온실에서 사육 상자를 이용하여 사육한다.
- 일반형 사육 시에는 화분 붙이기를 1회 더 실시하여 5령 애벌레가 되면 수거하여 사육해도 된다.

그림 3-1-107. 화분을 이용한 애벌레 사육 및 화분 붙이기

③ 사육 용기를 이용한 사육
- 3~4령기가 되면 애벌레의 활동량이 많아지고, 먹는 양과 배설량이 급격히 늘어나기 시작한다. 최초에 알을 받은 화분의 먹이식물은 거의 잎맥만 남고 엽육은 모두 먹어치운 상태가 된다. 이때 애벌레를 수거하여 사육통으로 옮긴다.
- 령별 적정 사육 밀도 : 직경 15 ㎝, 높이 4㎝의 사육 접시(petri-dish)의 경우
  - 1~2령 정도의 어린 애벌레 : 약 40~50마리
  - 3~4령 애벌레의 경우 : 5~10마리
  - 5령 애벌레의 경우 : 2~3마리

④ 대형 플라스틱 용기를 이용한 대량 사육

- 대량 사육 시에는 사육 접시(petri-dish)보다는 플라스틱 상자를 사용하면 더 편리하고, 효율을 높일 수 있다.
- 사육 용기 : 내용적 19L의 플라스틱 상자(360×250×220㎜) 이용
- 플라스틱 용기 사육밀도 : 5령 기준 50마리 정도의 애벌레를 사육
- 플라스틱 용기를 이용한 사육 방법
  - 사육 용기의 바닥에는 신문지를 3~4겹 정도 깔아 둔다.
  - 사육 용기의 중간에는 가로대를 두어 먹이식물과 애벌레가 바닥에 닿지 않도록 한다.
  - 가로대 위에 먹이식물을 올려놓고 그 위에 다시 애벌레를 올려준다.
  - 뚜껑은 상자 자체의 뚜껑을 이용하여 덮어주면 되지만, 먹이식물의 상태나 양에 따라 신문 1~3장을 덮고, 그 위에 뚜껑을 얹듯이 덮어주면 된다. 예를 들어 용기 내가 과습하면 신문을 1장만 덮고, 먹이식물이 쉬 건조될 경우에는 그 정도에 따라 2~3장의 신문을 덮으면 된다.
- 플라스틱 용기를 이용한 사육 시 관리 방법과 주의할 점
  - 바닥에 반드시 신문지를 3~4겹 이상 깔아두어 용기 내의 과습을 막고, 배설물 청소를 간편하게 할 수 있도록 한다.
  - 바닥에 먹이식물과 애벌레를 넣을 경우 배설물과 먹이식물이 뒤엉켜 오염이 발생하고, 그로 인한 과습이나 질병으로 애벌레가 폐사할 수 있기 때문에 주의하고, 통의 중간 부분에 여러 개의 플라스틱 또는 대나무 막대기를 가로로 두어 먹이식물과 애벌레가 통의 중간쯤에 위치하도록 한다.
  - 먹이식물은 대개 매일 1회 교환 및 보충해 주는 것을 원칙으로 하고, 하루 동안 먹을 만큼의 먹이만을 공급하도록 조절한다.
  - 용기 내의 습도가 적절히 유지될 경우 바닥의 신문지 중에서 맨 위 장만 약간 젖는 상태가 유지되며, 바닥의 신문지는 매일 교환하도록 한다.
  - 호랑나비는 사육 용기의 내부 벽이나 천정, 가로로 받쳐준 막대기 등에 붙어 번데기가 되기 때문에 먹이식물을 교환하면서 7~10일 정도를 유지하면 대부분의 애벌레가 용화하여 번데기가 된다.

그림 3-1-108. 사육 용기를 이용한 사육

⑤ 사육실의 관리
- 사육실 내부의 온도를 25~28℃로 유지하고, 광은 14시간 이상 켜주면 모든 애벌레는 일반형 번데기가 된다.
- 사육실 내부의 환기를 위해 벽체 상부에 외부 공기가 유입되는 소형 팬을 설치하되 잡충의 유입을 막을 수 있는 프리필터를 달아준다.
- 사육실 내부에 별도의 습도관리는 필요하지 않다.
- 월동형 번데기를 생산하기 위해서는 반드시 3령 이하의 애벌레를 수거하여 사육통에 옮겨 사육을 해야 하며, 온도를 18℃, 조명은 10시간 미만으로 유지해야 한다.

(5) 번데기관리
① 일반형 번데기의 관리
- 일반형 번데기의 경우 번데기가 된 후 약 1일이 경과되면 몸이 경화되어 떼어낼 수 있게 된다.
- 수거한 번데기는 목공용 본드를 이용해 우드락이나 골판지에 가지런히 붙여 우화시키면 된다.
- 일반형 번데기는 5~7일이면 대부분이 우화를 한다.
- 일반형 번데기는 저장하기가 거의 불가능하여 7일간 냉장 보관 시 우화율이 50%까지 낮아진다. 장기간 보관하고 필요한 시기에 나비를 이용하기 위해서는 월동형 번데기를 생산하여 관리하는 것이 유리하다.

② 월동형 번데기의 관리

- 월동형 번데기의 경우에는 우화를 위해서는 반드시 약 2개월 이상의 냉장 보관이 요구된다.

- 냉장 기간이 경과한 번데기는 필요한 시기에 꺼내어 붙여 두면 일반형과 마찬가지로 5~7일후 우화하게 된다.

- 월동형 번데기의 저장은 일반 냉장고를 이용하면 되는데, 저장 온도는 2℃ 내외로 하고, 보관 시에는 소형 플라스틱 통을 이용하여 생산된 날짜별로 소량씩 나누어 관리하는 것이 좋다.

그림 3-1-109. 우화를 위해 붙여 놓은 호랑나비 번데기와 우화대

(6) 성충 사육

① 성충의 관리는 앞서 언급한 씨나비(사육 모충)의 관리와 동일한 방법으로 하면 된다.

② 호랑나비 성충의 수명은 7~15일 정도로 비교적 짧은 편이다. 하지만 온도를 비롯한 환경관리가 미흡하거나 먹이 공급이 제대로 되지 않으면 수명이 더 짧아질 수 있으므로 주의를 기울여야 한다.

③ 성충관리에 있어 가장 중요한 요인이 온도 조건이라 할 수 있다. 성충의 활동 적온은 25~30℃이며, 온도가 25℃ 이하로 내려갈 경우 활동을 멈추고 가만히 앉아 있게 되고, 30℃이상 올라가면 폐사율이 높아진다.

④ 성충의 먹이 공급은 자연 상태에서의 주요 흡밀원인 엉겅퀴나 꿀풀 등의 꽃을 제공하는 것이 가장 좋으나 좁은 공간에서 대량의 나비를 관리해야 하는 경우에는 공간적 제약이 있기 때문에 꿀물을 10% 농도로 희석하여 공급하는 것도 무방하다.

(7) 저장관리

① 호랑나비는 번데기 상태로 월동을 하는 나비이므로 장기간 저장 시에는 월동형 번데기를 생산하여 저장해야 한다.

② 알이나 애벌레, 성충 상태로도 짧은 기간 동안은 저장이 가능하나, 5일이 경과하면 부화율, 우화율이 급격히 저하하고, 성충의 폐사가 일어나므로 저장하지 않는 것이 좋다. 부득이한 경우 5일 이내에 바로 꺼내어 사용하도록 한다.

③ 월동형 번데기의 저장은 앞서 번데기관리 부분에서 언급한 대로 하면 되는데, 일반 냉장고에 보관하더라도 별도의 번데기 보관용 전용 냉장고를 구입하여 이용하는 것이 바람직하다.

④ 번데기의 저장 기간은 최대 1년까지는 우화율이 유지되나 번데기의 상태에 따라 많은 차이를 보이며, 3회 이상 계대 사육을 실시한 번데기의 경우에는 6개월 후 우화율이 70% 이상 감소되는 경우도 있다.

그림 3-1-110. 저온 저장 중인 호랑나비 번데기

다. 사육 단계별 사육 체계

(1) 사육 단계별 사육 체계

① 호랑나비 애벌레의 사육

• 호랑나비는 먹이식물의 제약으로 인해 연중 지속적인 사육은 어렵다.

- 다만, 번데기로 월동을 하는 특성을 가지고 있으므로 이를 이용하여 저온단일의 조건에서 사육하여 냉장 보관할 경우 최장 12개월까지 필요 시에 꺼내어 이용할 수 있다.
- 월동형 번데기는 야외 채집이 용이하고, 먹이식물의 수급이 안정적인 봄, 가을에 하는 것이 유리하다.
- 일반형 개체의 경우 사용일로부터 역순으로 계산하여 일정 기간 동안 알 받기를 하면 대량으로 지속적인 사육이 가능하다.

② 생산관리
- 호랑나비의 사육용 모충 채집은 4월부터 10월까지 가능하며, 4대 이상 누대 사육한 개체는 가능한 사육용 모충으로 사용하지 않는 것이 좋다.
- 야외에서 채집하여 채란 및 사육한 개체(F1)는 수가 적어 대량 증식을 위한 2차 사육을 실시하고, 사육 2대에서 생산된 개체(F2)를 이용하여 대량 사육 과정을 진행한다.
- 사육 1, 2대(F1, F2)의 애벌레를 이용하여 저온단일 조건에서 사육하여 월동형 번데기를 생산하여 저장할 경우 필요 시에 바로 이용하거나 우화 후 사육용 모충으로도 이용할 수 있기 때문에 사육에 유리하며, 우화율도 높게 나타난다.

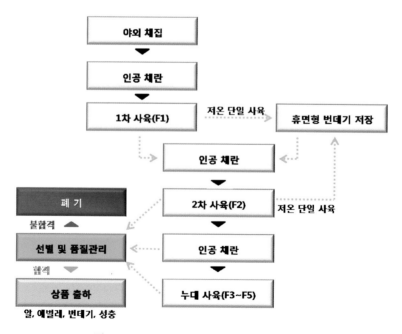

그림 3-1-111. 호랑나비의 인공 사육 체계도

(2) 사육 단계별 관리 방법 및 사육 조건

호랑나비의 사육 단계별 관리 방법 및 사육 조건은 다음의 표에 나타낸 바와 같다.

표 3-1-7. 호랑나비의 사육단계별 관리방법 및 사육조건

충태 및 사진		기간	특징 및 관리 방법
알		5~7일	• 암컷이 먹이식물 뒷면에 한 개씩 산란 • 암컷 마리당 100개 내외 정도 산란 • 산란실 규격 2×2×2.5m, 망실 • 산란실 온도 25~28℃ • 산란실 조명 2,000 Lux 이상
애벌레		20~25일	• 먹이식물은 유채나 케일이 적합 • 먹이식물당 30~50개 채란 • 산란 후 5~7일 후 부화 • 부화한 애벌레는 자신의 알껍질을 먹음 • 초기 애벌레(1~3령)는 화분 상태로 사육 • 3~4령 이후 애벌레는 수거하여 용기 사육 • 용기당 적정 마릿수 　· 내용량 19L용기에 최대 50마리 • 용기 사육 시 관리 　· 먹이는 매일 교환, 급여량은 1일분 　· 매일 용기 청소 및 소독 • 일반형 사육 조건 : 25℃, 14시간 조명 • 휴면형 사육 조건 : 18℃, 10시간 조명
번데기		7~9일	• 몸속의 배설물을 모두 배설 후 • 실을 내어 몸을 감고 부착 • 번데기 수거 시 실을 자르고 수거 주의 • 월동형 저장 : 4℃에서 6개월 까지 • 4일 경과하면 몸이 투명해 짐
성충		7~15일	• 수컷이 먼저 우화 • 암컷 우화 후 바로 짝짓기 • 성충먹이 : 흡밀용 초화류, 10% 꿀물 공급 • 짝짓기 및 산란 시 충분한 흡밀 공급필요

라. 사육 시설 기준

(1) 사육 도구 기준

① 먹이식물 재배용 도구

- 먹이식물 재배를 위해서는 먼저 묘목과 화분이 필요하고, 재배용 흙인 상토 및 마사토와 거름이 되는 퇴비 등이 필요하다. 식물 재배를 위한 기본적인 도구인 모종삽, 삽, 호미, 전지가위 등도 필요한 경우가 있으므로 미리 준비해 둔다.

- 호랑나비의 먹이식물인 황벽나무는 실생 번식이 용이하므로 가을에 종자를 채취하여 노천 매장 후 이듬해 파종하면 된다. 하지만 재배 기간이 길고 관리에 어려움이 있으므로 종묘상에서 2~3년생 묘목을 구입해 사용하는 것이 편리하다.

- 황벽나무 종자는 대개 10월 말~11월 중순경에 종자를 채취하여 이듬해 파종하면 되는데, 종자 파종 후 2년 정도가 경과되어야 사육에 이용할 수 있기 때문에, 봄에 묘목상을 통하여 구입해 이용하는 것이 기간을 단축할 수 있다.

- 2년생 묘목의 경우 대개 5,000원 전후의 가격에 거래가 이루어지며, 수고 50~100㎝ 내외의 크기인 경우가 많다. 구입한 묘목은 직경 25㎝ 크기의 플라스틱 화분에 마사토와 퇴비를 4:1의 비율로 섞은 화분 흙을 준비하여 심는다.

- 2년생 이상의 묘목은 구입 직후 바로 사육에 이용할 수 있기 때문에 봄에 식재한 묘목은 여름 이후의 사육에 이용 가능하다.

- 호랑나비 사육 시 화분 사육만으로는 먹이가 모자라기 때문에 노지에 별도의 재배 포장을 갖추고 노지 재배를 병행하도록 한다.

| 황벽나무 묘목 | 화분 재배 | 노지 재배 |

그림 3-1-112. 황벽나무 묘목 및 재배

② 애벌레 사육에 필요한 도구

- 애벌레 사육에 필요한 도구는 사육 용기, 용기 내부 지지대, 신문지, 뚜껑용 플라스틱 망 등의 사육 용기 세트와 핀셋, 나무젓가락, 소독수 및 소독 용기 등이 있다.

- 사육 용기는 플라스틱 제품으로 바가지 형태의 용기를 사용하기도 하나, 대량 사육 시에는 면적대비 사육량이 적어 직사각 형태의 상자를 이용한다. 사육 용기는 내용적 19L(360×250×220㎜)의 플라스틱 상자를 이용한다.

- 사육 용기 내부의 바닥과 뚜껑 부분에는 신문지를 여러 겹 겹쳐 깔아주어 내부의 습기를 조절하고, 배설물 등의 청소가 용이하게 한다.

- 플라스틱망은 원예(화분)용 루바망을 이용한다.

- 애벌레의 이동에 이용되는 핀셋이나 나무젓가락은 항상 소독수(70% 에탄올)에 담가 소독 후 이용해야 병의 전염을 최소화할 수 있다.

| 사육 접시(페트리 접시) | 바가지형 사육 용기 | 사육 상자 |

그림 3-1-113. 애벌레 사육 용기

그림 3-1-114. 번데기 저장고 및 다연실 배양기

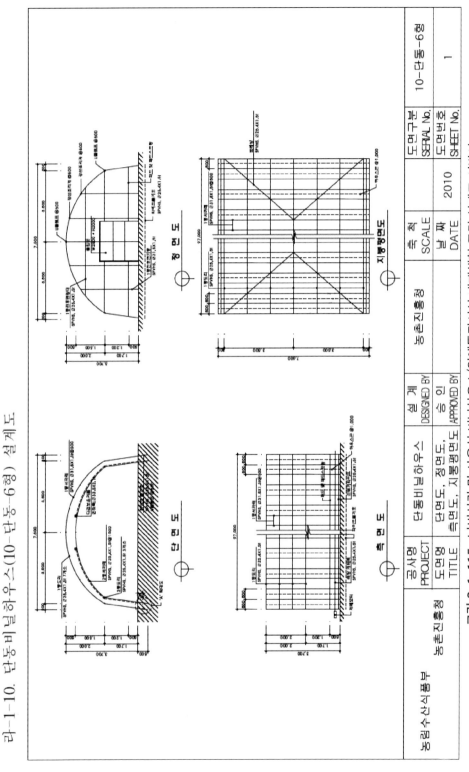

그림 3-1-115. 나비산란 및 사육실 비닐하우스(원예특작시설 내재해형 규격 설계도·시방서
- 농림수산식품부 고시 제2010-128호(2010. 12. 7) 10-단동-6호

다-1-5. 단동비닐하우스(10-단동-1형) 설계도

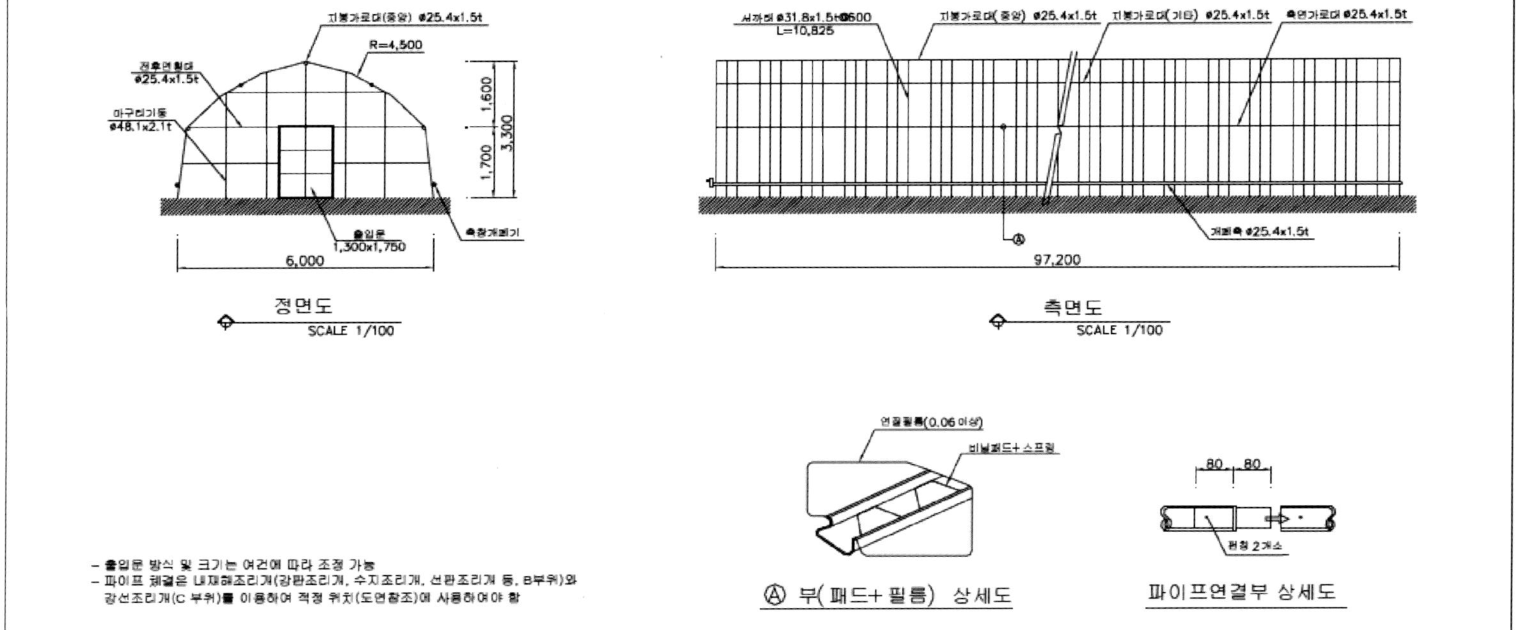

측면도 SCALE 1/100

측가로대 Ø25.4×1.5t

연결가로대 Ø25.4×1.5t

연결가로대 Ø25.4×1.5t

띠장가로대(가운데) Ø25.4×1.5t

띠장가로대(중앙) Ø25.4×1.5t

띠장가로대(가운데) Ø25.4×1.5t

서까래 Ø31.8×1.5t Ø600 L=10,825

Ø600

97,200

파이프연결부 상세도

80 80

배수 2개소

부(파이프+필름) 상세도

비닐고정스프링

연결필름(0.06 이상)

정면도 SCALE 1/100

3,300
1,600 1,700

R=4,500

6,000

띠장가로대(중앙) Ø25.4×1.5t

연결가로대 Ø25.4×1.5t

아구리끈기

마구리기둥 Ø48.1×2.1t

출입문기기

1,500×H1,750

- 출입문 방식 및 크기는 여건에 따라 조정 가능
- 파이프 체결용 내재용조리개(강력조리개), 수지조리개, 선among조리개 등, B부속)와 광선조리개C 부속)를 이용하여 적정 위치(도면참조)에 사용하여야 함

그림 3-1-116. 나비사란 및 사육실 비닐하우스(원예특작시설 내재해형 규격 설계도·시방서 - 농림수산식품부 고시 제2010-128호(2010. 12. 7) 10-단동-1호

농림수산식품부	공사명 PROJECT	단동비닐하우스	설 계 DESIGNED BY	농촌진흥청	축 척 SCALE	도면구분 SERIAL No.	10-단동-1형
농촌진흥청	도면명 TITLE	정면도, 측면도	승 인 APPROVED BY		날 짜 DATE 2010	도면번호 SHEET No.	1

마. 사육 시설 기준

① 먹이식물 재배 시설

- 먹이식물 재배 시설은 비닐하우스 형태로 시설 기준은 〈원예특작시설 내재해형 규격 설계도·시방서 - 농림수산식품부 고시 제2010-128호(2010. 12. 7)〉을 따른다.

- 먹이식물의 안정적인 관리를 위해 2중 비닐하우스 형태가 유리하며 〈단동 2중 비닐하우스(10-단동-6형)〉이 가장 적합할 것으로 판단되나, 황벽나무와 같이 목본류의 먹이식물은 겨울 재배가 어렵고, 야외에서 낙엽이 지고 겨울눈이 생겨야 이듬해 식물이 안정적으로 성장하기 때문에 2중 비닐하우스가 아니어도 무방하다.

- 일반적인 단동하우스로는 〈단동비닐하우스(10-단동-1형)〉이 가장 적합하다. 비닐하우스의 규격은 사육 규모에 맞추어 198㎡(60평) 내외가 적당하며, 198㎡(60평) 규모의 비닐하우스를 이용할 경우 내경 25㎝의 먹이식물 화분 약 720~1,080개를 관리할 수 있는 면적이다. 2~5년생 먹이식물 화분 1개로 식물의 상태에 따라 호랑나비 애벌레 약 5~10마리를 키울 수 있으므로 동시에 약 3,600~10,800마리의 호랑나비 애벌레를 키울 수 있는 먹이식물의 재배가 가능하다.

그림 3-1-117. 호랑나비 먹이식물 재배 시설의 외부 및 내부

② 산란실

- 호랑나비와 같은 대형 나비류는 짝짓기와 산란을 위해 배추흰나비와 같은 소형 나비류에 비해 넓고 높은 산란실의 설치가 요구된다.

- 호랑나비의 산란실을 먹이식물 재배용 비닐하우스 내에 6m 폭으로 칸막이를 설치하여 이용할 수도 있으나 별도로 산란용 비닐하우스를 설치하는 것도 좋은 방법이다.

- 산란용 하우스는 6,000×6,000×3,500m의 소형 단동형 비닐하우스면 되며, 〈단동비닐하우스(10-단동-1형)〉의 기준에 맞추어 설치하되 지붕의 약 2~3m 부분과 측면은 망으로 처리하여 환기가 잘될 수 있도록 한다.
- 야외에 설치할 경우에는 별도의 조명이 불필요하나, 흐린 날의 채란을 위하여 250W 메탈등을 4~6개소 정도 설치하면 좋다.
- 산란실 내부에는 나비가 쉴 수 있는 관목류의 나무와 계절별로 꽃이 피는 나무를 함께 식재하면 흡밀식물로 이용할 수 있다. 나비의 개체 수가 많을 때에는 별도로 인공흡밀용 꿀물 공급 장치를 마련하여 넣어준다.

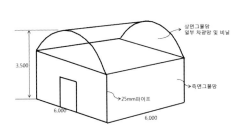

그림 3-1-118. 호랑나비 산란실 모식도 및 외부 전경

③ 화분을 이용한 애벌레 사육 시설

- 화분을 이용한 애벌레 사육 시설은 먹이식물 재배 시설과 겸용으로 이용할 수 있으나 시설 내부의 소독 작업 등에 불편함이 따르므로 동일한 크기와 형태의 비닐하우스를 추가로 설치하여 이용하는 것이 편리하다.
- 애벌레의 용기 사육은 불시 사육과 월동형 번데기의 생산, 일반형 번데기의 생산, 종령 애벌레의 사육 시에 시행하게 되는데, 이때에는 항온 사육실을 이용하여 균일하고 안정적인 나비 사육이 이루어지도록 한다.

그림 3-1-119. 화분 상태의 애벌레 사육 시설 및 사육용 작업대

④ 항온 사육실
- 항온 사육실은 사육 규모에 따라 시설의 규모가 달라질 수 있으나 일반적으로 19.8 ㎡ (6평) 규모의 항온 사육실을 기준으로 동시에 4,000~5,000마리 정도의 호랑나비 애벌레를 사육할 수 있다.
- 항온 사육실은 100㎜ 우레탄 패널 재질로 3,000×6,000×2,500㎜의 크기로 제작하며, 3마력 냉동기와 히터유닛을 설치하면 된다.
- 바닥도 우레탄 패널로 시공하되, C형강을 이용해 기초를 잡고 그 위에 건축하고, 다리를 세워 지면에서 10~20㎝ 정도를 이격하면 형편에 따라 위치를 이동할 수 있는 이동식 형태로 제작이 가능하다.
- 사육실 내부에는 사육 용기를 올려놓을 수 있는 선반과 작업대를 설치하여 모든 사육 작업이 작업대 위에서 이루어지도록 해야 바닥으로부터 오는 먼지나 세균의 침입을 최소화할 수 있다.

그림 3-1-120. 항온 사육실

바. 활용 및 주의사항

(1) 활용 방법 및 예시

① 호랑나비는 주로 나비 생태원 등에 방사하여 전시용으로 이용되는 경우가 많으며, 축제나 이벤트에 나비 날리기 행사용으로 이용되기도 한다.

② 최근에는 학습용 기르기 세트가 개발되어 시판되고 있기도 하다. 유통되는 형태는 알, 애벌레, 번데기, 성충 모두 이용되고 있으며, 대량으로 이용되는 나비 생태원에서는 주로 번데기 형태로 이용하고, 나비 날리기에서는 성충 상태로 이용된다.

③ 나비 생태원에서 전시하는 호랑나비의 수는 구리시 곤충생태관의 기준으로 매년 9,000마리 내외의 호랑나비류의 나비를 사육하여 방사하고 있으며, 울산대공원 나비관에서는 종자용 나비로 2013년 기준 호랑나비 5,500마리, 제비나비 6,500마리를 구입하여 이용하고 있는 것으로 나타났다. 예천군 곤충연구소의 경우에는 연간 호랑나비 2,000마리, 사향제비나비 1,000마리, 제비나비 1,000마리(2013년)를 구입하여 전시한다. 이처럼 상설 나비생태원은 남해시 나비생태공원, 대구 봉무공원 내 곤충생태원, 부평숲 인천나비공원, 국립과천과학관 내 곤충생태관, 아산 곤충생태원 등 다수의 나비 생태원이 있으며, 호랑나비류만 100,000마리 이상이 상시 이용되고 있는 것으로 추정된다.

④ 나비 생태원 외에도 함평나비축제와 무주 반딧불이축제, 나비와 함께하는 구리시 유채축제, 예천 곤충엑스포, 과천시 곤충생태전시관 등 지역 축제에서도 단기간내 수만 마리의 나비가 이용되고 있다. 또 최근에는 결혼식, 아파트 모델하우스 개관식, 환경의 날 기념식, 현충일 추념식 등 각종 행사에서도 나비를 이용한 이벤트가 활성화되어 다양한 의미로 나비가 이용되고 있다.

⑤ 초등학교 교과서에 배추흰나비의 일생에 대한 부분이 포함되면서 나비 기르기에 대한 수요가 많이 확대되고 있는 추세에 있다. 호랑나비류의 경우 먹이식물이 목본류라는 제한 때문에 아직 기르기 세트의 구성과 보급에 제한이 되고 있으나 다양한 형태로 개발이 추진되고 있다. 인공 먹이를 이용한 사육이 보편화될 경우 호랑나비류의 학습용 기르기 세트가 보다 확대 보급될 것으로 전망된다.

(2) 사육 시 주의사항

① 호랑나비의 사육 시에는 사육 단계별로 관리상의 주의가 요구된다. 채란 과정부터 애벌레나 번데기, 성충에 이르기까지 세심하게 관리를 해주어야 할 필요가 있다.

② 채란 과정의 주의사항

- 호랑나비의 채란 과정에서는 무엇보다 성충이 건강한 상태로 오래 지속될 수 있도록 하는 것이 중요하다.
- 호랑나비는 28℃ 정도의 온도에 조도가 3,000Lux 이상의 밝은 환경에서 잘 활동하고, 짝짓기나 산란 행동이 활발하다. 하지만 온도가 낮을 경우에는 먹이 활동이 둔하고, 잘 움직이지 않으며, 보다 따뜻하고 밝은 곳에 앉아 쉬는 경우가 많다. 또 온도가 높으면 지면 가까운 나뭇잎 뒤에 앉아 쉬고 있는 모습을 자주 보인다.
- 이처럼 온도가 활동에 미치는 영향이 가장 크기 때문에 적당한 온도를 유지해 주는 것이 중요하다. 너무 높거나 낮은 온도가 지속되면 성충의 수명이 짧아지고, 산란율이 급격히 낮아지는 경향을 보인다.
- 적당한 환경이 유지되면 다음으로는 충분한 먹이의 공급이 지속되어야 한다. 그 때문에 산란실 내에 자연 흡밀이 가능한 흡밀식물을 식재하고, 부가적으로 꿀물을 적신 솜을 여러 곳에 놓아 먹이가 부족해 지지 않도록 한다.
- 채란용 먹이식물의 화분은 넣어주기 전에 시든 가지가 없는지 확인하고 제거해 주어야

하며, 화분에 발생한 잡초도 미리 제거하여 넣어준다. 또 먹이식물 잎 주변을 잘 살펴 거미나 다른 벌레가 있는지 확인하여 제거하도록 하며, 진딧물이 발생한 화분은 사용하지 않거나 진딧물이 발생한 부분을 제거한 후 이용하도록 한다.

- 채란된 먹이식물 화분은 화분 상태로 초기 사육까지 진행해야 하므로 잎이 풍성하고, 새순이 많이 돋아 있는 화분을 선택하여 넣어주는 것이 중요하다. 특히 어린 애벌레 시기에는 먹이식물의 상태에 따라 사육의 성패가 좌우되는 경우가 있기 때문에 각별히 주의해야 한다.

③ 용기 사육 시의 주의사항

- 용기 사육 시에는 먹이식물이 시들거나 부족하지 않도록 매일 새로운 먹이를 공급해 주어야 하며, 적정한 공급량을 파악하여 너무 많은 먹이를 공급하지 않도록 한다.
- 용기의 바닥이나 뚜껑으로 덮은 신문지는 매일 갈아주고, 용기나 뚜껑이 오염되었을 때에는 즉각 새로운 용기로 교체한다.
- 사육 도구는 항상 청결히 세척하고 소독하여 병의 발생이나 전염을 예방할 수 있도록 하고, 사육장에 출입하는 관리자의 개인위생에도 철저를 기해 외부로부터 잡충이나 병균이 유입되지 않도록 한다.

④ 병해충관리

- 사육 중에는 기생충이나 병원균에 감염된 개체나 농약에 의해 피해를 입은 개체를 발생하는 경우가 있는데, 보이는 즉시 제거하여 다른 개체로의 전염이나 확산을 차단하는 것도 중요하다.
- 호랑나비의 사육 중에 발생되는 기생충은 알을 공격하는 알벌이 있고, 애벌레를 공격하는 기생벌이 대표적이다. 기생벌의 경우에는 애벌레의 몸에 알을 낳고, 번데기가 되면 몸 안에서 우화한 벌이 번데기의 몸을 뚫고 나오게 된다.
- 야외에서 채집한 애벌레의 경우에는 기생당한 개체 수가 많다.
- 호랑나비의 대량 사육 시에는 높은 사육밀도로 인하여 사육장 내부나 외부에 항상 기생벌의 발생 우려가 높고 대발생 시 상당한 피해를 입을 수도 있기 때문에 모든 출입문과 창문에는 방충망을 설치하여 기생충과 같은 잡충의 출입을 막을 수 있도록 하고, 흡충식 살충기나, UV 살충기 등을 먹이식물 재배용 비닐하우스나 사육장 주변 여러 곳에 설치하여 잡충의 발생 빈도를 낮출 수 있도록 해야 한다.

7. 남방노랑나비(*Eurema hecabe* Linnaeus)

그림 3-1-121. 남방노랑나비

가. 일반 생태

(1) 분류학적 특성

남방노랑나비는 나비목(Lepidoptera) 흰나비과(Pieridae)에 속하는 나비로 우리나라의 남부지역인 경상도·전라도·제주도·울릉도 등지에서 서식하며, 날씨가 따뜻해지면 차츰 북상하여 여름 이후에는 충청이북지역과 경기도 일대에서도 발견이 된다. 하지만 늦가을에는 다시 남쪽지방으로 내려가서 성충 상태로 겨울을 나는 것으로 알려져 있지만 정확한 이동 메커니즘은 밝혀지지 않았다. 남방 계열의 나비로 우리나라 외에도 중국 남부, 타이완 일본, 오스트레일리아, 아프리카 등 중위도 이하 적도권까지 폭넓게 분포한다.

남방노랑나비라는 이름에서도 알 수 있듯이 샛노란 날개가 매우 아름다운 나비로 우리나라에 서식하는 노란색의 날개를 가진 나비들 중에서 가장 선명한 노란색을 지니고 있다. 유사한 나비로는 극남노랑나비가 있으며, 남방노랑나비보다 더 남쪽지방에 서식하고, 중부권에서는 잘 발견되지 않는다. 극남노랑나비와 남방노랑나비는 외형상 매우 비슷하여 일반인들은 잘 구별하기 어렵지만 자세히 관찰해 보면 극남노랑나비의 앞날개 끝이 뾰족하고, 앞날개 외연의 검은색 무늬가 좁아지는 특징을 지니고 있어 쉽게 구별된다.

남방노랑나비는 앞날개 길이가 약 17~27㎜로 비교적 소형종의 나비이며, 배추흰나비보다 약간 작은 크기이다. 암수 모두 크기나 모양이 비슷하여 외형상 구분이 쉽지 않으나 수컷의 날개 색이 조금 더 짙은 노란색을 띠는 특징이 있다. 보다 정확한 구분은 배마디를 확인하는 것이 좋다.

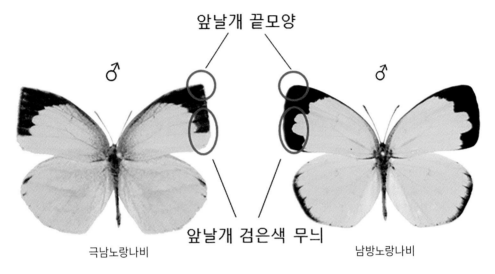

앞날개 끝모양

앞날개 검은색 무늬

극남노랑나비   남방노랑나비

그림 3-1-122. 극남노랑나비와 남방노랑나비

(2) 생태

남방노랑나비는 비교적 넓은 풀밭에서 서식하는 노랑나비나 극남노랑나비와 달리 산자락이나 숲 가장자리의 풀밭에 서식하며 숲과 들판의 경계를 오가며 서식하는 특징이 있다. 하지만 하천변이나 도로변의 개활지 또는 바다가 맞닿은 곳에서도 활동하는 모습이 자주 관찰된다. 비교적 서식지를 크게 벗어나지 않고 서식지 주변을 배회하는 특징이 있으며, 주변의 인기척에도 빠르게 반응하지 않는다.

남방노랑나비의 애벌레는 주로 콩과식물인 비수리, 싸리, 결명자, 자귀나무 등의 식물 잎을 먹고 자라며, 암컷은 먹이식물의 잎 윗면에 한 개씩 산란하는 특성이 있다. 남방노랑나비이 알은 길쭉한 포탄 모양이며, 크기는 직경 0.5㎜ 내외이고 길이는 2㎜ 내외이다. 처음 산란된 알은 유백색을 띠나 차츰 색이 진해져 부화 직전에는 옅은 노란색을 띤다. 산란된 알은 5~6일 후면 부화하여 1령 애벌레가 되고, 이후 4번의 탈피를 통해 5령 애벌레가 된다. 5령 애벌레는 길이가 최대

30mm에 이를 정도로 커지고, 많은 양의 먹이를 먹는다. 모든 영기의 애벌레는 짙은 초록색을 띠고 있어 먹이식물의 줄기와 비슷한 보호색으로 천적으로부터 보호를 받는다. 5령 애벌레는 다시 탈피하여 번데기가 되며, 약 7일간의 번데기 기간이 지나면 우화하여 성충이 된다.

남방노랑나비는 자연에서 1년에 3~4회 발생하며, 성충 상태로 겨울을 난다. 대개 따뜻한 남해안 지방이나 제주도 등지에서 겨울을 나는 것으로 알려져 있으며, 겨울에도 아주 따뜻한 날에는 활동하는 모습이 관찰되기도 한다. 겨울을 난 남방노랑나비는 이른 봄부터 활동을 시작하여 먹이식물을 찾아 새순에 알을 낳은 후 죽는다. 알에서 부화한 애벌레는 먹이식물을 떠나지 않고 주변의 어린 잎 위주로 갉아 먹으며 자라고, 먹이식물의 줄기에 붙어서 번데기가 된다. 번데기는 먹이식물의 줄기에 붙은 잎과 같은 모양을 하고 있어 좀처럼 발견하기가 쉽지 않다. 성충은 개망초, 꿀풀, 엉겅퀴 등의 식물에서 흡밀을 하고, 수컷들은 간혹 떼 지어 물이 고인 곳에 모여 들어 물을 빠는 모습이 관찰되기도 한다.

남방노랑나비 수컷은 매우 활발하게 먹이식물과 꽃이 핀 식물 주변을 날아다니는 반면 암컷은 주로 먹이식물 사이를 낮게 날면서 산란할 곳을 찾는 모습이 관찰되며, 알을 낳고 나서는 먹이식물 잎이나 주변에 앉아서 쉬고 있는 모습도 자주 관찰된다.

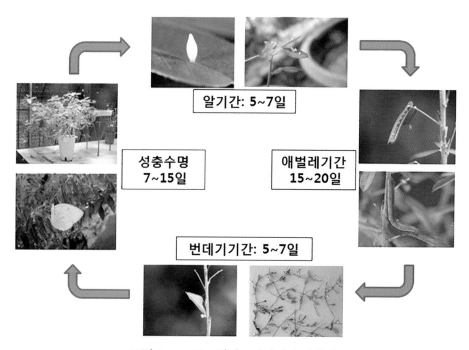

알기간: 5~7일

애벌레기간 15~20일

성충수명 7~15일

번데기기간: 5~7일

그림 3-1-123. 남방노랑나비의 생활사

(3) 현황

최근 생태체험학습이 활성화되면서 전국적으로 많은 곤충생태학습관이 운영되고 있으며, 상당수의 곤충생태학습관에서 나비를 전시하고, 체험학습용으로 활용하기도 한다. 하지만 다양한 종류의 나비에 대한 인공 사육 기술이 정립되어 있지 않아, 상시 사육 및 전시가 가능한 나비는 배추흰나비와 호랑나비를 비롯한 몇 몇 종에 불과한 실정이다. 또 배추흰나비와 같이 흰색이나 제비나비와 같은 검은색의 나비 위주의 전시는 단조로운 색으로 인해 자칫 나비 전시관의 매력이 반감될 수도 있는 단점이 된다. 한국에 기록되어 있는 나비는 총 268종으로 알려져 있다(김용식, 2002). 그중 노란색을 띠며 국내에 서식하는 종은 남방노랑나비, 극남노랑나비, 노랑나비, 각시멧노랑나비, 멧노랑나비 등 5종에 불과하다. 그중에서도 연간 발생 횟수가 많고, 비교적 사육이 용이한 남방노랑나비의 경우 나비 전시관 등에서 활용도가 매우 높은 나비라 할 수 있을 것이다.

실제로 구리시 곤충생태관 기준 연간 4과 15종 70,671마리가 나비가 전시되며, 이 중 흰색계열의 나비(배추흰나비, 큰줄흰나비)가 79.6%로 가장 높은 비율을 차지하며, 나머지 약 20%가 호랑나비, 제비나비, 암끝검은표범나비 등으로 구성되어 있다. 이 중 남방노랑나비는 3.2%를 차지하여 아직까지 쉽게 사육 및 전시가 이루어지지 못하고 있는 실정이다(구리시, 2010). 따라서 본 책에서는 남방노랑나비의 사육 방법을 체계화하고 사육 기술에 대한 기준을 정립하여 다수의 사육 농가와 곤충 관련 업체의 남방노랑나비 사육에 다소나마 도움이 되도록 가능한 자세히 남방노랑나비의 사육 방법을 다루고자 한다.

나. 사육 방법

(1) 먹이식물 재배

① 먹이식물의 조건

- 남방노랑나비의 먹이식물은 결명자를 제외하고는 대부분이 재배작물이 아닌 자연에 존재하는 식물들이다. 따라서 남방노랑나비를 기르기 위해서는 먹이식물의 종자를 확보하고, 사전에 먹이식물의 대량 재배를 통해 양질의 먹이를 다량 확보하는 것이 제일 중요하다.
- 남방노랑나비의 애벌레는 다른 나비류의 애벌레와 마찬가지로 농약에 매우 민감하여 약한 농약의 잔류에도 견디지 못하고 죽기 때문에 매우 조심해야 한다.
- 남방노랑나비의 먹이식물이 대개 야생의 콩과식물이기 때문에 비교적 병충해에 강하나 대량 재배 시에는 다양한 병이나 해충의 피해가 발생할 수 있고, 이는 나비의 사육에도 영향을 미칠 수 있기 때문에 항상 주의를 기울여야 한다.

② 먹이식물의 종류 및 선택
- 남방노랑나비 애벌레의 먹이식물은 콩과의 비수리(Lespedeza cuneata G. Don), 괭이싸리(Lespedeza pilosa), 결명자(Cassia tora Linne.), 자귀나무(Albizzia julibrissin), 차풀(Cassia mimosoides var. nomame) 등이며, 이 중 결명자는 차를 목적으로 재배가 이루어지나 나머지 식물은 모두 야생 식물이며, 자귀나무는 조경용으로도 많이 이용되는 소교목식물이고, 괭이싸리는 울타리형으로 자라는 관목류이다.

비수리   자귀나무

차풀   결명자   괭이싸리

그림 3-1-124. 남방노랑나비의 기주식물

- 대량 사육을 위한 남방노랑나비의 먹이식물을 확인하기 위하여 먹이식물을 대상으로 산란 선호도 조사를 실시하였으며, 결과 비수리가 사육에 이용하기 가장 적합한 것으로 나타났다.
- 자귀나무의 경우 목본식물이기 때문에 시설 내에서 지속적인 재배나 연중 사육을 위한 먹이식물로는 부적합하고 특히 어린잎을 제외하고는 잎이 억세져서 애벌레의 먹이식물에

제1장. 학습 애완곤충 **223**

서 부적합하다. 싸리나무의 경우에도 동일한 이유로 사육용 먹이식물에서 제외하였다.

- 비수리(Lespedeza cuneata G. Don)는 전국 각처의 산과 들에서 자라는 다년생초본이다. 생육 환경은 햇볕이 잘 드는 곳이면 어디든지 자란다. 초장은 약 1m이고, 잎 3출엽으로 어긋나고 잎 표면에는 털이 없으며 뒷면에 잔털이 있고 잎의 길이가 1~2㎝, 폭이 0.2~0.4㎝이다. 10월경에 열매가 성숙되므로 채종 후 이른 봄에 파종하여 이용한다.
- 결명자(Cassia tora Linne.)는 콩과의 한해살이풀로 초장은 1m 내외이고 비수리에 비해 잎이 커서 길이가 3~4㎝, 폭이 1~2㎝이다. 열매는 9~10월경에 성숙하며, 성숙한 열매는 차로 이용하기 위해 재배한다

③ 먹이식물의 재배
- 비수리의 종자는 종묘상을 통하여 구입하거나, 가을에 비수리의 서식지에서 종자를 받아 사용할 수 있다.
- 확보된 종자는 노지 또는 화분에 직파를 하거나, 포트에 파종 후 일정 크기 이상 자란 후 정식하여 이용할 수 있다.
- 실험 결과 직파한 경우에도 발아율에서는 크게 차이가 나지 않았으나, 이식한 경우 초세가 더 좋아지는 경향을 보였다.
- 비수리는 발아율이 56~60% 정도로 비교적 낮은 편이므로 파종 시 이를 고려하여 목표량보다 50% 정도를 더 파종하는 것이 좋다.
- 포트에 육묘 시 트레이의 크기에 따른 차이도 나타났는데, 실험 결과 50구 트레이가 이식후 성장 상태가 가장 양호한 것으로 나타났다.

표 3-1-8. 상토를 이용한 파종 방법에 따른 비수리 묘의 성장 상태

구분	72구 트레이(35cc)	50구 트레이(70cc)	모판(두부판)
씨앗 수	30/구	30/구	500
발아율	18(60%)	18(60%)	290(56.6%)
1개월 후 성장 상태	나쁨(일부 노란잎)	좋음	좋음
1개월 후 뿌리 상태	좋음	좋음	나쁨
정식 후 성장 상태	보통 (성장속도 느림)	좋음	나쁨 (성장속도 느림, 고사율 높음)

● 비수리는 생장 초기에 분지성이 낮고, 종자 1개에 가는 줄기 1개가 자라나고, 발아율이 낮으므로 종자의 파종은 50구 파종 트레이에 한 구당 10~20립 정도씩 파종하여 다수의 묘를 한꺼번에 생장시켜 이용하는 것이 편리하다. 파종용 흙은 원예용 상토를 이용한다.

● 포트에 파종 후 약 30~45일이 경과하면 비수리 싹이 약 5cm 내외로 자라게 되는데 이때 정식하면 된다.

● 채란 등의 관리를 위해서는 화분을 이용한 재배가 유리할 것으로 판단되며, 취급이 용이한 소형 화분(12~15cm)이 좋다.

● 정식 후 온도에 따라 30~45일 후에는 초장이 15~20cm 정도까지 자라게 되는데 이때가 채란 및 사육에 가장 적합하다. 더 자랄 경우 비수리의 줄기가 약하고, 실내 화분 재배의 특성상 약간씩 웃자람으로 인해 도복할 가능성이 있다. 이때에는 쓰러지지 않도록 줄기의 아랫부분을 묶어 이용한다.

● 정식을 위한 화분용 흙은 마사토에 퇴비를 4 : 1 정도의 비율로 섞어서 사용하면 된다. 화분용 흙으로 원예용 상토를 사용해도 되나 흙이 무르고 건조를 타는 경향이 있으며, 영양분이 부족하여 재배 후반부에 식물이 옆으로 쓰러지거나 초세가 약해지기 때문에 사용하지 않는 것이 좋다.

● 화분 상태로 사용한 비수리는 지상부를 모두 제거한 후 뿌리만 노지에 이식해 두면 2~3개월 후 다시 자라나서 이용할 수 있게 된다.

파종(50구 파종상)　　　파종 후 25일 경과　　　파종 후 45일 경과
(이식적기)

노지 재배　　　파종 후 90일 경과　　　화분에 옮겨심기
(사용적기)

그림 3-1-125. 남방노랑나비 먹이식물인 비수리의 재배 과정

(2) 씨나비(모충, 종충)의 준비

① 사육용 씨나비의 확보 방법

- 남방노랑나비의 씨나비를 확보하는 가장 좋은 방법은 야외에서 건강한 모충을 채집하는 것이다.

- 남방노랑나비는 남부지방에서는 월동한 개체가 3월부터 활동을 시작하여 먹이식물에 산란을 한다. 하지만 월동 개체는 수가 적고, 산란 후 곧 죽기 때문에 채집이 용이하지 않고, 개체군을 보존하기 위해서도 이 시기에는 채집을 하지 않는 것이 좋다.

- 5월 중순 이후에는 야외에서 2화가 발생하여 개체 수도 많아지고, 여름형 개체들이 출현하기 때문에 대량 사육을 위한 모충 확보의 적기라 할 수 있다. 또, 이 시기 이후로는 개체수가 많아지고, 서식 지역도 확대되므로 필요에 따라 채집 장소를 선정하여 최소 수량의 모충을 채집하면 된다.

- 야외에서 채집할 경우 대개의 암컷은 이미 짝짓기를 마친 상태이므로 짝짓기의 과정이 필요 없고, 유전적 다양성으로 인해 근친 교배에 의한 약세를 우려할 필요가 없다.

- 야외에서 씨나비를 채집할 때는 꼭 필요한 수만큼만 채집하여 무분별한 채집으로 인한 피해가 발생되지 않도록 해야 한다. 사육하고자 하는 규모에 따라 다르지만 10개체의 암컷만 가지고도 수천 마리 이상의 남방노랑나비를 길러낼 수 있다.

② 사육용 모충의 선별

- 남방노랑나비의 사육이 진행되면 사육 개체들 중에서 비교적 건전한 개체를 선별하여 이후 사육 시의 사육용 모충으로 활용한다.

- 사육용 모충의 선별은 2차 이후의 계대 사육에 큰 영향을 미치므로 신중하게 선별하여야 한다. 5령 애벌레 중에서 크고 정상적인 생육 속도를 가진 개체를 선별하는 것이 좋으나 처음 사육 시에는 구별이 어려우므로 번데기나 성충 중에서 선별하는 것도 무난하다.

- 애벌레 과정에서 선별할 경우 일반적으로 크기가 크고, 몸 색이 깨끗한 녹색으로 얼룩덜룩한 무늬가 없는 개체를 선별하는 것이 좋다.

- 일단 병이 발생되어 사육 중에 일부 개체가 묽은 배설물을 내거나 폐사하는 개체가 있다면 누대 사육 시 질병이 심화되기 때문에 그러한 개체군에서는 씨나비를 선별하지 않는 것이 좋다.

(3) 알받기(채란)

① 사육용 모충(암컷)의 수에 따른 알 받기의 방법

- 남방노랑나비의 알 받기(채란)는 사육 모충(씨나비)의 확보 수량에 따라 달라진다.
- 암컷의 숫자가 1~2마리일 때는 먹이식물 화분에 직접 망을 씌우고 암컷 한 마리씩을 투입해 알을 받는 것이 가장 간편한 방법이다. 하지만 이 방법은 나비의 수명을 단축시키고, 나비의 산란도 제한되기 때문에 소규모의 나비 사육에는 적용이 가능하나, 대량 사육에 이용하기에는 무리가 있다.
- 대량으로 사육하기 위해서는 별도의 대형 산란장을 이용해서 채란을 한다.

② 산란실

- 남방노랑나비의 대량 사육을 위해서는 별도의 산란장(산란 상자)을 준비해야 한다.
- 산란장은 사육 규모와 확보된 씨나비의 수량에 따라 2가지 크기의 산란장을 준비하는 것이 좋다.
- 소규모 사육이나 확보된 씨나비 수가 10마리 미만일 때는 소형 산란 상자(500×500×650㎜)를 이용한다.
- 대규모 사육에는 대형 산란장(2,500×3,000×2,500㎜)을 이용한다.
- 대형 산란장에는 최대 200마리 정도의 암컷 씨나비를 투입하여 알 받기를 할 수 있다. 남방노랑나비 암컷 한 마리는 일주일 내외의 기간 동안 100개 내외의 알을 산란하기 때문에 최대 20,000개 정도의 알을 채란할 수 있다. 다만, 남방노랑나비는 알의 부화율이 50~60% 정도인 것으로 알려져 있어 채란 받은 알을 모두 나비로 기를 수 있는 것은 아니다.

③ 짝짓기 및 알 받기(채란)

- 산란장이 준비되면 씨나비를 투입하고 먹이식물인 비수리 화분을 넣어 산란을 유도한다.
- 야외에서 채집한 암컷의 경우에는 대부분 짝짓기가 완료된 상태이기 때문에 투입과 동시에 알 받기가 가능하지만 사육된 개체인 경우 암수의 비율을 비슷하게 투입한 후 3~5일 정도의 기간 동안 충분한 흡밀을 공급하여 짝짓기가 이루어지도록 한 다음 채란을 하도록 한다.
- 남방노랑나비의 실내에서의 짝짓기는 조명의 영향을 많이 받는 것으로 알려져 있으며, 실험결과 일반 형광등보다는 메탈등을 이용한 경우에 짝짓기와 산란 수량이 높게 나타났다.

표 3-1-9. 남방노랑나비의 광량에 따른 교미 및 산란 수량(L16 : D8)

	형광등 1개(40 W)	메탈등 1개(200 W)	메탈등 3개(400 W)	비고
산란수	16	86	251	
교미	2쌍	5쌍	8쌍	

- 만약 짝짓기가 이루어지지 않으면 무정란을 낳는 경우가 있어 채란을 하더라도 부화하지 않은 알이 많아 사육에 어려움을 겪게 되므로 짝짓기의 여부를 관찰하고, 짝짓기가 잘 이루어질 수 있도록 환경을 조절해 준다.
- 나비의 수명을 길게 하고 많은 양을 알을 채란 받기 위해서는 채란 받는 기간 동안 나비의 먹이가 되는 흡밀원을 충분히 공급해 준다. 흡밀식물인 엉겅퀴나 개망초 등의 화분을 미리 준비하여 공급하는 것이 좋으나 여의치 않을 때는 난타나와 같은 열대식물을 구입하여 이용하는 것이 편리하다.
- 흡밀식물의 준비가 어려운 경우에는 10% 농도의 꿀물을 스펀지나 솜에 적셔 산란장 내부 여러 곳에 놓아두는 것도 좋은 방법이다.

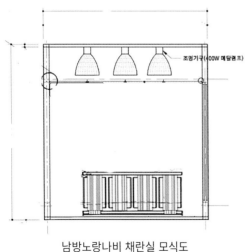

남방노랑나비 채란실 모식도

남방노랑나비 채란

그림 3-1-126. 남방노랑나비의 채란실 설치도면 및 채란 과정

④ 채란관리

- 산란실은 실내에 설치하고, 비닐온실에 설치할 경우에는 차광망을 이용하여 직사광선이 비치지 않도록 한다. 산란실의 온도는 25~28℃ 정도가 유지되어야 나비가 잘 날고, 먹이 활동이나 산란 활동이 활발하다.

- 앞서 언급한 바와 같이 산란실의 광량도 산란에 직접적인 영향을 미치기 때문에 실내에 산란장을 설치할 경우에는 인공적인 조명을 설치하여 2,000~4,000Lux 정도의 조도를 유지해 주고, 환기가 잘되는 곳에 산란장을 설치한다.

- 먹이식물을 넣어 알을 받을 때에는 화분 1개당 알의 수를 미리 정하여 채란하는 것이 애벌레 사육 과정에서 관리하기가 용이하다. 대개 비수리 화분에는 비수리 20~40촉 정도가 있으면 채란 및 초기 애벌레 사육이 용이하다.

- 화분 1개당 채란량은 30~50개 정도가 적당하며, 너무 많은 알을 채란하면 먹이식물이 모자라 옮겨 주어야 하는 번거로움이 있다. 남방노랑나비의 애벌레는 먹이식물에서 벗어나지 않고 번데기도 먹이식물 줄기에서 형성하므로 산란 수량에 따라서 화분 상태로도 사육이 가능하다.

- 남방노랑나비는 자연 상태에서도 자리를 이동하면서 먹이식물의 잎 윗면이나 뒷면에 한 개씩 산란하는 습성이 있어 산란장 내에서도 쉴 수 있는 나무를 넣어주고, 하루 종일 연속적으로 채란을 하는 것보다는 오전 중에 시간을 정해 채란을 하는 것이 좋다.

그림 3-1-127. 먹이식물 잎 윗면에 산란된 남방노랑나비 알

- 채란 시간은 대개 오전 9~11시 사이가 남방노랑나비의 활동이나 산란 활동이 활발한 시간대이므로 이 시간대에 집중적으로 채란하고, 나머지 시간은 쉬게 해주는 것이 건강한 알을 얻을 수 있는 방법이다.
- 실내 산란장에서는 채란을 하지 않을 때 조명을 꺼주어 나비가 지나친 조명으로 인한 스트레스를 받지 않도록 하는 것도 나비의 수명을 연장시키는 요인이다.

(4) 애벌레 사육

① 화분 사육

- 채란된 화분은 산란장에서 꺼내어 애벌레 사육장으로 이동하여 화분 상태 그대로 번데기까지 지속적으로 사육하는 방법이다.
- 화분당 적정한 채란량을 유지할 경우 사육에 드는 노동력을 절감할 수 있는 방법이기 때문에 소규모 사육의 경우에는 추천할 만하나, 애벌레의 체계적인 관리가 어렵고, 먹이식물의 상태와 환경의 영향을 많이 받는다는 단점이 있다.

그림 3-1-128. 남방노랑나비 애벌레 사육(화분 사육)

- 대량으로 사육하는 경우에는 비닐하우스 형태의 사육장을 마련하여 초기의 3~4령 애벌레는 화분 상태로 사육하고, 3~4령 이후에 애벌레를 수거하여 사육 용기를 이용하여 사

육하는 것이 좋다.

• 사육장 내에는 화분을 올려놓을 수 있는 50㎝ 높이의 테이블을 설치하면 애벌레의 사육 상태를 관찰하고 관리하기가 용이하다.

② 사육 용기를 이용한 사육

• 사육 용기를 이용한 사육은 애벌레를 수거하여 용기에 모아 놓고, 매일 먹이를 교환하고, 용기를 소독하는 방법으로 이루어진다.

• 대개 3~4령기가 되면 애벌레의 활동량이 많아지고, 먹는 양과 배설량이 급격히 늘어나기 시작하기 때문에 이 시기에 애벌레를 수거하여 용기 사육을 시행하는 것이 좋다. 너무 어린 애벌레는 다루기가 어렵고, 사육 용기 내에서 먹이의 건조 등으로 인한 피해를 입을 수 있기 때문에 피하는 것이 좋다.

• 령별 적정 사육 밀도 : 직경 15㎝, 높이 4㎝ 의 사육 접시(petri-dish)의 경우

  • 1~2령 정도의 어린 애벌레 : 약 200~250마리

  • 3~4령 애벌레의 경우 : 25~50마리

  • 5령 애벌레의 경우 : 10~15마리

③ 플라스틱 용기를 이용한 대량 사육

• 대량 사육 시에는 사육 접시(petri-dish)보다는 플라스틱 용기를 사용하면 더 편리하고, 효율을 높일 수 있다.

• 사육 용기는 내용적 4L 내외의 바가지 형태의 사육용기를 이용하면 편리하다. 남방노랑나비 애벌레는 용기당 개체 수가 많으면 관리가 어렵고, 사육밀도가 높으면 과밀로 인한 피해가 발생할 수 있으므로 대형 용기보다는 소형 용기에서 사육하는 것이 바람직하다.

• 사육밀도는 사육 용기당 3령 이후의 애벌레 30마리 내외를 사육하면 적정하다.

• 플라스틱 용기를 이용한 사육 방법

  • 사육 상자의 바닥에는 신문지를 잘라 2~3겹 정도 깔아 둔다.

  • 사육 용기의 중간에는 가로대를 두어 먹이식물과 애벌레가 바닥에 닿지 않도록 한다.

  • 가로대 위에 먹이식물을 올려놓고 그 위에 다시 애벌레를 올려준다.

  • 뚜껑은 용기 입구의 직경보다 약간 더 큰 유리판을 준비하여 이용한다. 용기 내부가 과습할 경우에는 용기 입구보다 큰 신문지나 원예용 루바망(플라스틱망)을 한 장 덮고

유리판을 덮어 주어 과습을 막는다.

- 플라스틱 용기를 이용한 사육 시 관리 방법과 주의할 점

  - 바닥에 반드시 신문지를 3~4겹 이상 깔아두어 용기 내의 과습을 막고, 배설물 청소를 간편하게 할 수 있도록 한다.

  - 바닥에 먹이식물과 애벌레를 넣을 경우 배설물과 먹이식물이 뒤엉켜 오염이 발생하고, 그로 인한 과습이나 질병으로 애벌레가 폐사할 수 있기 때문에 주의하고, 통의 중간 부분에 여러 개의 플라스틱 또는 대나무 막대기를 가로로 두어 먹이식물과 애벌레가 통의 중간쯤에 위치하도록 한다.

  - 먹이식물은 대개 매일 1회 교환 및 보충해 주는 것을 원칙으로 하고, 하루 동안 먹을 만큼의 먹이만을 공급하도록 조절한다.

  - 사육 용기는 매일 또는 2일에 1회 정도 새로운 사육 용기로 옮겨주고, 사육 용기를 교환하지 않을 때도 밑에 깔았던 신문지는 교환해 주도록 한다.

  - 남방노랑나비는 주로 먹이식물 줄기에 붙어 번데기가 되나 용기 사육 시에는 용기 벽면이나 가로 막대 등에서도 번데기가 형성되며, 3령 이후 용기로 옮겨 사육하면 약 10일 내외의 기간이 경과 후 번데기가 된다.

그림 3-1-129. 사육 용기를 이용한 사육(먹이 및 용기 교환)

④ 사육실의 관리

- 사육실 내부의 온도를 25~28℃로 유지하고, 광은 14시간 이상 유지하면 모든 애벌레는 일반형 번데기가 된다.
- 사육실 내부의 환기를 위해 벽체 상부에 외부 공기가 유입되는 소형 팬을 설치하되 잡충의 유입을 막을 수 있는 프리필터를 달아준다.
- 사육실 내부에 별도의 습도관리는 필요하지 않다.
- 남방노랑나비는 성충태로 겨울을 나기 때문에 먹이식물의 준비가 원활하지 못한 동절기에는 월동형 개체를 생산하여 약 60일 정도는 저온 보관이 가능하다. 월동형 개체는 3령 애벌레를 수거하여 사육통에 옮겨 사육을 해야 하며, 온도를 18℃, 조명은 10시간 미만으로 유지해야 한다.

(5) 번데기관리

- 남방노랑나비의 번데기는 모두 일반형 번데기로 번데기 형성 후 25℃의 온도 조건에서 약 7일이 경과하면 우화하여 나비가 된다.
- 남방노랑나비의 번데기는 배면이 뾰족하여 우드락 등의 판지에 붙이기가 어려우므로 가능한 줄기째로 잘라 핀을 이용하여 고정시키는 것이 편리하다.
- 남방노랑나비는 번데기로는 저장이 거의 불가능하지만, 아주 짧은 기간 동안은 10℃ 내외의 저온에서 보관 시 5일 정도 우화를 늦출 수 있다. 하지만 냉장 보관 시 우화율이 50% 이하로 낮아질 수 있기 때문에 가능한 바로 우화시키는 것이 좋다.
- 남방노랑나비는 번데기의 저장이 어렵기 때문에 필요할 때 사육 계획을 수립하여 생산하여야 하므로 대량 생산이나 관리가 까다로운 편이다.

그림 3-1-130. 남방노랑나비의 번데기(줄기째 수거하여 핀으로 고정)

표 3-1-10. 남방노랑나비의 용화율, 번데기 기간 및 우화율

사육 조건	번데기 과정 및 우화율		
	용화율(%)	번데기 기간(일)	우화율(%)
25℃ 16L : 8D	81.0%	6.9 ± 0.7일	79.6%

⑹ 성충 사육

① 성충의 관리는 앞서 언급한 씨나비(사육 모충)의 관리와 동일한 방법으로 하면 된다.

② 남방노랑나비 성충의 수명은 7~15일 정도로 비교적 짧은 편이다. 하지만 온도를 비롯한 환경관리가 미흡하거나 먹이 공급이 제대로 되지 않으면 수명이 더 짧아질 수 있으므로 주

의를 기울여야 한다. 다만, 월동형 개체의 경우 적절한 환경이 이루어지면 약 60일까지도 생존하는 것이 확인된 바 있다.

③ 성충관리에 있어 가장 중요한 요인이 온도 조건이라 할 수 있다. 성충의 활동 적온은 25~30℃이며, 온도가 25℃ 이하로 내려갈 경우 활동을 멈추고 가만히 앉아 있게 되고, 30℃ 이상 올라가면 폐사율이 높아진다.

④ 성충의 먹이 공급은 자연 상태에서의 주요 흡밀원인 엉겅퀴나 개망초, 꿀풀 등의 꽃을 제공하는 것이 가장 좋으나 좁은 공간에서 대량의 나비를 관리해야 하는 경우에는 공간적 제약이 있기 때문에 꿀물을 10% 농도로 희석하여 공급하는 것도 무방하다.

(7) 저장관리

① 남방노랑나비는 성충 상태로 월동을 하는 나비이므로 장기간 저장 시에는 월동형 개체를 생산하여 저장해야 한다.

② 알이나 애벌레, 번데기 상태로도 짧은 기간 동안은 저장이 가능하나, 5일이 경과하면 부화율, 우화율이 급격히 저하하기 때문에 저장하지 않는 것이 좋다. 부득이한 경우 5일 이내에 바로 꺼내어 사용하도록 한다.

③ 월동형 개체는 앞서 언급한 바와 같이 3령 애벌레를 수거하여 사육통에 옮기고 온도를 18℃, 조명은 10시간 미만으로 유지하면 생산할 수 있다. 생산된 월동형 개체는 소형 지퍼백이나 유산지에 넣어 저온 저장고에 보관하며, 보관 온도는 5~10℃로 유지하고 과건조를 막기 위해 수반을 설치하여 저장 중에 탈수로 인해 죽는 일을 막도록 한다.

④ 성충 상태의 저장은 번데기 저장과 달리 오랜 기간 저장이 어려우며, 최대 60일까지는 저장이 가능한 것으로 확인되었다. 가능한 저장 기간을 짧게 하고, 먹이식물의 실내관리 등을 통해 계대 사육을 실시함으로써 사육용 모충을 유지관리 하도록 해야 할 것이다.

다. 사육 단계별 사육 체계

(1) 사육 체계

① 산란 조건 : 25℃, 장일(14L : 10D), 인공조명(메탈등, 4,000Lux 내외)

② 화분 사육 및 용기 사육 : 1~3령 시에는 화분 사육이 유리, 3~4령기 이후 용기 사육

  ● 화분당 애벌레가 적을 경우에는 화분 사육만으로도 가능(남방노랑나비는 이동성이 적어 기주식물 줄기에서 대부분 용화됨)

③ 사육 용기 : 직경 30㎝ 플라스틱 용기 사용, 뚜껑은 망 또는 유리판

④ 사육 용기당 적정 마릿수 : 20~25마리/사육 용기

⑤ 사육실 조건 : 25℃, 장일(14L : 10D), 인공조명(형광등, 3,000Lux 내외)

⑥ 사육 기간 : 24.1 ± 2.5일(알 5.1 ± 0.9일, 애벌레 12.1 ± 0.9일, 번데기 6.9 ± 0.7일)

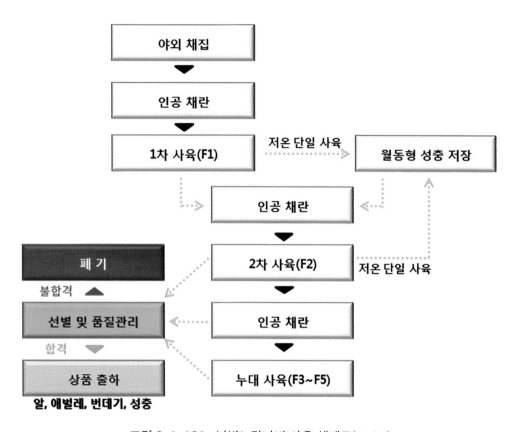

그림 3-1-131. 남방노랑나비 사육 체계도(순서도)

(2) 사육 단계별 관리 방법 및 사육 조건

남방노랑나비의 사육단 계별 관리 방법 및 사육 조건은 다음의 표에 나타낸 바와 같다.

표 3-1-11. 남방노랑나비의 사육 단계별 관리 방법 및 사육 조건

사육 단계		기간	특징 및 관리방법
알		5~7일	• 암컷이 먹이식물 뒷면에 한 개씩 산란 • 암컷 마리당 100~200개 정도 산란 • 산란실 규격 2.5×3×2.5m, 망실 • 산란실 온도 25~28℃ • 산란실 조명 2,000Lux 이상
애벌레		15~20일	• 먹이식물은 비수리가 적합 • 먹이식물당 30~50개 채란 • 산란 후 5~7일 후 부화 • 부화한 애벌레는 자신의 알껍질을 먹음 • 초기 애벌레(1~3령)는 화분 상태로 사육 • 3~4령 이후 애벌레는 수거하여 용기 사육 • 용기당 적정 마릿수 : 4L 용기에 20~25마리 • 용기 사육 시 관리 　· 먹이는 매일 교환, 급여량은 1일분 　· 매일 용기 청소 및 소독 • 일반형 사육 조건 : 25℃, 14시간 조명 • 휴면형 사육 조건 : 18℃, 10시간 조명
번데기		5~7일	• 몸속의 배설물을 모두 배설 후 • 실을 내어 몸을 감고 부착 • 번데기 수거 시 먹이식물 줄기와 함께 잘라 줌 • 월동형 저장 : 4℃ 에서 60일 까지 • 4일 경과하면 몸이 투명해 짐
성충		7~15일	• 수컷이 먼저 우화, 암컷 우화 후 바로 짝짓기 • 성충 먹이 : 흡밀용 초화류, 10% 꿀물 공급 • 짝짓기 및 산란 시 충분한 흡밀 공급필요

라. 사육 시설 기준

(1) 사육 도구 기준

① 먹이식물 재배용 도구

- 먹이식물 재배를 위해서는 먼저 모판과 화분이 필요하고, 재배용 흙인 상토 및 마사토와 거름이 되는 퇴비 등이 필요하다. 식물 재배를 위한 기본적인 도구인 모종삽, 삽, 호미, 전지가위 등도 필요한 경우가 있으므로 미리 준비해 둔다.

- 먹이식물 종자는 종묘상을 통하여 구입이 가능하나, 일반적인 재배작물과 같은 소량 판매 종자는 없으므로 사전에 요청하여 대량으로 구매해야 하는 불편이 있다. 야외에서는 10월 말~11월 말경 비수리의 서식지에서 종자를 확보할 수 있으므로 소량의 종자는 직접 확보하는 수고를 해야 한다.

- 상토는 일반적인 원예용 상토를 사용하며, 육묘용 트레이에 파종 시에 사용한다.

- 정식용 화분의 흙은 마사토와 퇴비를 4:1의 비율로 섞어 쓰면 물 빠짐이 좋고, 1회 재배용 거름도 충분하다. 다만, 무게가 무거워 상토를 일정 비율로 섞어 쓰기도 한다.

- 먹이식물 재배용 화분은 외경 17~19㎝ 크기의 현애분을 사용하며, 육묘용 트레이 3~4개를 합쳐 정식한다.

| 50구트레이 | 현애분(4~5호) | 모종삽 |

| 삽목 상자 | 상토 | 퇴비 | 전지가위 |

그림 3-1-132. 먹이식물 재배용 도구들

② 애벌레 사육에 필요한 도구

- 애벌레 사육에 필요한 도구는 사육 용기, 용기 내부 지지대, 신문지, 뚜껑용 플라스틱망 등의 사육 용기 세트와 핀셋, 나무젓가락, 소독수 및 소독 용기 등이 있다.
- 사육 용기는 플라스틱 제품으로 바가지 형태의 용기를 사용하는 것이 일반적이다, 사육 용기의 크기는 내용적 약 4L로 윗부분(입구)의 직경이 약 30㎝ 정도면 적당하다.
- 사육 용기 내부의 바닥 부분에는 신문지를 여러 겹 겹쳐 깔아주어 내부의 습기를 조절하고, 배설물 등의 청소가 용이하게 한다.
- 플라스틱망은 원예(화분)용 루바망을 이용한다.
- 애벌레의 이동에 이용되는 핀셋이나 나무젓가락은 항상 소독수(70% 에탄올)에 담가 소독 후 이용해야 병의 전염을 최소화할 수 있다.

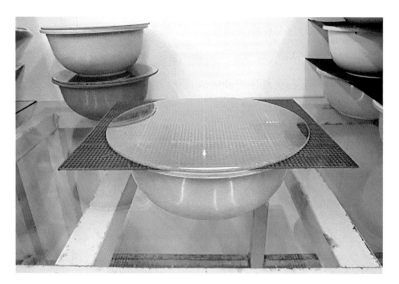

그림 3-1-133. 애벌레 사육 용기

(2) 사육 시설 기준

① 먹이식물 재배 시설

- 먹이식물의 재배 시설은 일반적인 농가형 비닐하우스 형태로 시설한다
- 시설 기준은 〈원예특작시설 내재해형 규격 설계도·시방서 - 농림수산식품부 고시 제2010-128호(2010. 12. 7)〉을 따른다.

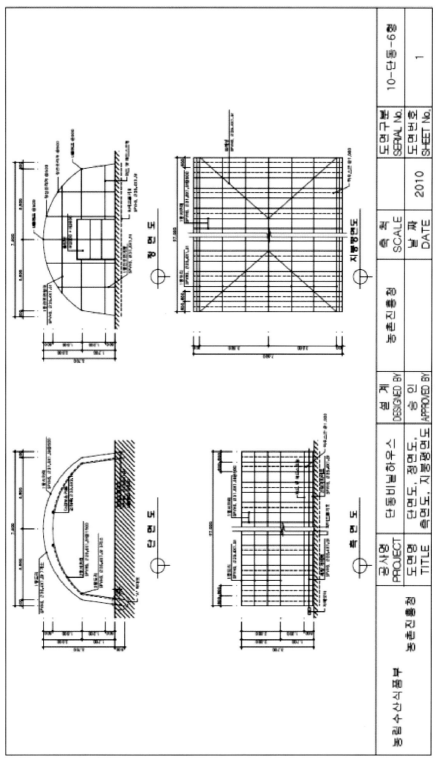

그림 3-1-134. 먹이식물 재배 시설(원예특작시설 내재해형 규격 설계도·시방서 - 농림수산식품부 고시 제2010-128호(2010. 12. 7) 10-단동-6호

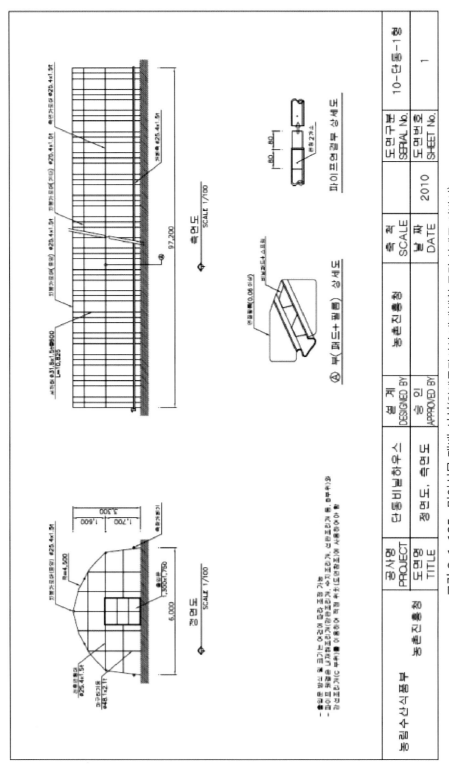

그림 3-1-135. 먹이식물 재배 시설(원예특작시설 내재해형 규격 설계도·시방서)

– 농림수산식품부 고시 제2010-128호(2010. 12. 7) 10–단동-1호

- 먹이식물의 안정적인 관리를 위해 2중 비닐하우스 형태가 유리하며 〈단동 2중비닐하우스(10-단동-6형)〉이 가장 적합하다.

- 남방노랑나비의 먹이식물은 십자화과의 일년생 초본류가 대부분으로 필요 시에는 겨울에도 가온을 해 식물을 기를 수 있다. 하지만 난방비가 많이 들기 때문에 겨울 사육은 피하는 것이 좋다.

- 겨울 사육을 하지 않을 경우에는 2중 비닐하우스가 아니어도 무방하며, 일반적인 단동하우스로는 〈단동비닐하우스(10-단동-1형)〉이 가장 적합하다.

- 비닐하우스의 규격은 사육 규모에 맞추어 달라질 수 있으나, 198㎡(60평) 내외가 적당하며, 198㎡(60평) 규모의 비닐하우스를 이용할 경우 현애분 4호 화분 약 1,200~1,500개를 재배할 수 있다.

- 먹이식물 화분 1개로 알부터 번데기까지 남방노랑나비의 전 과정을 사육한다면, 먹이식물의 크기와 상태에 따라 다르지만 초장이 20~30㎝에 30촉 내외의 식물이 자라는 화분의 경우 10~15마리의 애벌레를 사육할 수 있으며, 약 1,000개의 먹이식물 화분으로는 약 10,000~15,000마리의 애벌레를 동시에 사육할 수 있게 된다.

그림 3-1-136. 먹이식물 재배 시설 외부 및 내부

② 산란실
- 남방노랑나비의 산란실은 2,500×3,000×2,500㎜ 크기의 망실을 제작하여 이용한다.
- 산란실은 대개 실내에 설치하여 인공적인 산란 환경을 조성해 주는 것이 좋으며, 채란 시에는 3,000Lux 이상의 광이 요구되므로 형광등(40W, 10개소)이나 메탈등(250W, 3개소)을

이용하여 인위적으로 조명을 해주어야 한다.
- 산란실이 위치한 실내의 온도는 28℃를 유지하여야 나비가 활발하게 날아다니며, 산란율도 높아진다.
- 산란실 내부에는 나비가 쉴 수 있는 관목류의 나무와 계절별로 꽃이 피는 나무를 함께 식재하면 흡밀식물로 이용할 수 있다. 나비의 개체 수가 많을 때에는 별도로 인공흡밀용 꿀물 공급 장치를 마련하여 넣어준다.

그림 3-1-137. 산란실 외부 및 산란실에서의 채란

③ 항온 사육실
- 항온 사육실은 100㎜ 우레탄 패널 재질로 3,000×6,000×2,500㎜의 크기로 제작하며, 3마력 냉동기와 히터유닛을 설치하면 된다.
- 항온 사육실은 사육 규모에 따라 시설의 규모가 달라질 수 있으나 일반적으로 6평형 (19.8㎡) 규모의 항온 사육실을 기준으로 동시에 6,000마리 내외의 남방노랑나비 애벌레를 사육할 수 있다.
- 사육실 내부에는 사육 용기를 올려놓을 수 있는 선반과 작업대를 설치하여 모든 사육 작업이 작업대 위에서 이루어지도록 해야 바닥으로부터 오는 먼지나 세균의 침입을 최소화할 수 있다.

그림 3-1-138. 항온 사육실

마. 활용 및 주의사항

(1) 활용 방법 및 예시

① 남방노랑나비는 우리나라에서 서식하는 나비 중에서 노란색을 띠는 몇 종의 나비들 가운데 가장 선명한 노란색을 띠고 있어 생태원 등에서의 활용 가치가 매우 높다. 아직까지 국내 나비 생태원에서 남방노랑나비가 차지하는 비율은 5% 미만이지만, 생태원과 같은 제한된 공간 내에서도 활발히 움직이고, 독특한 샛노란 날개색 등의 강점을 지니고 있으므로 향후 사육 기술의 정립과 보급 등의 노력을 통해 보다 다양한 분야로의 이용이 기대된다.

② 1년에 3~4회 발생하고, 생활주기가 30일 내외로 빠르다는 점 등 비교적 사육이 용이하여 대량 생산이 가능하나, 성충태 월동으로 인해 저장관리가 어려운 단점이 있다.

③ 국내 수요 현황

- 국내 10여 개소의 나비 생태원에서 전시하는 남방노랑나비는 연간 1만 마리 미만인 것으로 추정되며, 곤충 축제나 소규모 전시회를 포함하면 10만 마리에 이를 것으로 보인다.
- 나비 생태원 외에도 함평나비축제와 무주 반딧불이축제, 나비와 함께하는 구리시 유채축제, 예천 곤충엑스포, 과천시 곤충생태전시관 등 지역 축제에서도 남방노랑나비가 이용되고 있다.

(2) 사육 시 주의사항

① 남방노랑나비의 사육 시에는 사육 단계별로 관리상의 주의가 요구된다. 채란 과정에서는 성충의 수명을 연장시키고, 산란율을 높이기 위해서 나비의 성충이 활동하기에 알맞은 환경조건을 갖추어 주어야 한다.

② 사육 중의 관리

- 먹이에 질에 따라 사육의 성패가 좌우될 수 있으므로 신선하고, 잡충이나 잡균이 섞인 먹이나 농약이 살포된 먹이가 공급되지 않도록 주의한다.
- 용기 사육 시에는 사육실뿐만 아니라 개인 위생관리도 철저히 하여 관리 소홀로 인한 병이 감염되지 않도록 해야 한다.

8. 암끝검은표범나비(*Argyreus hyperbius* Linnaeus)

그림 3-1-139. 암끝검은표범나비

가. 일반 생태

(1) 분류학적 특성

암끝검은표범나비는 나비목(Lepidoptera) 네발나비과(Nymphalidae)에 속하는 곤충으로 한국, 중국, 일본, 미얀마, 네팔, 파키스탄, 인도, 오스트레일리아, 북아프리카에 분포하며, 우리나라에서는 제주도, 전라남도와 경상남도, 경상북도의 남부지역에 분포한다. 남부지역의 산지나 초지에 서식하나 이동성이 매우 강하여 중부지방에서도 자주 관찰되는 나비이다. 날개를 편 길이는 70~90 ㎜ 정도로 중간 크기의 나비이며, 이들은 주로 엉겅퀴, 큰까치수영, 해바라기, 중나리 등의 꽃에서 흡밀을 하며 수컷은 습기 있는 땅바닥에 잘 앉고 산 정상에서 점유 행동을 한다. 암컷은 유충의 식초인 제비꽃류(*Viola sp.*)의 잎이나 주변의 풀, 심지어 흙 위에 한 개씩 산란을 한다. 3~5월에 봄형이, 6~11월에 여름형이 출현하며, 연 3~4회 발생하며, 봄형과 여름형 간에는 크기 외에는 다른 차이점이 없고 개체 간에도 변이가 거의 없다. 네발나비과의 특징으로 앞다리 한 쌍이 퇴화하여 다른 다리보다 작아져 있는 모습이며, 암수 구별의 가장 큰 특징은 암컷의 날개 끝쪽에 자백색 무늬가 있으며, 절반 정도 어두운 흑자색을 나타내고 있어 암끝검은표범나비라는 이름이 붙여졌으며, 이는 수컷에는 존재하지 않는 암컷과 수컷의 모양이 다른 동종 이형인 것이 특징이다.

그림 3-1-140. 암끝검은표범나비의 암수

(2) 생태

암끝검은표범나비는 우리나라 남부지역의 산지나 논밭 주변 등의 초지에서 서식하나 이들 나비는 이동성이 활발하여 중부지역의 산 정상에서도 관찰이 된다. 애벌레는 제비꽃류만 먹는 것으로 알려져 있고, 애벌레 월동으로 겨울을 보내기 때문에 우리나라에서도 주로 분포하는 곳은 따뜻한 제주도나 남부지역으로 먹이식물인 제비꽃류 등이 많이 분포되어 서식에 유리한 조건을 갖추고 있다. 특히나 엉겅퀴나 큰까치수영 등의 꽃에서 흡밀을 자주하여 위 흡밀식물 근처에서 잘 관찰이 된다. 3~5월경 출현하는 암끝검은표범나비는 애벌레로 월동하여 이듬해 봄에 출현하는 봄형 나비들이며, 6~11월에 출현하는 암끝검은표범나비는 봄형 개체들이 낳은 알에서 성장한 나비들이며 이를 여름형이라 부른다. 일부 나비의 경우 봄형과 여름형 간의 크기나 날개의 무늬 면에서 많은 차이를 보이는 반면, 암끝검은표범나비는 봄형과 여름형 간의 차이가 거의 없으며, 오히려 암컷과 수컷의 차이가 뚜렷하여 서로 다른 종의 나비처럼 보이는 동종 이형의 나비이다.

그림 3-1-141. 화분 흙에 낳아진 알과 갓 부화한 애벌레

그림 3-1-142. 암끝검은표범나비의 생활사

짝짓기를 마친 암끝검은표범나비의 암컷은 먹이식물인 제비꽃류 등의 식물 잎 위나 밑 부분, 줄기와 식초식물 주변의 흙이나 심지어 근처 다른 풀에도 알을 산란하기도 한다. 유백색의 투명하고 주름져 있는 암끝표범나비의 알은 지름 0.7㎜ 정도의 구형 모양을 띤다. 알은 5~7일 경과되면 부화하며, 처음 1령 애벌레는 머리 부분이 검고 나머지 부분은 투명하지만 곧 검게 변한다. 1~5령까지의 애벌레는 검은색 몸에 머리부터 배를 가로지르는 띠가 있는데, 2령 애벌레 때부터 직접 관찰이 가능하며, 5령이 될 때까지 점차 진한 주황색으로 변하게 된다. 또한, 몸에는 검은색 돌기와 아랫부분은 붉고 끝부분은 검은 돌기가 촘촘히 나 있고 5령 애벌레로 갈수록 돌기의 털이 눈에 띄게 보인다.

20여 일 남짓의 애벌레 기간이 지나면 몸속 배설물 등을 체외로 배출시키고 먹이식물이나 먹이식물 근처의 주변 지형지물을 이용해 은신하고 실을 뿜어 배 끝만을 고정하는 수용 형태로 번데기가 된다. 번데기의 색은 주로 밝은 갈색을 나타내지만 때론 진한 갈색을 나타내는 개체도 있다. 번데기의 등 부분에는 금색의 단단한 원뿔 모양의 돌기가 생겨나는데 매우 단단하고 뾰족하여 주변 포식자로부터 몸을 보호하는 방편으로 사용되는 것 같다. 주변의 나뭇가지나 흙의 색과 비슷한 번데기는 눈에 잘 띄지 않으며 10일 내외의 번데기 기간이 지나면 우화하여 성충이 된다.

종령 애벌레   거꾸로 매달린 번데기(수용)

그림 3-1-143. 암끝검은표범나비의 종령 애벌레와 번데기

암끝검은표범나비의 성충은 날개를 편 길이가 70~90㎜에 이를 정도로 크며, 우리나라에 사는 나비 중에는 중형종에 속한다. 주황색 바탕에 점점이 박힌 검은색의 점들이 마치 표범과 비슷하여 암끝검은표범나비로 불리며, 암컷의 날개 끝만 검고 유백색의 띠가 있어 암수 구별이 매우 용이하다. 또한, 네발나비과의 특징인 앞다리 1쌍이 퇴화하여 짧아져 일반적으로 볼 때에는 나비의 다리가 2쌍으로 보이는 것이 특징이다. 매우 활동적이고 중형의 나비인 만큼 잘 관찰되며 식초식물이나 흡밀식물 주변을 잘 떠나지 않아 발견하여 관찰하기 쉽다.

(3) 현황

암끝검은표범나비는 논과 밭, 초지나 대부분 꽃에서 흡밀하는 나비로서, 이전에는 제주도 및 남부지방에서 주로 관찰되고 중부지방에는 잘 관찰되지 않았지만 지구 온난화 및 기후의 상승으로 인하여 그 서식지가 넓어지고 있는 추세로 앞으로 점점 주변에서 쉽게 볼 수 있는 나비이며, 우리에게는 친숙한 곤충 중의 하나이다. 이러한 이유로 인하여 곤충이나 나비를 주제로 하는 각종 전시 및 전시관이나 생태원 등에서 점차적으로 높은 비중을 차지하는 곤충이기도 하다.

이러한 흐름으로 인하여 최근 생태원이나 체험학습장, 곤충 전시 및 이벤트 등을 통한 나비의 쓰임새가 점차 증가하면서 기존에도 인기 있던 호랑나비나 제비나비, 배추흰나비의 수요의 증가와 함께 암끝검은표범나비의 수요도 급증하고 있다. 가시적인 전시 효과 또한 소형 나비들보다 월등하고 동종 이형의 모습으로 인해 한 종의 암끝검은표범나비만으로도 두 종을 전시하는 효과를 보이며, 사람을 무서워하지 않아 눈앞에서 암끝검은표범나비를 바로 관찰할 수 있다는 것이 큰 매력이다. 하지만 일반 흰나비나 호랑나비과의 나비들 같이 번데기로 월동하는 것이 아니라 애벌레로 월동을 하기에 성충의 확보나 먹이식물 확보의 어려움이 있고 특히 겨울 사육에 큰 어려움이 있으며, 이에 따라 아직 활발한 공급이 어려운 상황이다. 그로 인하여 배추흰나비보다 더 비싼 가격에 유통이 되고 있는 상황이다. 곤충산업의 여러 분야 중에서 앞으로 전시, 이벤트용 곤충으로 쓰임새가 다양해질 암끝검은표범나비의 사육 체계를 정리하고 대량 사육의 시스템을 체계적으로 정립하여 곤충산업 발전을 위한 노력을 기울여야 할 것이다.

나. 사육 방법

(1) 먹이식물의 재배

① 암끝검은표범나비의 먹이식물

- 암끝검은표범나비의 애벌레는 다양한 제비꽃(Viola sp.)의 잎을 먹고 먹고 자란다.
- 암끝검은표범나비의 먹이식물인 제비꽃은 우리나라 전역의 산과 들에 자라는 다년생 초본식물로서 생육 환경은 양지 혹은 반음지의 물 빠짐이 좋은 곳에서 쉽게 자란다. 포기나누기로도 쉽게 번식이 가능하기 때문에 먹이식물의 재배에 큰 어려움은 없다. 다만, 암끝검은표범나비들은 산란 수가 많고 애벌레가 많은 입을 섭식하기 때문에 대량의 먹이식물 재배가 필요하다. 따라서 양질의 먹이를 대량으로 준비해야 하는 점이 암끝검은표범나비의 사육에 있어 가장 어렵고 중요한 과정이다.

② 먹이식물의 종류와 특징

- 우리나라 전역에 쉽게 자라는 다년생 초본식물인 제비꽃은 생육 환경이 양지 혹은 반음지에서도 잘 자라기에 쉽게 재배가 가능하나 물 빠짐이 좋은 곳에서 더 잘 자란다. 키는 10~15㎝ 이고, 잎은 길이가 3~8㎝ 정도이며, 폭은 1~5㎝로 가장자리에 얇고 둔한 톱니가 있는 것이 특징이다. 꽃은 보라색 또는 짙은 자색으로 잎 사이에서 긴 화경이 나오며 끝에 한 송이 꽃이 달려 핀다. 7월에 종자를 받아 보관하여 9월에 뿌리거나 이듬해 봄에 새순이 올라올 때 기존의 제비꽃을 포기나누기하여 번식을 시키기도 한다.
- 다양한 제비꽃 중에 암끝검은표범나비의 대량 사육에 이용하기 용이한 종류는 미국에서 들여와 귀화한 미국제비꽃(Viola sororia)이다. 미국제비꽃은 종지나물이라고도 하며, 잎이 넓고 재배가 용이하며, 번식력이 좋아 초기에는 실생 번식하더라도, 점차 분주법으로 번식시키면 대량 증식이 가능하다.

그림 3-1-144. 미국제비꽃(종지나물)

③ 제비꽃의 재배

- 제비꽃을 암끝검은표범나비의 사육에 이용하기 위해서는 직접 재배를 하여 사용하는 것이 좋다.
- 제비꽃은 번식이 용이하기 때문에 종자를 채취해서 파종을 하거나 이듬해에 새순을 포기나누기하여 번식시켜 사용해도 채란용으로 사용이 가능하다.
- 제비꽃 종자는 대개 7월경에 종자를 채취하는데, 씨를 감싸고 있는 씨방이 자연적으로 터져 그 안에 탱탱하고 단단한 씨앗을 채취하는 것이 좋다. 이를 습하지 않은 곳에 잘 보관하여 9월경에 파종하여 이듬해에 사용한다.
- 초본식물이라는 특성상 재배 기간이 짧고, 쉽게 증식하기 때문에 적당한 면적의 식물 재배 시설이 있을 시, 대량 재배가 가능하다.
- 제비꽃의 씨는 구입이 용이하기 때문에 쉽게 구하여 파종할 수 있는 장점이 있는 반면 제비꽃의 재배면적당 밀도가 높아지거나 너무 강한 광 조건에서는 식물이 쉽게 상하기 때문에 재배 시 주의가 필요하다.

④ 동절기 나비 사육과 먹이식물

- 제비꽃도 우리나라의 일반적인 다년생 초본류들과 마찬가지로 11월이면 세가 약해지며 낙엽이 지고, 이듬해 3월 이후에 새순이 나온다.

- 온실 기능이 있는 재배 시설에서 관리하며 기르면 좀 더 오래 잎을 볼 수 있겠지만, 스트레스로 인해 식물이 약하고 결국 시들게 된다. 그렇기 때문에 반드시 겨울을 나야 식물이 건강하고, 건강한 식물에서 자라난 잎을 먹고 자란 나비의 애벌레도 건강하게 기를 수 있다.

- 먹이식물과의 상관관계와 암끝검은표범나비의 출현 시기를 고려하면 실제로 암끝검은표범나비의 애벌레를 사육할 수 있는 기간은 1년 중 8개월 정도의 기간만 사육이 가능하다.

- 암끝검은표범나비의 이용성을 극대화하고, 사계절 나비를 날리는 생태원이나 이벤트 및 전시에 활용하기 위해서는 먹이식물을 재배할 수 없는 겨울 시기를 극복할 수 있는 방안이 마련되어야 한다.

- 가능한 첫 번째 방법은 10~11월경에 월동형 애벌레를 대량으로 생산하여 저장하여 이듬해 제비꽃의 새순을 이용하여 다시 사육하는 것이며, 두 번째 방법은 먹이식물을 겨울이 오기 전, 미리 월동 상태를 만들어 보관하였다가 겨울에 항온실에서 새순을 틔어 사육에 이용하는 방법이다.

(2) 씨나비(모충, 종충)의 준비

① 야외 채집에 의한 사육용 모충의 확보

- 야외 채집 시의 고려사항

  - 암끝검은표범나비는 활동 범위가 넓고 네발나비과의 다른 나비들처럼 나는 속도가 빨라 야외에서 채집하기가 쉽지 않으며, 제주도 및 남부지방 등 겨울을 나는 장소를 제외하면 씨나비를 채집하기가 쉽지 않다.

  - 제주도 및 남부지방은 암끝검은표범나비의 주된 서식처이며 자연 상태의 나비가 건강하게 자라는 지역이므로 많은 암끝검은표범나비를 발견할 수 있으며, 건강한 씨나비 채집이 가능하다.

  - 야외에서 건강한 암컷을 채집하기 어렵기 때문에 적은 수의 암컷을 채집하여 사육 모충으로 이용하여 대량 증식하기 위해서는 초기 사육에 특별히 주의를 기울여야 한다.

- 효율적인 야외 채집 방법
  - 암끝검은표범나비의 암컷을 채집하기 위해서는 먹이식물이 많이 자라고 있는 지역을 파악하고 먹이식물 주변에서 산란을 위해 날아오는 암컷을 기다리는 것이 확률이 높다.
  - 넓은 초지 및 흡밀식물(엉겅퀴, 큰까치수영 등)이 많이 분포하고 특히 암끝검은표범나비가 산란할 수 있는 제비꽃이 자라는 곳을 찾아야 한다.
  - 먹이식물의 잎을 잘 살피면 알이나 애벌레 및 번데기를 채집할 수도 있다. 하지만 야외에서 채집된 개체인 만큼 다른 해충으로부터 피해를 받은 개체들이 많기 때문에 건강한 나비 사육을 위해선 나비를 채집 후, 채란해서 사육을 시작하는 것이 가장 바람직하다.

② 우량 개체의 선별에 의한 사육용 모충의 확보 방법
  - 계대 사육 중에 생산된 번데기 중에서 모양이 찌그러지지 않고 크며, 단단하고, 우량한 개체를 선별하여 계대 사육의 사육용 모충으로 활용한다.
  - 암끝검은표범나비를 계대 사육하여 생산된 번데기는 월동형 상태가 아니기 때문에 저장성이 매우 낮다. 냉장고에서 냉장 보관이 일주일을 넘기지 말아야 하며, 되도록 냉장 보관 없이 우화시켜 사용하는 것이 우화 부전의 확률을 낮출 수 있다.
  - 유전적 퇴화나 질병으로부터 안전하게 대량 사육을 하기 위해선 계대 사육 개체와 외부에서 채집된 유입종 간의 짝짓기를 시켜 채란하는 방법이 있으나, 계대 사육된 나비를 암수를 분리하고 새로 채집된 나비의 암수를 분리하여 각각의 다른 유전적 특성을 가진 나비를 산란실에서 짝짓기 시켜 채란을 받아야 하는데 이에 따른 시간과 노력이 많이 소요되며, 새로 유입된 나비의 개체 수가 항상 일정량을 유지하기 어렵다는 단점이 있다.
  - 사육 개체 중에서 우량한 개체를 선별하는 것은 쉽지 않다. 다만, 질병이 있거나 우화율이 낮은 개체군에서는 사육용 모충으로 사용하지 않는 것이 좋다.

(3) 알 받기(채란)
① 사육용 모충의 상태에 따른 채란 방법의 차이
  - 암끝검은표범나비의 알 받기(채란) 방법은 사육 모충(씨나비)의 확보 수량에 따라 차이를 보인다.
  - 채집된 암컷의 개체 수가 적고, 자연 상태에서 이미 짝짓기를 마친 상태라면 먹이식물에 망을 씌우고 암컷을 넣어 채란한다.

- 채집된 암컷의 개체 수가 많고, 짝짓기가 필요한 경우라면 넓은 산란장을 이용, 수컷과 함께 넣어 짝짓기를 시킨 후 채란한다.

② 먹이식물에 망을 씌워 채란하는 방법
- 야외에서 채집한 암컷의 경우에는 이미 짝짓기를 마친 경우가 대부분이고, 채집 개체 수가 1~2마리 정도로 적기 때문에 먹이식물 화분에 직접 망을 씌우고 인공흡밀대를 설치하여 암컷 한 마리씩을 투입해 알을 받는다.
- 먹이식물 화분에 망을 씌워 채란할 경우 나비의 수명을 단축시키고 나비의 날개 상하거나 흡밀을 제대로 하지 못하는 경우가 발생할 수 있으며, 나비의 산란도 제한되는 단점은 있으나 소량의 알이라도 확실하게 받을 수 있는 방법이기도 하다.
- 단, 알이나 애벌레 상태로 채집한 개체의 경우 우화시킨 후 짝짓기를 위해 넓은 공간에 풀어놓고 짝짓기를 유도하거나 인공적인 방법으로 짝짓기를 시키는 방법을 이용해서 짝짓기를 시킨 후에 채란을 해야 한다.

③ 산란실을 이용해 채란하는 방법
- 사육용 모충의 채집된 수가 10마리 이상으로 많거나, 계대 사육 시와 같이 짝짓기가 반드시 필요한 경우에는 별도의 산란장을 활용하여 짝짓기를 할 수 있는 공간을 확보하고 같은 장소에서 채란을 병행하는 것이 좋다.
- 암끝검은표범나비와 같은 중형 나비의 대량 사육을 위한 산란실은 배추흰나비와 큰줄흰나비와 같은 소형나비에 비해 훨씬 큰 규모의 산란실이 요구된다. 왜냐하면, 소형 나비의 경우 좁은 공간에서도 활동을 하며 산란을 하지만 나비의 크기가 커질수록 좁은 공간의 사육실은 내부의 나비 밀도를 높여 나비의 스트레스로 인해 수명이 단축될 수 도 있으며, 날개가 금방 상하기 때문에 좁은 공간에서는 짝짓기가 잘 이루어지지 않는다.

④ 산란장
- 암끝검은표범나비의 산란장은 소형나비의 산란실보다 비교적 규모가 크기 때문에 야외에 설치하는 것이 일반적이나 공간 확보가 가능하고 온도와 빛을 유지 및 조절해 줄 수 있는 공간이 확보되면 내부에 설치하여 사용하는 것이 더 바람직하다.

- 암끝검은표범나비의 산란장은 철골 구조물에 망을 씌워 망실 형태로 설치하며 천장 부분을 제외한 다른 부분은 차광막을 설치하여 외부로부터 산란되어 들어오는 빛은 차단하고 천장 부분에서만 빛이 들어오도록 설치한다.

- 산란장의 크기는 12㎡(3,000×2,000×2,000㎜) 정도가 적당하나, 상황과 형편에 따라 조금 작게 또는 크게 설치해도 무방하다. 실외에 설치할 여건이 되지 않을 때나 산란실을 설치할 장소가 협소할 경우에는 배추흰나와 같은 소형 나비의 산란장을 이용할 수도 있으나, 이때에는 나비의 밀도가 높아져 스트레스를 받지 않게 유도하는 것이 효율적이며, 계속적인 주의와 관리가 필요로 한다.

산란장 외부

산란 전경

그림 3-1-145. 암끝검은표범나비 산란장

⑤ 산란실의 조성 및 관리

- 산란장에는 적게는 암수 각각 10마리 내외에서 최대 100마리 이하의 씨나비를 투입하여 알 받기를 할 수 있다.

- 암끝검은표범나비의 암컷은 20일 이상 생존하며, 살아 있는 동안 100개 내외의 알을 산란하기 때문에 암컷 씨나비 수에 따라 100배 정도의 나비를 길러낼 수 있다.

- 야외 산란장의 단점은 지속적으로 계대 사육을 할 경우 기생벌의 발생 우려가 있고 기상변화로 인한 산란 저조 또는 나비의 수명 저하가 있으므로 주의해야 하고, 사육에 1~2개월 정도의 주기를 두고, 주변부의 청소 및 소독을 통해 나비 이외의 해로운 곤충이나 새 등의 산란장 내 유입을 지속적으로 관리하며 막아야 한다.

- 실내 산란장 내에는 나비가 쉴 수 있는 관목류의 나무를 화분의 형태로 배치하고, 흡밀원이 될 수 있는 나무나, 초화류를 배치하여 가능한 자연과 비슷한 환경을 만들어주는 것이 중요하다. 그러나 계절별 흡밀의 생산량의 변화가 있기 때문에 인공 흡밀원도 주기적으로 공급해 나비가 먹이 때문에 스트레스를 받지 않고 건강을 유지할 수 있도록 관리한다.

- 야외의 산랑장일 경우, 햇볕이 잘 드는 곳이라면 별도의 조명은 하지 않아도 된다. 만약 실내에 산란장을 설치할 경우에는 형광등이나 메탈조명등을 활용하여 3,000Lux 이상의 밝기로 조명을 해주어야 한다.

- 실내에 산란장을 설치할 경우 채란하기 위해서는 광 조건이 중요한 요인이며, 산랑장 내부의 온도가 너무 높거나 춥지 않도록 25~28℃ 정도로 관리를 해 주어야 하며 건조하지 않도록 산란장 바닥을 충분히 적셔 주어 습도를 유지해 주어야 한다.

⑥ 채란 작업 및 관리

- 계대 사육된 경우, 산란장에 번데기를 우화판을 설치하여 배치하고 우화가 된 후, 5일 정도의 기간 동안 충분한 흡밀을 제공하며 짝짓기가 이루어지도록 환경을 조성한다. 만약 짝짓기가 이루어지지 않으면 정자의 유입이 없는 무정란을 낳는 경우가 있어 어렵게 채란을 하더라도 부화하지 않은 알이 많아 사육에 많은 애로 사항을 겪게 된다.

- 사육실 내에서 육안으로 짝짓기하는 개체가 확인되고, 산란할 수 있는 시기가 왔다고 판단되면 화분 상태로 준비된 제비꽃 화분을 넣어 산란을 유도한다.

- 암끝검은표범나비는 먹이식물의 잎의 윗면이나 아랫면에 한 개씩 산란하나, 일정하지 않고, 먹이식물이 심겨져 있는 화분의 흙 표면이나 화분, 먹이식물 외 주변 잡초에도 산란을 하는 경우가 있다.

먹이식물 잎 뒷면에 산란

죽은 줄기에 산란

그림 3-1-146. 암끝검은표범나비의 산란

- 먹이식물 이외에 화분이나 주변 잡초, 흙 표면에 산란한 알은 부화시기에 확인하여 먹이
  식물 잎 위에 올려주지 않으면 주변을 배회하다 죽게 되므로 주의해야 한다.
- 먹이식물의 상태나 크기에 따라 알을 받는 수량을 조절하되, 한 화분에 너무 많은 알을
  받지 않도록 주의한다.
- 암끝검은표범나비는 애벌레의 성장에 따라 먹이의 섭식량이 대폭 증가하기 때문에 대량
  사육 시에는 먹이식물의 준비량에 따라 사육 규모 및 양을 결정하고, 이에 따라 채란량
  도 조절해야 한다.

⑦ 채란 작업 중 나비 모충의 관리
  - 나비의 수명을 길게 하고 건강하고 많은 양을 알을 채란 받기 위해서는 채란 받는 기간
    동안 알을 낳는 나비의 먹이가 되는 흡밀원을 충분히 공급해 주는 것이 중요하다.
  - 생화를 이용한 흡밀이 가장 바람직하지만 부족할 경우 인공흡밀용 꿀물(10% 농도의 꿀물)
    을 스펀지나 솜에 적셔 산란장 내부 여러 곳에 놓아두는 것도 좋은 방법 중의 하나이다.
  - 인위적으로 꿀물을 먹이는 방법은 양쪽 날개를 겹쳐 잡고 꿀물을 적신 탈지면이나 스펀
    지에 나비의 빨대 모양의 입을 직접 갖다 대어 스스로 빨아 먹는다.

(4) 애벌레 사육

① 화분 사육

- 사각형 초화 화분(200×800㎜)당 30~50개 내외의 알을 채란하고, 채란된 화분을 산란장에서 꺼내어 애벌레 사육장으로 이동하여 3~4령 애벌레까지 화분 상태로 사육한다.

- 화분 상태로 지속적으로 사육하기 위해 같은 화분으로 오랜 기간 채란하지 않으며, 산란된 알의 수가 적더라도 1~2일 내에 채란 작업을 마치도록 한다.

- 대량으로 사육하는 경우에는 비닐하우스 형태의 사육장을 마련하여 초기의 애벌레를 사육하는 것이 좋다. 사육 규모에 따라 다르지만 198㎡(60평) 규모의 비닐하우스를 기준으로 채란 받은 화분 약 160~200개를 관리할 수 있는 면적이다. 화분당 약 50개의 알을 채란할 경우 동시에 최대 10,000마리의 암끝검은표범나비 애벌레를 사육할 수 있다.

- 사육장 내에 채란 화분을 올려놓을 수 있는 50㎝ 높이의 테이블을 설치하여 그 위에 채란화분을 놓고 사육하면 애벌레의 상태를 관찰하고 관리하기가 용이하며 화분의 보관 또한 용이하다.

- 4령 이후에는 애벌레의 먹이 섭식량이 대폭 증가하여 채란 화분의 먹이식물만으로는 먹이가 모자라게 되고, 이에 따라 먹이가 없어지면 애벌레가 먹이를 찾아 분산하기 때문에 먹이식물과 애벌레의 상태에 따라 사육 용기로 옮길 시점을 판단하거나 채란된 먹이식물 화분에 새로운 먹이식물 화분을 붙여 애벌레를 새로운 먹이 화분 쪽으로 자연스럽게 이동시켜 가능한 화분 상태에서 사육을 지속하는 것이 좋다.

그림 3-1-147. 화분 사육

② 화분 사육 시 애벌레의 사육관리

- 산란된 알은 약 5일 경과 후, 부화하여 기주식물인 제비꽃의 잎을 먹으며 자란다.
- 온도에 따라 애벌레 기간에 다소 차이를 나타내지만 25℃의 생육 조건에서는 약 2일이면 탈피를 하고 2령 애벌레가 된다.
- 100개 정도로 채란한 경우 3령이 되면 애벌레의 먹이 섭식량이 증가하여 채란 받은 화분만으로는 먹이가 부족해 질 수 있다. 그때는 애벌레를 수거하여 옮기지 말고, 화분 붙이기(새로운 먹이식물 화분을 기존 먹이식물 화분 옆에 나란히 붙여 두어 잎들이 서로 맞닿을 수 있도록 해주는 것)를 해주면 애벌레가 자연스럽게 이동하여 직접 옮기는 것보다 스트레스를 받지 않아 애벌레의 건강에 좋다.

③ 사육 용기를 이용한 사육

- 3~4령기가 되면 애벌레의 활동량이 많아지고, 먹는 양과 배설량이 급격히 늘어나기 시작한다. 최초에 알을 받은 화분의 먹이식물은 거의 식물의 줄기만 남고 잎은 모두 먹어치운 상태가 된다.
- 또 3~4령기 이후에는 애벌레의 활동성이 좋아 먹이가 부족하면 주변을 배회하거나 죽는 경우도 많기 때문에 용기 사육으로 전환하는 것이 바람직하다. 다만, 먹이식물 화분이 충분하면 화분 붙이기를 더 해주면서 5령의 애벌레까지 화분 상태로 사육 후 수거하여 사육통으로 옮겨 항온실에서 사육하면 용기 사육으로 인한 스트레스를 줄여 생존율을 높이는 데 도움이 된다.
- 령별 적정 사육 밀도(직경 15㎝, 높이 4㎝의 사육 접시petri-dish의 경우)
  - 1~2령 정도의 어린 애벌레 : 약 40~50마리
  - 3~4령 애벌레의 경우 : 7~12마리
  - 5령 애벌레의 경우 : 3~5마리

④ 플라스틱 용기를 이용한 대량 사육

- 대량 사육 시에는 사육 접시(petri-dish)보다는 플라스틱 상자를 사용하면 더 편리하고, 효율을 높일 수 있다.
- 사육 용기 : 내용석 19L 의 플라스틱 상자(360×250×220㎜) 이용
- 플라스틱 용기 사육밀도 : 5령 기준 50마리 정도의 애벌레를 사육

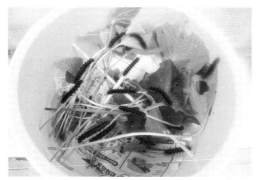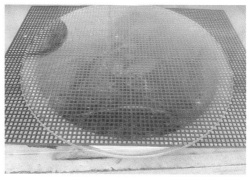

그림 3-1-148. 용기 사육

- 플라스틱 용기를 이용한 사육 방법
  - 사육 용기의 바닥에는 습도 조절과 배설물 처리를 용이하게 하기 위하여 신문지를 3~4 겹 정도 깔아 둔다.
  - 사육 용기의 중간에는 가로대를 두어 먹이식물과 애벌레가 바닥에 닿지 않도록 하여 배설물로 인한 먹이식물의 오염과 애벌레 오염을 막는다.
  - 가로대 위에 먹이식물을 올려놓고 그 위에 다시 애벌레를 올려준다.
  - 뚜껑은 상자 자체의 뚜껑을 이용하여 덮어주면 되지만, 먹이식물의 상태나 양에 따라 신문 1~3장을 덮고, 그 위에 뚜껑을 얹듯이 덮어주면 된다. 식물의 상태나 그 외의 요 인에 의해 용기 내가 과습하면 신문을 1장만 덮고, 그 반대의 경우 먹이식물이 쉽게 건 조될 가능성이 있어 그 정도에 따라 2~3장의 신문을 덮으면 된다.
- 플라스틱 용기를 이용한 사육 시 관리 방법과 주의할 점
  - 용기 바닥에 반드시 신문지를 3~4겹 이상 깔아두어 용기 내의 과습을 막고, 배설물 청 소를 간편하게 할 수 있도록 한다.
  - 바닥에 먹이식물과 애벌레를 넣을 경우 배설물과 먹이식물이 뒤엉켜 오염이 발생하고, 그로 인한 과습이나 질병으로 애벌레가 폐사할 수 있기 때문에 주의하고, 통의 중간 부분에 여러 개의 플라스틱 또는 대나무 막대기를 가로로 두어 먹이식물과 애벌레가 통의 중간쯤에 위치하도록 한다.
  - 먹이식물은 대개 매일 1회, 정해진 시간에 교환해 주는 것을 원칙으로 하고, 하루 동안 먹을 만큼의 먹이만을 공급하도록 조절한다.
  - 용기 내의 습도가 적절히 유지될 경우 바닥의 신문지 중에서 맨 위 장만 약간 젖는 상

태가 유지되며, 바닥의 신문지는 매일 교환하도록 한다.

- 암끝검은나비는 사육 용기의 내부 천정이나 가로로 받쳐준 막대기 등에 붙어 번데기가 되기 때문에 먹이식물을 교환하면서 7~10일 정도를 유지하면 대부분의 애벌레가 용화하여 번데기가 된다.

⑤ 사육실의 관리
- 사육실 내부의 온도를 25~28℃로 유지하며, 광은 14시간 이상으로 유지한다.
- 사육실 내부의 순환 및 환기를 위해 벽체 상부에 외부 공기가 유입되는 소형 팬을 설치하여 순환 및 환기를 돕되 외부 이물질 및 해충의 유입을 막을 수 있는 프리필터를 달아준다.
- 사육실 내부에 별도의 습도관리는 필요하지 않으나, 습도가 높아질 경우 곰팡이가 번질 우려가 있기 때문에 주기적으로 환기를 하며 관리를 해 주어야 한다.

(5) 번데기관리
- 암끝검은표범나비의 번데기는 일반적인 네발나비과의 나비들과 같이 배 끝만 고정하고 거꾸로 매달려 번데기(수용)가 된다.
- 번데기 형성 후 경화까지 약 3일이 경과되면 몸이 경화되어 떼어낼 수 있게 되며, 수거한 번데기는 배 끝 부분을 글루건 등의 접착제를 이용하여 번데기 본래의 수용 상태로 나무 막대기에 거꾸로 붙여 우화시키면 된다.
- 번데기는 5~7일이면 대부분이 우화를 한다.
- 암끝검은표범나비는 애벌레 상태로 겨울을 나기 때문에 번데기는 저장하기가 거의 불가능하며, 7일간 냉장 보관 시 우화율이 50%까지 낮아진다. 따라서 수거한 번데기는 되도록 바로 우화시켜 사용할 수 있도록 한다.

(6) 성충 사육
① 성충의 관리는 앞서 언급한 씨나비(사육 모충)의 관리와 동일한 방법으로 하면 된다.
② 암끝검은나비 성충의 수명은 20~30일 정도로 비교적 다른 나비에 비하여 긴 편이다. 하지만 온도를 비롯한 환경관리가 미흡하거나 먹이 공급이 제대로 되지 않으면 수명이 짧아질 수 있으므로 주의를 기울여야 한다.

③ 성충관리에 있어 가장 중요한 요인은 온도 조건이라 할 수 있다. 성충의 활동 적온은 25~30℃이며, 온도가 25℃ 이하로 내려갈 경우 활동을 둔해지며, 가만히 앉아 있게 되고, 30℃ 이상 올라가면 폐사율이 높아진다.

④ 성충의 먹이 공급은 자연 상태에서의 주요 흡밀원인 엉겅퀴 등의 꽃을 제공하는 것이 가장 좋으나 좁은 공간에서 대량의 나비를 관리해야 하는 경우에는 공간적 제약이 있기 때문에 인공흡밀원(10% 농도의 꿀물)을 공급하는 것이 나비의 성축 관리에 적합하다.

(7) 저장관리

① 암끝검은표범나비는 애벌레로 월동하는 나비이므로, 번데기 상태의 저장은 큰 효율이 없다. 번데기로 저장 시 최대 7일의 기간을 넘지 않도록 관리하며, 기간을 넘길 시에는 우화 부전이나 번데기 자체가 폐사할 확률이 높다.

② 암끝검은표범나비의 애벌레를 사육 중 일부 온도를 낮추게 되면 사육 기간이 길어져 정상적으로 키운 애벌레의 번데기보다 늦게 번데기를 얻을 수 있지만 우화율이 저하될 수 있으며, 우화 후 성충 상태로도 짧은 기간 동안은 저장이 가능하나, 5일이 경과하면 부화율, 우화율이 급격히 저하하고, 성충의 폐사가 일어나므로 저장하지 않는 것이 좋다. 부득이한 경우 5일 이내에 바로 꺼내어 사용하도록 한다.

다. 사육 단계별 사육 체계

(1) 사육 단계별 사육 체계

① 암끝검은표범나비 애벌레의 사육

- 암끝검은표범나비는 먹이식물의 제약과 애벌레 월동으로 인하여 연중 지속적인 사육은 어렵다.
- 이에 따라, 애벌레로 월동을 하는 특성을 이용하여 저온 단일의 조건에서 사육하여 개체를 확보하고 먹이식물의 공급이 용이할 경우 필요에 따라 나비의 생산이 가능하다.
- 일반적인 개체의 경우 사용일로부터 역순으로 계산하여 일정 기간 동안 알 받기를 하면 대량으로 지속적인 사육이 가능하다.

② 생산관리

- 암끝금은표범나비의 사육용 모충 채집은 3월부터 11월까지(제주도 및 남부지역 기준) 가

능하며, 4대 이상 누대 사육한 개체는 가능한 사육용 모충으로 사용하지 않는 것이 좋다.

- 야외에서 채집하여 채란 및 사육한 개체(F1)는 수가 적어 대량 증식을 위한 2차 사육을 실시하고, 사육 2대에서 생산된 개체(F2)를 이용하여 대량 사육 과정을 진행한다.

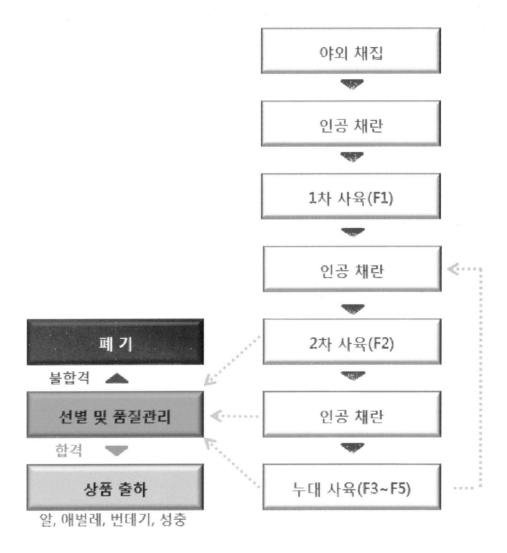

그림 3-1-149. 암끝검은표범나비 사육 체계도(순서도)

(2) 사육 단계별 관리 방법 및 사육 조건

암끝검은표범나비의 사육 단계별 관리 방법 및 사육 조건은 다음의 표에 나타낸 바와 같다.

표 3-1-12. 암끝검은표범나비의 사육 단계별 관리 방법 및 사육 조건

사육 단계	기간	특징 및 관리 방법
알	5~7일	• 암컷이 먹이식물 뒷면에 한 개씩 산란 • 암컷 마리당 100개 내외 정도 산란 • 산란실 규격 3×2×2m, 망실 • 산란실 온도 25~28℃ • 산란실 조명 2,000Lux 이상
애벌레	20~25일	• 먹이식물은 미국제비꽃이 적합 • 먹이식물 화분당 100개 내외 채란 • 산란 후 5~7일후 부화 • 부화한 애벌레는 자신의 알껍질을 먹음 • 초기 애벌레(1~3령)는 화분 상태로 사육 • 3~4령 이후 애벌레는 화분 붙이기를 통하여 5령까지 사육 • 용기당 적정 마릿수 　· 내용량 19L 용기에 최대 50마리 • 용기 사육 시 관리 　· 먹이는 매일 교환, 급여량은 1일분 　· 매일 용기 청소 및 소독 • 사육 조건 : 25℃, 14시간 조명
번데기	7~9일	• 몸속의 배설물을 모두 배설 후 • 실을 내어 배 끝 부분을 고정 및 부착 • 전용 후 3일 경과하면 단단해짐 • 번데기 수거 주의
성충	7~15일	• 수컷이 먼저 우화 • 암컷 우화 후 바로 짝짓기 • 성충 먹이 : 흡밀용 초화류, 10% 꿀물 공급 • 짝짓기 및 산란 시 충분한 흡밀 공급필요

라. 사육 시설 기준

(1) 사육 도구 기준

① 먹이식물 재배용 도구

- 먹이식물 재배를 위해서는 먼저 제비꽃 씨앗 및 화분이 필요하고, 재배용 흙인 상토 및 마사토와 거름이 되는 퇴비 등이 필요하다. 식물 재배를 위한 기본적인 도구인 모종삽, 삽, 호미, 전지가위 등도 필요한 경우가 있으므로 미리 준비해 둔다.

- 암끝검은표범나비의 먹이식물인 제비꽃류는 파종이 쉽고 번식이 용이하므로 종자를 채취하거나 구입하여 노지나 화분에 파종하면 된다. 하지만 파종 후 이듬해에 순이 올라오기 때문에 지속적인 관리가 필요하며, 강한 빛과 물이 잘 빠지지 않는 토양 조건은 피한다.

- 제비꽃의 종자는 대개 7월경에 종자를 채취하여 같은 해 가을에 파종하면 되는데, 종자 파종 후 이듬해에 새순이 올라오고 일정 시간 경과 후 한 뼘 정도 자랐을 때 사육에 이용할 수 있기 때문에, 되도록 많은 양을 화분으로 파종하여 준비하여 둔다.

- 암끝검은표범나비 사육 시 화분 사육만으로는 먹이가 모자라기 때문에 노지에 별도의 재배 포장을 갖추고 노지 재배를 병행하도록 한다.

50구 트레이	가위	모종삽
삽목 상자	사각 화분	상토	퇴비

그림 3-1-150. 먹이식물 재배용 도구들

② 애벌레 사육에 필요한 도구

- 애벌레 사육에 필요한 도구는 사육 용기, 용기 내부 지지대, 신문지, 뚜껑용 플라스틱망 등의 사육 용기 세트와 핀셋, 나무젓가락, 소독수 및 소독 용기 등이 있다.

- 사육 용기는 플라스틱 제품으로 바가지 형태의 용기를 사용하기도 하나, 대량 사육 시에는 면적대비 사육량이 적어 직사각 형태의 상자를 이용한다. 사육 용기는 내용적 19L(360×250×220㎜)의 플라스틱 상자를 이용한다.

- 사육 용기 내부의 바닥과 뚜껑 부분에는 신문지를 여러 겹 겹쳐 깔아주어 내부의 습기를 조절하고, 배설물 등의 청소가 용이하게 한다.

- 플라스틱망은 원예(화분)용 루바망을 이용한다.

- 애벌레의 이동에 이용되는 핀셋이나 나무젓가락은 항상 소독수(70% 에탄올)에 담가 소독 후 이용해야 병의 전염을 최소화할 수 있다.

사육 접시(페트리접시)   바가지형 사육 용기   사육 상자

그림 3-1-151. 애벌레 사육 용기

그림 3-1-152. 번데기 저장고 및 다연실 배양기

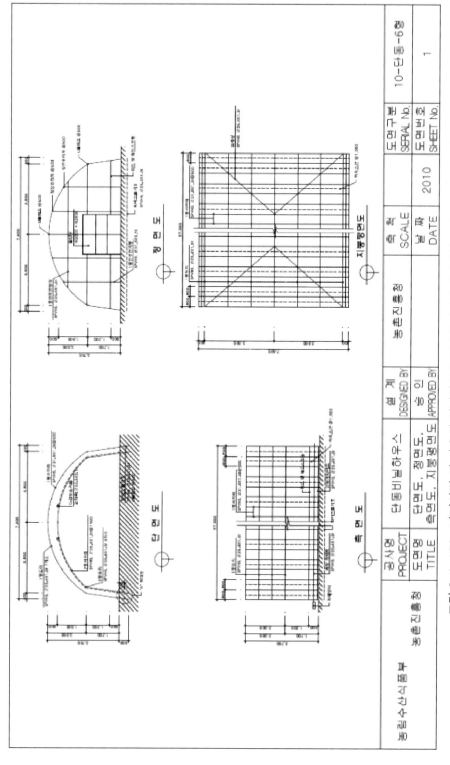

그림 3-1-153. 나비산란 및 사육실 비닐하우스(원예특작시설 내재해형 규격 설계도·시방서)
- 농림수산식품부 고시 제2010-128호(2010. 12. 7) 10-단동-6호

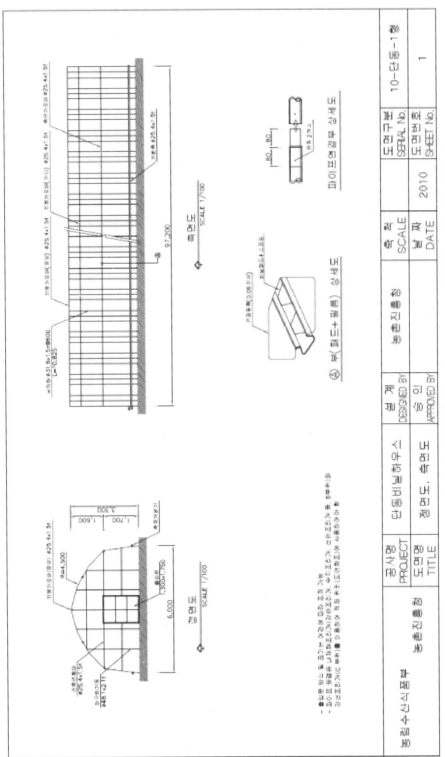

그림 3-1-154. 나비산란 및 사육실 비닐하우스(원예특작시설 내재해형 규격 설계도·시방서)
- 농림수산식품부 고시 제2010-128호(2010. 12. 7) 10-단동-1호

마. 사육 시설 기준

① 먹이식물 재배 시설

- 먹이식물 재배 시설은 비닐하우스 형태로 시설 기준은 〈원예특작시설 내재해형 규격 설계도·시방서 - 농림수산식품부 고시 제2010-128호(2010. 12. 7)〉을 따른다.

- 먹이식물의 안정적인 관리를 위해 2중 비닐하우스 형태가 유리하며 〈단동 2중 비닐하우스(10-단동-6형)〉이 가장 적합할 것으로 판단되나, 황벽나무와 같이 목본류의 먹이식물은 겨울 재배가 어렵고, 야외에서 낙엽이 지고 겨울눈이 생겨야 이듬해 식물이 안정적으로 성장하기 때문에 2중 비닐하우스가 아니어도 무방하다.

- 일반적인 단동하우스로는 〈단동비닐하우스(10-단동-1형)〉이 가장 적합하다. 비닐하우스의 규격은 사육 규모에 맞추어 198㎡(60평) 내외가 적당하며, 198㎡(60평) 규모의 비닐하우스를 이용하여 노지에 먹이식물을 재배하도록 한다.

② 산란실

- 암끝검은표범나비와 같은 중형 나비류는 짝짓기와 산란을 위해 배추흰나비와 같은 소형 나비류에 비해 넓고 높은 산란실의 설치가 요구된다.

- 암끝검은표범나비의 산란실을 먹이식물 재배용 비닐하우스 내에 칸막이를 설치하여 이용할 수도 있으나 별도의 산란실을 설치하는 것도 좋은 방법이다.

- 산란실은 3,000×2,000×2,000㎜의 소형 단독 철골 구조물로, 지붕과 측면은 망으로 처리하여 환기가 잘될 수 있도록 하고 산란광을 피하기 위하여 지붕을 제외한 측면은 차광망을 설치한다..

- 야외에 설치할 경우에는 별도의 조명이 불필요하나, 흐린 날의 채란을 위하여 250W 메탈등을 4~6개소 정도 설치하면 좋다.

- 산란실 내부에는 나비가 쉴 수 있는 관목류의 나무와 계절별로 꽃이 피는 나무를 함께 식재하면 흡밀식물로 이용할 수 있다. 나비의 개체 수가 많을 때에는 별도로 인공흡밀용 꿀물 공급 장치를 마련하여 넣어준다.

③ 화분을 이용한 애벌레 사육 시설

- 화분을 이용한 애벌레 사육 시실은 먹이식물 재배 시설과 겸용으로 이용할 수 있으나 시설 내부의 소독 작업 등에 불편함이 따르므로 동일한 크기와 형태의 비닐하우스를 추

가로 설치하여 이용하는 것이 편리하다.

● 애벌레의 용기 사육은 불시 사육과 월동형 번데기의 생산, 일반형 번데기의 생산, 종령 애벌레의 사육 시에 시행하게 되는데, 이때에는 항온 사육실을 이용하여 균일하고 안정 적인 나비 사육이 이루어지도록 한다.

④ 항온 사육실

● 항온 사육실은 사육 규모에 따라 시설의 규모가 달라질 수 있으나 일반적으로 19.8㎡(6 평) 규모의 항온 사육실을 기준으로 동시에 5,000~6,000마리 정도의 암끝검은표범나비 애벌레를 사육할 수 있다.

● 항온 사육실은 100㎜ 우레탄 패널 재질로 3,000×6,000×2,500㎜의 크기로 제작하며, 3 마력 냉동기와 히터유닛을 설치하면 된다.

● 바닥도 우레탄 패널로 시공하되, C형강을 이용해 기초를 잡고 그 위에 건축하고, 다리를 세워 지면에서 10~20㎝ 정도를 이격하면 형편에 따라 위치를 이동할 수 있는 이동식 형 태로 제작이 가능하다.

● 사육실 내부에는 사육 용기를 올려놓을 수 있는 선반과 작업대를 설치하여 모든 사육 작업이 작업대 위에서 이루어지도록 해야 바닥으로부터 오는 먼지나 세균의 침입을 최 소화할 수 있다.

그림 3-1-155. 항온 사육실

바. 활용 및 주의사항

(1) 활용 방법 및 예시

① 암끝검은표범나비는 주로 나비 생태원 등에 방사하여 전시용으로 이용되는 경우가 많으며, 날리기 행사용으로 이용되기도 한다. 또한, 색깔이 아름답고 암수의 모양이 다르기 때문에 표본 제작 시 두 나비의 차이점이 확실하여 학습용으로도 사용 가능하다.

② 나비 생태원에서 방사하여 전시하는 암끝검은표범나비의 수는 구리시 곤충생태관의 기준으로 매년 3,000마리 내외인 것으로 알려져 있으며, 다른 생태원 및 생태관에서도 상시 이용되고 있는 것으로 추정된다.

③ 나비 생태원 외에도 함평나비축제와 무주 반딧불이축제, 나비와 함께하는 구리시 유채축제, 예천 곤충엑스포, 과천시 곤충생태전시관 등 지역 축제에서도 단기간 내 수만 마리의 나비가 이용되고 있다. 또 최근에는 결혼식, 아파트 모델하우스 개관식, 환경의 날 기념식, 현충일 추념식 등 각종 행사에서도 나비를 이용한 이벤트가 활성화되어 다양한 의미로 나비가 이용되고 있다.

④ 초등학교 교과서에 배추흰나비의 일생에 대한 부분이 포함되면서 나비 기르기에 대한 수요가 많이 확대되고 있는 추세에 있다. 암끝검은표범나비의 경우 먹이식물이 공급 제한과 애벌레 월동의 문제로 아직 기르기 세트의 구성과 보급에 제한이 되고 있으나 다양한 형태로 개발이 추진되고 있다. 인공 먹이를 이용한 사육과 애벌레의 월동주기를 분석, 정리하여 보편화될 경우 네발나비류의 학습용 기르기 세트가 보다 확대 보급될 것으로 전망된다.

(2) 사육 시 주의사항

① 암끝검은표범나비의 사육 시에는 사육 단계별로 관리상의 주의가 요구된다. 채란 과정부터 애벌레나 번데기, 성충에 이르기까지 세심하게 관리를 해주어야 할 필요가 있다.

② 채란 과정의 주의사항

- 암끝검은표범나비의 채란 과정에서는 무엇보다 성충이 건강한 상태로 오래 지속될 수 있도록 하는 것이 중요하다.

- 암끝검은표범나비는 28℃ 정도의 온도에 조도가 3,000Lux 이상의 밝은 환경에서 잘 활동하고, 짝짓기나 산란 행동이 활발하다. 하지만 온도가 낮을 경우에는 먹이 활동이 둔하고, 잘 움직이지 않으며, 보다 따뜻하고 밝은 곳에 앉아 쉬는 경우가 많다. 또 온도가 높으면 지면 가까운 나뭇잎 뒤에 앉아 쉬고 있는 모습을 자주 보인다.

- 이처럼 온도가 활동에 미치는 영향이 가장 크기 때문에 적당한 온도를 유지해 주는 것

이 중요하다. 너무 높거나 낮은 온도가 지속되면 성충의 수명이 짧아지고, 산란율이 급격히 낮아지는 경향을 보인다.

- 적당한 환경이 유지되면 다음으로는 충분한 먹이의 공급이 지속되어야 한다. 이 때문에 산란실 내에 자연 흡밀이 가능한 흡밀식물을 식재하고, 부가적으로 꿀물을 적신 솜을 여러 곳에 놓아 먹이가 부족해 지지 않도록 한다.
- 채란용 먹이식물의 화분은 넣어주기 전에 시든 가지가 없는지 확인하고 제거해 주어야 하며, 화분에 발생한 잡초도 미리 제거하여 넣어준다. 또 먹이식물 잎 주변을 잘 살펴 거미나 다른 벌레가 있는지 확인하여 제거하도록 하며, 진딧물이 발생한 화분은 사용하지 않거나 진딧물이 발생한 부분을 제거한 후 이용하도록 한다.
- 채란된 먹이식물 화분은 화분 상태로 초기 사육까지 진행해야 하므로 잎이 풍성하고, 새순이 많이 돋아 있는 화분을 선택하여 넣어주는 것이 중요하다. 특히 어린 애벌레 시기에는 먹이식물의 상태에 따라 사육의 성패가 좌우되는 경우가 있기 때문에 각별히 주의해야 한다.

③ 용기 사육 시의 주의사항
- 용기 사육 시에는 먹이식물이 시들거나, 부족하지 않도록 매일 새로운 먹이를 공급해 주어야 하며, 적정한 공급량을 파악하여 너무 많은 먹이를 공급하지 않도록 한다.
- 용기의 바닥이나 뚜껑으로 덮은 신문지는 매일 갈아주고, 용기나 뚜껑이 오염되었을 때에는 즉각 새로운 용기로 교체한다.
- 사육 도구는 항상 청결히 세척하고 소독하여 병의 발생이나 전염을 예방할 수 있도록 하고, 사육장에 출입하는 관리자의 개인위생에도 철저를 기해 외부로부터 잡충이나 병균이 유입되지 않도록 한다.

④ 병해충관리
- 사육 중에는 기생충이나 병원균에 감염된 개체나 농약에 의해 피해를 입은 개체를 발생하는 경우가 있는데, 보이는 즉시 제거하여 다른 개체로의 전염이나 확산을 차단하는 것도 중요하다.
- 암끝검은표범나비의 대량 사육 시에는 높은 사육밀도로 인하여 사육장 내부나 외부에 항상 기생벌의 발생 우려가 높고 대발생 시 상당한 피해를 입을 수도 있기 때문에 모든 출입문과 창문에는 방충망을 설치하여 기생충과 같은 잡충의 출입을 막을 수 있도록 하고, 흡충식 살충기나, UV 살충기 등을 먹이식물 재배용 비닐하우스나 사육장 주변 여러 곳에 설치하여 잡충을 발생 빈도를 낮출 수 있도록 해야 한다.

제2장. 사료용, 식·약용 곤충

1. 쌍별귀뚜라미(*Gryllus bimaculatus* (Orthoptera : Gryllidae))

그림 3-2-1. 쌍별귀뚜라미

가. 일반 생태

(1) 분류학적 특성

쌍별귀뚜라미는 절지동물문 곤충강 메뚜기목 귀뚜라미과에 속하며 불완전 변태하는 곤충이다. 아열대성으로 온도 조건이 맞으면 계속 누대 사육이 가능하며 주로 라오스·인도네시아·말레시아·아프리카 등에 분포하던 것으로 우리나라에 전해진 것은 대략 14년 정도 이전으로 알려져 있다. 유입된 경로는 일본에서 애완동물 애호가들이 애완동물의 먹이로 사용하던 것을 소량씩 국내로 가져와 먹이곤충으로 이용되던 것들이 국내에서 번식을 통해 애완동물의 먹이로 활용되기 시작하였고 지금은 양서파충류, 물고기, 조류(鳥類) 등의 먹이로 대중화되어 활용되고 있다. 최근 산업곤충에 대한 관심이 높아지면서 식용, 약용 및 가축의 사료로 활용할 수 있는 곤충 종 중에서 쌍별귀뚜라미가 관심을 받고 있다. 쌍별귀뚜라미는 국내종인 왕귀뚜라미와 달리 월동 기간을 거치지 않고 온도만 맞으면 사계절 번식이 가능하며 단백질 함량이 높고 사육통에서 집단 사육이 가능한 장점이 있어 앞으로 산업화에 적극 활용될 수 있는 곤충이다.

암컷   수컷

그림 3-2-2. 쌍별귀뚜라미 암컷과 수컷 비교

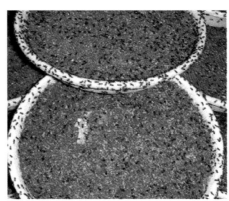

쌍별귀뚜라미 알   산란판에서 부화한 쌍별귀뚜라미 약충

그림 3-2-3. 쌍별귀뚜라미 알과 부화약충

(2) 생태

쌍별귀뚜라미는 잡식성으로 곡물, 채소, 동물성 사료, 농업 부산물 사료 등 무엇이나 잘 먹으며 생육 기간이 90일 정도로 짧은 편이다. 사육할 때는 온도 변화에 민감하여 냉·난방 장치가 필요하고 동족 포식이 상당히 강한 특징을 가지고 있어서 사육통에서의 밀도 조절과 영양분이 충분하도록 사료의 배합 비율에 유의하여야 한다. 알의 월동이 필요치 않아 연중 실내 대량 사육이 가능하며 약충 시기에는 주행성(晝行性)이고 성충 시기에는 야행성(夜行性)으로 알려져 있다.

알은 투명한 백색으로 젖은 상토나 모래흙, 톱밥, 부엽토 등 수분이 많은 부드러운 재질에 산란한다. 산란 욕구가 충만할 때는 젖은 키친타올, 계란판, 솜 등에도 산란한다. 산란은 긴 산란관을 이용하며 산란 배지 깊숙하게 알을 한 개씩 산란하며 일생 동안 100~200여 개 이상의 알을 낳는다. 알의 크기는 3㎜ 정도의 긴 타원형으로 알껍질은 무르고 약해 깨지거나 건조한 상태로 있으면 손상을 받아 부화하지 못한다. 알이 부화하면 부화된 약충은 부화 즉시 알껍질과 산란판의 수분을 먹으며 발육한다. 1~2일간 산란 받은 산란판의 알은 일반적인 사육 온도 조건(28±3℃)에서 약 13일 정도 발육하면 부화를 시작하여 1~5일차까지 대부분 부화한다. 쌍별귀뚜라미의 알의 발육 및 부화는 사육실의 온도와 습도 조건에 민감하며 특히 온도 조건이 20℃ 이하에서는 부화하지 못하며 25℃ 이하에서는 3~4주가 소요된다.

약충은 부화 직후 백색에서 흑색으로 서서히 변하며 크기는 2~3㎜ 정도이다. 약충 기간에는 곡물이나 동물성 단백질이 들어 있는 사료를 주고 수분이 많은 채소나 과일 등을 주어도 좋다. 약충 기간에는 습도의 조절이 가장 중요한 사육 조건으로서 과(過)건조 상태를 조심하고 과습에도 주의를 요한다. 사육통의 지피물인 신문지 등의 종이 또는 볏짚 등이 완전히 건조하지 않도록 유지하는 것이 중요하다.

약충의 식성은 성충과 마찬가지로 일반 가축사료를 비롯하여 농업 부산물 등을 모두 섭식할 수 있다. 사료의 성분은 약충의 발육에 영향을 미치므로 목적에 맞도록 사료를 배합하여 공급하는 것이 중요하다.

쌍별귀뚜라미는 야행성으로 어두운 곳을 좋아 하나 햇볕에 대해 큰 영향은 없다. 다만, 어릴 때부터 햇빛을 받고 자란 개체들은 야생 본능을 가지게 되어 실내에서 사육된 개체보다 활발함이 심하여 사육용 리빙박스에서 탈출 하는 개체가 많고 심지어 날아다니는 경우가 있다. 멀리 나는 경우는 50m 이상 먼 거리를 날기도 한다.

사육상에서 약충의 사육밀도는 대단히 중요하다. 밀도가 높아질수록 개체의 크기가 작아지는 것으로 보이고 크기의 편차가 매우 심한 경우가 많다. 따라서 적정한 사육밀도의 선정이 매우 중요할 수 있다.

대략 3,000마리의 약충을 넣어 사육했을 때 성충까지 살아남는 개체 수는 800~1,200마리 정도이며 생존 개체는 먹이, 사육 환경 등 사육 기술에 따라 많은 차이가 생기는 것으로 조사되었다. 따라서 리빙박스 사육상에 투입하는 부화 약충의 수는 사육 기술에 따라 적절한 숫자를 넣어야 한다. 3,000마리 이상 더 많은 양의 약충을 넣어도 최종적으로 사육된 성충 수의 결과에서는 별 차이가 없었고 오히려 크기의 편차가 커져 사육 효율이 떨어지는 경향이 있었다.

약충 기간은 온도가 높아질수록 단축되나 임계온도는 35℃로 조사되었고 일반적인 사육 온도(25±3℃)에서 약 2개월의 발육 기간을 거치면 성충이 되며 평균 7번의 탈피를 하고 한 번 탈피할 때마다 급격한 크기로 성장한다.

성충은 하루 평균 0.043~0.188g(평균 0.104g)의 가축사료를 섭식하였으며 가축사료와 함께 수분이 풍부한 채소(무, 배춧잎 등)를 섭식하였다. 대체로 암컷의 체장이 수컷보다 크고 튼튼하며 복부 가운데 검은색의 끝이 곤봉 모양으로 생긴 긴 산란관이 있는 것이 암컷이다. 수컷은 산란관이 없고 암컷보다 체장이 작으며 날개를 둥글게 말아 울음소리를 내므로 쉽게 구별할 수 있다. 암컷성충은 부드러운 흙이나 젖은 탈지면 또는 오아시스 등에 산란관을 꽂아 산란하며 대략 100~200개 이상으로 판단되나 또 다른 조사에서는 128~1,683개(평균 648.6개)로 조사된 바 있다(정과 배, 2007).

수컷은 성충이 충분히 성장했을 때 울기 시작하며 보통 7일이 지나서 암컷을 부르기 위한 맹렬한 울음을 울며 교미가 끝난 후에는 자기 영역 표시의 일환으로 키륵키륵 하며 조용해진다.

교미는 암컷의 산란관이 길어 수컷이 접근하기가 어려워 암컷이 위에 올라가서 수컷의 생식기에 결합하며 암컷의 저장낭에 정자를 보관하여 산란할 때 수정시킨다.

산란판을 이용한 채란 기간은 하루 정도가 좋으며 너무 길어지면 부화 약충의 개체 간 편차가 커져 최종적인 수확에 불편함이 있고 산란판이 건조해져 약충을 분리할 때 먼지로 인한 작업성이 나빠진다.

산란판은 재질에 관계없이 수분 함량이 60% 정도의 산란 배지가 좋다. 흔히 산란 배지를 손에 쥐고 힘을 주었을 때 물이 떨어지지 않을 정도로 수분을 공급하며 산란이 끝난 후에도 배지가 마르지 않도록 관리하여야 부화율이 높아진다.

부화 약충의 분리는 스프레이건으로 불어낼 수 있는데 과거에는 입으로 불거나 헤어드라이어를 사용하여 털어내기도 하였다. 부화한 어린 약충은 매우 연약하므로 부드러운 붓으로 털어내기도 한다.

대략 7번 정도의 탈피 기간을 거치는 동안 포식을 많이 당하는데, 그 이유는 먹이 배합의 문제점 즉 동물성 단백질 부족과 활동 공간이 비좁거나 여유가 없어 개체 간에 스트레스를 유발하여 서로 잡아먹는 현상이 일어나게 된다.

동종 포식율을 줄이기 위해서는 균형 잡힌 사료의 공급과 함께 스트레스를 최소로 줄이는 것이 중요하며 사육상에 계란판이나 신문지를 넣어주어 공간 활용을 할 수 있게 해주어 포식의 횟수를 줄일 수 있어야 한다.

다음으로는 수분 공급이 적당하지 않을 때이다. 이때는 동족을 포식함으로 수분을 취할 수 있기 때문인데 스프레이를 이용하여 물을 뿌려 주거나 채소를 넣어 주어 해결할 수도 있다. 동종 포식은 주로 탈피할 때 많이 일어나는데, 그때가 귀뚜라미가 가장 약할 때이고 탈피에는 대략 30

분에서 1시간 정도의 시간이 필요하므로 다른 귀뚜라미의 공격을 받기 쉽다. 귀뚜라미는 습성상 벽을 타고 기어 올라가는 습성이 있다. 미끄러운 리빙박스의 벽면은 잘 타지 못하나 약충 때는 몸이 가볍고 급수 후 리빙박스의 벽면에 수분이 남아 있을 때 벽을 타고 탈출을 시도하기도 한다. 이를 예방하기 위해서는 박스의 윗부분에 테이핑 처리를 하여 미끄럽게 하거나 왁스나 기름 같은 걸로 코팅을 해주어야 한다.

알: 10~15일

유충: 약 2개월

성충: 약 1개월

그림 3-2-4. 쌍별귀뚜라미의 생활사

유백색의 길쭉한 장타원형의 알은 적당한 습도(60%)와 온도 25~28℃에서 발육하여 10~15일정도 지나면 하얀색 약충으로 부화한다. 부화 약충은 이때부터 7번의 탈피(불완전변태)를 하고 나면 완전히 성숙한 날개가 달린 성충으로 탈피한다. 탈피 직후의 성충은 유백색으로 연약하며 시간이 지나면서 점점 짙은 갈색의 성충으로 바뀐다. 쌍별귀뚜라미는 약충 발육 기간인 약 2개월과 성충의 수명 1개월을 합산하여 평균 3개월 정도 생존한다. 이는 온도가 적당한 25~28℃가 되어야 한다. 그때부터 약 5~7일간의 시간이 지나 충분히 성숙하면 수컷은 짝짓기를 위한 울음을 맹렬하게 울어 암컷을 부르기 시작된다. 암컷은 교미 후 산란을 시작하여 산란 초기에 많은 수를 산란하고 점차 감소하여 2주차에 다시 산란의 정점을 나타낸다. 산란을 목적으로 사육되는 경우 1~2주일간 채란을 받는 것이 효과적일 것으로 생각된다.

(3) 현황

쌍별귀뚜라미는 애완동물의 생먹이로 이용하기 위해 외국으로부터 들여오게 되었으며, 아열대성의 특성상 월동하지 않아 연중 누대 사육이 가능하여 널리 활용할 수 있는 곤충으로 인정받고 있다. 따라서 본래의 목적인 애완동물의 먹이 외에 식용 및 기능성 가축사료로 활용하려는 시도가 본격적으로 진행되어지고 있다.

그 섭식 대상자들로는 파충류, 물고기, 조류, 양서류, 유인원, 독수리 등 맹금류와 원숭이, 사막여우, 미어켓, 고슴도치, 햄스터 등이며 요즘은 낚시 미끼로도 활용 되고 있다. 또한, 어린이들의 애완곤충으로 유치원, 학교 등으로 판매가 이루어지고 있으며 울음소리를 활용한 정서 곤충으로 이용되기도 한다. 생먹이로서 살아 있는 상품 외에 잘 건조시킨 건조 귀뚜라미는 저장성이 길며 유통의 편리함, 다루기 쉬운 점으로 생체보다 여러 곳에 활용되어지고 있다. 또한, 일정한 모양을 갖춘 성형된 제품으로 만들어져 곤충에 대한 거부감을 가진 소비자들에게 판매가 이루어지고 있다.

(4) 이용 배경

귀뚜라미는 양질의 단백질(62% 이상) 함량과 불포화지방산, 다양한 아미노산, 미네랄의 보고로서 애완동물 먹이뿐만 아니라 인간의 식용 및 약용으로도 적용할 수 있는 훌륭한 영양 성분을 고루 포함하고 있다.

유엔의 국제식량기구의 보고대로 곤충이 미래 인류의 식량으로 선정된 것은 고무적인 일이 아닐 수 없다

지구 환경의 이상 변화로 모든 농작물이 타격을 입을 때 적은 비용과 자연재해의 영향을 덜 받는 곤충이 그 대체 식품이 될 것은 분명한 이치이며, 같은 양의 사료를 이용했을 때 소나 돼지보다 높은 사료 전환율을 보이는 것으로도 미래 대체 식량으로 손색이 없다는 뜻이다.

표 3-2-1. 쌍별귀뚜라미 성분 분석표

의뢰 내용	대상물품명	귀뚜라미(국산)	
	접수번호	분석의뢰-69	접수년월일 2012. 04. 16
	용도	성분등록	
분석 결과	분석항목	성적(단위)	비고
	비소(As)	0.00mg/kg	
	카드뮴(Cd)	0.00mg/kg	
	수은(Hg)	흔적	
	납(Pb)	0.00mg/kg	
	아연(Zn)	202.52mg/kg	
	크롬(Cr)	0.00mg/kg	
	토사	0.03%	
	조섬유	8.57%	
	조단백질	62.13%	
	조지방	21.97%	
	조회분	4.16%	
	수분	3.84%	
	칼슘(Ca)	1210.82mg/kg	
	인(P)	8572.63mg/kg	
	철(Fe)	64.59mg/kg	
	칼륨(K)	9829.16mg/kg	
	구리(Cu)	24.85mg/kg	
	마그네슘(Mg)	797.34mg/kg	
	망간(Mn)	43.39mg/kg	
	나트륨(Na)	3943.93mg/kg	
	염분	1.51%	
	시스테인(CYS)	0.587%	
	메치오닌(MET)	0.773%	
	아스파르트산(ASP)	5.039%	

나. 사육 방법

(1) 알 받기

① 배지 조성 : 부엽토, 톱밥, 모래, 상토, 휴지, 오아시스 등을 사용.

② 모래 같은 경우는 톱밥과 모래의 비율을 70 : 30 정도로 조절하는 것이 적당하다.

③ 채란밀도 : 채란판은 오후에 놓고 다음 날 아침에 꺼내주어야 습도 조절이 용이하고 알을 낳고 난 성충이 다른 알을 잡아 먹는 것을 방지할 수 있다.

④ 채란 후 관리 요령 : 채란된 알은 습도 유지를 위해 신경을 써야 하며 채란판을 보관한 부화상자의 두껑을 공기가 통할 정도만 남기고 덮어두는 것이 좋다.

(2) 약충 사육

표준화된 약충의 사육을 위해서는 사육하기 적당한 마릿수를 넣어 주어야 하며 너무 많은 경우 균일한 품질의 마릿수를 기대하기가 어렵다.

① 적정 사육밀도 : 보통 가로, 세로, 높이가 36×51×28.5㎝인 용량 50L 사육통에 2,000~3,000 마리를 기준으로 사육하는 것이 결과적인 증식률을 고려할 때 효율적인 것으로 보인다.

② 사육밀도 선정 시 주의사항 : 약충 투입량은 사육 환경과 사육 기술에 따라 필요 시기나 용도별 요구량이 다를 수 있으므로 항상 같은 양을 넣고 키우는 것은 아니다.

③ 수분의 공급 및 습도 유지 : 부화 약충을 각각의 사육통에 넣고 사육하기 시작하면서 가장 중요한 것이 수분의 공급이다. 하루 두 번 정도 잘게 찢은 신문지에 물을 주어야 되는데 주는 방법이나 횟수는 그날의 온도, 습도, 풍량 등 사육 환경 요인에 따라 많이 달라질 수 있다.

④ 주의사항 : 온도, 습도가 적합하지 않으면 귀뚜라미에 치명적인 응애라는 해충이 발생할 수 있다. 응애는 발생되면 순식간에 전 사육장으로 번지기 때문에 항상 주의하여야 한다. 응애가 붙은 귀뚜라미는 그것을 섭식하는 동물이 냄새 때문에 기피하기 때문에 초창기에는 모두 소각하는 방법을 쓰기도 했다. 한 번 사육했던 통은 반드시 물로 세척하여 질병 예방에 주의를 하여야 한다.

⑤ 먹이 공급 : 약충 사육 시 채소나 과일 등을 신문지의 위에 깔아주어 먹을 수 있도록 한다. 이때 너무 많은 양을 주게 되면 각종 곤충의 발생으로 사육 환경이 극도로 나빠지니 주의해야 하며 과일을 주었을 때 초파리나 파리 구더기의 발생을 방지할 수 있어야 된다.

⑥ 약충 사육 용기

플라스틱으로 된 리빙박스(50~60L)가 내구성이나 이용의 효율성에서 편리하다. 또한, 바퀴가 달려 있어서 한 번에 많은 양을 옮길 수 있어서 편리하다.

⑦ 약충 사육 환경관리

쌍별귀뚜라미는 습도가 높은 서식처를 선호하므로 사육상의 은신처 등이 적당히 물에 젖도록 분무기 등으로 물을 뿌려주어야 한다. 물은 곤충에 직접 닿지 않는 것이 좋으며 서식 공간이 모두 젖어 활동이 저해되지 않는 등의 세심한 주의가 필요하다. 특히 물의 양은 발육 정도(약충의 충태)나 날마다 달라지는 사육 환경, 기상 환경의 변화에 따라 조금씩 투입량을 달리하여 적당히 주어야 한다.

⑧ 약충 먹이 관리 요령

먹이는 매일 새로운 것으로 공급해 주어야 된다.

수분 공급을 위해 물을 자주 주다보면 먹이가 젖어 부패되어 먹일 수 없는 경우가 종종 발생한다. 이때는 바로 모두 교환해 주어야 다른 피해를 줄일 수 있다.

(3) 성충 사육

알을 낳은 성충은 20~30일가량 생존하며 사망에 이르면 먹이 활동이 줄어진다. 성충의 사육 목적에 따라 채란용과 상품용으로 나누어 사육하면 효율적인 관리가 될 수 있으며 사육 기간 동안 배합 사료에 무나 배추 등을 공급해 주어야 한다.

(4) 저장관리

건조 후 냉동고에 냉동 보관을 원칙으로 한다.

단백질과 불포화지방산이 많아 산폐되는 것에 주의하여야 된다.

건조 방법은 열풍건조, 동결건조, 원적외선 건조 등의 방법을 사용할 수 있다.

(5) 먹이 및 환경 기준

① 먹이 조건 및 종류 : 귀뚜라미는 잡식성으로 대부분 사료를 먹이로 발육한다. 일반적인 사료로 밀기울(소맥피), 미강(쌀겨), 옥수수가루 등이 많이 사용되는 먹이이며 이것에 단백질 성분(어분, 콩가루, 비타민, 효모 등) 및 기능성 성분을 혼합하여 먹이로 공급하기도 한다. 손쉽게 양돈 사료나 양계 사료를 공급하여도 된다.

밀기울(소맥피)은 가장 잘 알려진 귀뚜라미 사육용 사료이다. 살충제 및 독성에 노출되지 않은 채소잎, 무 등을 보충하여 주면 수분과 기타 영양소를 섭취하는 데 도움이 된다.

② 사료의 제작 : 성충과 약충은 모두 채소 및 과일의 수분과 영양분을 섭취한다. 특히 성충에게 과일껍질 등을 먹이로 공급하면 동족 포식이 줄어든다.

- 순밀기울 사료(100%) + 채소 및 과일
- 밀기울(60%) + 어분(5%) + 옥수수가루(10%) + 과일, 채소
- 양돈 사료(80~90%) + 밀기울(20~10%)

③ 온도 환경 : 귀뚜라미는 일반적인 곤충과 같이 온도가 15℃ 이하로 낮아지면 움직임이 거의 없고 먹이 활동도 중지된다. 그리고 온도가 증가하면 다시 활동하여 생장하게 되나 정상적으로 교미와 산란이 이루어지기 위해서는 25℃ 정도가 유지되어야 한다.

④ 사육에 적합한 온도 : 25~30℃

귀뚜라미의 최적 온도 조건은 일반적인 곤충의 사육 온도와 같은 25~30℃이다. 일반적으로 온도가 증가하면 발육 기간은 단축된다.

⑤ 임계 치사 고온 : 40℃ 이상

귀뚜라미가 고온으로 인해 폐사가 시작되는 온도는 40~45℃이며 온도가 증가하면 자체 발열로 몰살하는 경우가 많다. 여름철 살아 있는 생체의 유통에서 가장 어려운 것이 고온에 의한 폐사이다.

⑥ 임계 치사 저온 : -1℃ 이하

귀뚜라미는 온도가 영하로 떨어지면 회복이 불가능한 상태로 된다.

영상 15℃ 이하부터는 먹이 활동이 중지되고 움직임도 거의 없다.

영상 10℃ 이하의 온도에서 견딘 개체도 온도가 올라가도 생명만 간신히 유지하는 정도이다.

⑦ 습도 환경 : 귀뚜라미는 대부분의 수분을 채소 및 과일 등의 먹이와 하루 두 번 정도 공급해주는 물로 섭취한다. 적당한 수분은 암컷의 산란 및 알의 발육 및 부화에 필수적인 중요한 요소이다. 항상 일정한 습도(60%정도) 유지가 필수적이다

⑧ 광조건 : 귀뚜라미는 어두운 환경에 적응하여 강한 직사광선보다는 약한 광선 및 어두운 사육 환경에서 안정적으로 발육한다.

강한 직사광선에서는 야성을 찾기 때문에 사육 및 통제가 어려워진다.

다. 사육 단계별 사육 체계

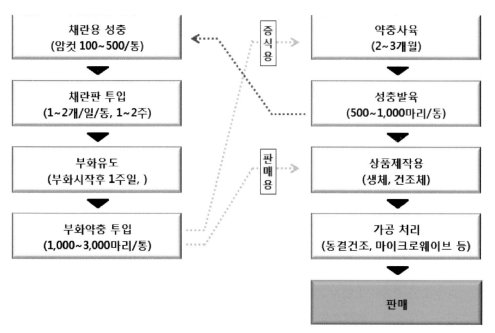

그림 3-2-5. 쌍별귀뚜라미의 사육 체계도(순서도)

표 3-2-2. 쌍별귀뚜라미의 관리 방법 및 사육 조건

사육 단계	사진	관리 방법	발육 기간	사육 조건
채란 및 알		• 먹이(사료, 야채) 공급 • 산란판은 매일 또는 격일로 1~2주간 투입 • 습도 유지(물을 배지에 분무함)	약 13일	25℃~30℃
어린 약충		• 산란 후 약 13일 후 부화하기 시작하여 약 1주일간 부화 • 붓이나 바람으로 분리 • 사육통당 1,000~2,000마리씩 분배하여 사육	40~50일	27℃~30℃

사육 단계	사진	관리 방법	발육 기간	사육 조건
약충		• 먹이(사료, 채소) 공급 • 습도 유지(물을 배지에 분무함)	40~50일	27℃~30℃
성충		성충이되면 필요에 따라 증식용과 판매용으로 구분하여 활용함	20일	27℃~30℃

라. 사육 시설 기준 및 생산성

(1) 사육 도구 기준

사육용기(50L 플라스틱 박스, 360×510×285mm)

그림 3-2-6. 표준 사육 용기

① 사육 용기

대량 생산을 목적으로 한 사육을 위해서는 규격화된 사육 상자를 사용하는 것이 생산성 및 경제성에서 유리한다. 국내에서는 농가 실정에 따라 여러 가지 상자를 사용하고 있으며 재질로는 플라스틱을 가장 선호한다.

플라스틱 상자는 귀뚜라미가 기어 올라오지 못하며 반영구적이며 세척이 용이하고 운반이 편리하고 보관이 편리하여 공간을 적게 차지한다. 일반적으로 50~60L정도의 용량을 사용하면 1,000여 마리의 성충을 사육할 수 있다.

② 사육 선반

대량 사육을 위해서는 여러 칸으로 쌓을 수 있는 선반이 필요하다.

사육 선반은 사육실의 규모와 형편에 맞도록 조립식 앵글, 와이어랙 선반, 자체 제작한 선반 등이 있으며 고정형 또는 바퀴가 있는 이동형을 제작하여 사용할 수 있으나 비용이 많이 든다. 바퀴가 있는 선반은 이동이 용이하여 사육 상자 배열에 도움을 줄 수 있다.

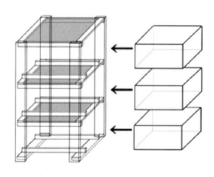

그림 3-2-7. 다양한 사육 선반

③ 기타 사육 도구

사육에 필요한 도구는 사육 환경 및 사육 기술에 따라 다양한 도구를 응용하여 사용할
수 있다.

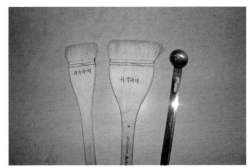
쌍별귀뚜라미 알

산란판에서 부화한 쌍별귀뚜라미 약충

열매

잎

수피

그림 3-2-8. 기타 사육 도구

(2) 사육 시설 기준

쌍별귀뚜라미의 생태 특성상 직사광선을 피할 수 있는 시설 또는 구조물로 된 사육 시설로
구성되어야 한다.

일반적인 조립식 패널 건물, 컨테이너박스 비닐하우스, 지하실 창고 등 온도 조절이 가능한 시
설이 좋다.

냉·난방 시설은 귀뚜라미의 사육 최적 온도인 25~30℃를 유지할 수 있도록 구성되어야 한다.
온도와 함께 습도 조절이 필수적으로 필요하므로 가습기와 제습기가 필요하다.

사육 선반은 공간 활용을 위한 와이어렉 또는 파이프로 만든 선반을 활용할 수 있도록 한다.

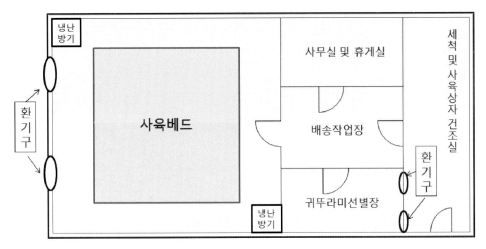

그림 3-2-9. 사육 시설 도면

(3) 단위 생산성

① 쌍별귀뚜라미를 생산하기 위해서는 표준 사육 상자를 선반에 3~4단으로 적재하여 사육할 수 있다.

② 생산성은 매일 채란 받는 채란 통수에 의해 결정되며 일일 30여 통에서 채란 받으면 주간 150여 통으로서 매월 600여 통이 새로 세팅된다.

③ 쌍별귀뚜라미의 발육 기간 2~3개월 정도를 사육한 후 성충이 되면 상품화할 수 있으므로 3개월 동안의 누적된 사육통은 약 1,800여 개로서 매일 30여 통을 수확할 수 있게 된다.

④ 통당 생산량은 투입된 부화 약충 2,000~3,000마리 기준으로 800~1,000마리가 되며 마리당 0.5~0.6g인 중량으로 환산하면 수확량은 통당 400~600g으로서 일일 수확량은 1.2~1.8 kg 정도 된다.

표 3-2-3. 단위 면적당 생산량(순수 사육실 면적 165㎡ (50평) 기준)

채란 통수/일	약충 사육 통수/연	먹이 소요량/연	필요 인력	총생산량(kg)/연
30개 이상	5,600여통	약 8,000kg	3~4명	약 3,000kg

주) 각각의 통당 평균 사육 개체 수는 800~1,200마리임. 먹이는 가축사료 중 양돈사료 기준임.
　　총생산량은 생체 중량임.

마. 활용 및 주의사항

(1) 활용 방법 및 예시

① 생체의 활용

- 애완동물(조류) 먹이 : 고슴도치 먹이, 마우스, 햄스터 등
- 애완동물(파충류) 먹이 : 비어디 드레곤, 개코 도마뱀 등
- 가금류 먹이, 낚시미끼, 양서류, 절지류, 설치류 등

② 건체의 활용

- 가축사료로의 활용
- 기능성 물질 추출용 원료로의 활용
- 현재 시판되고 있는 상품은 주로 생체로 판매되고 있으며 200마리, 500마리, 1,000마리 형태의 제품이 판매되고 있다.
- 현재 거래되는 귀뚜라미는 마리당으로 거래되고 있으며 인터넷을 통해 판매되고 있다.

귀뚜라미 '1,000'마리

귀뚜라미(작은유충) '500'마리

귀뚜라미(작은유충) '200'마리

| 귀뚜라미

귀뚜라미 할인 고정강동

활빙귀뚜라미 할인 인기상품

그림 3-2-10. 인터넷 판매 중인 귀뚜라미

(2) 사육 시 주의사항

① 채란

- 채란 시 가장 중요한 습도(60%) 조절에 신경을 써야 된다.
- 산란판이 과습하면 각종 곰팡이류가 번식되어 부화율을 떨어뜨리고 너무 건조하면 약충 분리 작업에 많은 먼지가 발생하여 건강에 좋지 않다.

② 질병 예방

- 고온 다습 저온 다습 환경에서 응애류의 발생과 과건조 상태에서의 탈피의 어려움이 상존하므로 철저한 환기가 중요하다.
- 가습기와 제습기의 활용으로 최적의 사육 환경을 유지하여야 질병을 예방할 수 있다.

③ 응애의 예찰 및 방제

- 젖은 사료나 저온 다습한 환경이 오래 진행되면 응애가 발생할 수 있다. 응애는 주로 사료에 혼합되어 오염되기도 한다. 응애가 발생하면 독특한 냄새로 섭식 동물의 기피 및 사육 환경의 악화를 유발하므로 오염되지 않도록 주의해야 한다.
- 응애에 오염되면 강한 햇빛으로 사육 도구를 살균하고 오염된 사육통을 제거하며 세척된 사육 용기를 사용하여야 한다. 그리고 사육 환경을 변화시켜 응애의 발생을 예방하여야 한다.

2. 갈색거저리 *Tenebrio molitor* L.

그림 3-2-11. 갈색거저리

가. 일반 생태

(1) 분류학적 특성

갈색거저리는 절지동물문 곤충강 딱정벌레목 거저리과 곡물거저리속에 속한다.

유충의 몸길이는 28~35㎜, 성충은 15~20㎜이며 유충은 전체적으로 갈색을 띠며 성충은 초기 우화 시 유백색이나 점차 황갈색에서 흑갈색으로 변화하여 흑적갈색을 나타낸다. 영어로는 밀웜 (meal worm)이라 불린다. 중국, 일본, 우리나라에 분포한다. 중국에서는 황분충(黃分蟲)으로 불리며 흔히 저장 곡물 해충으로 알려져 있다.

(2) 생태

갈색거저리 성충과 유충은 식물성 물질(곡류(穀類), 채소 등)을 먹으며 발육 기간이 3~4개월로 길다. 열악한 환경에서도 생존 능력이 강한 곤충으로 먹이가 없거나 온도의 변화가 심해도 생존할 수 있다. 이러한 생물학적 특성으로 연중 실내 대량 사육이 가능한 곤충종이다.

알은 투명한 유백색으로 산란할 때 점착 물질(점액)이 붙어 있어 산란배지(밀기울 등)나 사육용기에 붙어 산란한다. 알의 크기는 1~1.25㎜ 정도의 긴 타원형으로 알껍질은 무르고 약해 깨지기 쉽다. 알은 일반적으로 여러 개를 덩어리로 산란하거나 한 개씩 사료 중에 흩어 낳거나 사육통 바닥에 붙여 낳기도 한다. 알이 부화하면 부화 유충은 부화 즉시 알껍질과 알껍질에 붙은 사료를 먹으며 발육한다. 알은 온도 조건에 따라 약 1~2주일이면 부화한다(25±3℃). 10℃ 이하에서는 부화하지 못하며 15~20℃에서는 3~4주가 소요된다.

유충은 부화 직후 유백색에서 갈색으로 변하며 크기는 2~3㎜ 정도이다. 유충 기간에는 수분이 많은 채소나 과일 등을 먹이로 주면 집단적으로 모여서 먹는 습성을 보인다.

유충의 식성은 성충과 마찬가지로 일반 가축사료를 비롯하여 농업 부산물, 과일, 채소 등을 모두 섭식할 수 있다. 사료의 성분은 유충의 발육에 영향을 미치므로 목적에 맞도록 사료를 배합하여 공급하는 것이 중요하다. 사료비용의 절감을 위해서 다양한 농업 부산물을 활용할 수 있다.

유충은 어두운 곳을 좋아하며 사육상에서 밀도가 높아질수록 개체의 크기가 작아지는 것으로 조사된 바 있다. 따라서 적정한 사육밀도의 선정이 중요할 수 있다. 일반적으로 밀도가 높으면 서로의 마찰로 충체의 혈액순환과 소화를 촉진하여 활성을 증가시킨다는 조사도 있는데 이러한 결과는 사육 환경에 따라 차이를 보인다.

유충 기간은 온도가 높아질수록 단축되며 일반적인 사육 온도(25±3℃)에서 약 3~4개월의 발육기간을 거친다. 유충 기간 동안 평균 12회의 탈피를 거쳐 발육이 진행되면 몸길이가 28~35㎜까지 자라며 직경은 5~7㎜ 정도에 이른다. 몸의 앞뒤의 굵기가 일정하며 털이 없으며 광택이 있다. 머리 부분은 단단하며 몸통보다 색깔이 진하며 유충의 가슴 부분에 3쌍의 다리가 있다. 유충이 종령단계에 이르면 먹이 섭식 활동이 중지되고 몸통이 약간 구부러지면서 움직임이 없어지면서 번데기가 될 준비를 한다.

번데기는 길이가 약 15~19㎜ 정도이며 용화 직후에는 유백색으로 연하며 부드러우나 시간이 지나면서 점점 경화가 되어 딱딱해지고 색깔도 갈색으로 진해진다. 종령 유충이 번데기가 될 때에는 사료 표면으로 나와서 번데기가 되는 경우가 많다.

갈색거저리는 개체간 발육 기간의 차이가 커서 1~2일 동안 채란 받은 유충도 번데기가 되기까지의 기간이 1~2주 이상 차이가나서 일정하지 않는 경우가 있다.

번데기는 이동성이 없으므로 복부 운동만으로 외부의 공격에 방어한다. 갈색거저리는 유충의 탈피시나 번데기가 되기 직전에 가장 공격을 많이 받아 상처를 입기 쉽다. 특히 영양의 불균형이나 채소 등 수분 공급원이 부족할 때 갈색거저리의 성충과 유충은 수시로 번데기를 먹이로 공격하여 죽이거나 기형을 만들기도 한다. 따라서 갈색거저리의 사육에서 번데기의 관리가 매우 중요하다.

번데기 시기에는 사육 환경의 영향에 따라 성충으로 우화하는 성공률이 큰 차이를 나타낸다.

주로 50~70%의 습도와 25±3℃ 정도의 사육 온도를 유지하는 것이 좋다.

번데기 시기의 암컷과 수컷의 구별은 복부 끝 부분의 돌기인 유두를 이용하여 구분할 수 있다. 수컷의 유두는 비교적 작고 뚜렷하지 않고 끝 부분은 원형으로 나타내고 굽어 있지 않지만, 암컷 번데기의 유두는 크고 뚜렷하며 끝 부분이 납작하여 구분된다. 번데기 기간은 일반적으로 1~2주간이다.

성충은 번데기에서 우화하면 옅은 유백색으로 점차 시간이 지나면서 황백색, 황갈색, 흑갈색으로 변화하며 최종적으로 흑적갈색으로 된다. 약 7일간에 걸쳐 체색이 흑적갈색으로 된 후 암컷과 수컷이 교미를 시작한다. 성충의 산란기는 22~137일로 길며 평균 산란량은 약 100~400여 개로 알려져 있다. 일반적으로 성충의 먹이 종류와 환경 등 사육 기술에 따라 산란량은 차이가 크다.

성충은 잡식성으로 대부분의 농업 부산물을 먹이로 한다. 이러한 먹이 습성으로 인하여 축사 및 곡물 저장 창고 등에서 자연적으로 서식하기도 한다.

뒷날개는 퇴화하여 날지 못하므로 사육 시설에 망실을 처리하지 않아도 되므로 경제적으로 사육이 가능한 곤충이다. 갈색거저리는 주로 걸어 다니면서 이동하는데 플라스틱 등 미끄러운 수직 경사는 오르지 못한다. 성충은 일생 여러 번의 교미를 하며 산란한다. 성충은 밝은 곳을 싫어하므로 어둡게 관리하면 좋다.

성충이 몸길이는 평균 15~20㎜ 정도로 유충의 발육 상태에 따라 크기의 차이가 심하다.

그림 3-2-12. 갈색거저리의 생활사

(3) 현황

갈색거저리의 자원화 이용은 세계 여러 나라에서 시작하였는데 프랑스·독일·러시아와 일본에서 시작되었으며 주요 이용 방안은 애완동물의 인공 사료, 인공 대량 사육 기술, 식용, 약용 및 건강 기능 탐색과 특히 갈색거저리의 효소, 생화학 생리 연구에 대해 비교적 많은 보고가 있다. 특히 갈색거저리의 단백질이 추운 지역의 음료, 약품, 차량용 부동액, 항결빙제로 활용할 수 있다는 연구 등이 있으며, 갈색거저리를 원료로 생화학 활성물질을 추출하여 특수 식품, 일반 요리, 약품과 기능성 소재(키틴질을 소재로 과일 채소의 성장촉진제, 화장품 재료, 기능성 제품 등)로 만드는 연구들을 계속하고 있다.

중국에서의 갈색거저리의 이용은 식용, 사료용, 건강보조식품의 단백질원으로 100여 년의 사육 경험과 축적된 활용 기술을 바탕으로 다양하게 이용되고 있다. 특히 중국에서는 '갈색거저리 공장화 생산 기술의 시범 확대' 항목이 국가 2001~2003년 농업부 풍수 계획에 들어가면서 사회 인지도가 제고되었고 급속히 응용되면서 최근의 산업화를 이끌었다. 갈색거저리는 몇 가지 다른 유망한 산업곤충과 함께 꿀벌, 누에 등의 전통적인 곤충 산업을 계승하고 나아가 다양한 용도로 활용 가능한 산업이 될 것으로 예측하고 있다.

국내의 이용은 최근에 애완동물의 생체 사료로 활용하거나 실험용으로 사육하는 수준이었으나 최근 곤충 산업에 대한 관심이 높아지면서 한시적 식품으로의 등재 및 기능성 가축사료로 개발하여 산업화하려는 노력들이 있다. 이미 식품으로 등재된 곤충인 메뚜기, 누에번데기와 함께 식용곤충으로서 술안주, 단백질 첨가제, 기능성 보조식품 등으로 제작될 것으로 생각된다.

전국에서 관심 있는 농민을 중심으로 갈색거저리의 사육 기술의 보급을 통해 대량 생산을 준비 중에 있으므로 충분한 원료의 생산 및 시장이 형성되면 국내에서도 곤충 사육 농가를 중심으로 시작하여 본격적인 산업화가 시작될 것으로 기대된다. 그 예로 2013년도에 전라남도의 농업회사법인 녹색곤충주식회사가 30여 사육 농가들이 주축이 되어 설립되었으며 전국적으로 본격적인 산업곤충의 생산 및 유통에 많은 관심들이 있다.

(4) 이용 배경

중국의 사례에서 본 갈색거저리 자원화의 이용은 소규모 사육과 공장화 생산, 생산물의 가공의 두 가지로 나눌 수 있으며, 고급 가공을 통하여 널리 응용하고 있는 단계이다. 중국에서는 50여 년 전부터 주로 약용동물과 희귀 조류(鳥類)의 생체 사료로 사용하였으며 연구학습용으로 이용하였었다. 1970년대 이후 비교적 대규모로 발전된 사육 시설을 통한 생산이 시작되면서 80년대 이후에는 특수 경제 동물 사육업의 발전에 따라 갈색거저리는 생체 사료로서 중요성이 높아졌다. 하지만 생산 단지 규모가 작고 생산량이 적어서 이용률이 높지는 않았었다. 그러나 최근의 갈색거저리의 산업화는 건강기능성 제품, 친환경 골분, 어분 등 사료시장의 발전으로 개발 이용성이 증대되고 있으며 사육 기술의 대중화로 여러 곳에서 대량 사육이 가능해졌고 그에 따른 생산량도 증가하였다. 중국의 산동대학교를 중심으로 갈색거저리 자원 이용 연구를 여러 분야 (곤충학, 생물화학, 조직생리학, 영양학, 사료학 등)에서 나누어 진행하고 있다.

국내에 소개된 것은 애완동물의 생체 사료와 동물원에서 사육 동물의 먹이원으로 사육되었고, 집단화된 사육 시설은 최근에 생겨나기 시작하였다. 곤충 산업에 대한 관심이 집중되면서 식용 및 사료용으로 활용할 수 있는 곤충종 중 갈색거저리가 적합한 종으로 선정되었고 중국으로부터 사육 기술을 도입하거나 거저리를 직접 수입하기로 하였으며, 수입된 거저리를 애완동물 먹이로 판매하기도 하였다.

곤충 사육 농가에서 사육 기술의 습득 및 자체적인 사육 기술의 향상을 통하여 생산 단가를 낮추고 대량 생산을 통한 안정적인 생산량을 확보하고 있다. 이러한 식용 등재 및 안정적인 재료의 공급을 통해 기능성 보조식품, 식품첨가제, 사료용 첨가제로서 산업화가 가능할 것으로 기대된다. 중국의 산업화에 발맞추어 다양한 생리활성물질의 분석 및 탐색과 함께 신소재 개발에도 연구를 확대해야 할 것으로 생각된다.

나. 사육 방법

(1) 알 받기

갈색거저리는 유충의 먹이가 되는 사료 또는 사료 근처에 알을 낳는다. 일반적으로 유충 사육용으로 널리 사용하는 밀기울을 이용하여 밀기울 등의 곡물가루에 산란하는 습성을 이용하여 알을 받는다. 균일한 유충 사육 및 번데기의 분리를 쉽게 하기 위해서 알 받기는 1일~3일 사이로 받으며 3일 이상 채란 받으면 충체가 섞여서 규칙적인 발육이 되지 않아 계획적인 사육이 어려울 수 있다.

전통적인 채란법

채란틀 이용한 채란법

채란틀에서 산란중인 성충

그림 3-2-13. 알 받는 도구 및 알 받는 방법

① 전통적인 알 받기 : 갈색거저리 성충을 산란 물질인 밀기울에 넣고 직접 알을 받는다. 알 받기가 끝나면 채로 쳐서 성충만 골라내고 산란된 밀기울은 그대로 두어 부화할 수 있게 한다. 가장 안정적으로 알을 많이 받을 수 있는 장점이 있으나 채로 성충을 골라낼 때 먼지가 많이 나고 노동력이 많이 소요되는 단점이 있다.

② 채란 틀을 이용한 알 받기 : 거저리 성충이 빠져나가지 않는 크기의 구멍이 뚫린 타공망이나 채를 이용하여 거저리가 산란할 수 있도록 유도하는 방법으로 간편하여 여러 가지 장점이 있어 보편적으로 사용하는 방법이다.

③ 산란 종이로 알 받기 : 사육 상자의 바닥에 얇은 종이를 1장 놓고 그 위에 사료를 0.5~1.0㎝두께로 깔아주며 성충을 종이 위에 넣어 알을 받는 방법으로 산란 종이에 산란된 알을 유충 사육통으로 옮겨 사육한다.

④ 기타 알 받기 : 갈색거저리 사육 농가에서 독창적으로 여러 가지 효율적인 방법으로 알을 받기도 한다.

(가) 알 받이 배지 조성

알 받기에 사용하는 배지는 유충 먹이로 사용하는 밀기울을 사용하면 된다. 경우에 따라 이스트를 넣기도 하고 가축사료를 혼합하거나 단백질 성분을 보충하여주기도 한다. 단백질 성분이 풍부한 사료를 혼합하면 산란 수가 증가하는 경우도 있다.

(나) 성충밀도

알 받기의 성충밀도는 사육 상자의 크기에 다라 달라진다. 중국의 표준 사육 상자(80×40㎝)에서는 한 판에 성충을 평균 6,000마리(암컷 3,000마리 : 수컷 3,000마리) 넣어 알 받기를 한다. 국내에서 사용하는 작은 상자(22×16㎝)에서는 평균 1,000마리의 성충을 넣고 알을 받으며 주기적으로 죽은 성충을 제거하고 새로 우화한 성충을 투입한다.

(다) 채란 후 관리 요령

갈색거저리의 알은 온도와 습도의 영향을 많이 받는다. 일반적인 곤충과 마찬가지로 온도가 상승함에 따라 부화 기간은 짧아지고 온도가 25~30℃일 때 알 기간이 약 5~8일 정도이다. 그러나 온도가 15℃ 이하에서는 부화율이 현저히 낮아지므로 알로 저장하는 것은 좋은 방법이 아니며 저장이 필요한 경우는 부화한 유충을 저장하는 것이 좋다. 채란된 알은 충분한 온도와 습도가 유지되는 사육실에서 적합한 먹이를 충분히 공급하여 사육하여야 한다.

(2) 유충 사육

갈색거저리는 사육실에서 산란된 상태로 5~8일 후 부화한다. 갈색거저리는 군거성(群居性) 곤충이므로 개체군의 밀도가 너무 낮으면 충체의 활동과 섭식 활동이 저하될 수 있으므로 평균 생산량이 줄어들 수 있다. 하지만 밀도가 너무 높으면 서로 스트레스를 유발하고 탈피 시 서로 물어죽일 확률이 높아져 사망률이 증가할 수 있다.

① 표준화된 유충의 사육을 위해서는 1~3일 이내에 채란 받은 그룹을 사육하는 것이 좋다.

② 사육을 시작하기 전에 사육 용기는 세척 후 완전히 건조한 용기를 사용하는 것이 좋다. 세척을 할 경우 오염이 심한 사육실의 경우 하라솔이나 락스 등 염소계 살균제를 사용하여 살균할 수 있다.

③ 일반적으로 채란 용기를 그대로 사육하는 경우가 많은데 채란 용기에 산란된 유충이 많을 때는 원하는 사육밀도를 유지하기 위하여 채란 후 부화한 유충을 합치거나 나누어서 사육할 수 있다.

④ 사육하는 유충의 밀도가 너무 높으면(유충의 두께가 3~4㎝ 이상) 스트레스를 유발하여 발육에 지장을 줄 수 있으므로 적정한 밀도를 유지하도록 한다. 일반적인 적정밀도는 1㎠당 2~8마리 정도[플라스틱 소형 사육상자 (길이)22×(넓이)16×배지 두께를 3㎝로 했을 때]가 적합할 것으로 생각된다. 중국에서의 사육 기준은 표준 사육 상자에 거저리 유충이 1~2kg(7,000~15,000마리)이며 번식용 성충의 사육밀도는 표준 사육 상자에 4,000~6,000마리를 유지한다.

⑤ 유충 사육 시 채소나 과일 등을 배지의 위에 깔아주어 먹을 수 있도록 한다.

⑥ 갈색거저리는 10~12령까지 3개월 내외(27℃) 발육 후 용화한다. 먹이 : 유기물(밀기울, 농업부산물, 가축사료 등)

⑦ 일반적으로 유충이 30㎜ 정도 자라면 사료로 활용할 수 있다. 이때부터 색깔은 황갈색으로 변화하고 먹이 먹는 양이 감소한다.

(가) 유충 사육 용기

갈색거저리 유충은 미끄러운 재질을 기어오르지 못하는 특성을 가지므로 사육 용기가 미끄러운 재질이면 좋다. 만약 나무상자나 종이 등과 같이 기어오를 수 있는 재질을 사용해야 한다면 비닐테이프를 붙여서 기어올라 탈출하지 못하도록 해야 한다. 일반적인 플라스틱 상자는 기어오르지 못하므로 그냥 사용하여도 좋은 장점이 있다. 오랜 기간 사용하여 표면의 매끄러움이 감소하면 왁스 등으로 닦거나 테이프를 붙여 사용할 수 있다.

(나) 유충 사육 용기의 종류

일반적인 사육 용기는 플라스틱 상자로서 크기는 사육 여건에 맞게 선택할 수 있다. 가장 보편화된 크기는 플라스틱 공구상자(22×16㎝)와 플라스틱 빵상자(58×35㎝), 그리고 종이 상자(80×40㎝) 등이다. 유충 사육 용기는 적재가 쉽고 운반이 편리하도록 가볍고 공기가 통하는 재질이면 좋다.

(다) 채소의 공급

중국에서는 무를 갈아서 밀기울과 섞어 먹이는 방식으로 채소를 공급하기도 한다. 국내에서는 무를 잘라서 유충 사육상자 위에 얹어 먹을 수 있도록 하는 것이 일반적이다. 어떠한 방법을 사용하는가는 상대 습도 및 배지 습도 등을 고려하여 효율적인 방법을 사용하는 것이 좋을 것으로 생각된다. 채소는 시중에서 쉽게 구할 수 있는 종류 중 수분이 많은 배추, 무 등을 사용하거나 과일이나 과일의 쓰레기(바나나껍질 등)를 이용하면 경제적으로 사육할 수 있다.

(라) 수분의 공급

배지에 수분을 공급하기 위하여 물을 혼합하면 밀기울이 부패하고 딱딱해져서 원활한 사육을 할 수 없었다.

(마) 종령 유충

채란 받은 후 평균 3~4개월이 지나면 종령 유충으로 발육하여 번데기가 될 준비를 하게 된다. 이 시기에는 섭식 활동이 둔화되므로 투입되는 먹이량(밀기울과 채소)을 조절하여야 한다.

(3) 번데기관리

번데기 기간은 10~15일 정도로(27±3℃) 소요되며 갓 우화한 성충은 유백색에서 황갈색을 띠며 평균 1주일이 지나면 흑갈색에서 흑적갈색으로 바뀐다. 흑적갈색으로 바뀐 후 짝짓기와 산란을 시작한다. 이 시기에 많은 에너지를 필요로 하므로 수분과 영양분을 충분히 공급해 주어야 한다. 번데기에서 우화한 성충을 즉시 골라내어 성충이 용화되지 않은 번데기를 공격하거나 포식하지 않도록 주의하여야 한다. 번데기 기간은 성충과 다른 유충이 연약한 부위를 물거나 체액을 섭취하기 위해 포식하기 때문에 갈색거저리의 생명이 가장 위험에 노출되는 시기이다.

① 번데기 기간 동안 곰팡이가 생기지 않도록 온도와 습도, 통기 상태를 점검해야 한다.

② 번데기의 분리는 갈색거저리 사육에서 가장 중요하면서 노동력이 많이 소요되는 부분이므로 기술적인 개선이 필요한 부분이다. 앞으로 많은 사육 및 연구를 통하여 손쉽게 분리하는 방법이 개발되어야 하겠다.

(가) 번데기 분리 방법 :

- 손으로 직접 골라내는 방법 : 적은 양의 번데기나 증식용으로 키우는 개체는 손으로 골라내는 것이 좋으나 번데기가 많을 때는 채로 걸러낸다.
- 채로 골라내는 두 가지 방법 : 채로 골라낼 때는 소량을 여러 번 분리하는 방식으로 채 안에 번데기 수량이 너무 많지 않아야 한다.
- 기계장치 이용법 : 자동으로 움직이는 채를 이용하여 유충과 번데기를 분리하는 방법을 고안하여 사용할 수 있다.
- 갈색거저리는 빛을 싫어하므로 번데기 분리 직전의 유충 사육 상자를 전구 빛 아래 놓아 작은 유충들이 바닥 쪽으로 이동하게 한 후 위쪽의 번데기와 종령 유충을 분리하는 방법도 사용할 수 있다.
- 최근 유충 및 번데기 분리에 대한 다양한 기술들이 개발되고 있다.

(4) 성충 사육

성충은 알 받기를 하기 위해 사육한다. 평균 30~40일간 생존하며 먹이로는 과일, 채소 등을 먹는다. 번데기에서 우화하는 성충을 분리하는 방법은 여러 가지가 있으며 새롭게 기술이 발전하고 있다. 가장 일반적인 것은 거저리가 종이 등과 같은 물질에 달라붙은 특성을 이용하는 방법이다. 지금까지 사용하고 있는 성충을 분리하는 방법은 아래와 같다.

(가) 번데기에서 성충 분리 방법

- 채소잎으로 유인하여 모은다. 함수량이 높은 채소잎을 번데기에서 성충으로 우화해 나올 때 사육 기구[우화(羽化) 상자]에 넣으면 성충이 수분을 섭취하기 위하여 모여든다. 이런 방법을 반복하여 우화한 성충을 분리할 수 있다. 기타 스치로폼판, 코르크판, 계란판 등 달라붙기 쉬운 재질의 판을 이용하여 유인할 수도 있다.
- 물에 적신 축축한 까만 천이나 해면 등으로 우화 상자를 덮으면 성충이 천으로 올라오

는 습성을 이용하여 분리하는 방법이 있다.

- 성충을 손으로 직접 골라낸다. 손으로 골라내면 번데기와 성충이 손상되는 비율이 낮아 효과적이지만 많은 인력이 필요하다. 하지만 육종을 위한 성충의 선발을 위해서는 직접 골라야 한다

- 우화 상자에 키친타올을 올려놓고 수시로 우화한 성충을 분리하는 방법

  - 우화한 성충이 번데기를 잡아먹는 문제를 해결하는 우화상을 개발하는 것이 필요하다.

  - 우화한 성충은 사육 용기 내에 놓고 밀기울이나 각종 사료와 채소를 먹이로 준다. 몸의 체색이 점점 흑갈색으로 변해 교미가 가능할 때까지 사육하며, 교배가 시작되면 알 받이 단계로 이동하여 알을 받는 데 활용한다. 성충기에는 어두운 환경에 있어야 하며 스트레스를 줄이고 온도 조건을 적정하게 유지하여 교배 및 산란이 정상적으로 이루어지도록 한다. 교배 및 산란기에는 영양이 풍부한 사료와 과일 등을 공급해 주는 것이 좋다.

(5) 저장관리

갈색거저리는 저온에서 생육이 멈추기 때문에 저온에서 저장이 가능하다. 일반적으로 단기간 저장하기 위해서는 5℃ 이하의 온도에서 발육이 중지되므로 냉장 창고에서 보관할 수 있다. 그러나 장기 보관할 때는 너무 건조하거나 과습하지 않도록 조건을 유지하여야 한다. 저온 상태로 보관할 경우 병원균에 의한 감염으로 죽는 개체들이 많아지며 활력이 저하되어 자연 사망하는 개체들이 증가하므로 저장 기간을 조절하여야 한다. 또한, 완전히 건조시킨 상태로 밀봉하여 2년 이상 보존할 수 있다.

(6) 먹이 및 환경기 준
① 먹이 조건

갈색거저리는 잡식성으로 대부분의 농업 부산물을 먹이로 발육한다. 일반적인 사료로 밀기울(소맥피), 미강(쌀겨), 옥수수가루 등이 많이 사용되는 먹이이며 이것에 단백질 성분(어분, 콩가루, 비타민, 효모 등) 및 기능성 성분을 혼합하여 먹이로 공급하기도 한다. 최근 대량 사육을 위해 다양한 부산물(볏짚, 작물 수확 후 남은 부산물, 남은 음식물 사료 등)을 이용한 사육이 시도되고 있다.

- 밀기울 : 가장 잘 알려진 갈색거저리 사육용 주사료이다. 살충제 및 독성에 노출되지 않은 채소잎, 과일껍질, 수박껍질 등 과일을 보충하여주면 수분과 기타 영양소를 섭취하는 데 도움이 된다.

② 사료의 제작

- 밀기울 사료 + 채소 및 과일
- 밀기울(60%) + 어분(5%) + 옥수수가루(10%) + 과일, 채소나 작물의 줄기(20%) + 설탕 희석액(2%) + 사료용 복합비타민(1.5%) + 혼합염(1.5%) : 이상의 사료를 잘 혼합하여 15~20일간 발효시킨 후 말려서 과립 사료로 만들거나 전병 모양으로 만들어 그늘에 말린 후 사용한다(최 와 송, 2011).
- 밀기울(80~90%) + 양돈 사료(20~10%)
- 성충과 유충은 모두 채소 및 과일의 수분과 영양분을 섭취한다. 특히 성충에게 과일껍질 등을 먹이로 공급하면 산란 수와 수명이 증가한다.

③ 온도 환경

갈색거저리는 일반적인 곤충과 같이 온도가 15℃ 이하로 낮아지면 동면을 하게 되며 먹이 활동도 중지된다. 그리고 온도가 증가하면 다시 활동하여 생장하게 되나 정상적으로 교미와 산란이 이루어지기 위해서는 25℃ 정도가 유지되어야 한다.

- 사육에 적합한 온도 : 25~30℃

갈색거저리의 최적의 온도 조건은 일반적인 곤충의 사육 온도와 같은 25~30℃이다. 일반적으로 온도가 증가하면 발육 기간은 단축된다.

- 임계 치사 고온 : 40~45℃

갈색거저리가 고온으로 인해 폐사가 시작되는 온도는 40~45℃이며 온도가 증가하면 생식기증이 가장 민감하게 영향을 받는다.

- 임계 치사 저온 : 5~10℃

갈색거저리 알과 유충은 5~10℃에서 발육을 멈추며 번데기는10~15℃, 성충은 15℃ 내외에서 발육을 멈춘다. 5~10℃에서는 단기간일 때 온도가 상승하면 정상으로 회복되나 저온 지속 시간이 길면 죽게 된다. 온도가 10℃ 이하에서는 대부분 사망하게 된다.

④ 습도 환경

갈색거저리는 대부분의 수분을 채소 및 과일 등의 먹이와 밀기울이 포함하고 있는 수분으로부터 섭취한다. 적당한 수분은 암컷의 산란 및 알의 발육 및 부화, 번데기의 우화에 필수적인 중요한 요소이다. 갈색거저리가 습도 변화에 적응하는 능력이 강하나 최적 상대습도가 65±10% 정도 유지되는 것이 좋다. 습도가 낮으면 발육이 저해되고 높은 경우는 먹이의 부패 및 질병 감염의 원인이될 수 있다. 따라서 상대습도를 유지하면서 매일 일정한 수분을 섭취할 수 있는 채소와 과일 등을 먹이로 공급하는 것이 좋다.

⑤ 광 조건

갈색거저리는 어두운 환경에 적응하여 강한 직사광선보다는 약한 광선 및 어두운 사육 환경에서 안정적으로 발육한다.

다. 사육 단계별 사육 체계

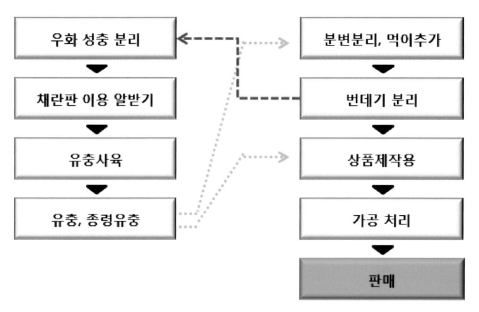

그림 3-2-14. 갈색거저리의 사육 체계도(순서도)

알 받기   유충 사육   번데기 분리

그림 3-2-15. 갈색거저리의 사육 체계

표 3-2-4. 갈색거저리의 관리 방법 및 사육 조건

사육 단계	알	유충	번데기	성충
사진				
관리 방법	채란받은 알은 부화까지 적당한 온도와 습도조건을 유지하여 부화를 유도한다	매일 신선한 채소를 공급하거나 사료에 혼합하여 공급한다.	용화 직후에 사망률이 유충이나 성충이 잡아먹어 사망할 수 있으므로 격리하는 것이 좋다.	성충먹이로 과일이나 채소를 공급하면 산란 수가 증가 한다.
발육 기간	5~7일	평균 3개월	1~2주	30~40일
사육 조건	온도 : 25~30℃ 습도 : 약 65%	온도 : 25~30℃ 습도 : 약 65%	온도 : 25~30℃ 습도 : 약 65%	온도 : 25~30℃ 습도 : 약 65%

라. 사육 시설 기준 및 생산성

(1) 사육 도구 기준

그림 3-2-16. 표준 사육 용기(종이박스, 플라스틱)

① 사육 용기

대량 생산을 목적으로 한 사육을 위해서는 규격화된 사육 상자를 사용하는 것이 생산성 및 경제성에서 유리한다. 국내에서는 농가 실정에 따라 여러 가지 상자를 사용하고 있으며, 재질로는 종이와 플라스틱을 가장 선호한다.

중국에서는 표준 사육 상자를 선정하여 보급하고 있다. 표준 상자는 외경이 (길이)80×(넓이)40×(높이) 5~10㎝를 가장 많이 사용하고 있다(최와 송, 2012).

사육 상자는 갈색거저리가 벽을 타고 올라 탈출할 수 없는 표면 재질(플라스틱, 비닐, 매끈한 종이 등)로 제작되는 것이 필요하며 사육 배지의 높이에 따라 높이는 조절할 수 있다.

대량 사육을 위해서는 사육 선반에 놓기 좋은 규격으로 사육자가 쉽게 운반하고 먹이를 투입할 수 있도록 가볍고 견고하며 반영구적으로 사용이 가능하고 가격이 저렴해야 한다.

중국에서는 나무상자를 이용하여 사육하기도 하나 거저리가 탈출하지 못하도록 비닐테이프를 붙여야 하는 번거로움이 있고 나무의 틈 사이로 탈출할 수 있다.

국내에서는 일반적인 공구상자로 알려진 플라스틱 박스((길이)22×(넓이)16×(높이)7㎝)와 빵상자((길이)58×(넓이)35×(높이)15㎝)로 알려진 플라스틱 박스 등을 사육 농가의 실정 및 사육 기술에 따라 사용하고 있다.

표 3-2-5. 사육 용기의 종류 및 장단점

	사육 용기의 종류		
	종이	플라스틱(소형)	플라스틱(대형)
최대 유충 생산량	1~2kg	0.3~1kg	1~2kg
경제성(단가)	1,000원/개	2,000~3,000원/개	5,000~7,000원/개
경제성(수명)	2~3회(소모성)	반영구적	
밀폐성	모서리로 탈출할 수 있다	완전 밀폐	

② 사육 선반

대량 사육을 위해서는 여러 칸으로 쌓을 수 있는 선반이 필요하다.

사육 선반은 조립식 앵글, 와이어렉 선반, 자체 제작한 선반 등이 있으며 고정형이나 바퀴가 있는 이동형을 제작하여 사용할 수 있다.

그림 3-2-17. 플라스틱 유충 사육 선반

그림 3-2-18. 중국의 종이 사육선반

③ 분리 용체

갈색거저리를 사육하면서 발생한 배설물을 분리하는 체와 유충과 번데기를 분리하는 체를 사용하여야 한다.

그림 3-2-19. 성충 분리용 상자(삽목 상자)

④ 산란용 채판

갈색거저리의 채란을 받기 위해서 산란판을 사용한다. 산란판은 타공망이나 철망을 사육 용기에 맞게 제작하여 사용할 수 있다.

산란용 채반은 갈색거저리 성충이 기어오르지 못하는 재질로 제작해야 하며 바닥은 거저리 성충이 빠져나가지 못하면서 산란 배지가 잘 통과할 수 있는 체의 메쉬(눈) 이어야 한다.

 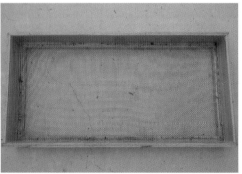

그림 3-2-20. 채란 용기(타공망, 채망 지름 4mm 및 직경 5mm)

⑤ 부화 용기

갈색거저리의 채란 용기와 부화 용기는 동일하며 유충 사육 용기와 동일한 것을 사용하여
도 된다.

⑥ 기타 사육 도구

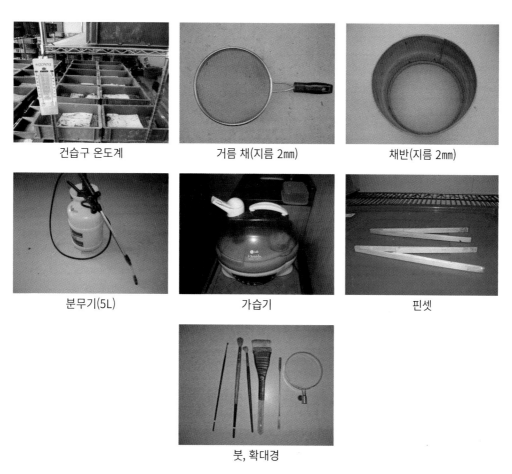

건습구 온도계　　　　거름 채(지름 2㎜)　　　　채반(지름 2㎜)

분무기(5L)　　　　가습기　　　　핀셋

붓, 확대경

그림 3-2-21. 갈색거저리 사육용 기타 도구

(2) 사육 시설 기준

생태 습성상 직사광선을 피할 수 있는 시설 또는 구조물로 된 사육시설로 구성되어야 한다.
일반적인 조립식 판넬 건물 및 컨테이너박스 등 온도 조절이 가능한 시설이 좋다. 냉·난방 시설

은 갈색거저리의 사육 최적 온도인 25~27℃를 유지할 수 있도록 구성되어야 한다. 온도와 함께 습도조절이 필수적으로 필요하므로 가습기와 제습기가 필요하다.

사육 선반은 공간 활용을 위한 와이어렉 또는 조립식 앵글 선반을 활용할 수 있으며, 선반이 없는 경우는 사육 용기를 가로세로 쌓아서 공기가 잘 통하도록 보관하여도 된다.

사육 용기는 종이와 플라스틱을 주로 사용하며 각각의 장단점을 이해하고 적절한 사육 용기를 선택하여야 한다.

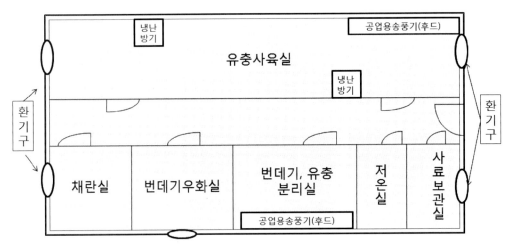

그림 3-2-22. 사육 시설 도면

그림 3-2-23. 조립식 패널 유충 사육 시설

그림 3-2-24. 하우스 유충 사육 시설

(3) 단위 생산성

① 갈색거저리를 생산하기 위해서는 표준 사육 상자를 선반에 5~12단까지 적재가 가능하며 목적에 따라 단수를 조절하여 사육할 수 있다.

② 생산성은 매일 채란 받는 채란통 수에 의해 결정되며 일일 30여 통에서 채란 받으면 주간 150여 통으로서 매월 600여 통이 새로 세팅된다.

③ 갈색거저리의 발육 기간 2~3개월 정도를 사육한 후 성충이 되면 상품화할 수 있으므로 3개월 동안의 누적된 사육통은 약 1,800여 개로서 매일 30여 통을 수확할 수 있게 된다.

④ 사육통당 생산량은 투입된 부화 약충 기준으로 300~1,000g정도 된다.

표 3-2-6. 단위 면적당 생산량[순수 사육실 면적 165㎡ (50평) 기준]

사육 방식	채란 수/일	약충 사육통 수	먹이 소요량/ 연	처리기간	필요 인력	총생산량 (kg)/연
5~12단 선반	20~30개 (성충 1,000마리 이상)	1,500~3,000통	20~30톤/연	1년	1~2명	2~3톤

주) 각각의 통당 평균 사육 개체 수는 300~1,000마리임. 채란 후 발육기간은 3개월로 계산하였음
먹이는 밀기울(소맥피) 기준임. 총생산량은 생체중량임.

마. 활용 및 주의사항

(1) 활용 방법 및 예시

① 과학실험의 재료로 활용 : 갈색거저리는 사육하기 쉽고 관찰이 편리하여 곤충생리학, 유전학적인 연구의 실험에 사용되고 있다.

② 동물 먹이로 활용 : 고슴도치, 양서 파충류, 희귀 조류의 먹이로 활용하고 있다. 중국에서는 새, 관상 동물 외에 기타 경제 동물(전갈, 지네, 뱀, 자라, 어류, 개구리류, 합개, 열대어, 금붕어, 도마뱀, 참새, 포식성 갑충 등)의 기본 먹이로 활용할 목적으로 활용되어지고 있다.

• 관상 조류 : 외국에서는 식용과 관상용의 수요를 만족시키기 위한 인공양조(養鳥)업이 발전하고 있어 먹이원으로서 산업화가 이루어지고 있다.

• 약용동물 및 곤충의 사육에 활용 : 약용으로 활용하는 동물중 생체를 먹어야 사육이 가능한 종에 대해 갈색거저리는 아주 좋은 먹이자원이 된다. 또한, 애완용, 공예품에 사

용되는 각종 갑충의 사육을 위한 생체 먹이로 활용할 수 있다.

- 두꺼비, 산개구리 등 개구리류 사육 : 식용 및 약용 양서류의 사육에서 필수적으로 필요한 생체 먹이자원으로 활용할 수 있다.
- 어류 : 주로 관상, 희귀 어종을 대상으로 갈색거저리의 작은 약충을 먹이원으로 공급할 수 있다.
- 기타 : 거미, 지네 등 약용동물을 사육할 수 있다.

③ 사료용 : 세계적으로 육골분(肉骨粉) 오염과 다이옥신(dioxin) 오염으로 광우병 사태를 초래하여 폐가축 등의 사료화에 어려움이 있고 최근 구제역으로 많은 가축들을 살처분하는 등 가축들의 면역력 저하에 따른 전염병의 위험성이 커지고 있다. 가축 사육에서 무분별한 항생제의 오남용을 비롯하여 자연 친화적이 아닌 사육 환경으로 인해 축산업이 어려움을 겪고 있다. 최근 양질이 우수한 어분의 연간 생산량이 떨어지면서 신형 동물 단백자원의 개발과 이용이 절실히 필요하게 되었도 사료 첨가용 항생제를 대체할 수 있는 기능성 물질의 요구가 커지고 있다. 갈색거저리는 곤충 자원 중 대량 사육할 수 있는 곤충으로서 메뚜기, 파리류 유충, 귀뚜라미 등 다른 곤충과 배합하면 양질의 가축사료용 단백질원으로 상품화가 가능하다.

④ 식용 : 인류가 곤충을 식용으로 사용한 것은 상당히 오랜 기간이었으며 최근에도 여러 가지 곤충들이 기호식품으로 생산, 판매되고 있다. 갈색거저리 유충과 번데기는 인체에 필요한 아미노산과 단백질 등의 영양 성분이 함유되어 있고 또 흡수가 용이해서 직접 또는 건조분말의 식품첨가물로의 활용이 가능하다.

⑤ 기능성 물질 추출용 원료로의 활용 : 거저리로부터 기능성 유지(油脂), 갑각소(키틴) 추출 등

(2) 사육 시 주의사항

모든 단계의 사육 시 주의할 것은 기본적인 곤충 사육과 유사하나 환경이 좋지 않으면 서로 잡아먹거나 질병에 감염되는 수가 증가하므로 주의하여야 한다.

① 채란 : 최대한의 알을 받기위해서는 성충이 알을 잘 낳을 수 있는 온도, 습도 조건을 유지하며 스트레스를 적게 하고 암 조건으로 맞춰준다. 산란 시 필요한 영양분을 공급받을 수 있도록 채소 외에도 과일, 단백질 등을 추가로 보충하면 좋다. 유충의 발육을 균일하게 유지하도록 알 받는 기간은 최소로 줄인다. 보동 1~3일간 알을 받는 것이 좋다. 온도 조절이 되지 않는 사육실에서 온도가 낮아지면 산란수가 급격히 감소하므로 주의하여야 한다.

② 유충 분리 : 잘 사육된 유충을 분리하기 위해서는 균일한 크기로 사육하기 위한 적정 밀도의 사육이 중요하며, 유충 사육 시 무나 채소 등을 공급하여 주어야 한다.

③ 방역 조치 : 갈색거저리는 생물이므로 질병에 감염될 수 있다. 질병은 특히 습도 조건이 매우 낮거나 높은 열악한 환경 조건에서 많이 발생할 수 있다. 병이 발생하면 충체가 마르고 시들다가 죽거나 검게 변하면서 죽으며 말라서 딱딱하게 경화되기도 한다.

④ 질병의 예방 : 항생제 등을 사용하기도 하나 사료용 및 식용으로 사용할 경우 항생제의 사용은 주의하여야 한다.

3. 아메리카동애등에 *Hermetia illucens*

그림 3-2-25. 아메리카동애등에

가. 일반 생태

(1) 분류학적 특성

아메리카동애등에는 파리목(Diptera) 동애등에과(Stratiomyidae)에 속하는 곤충으로 국내의 동애등에과는 동애등에(*Ptecticus tenebrifer*)를 비롯하여 곤충명집에 14종이 기재되어 있다. 아메리카동애등에의 종령 유충의 몸길이는 약 20㎜ 내외이며, 성충은 13~20㎜ 정도이다. 유충은 전체적으로 갈색을 띠며 성충은 검은색을 나타낸다. 영어로는 검은병정파리(Black soldier fly)라 불린다. 이 등에는 세계적으로 널리 분포하는 종으로 남반구의 호주, 북반구를 비롯하여 미국 남부에서 흔한 종이다. 국내에서는 최근에 아메리카동애등에로 기록된 바 있으며 1980년대 유입된 것으로 추정하고 있다. 일본은 이미 《위생곤충도감》에서 1960년대부터 아메리카동애등에의 생태에 관하여 기록하고 있다. 흔히 이종은 옥외 화장실, 가축의 분, 식물성 폐기물, 사료등과 같은 유기성 폐기물에서 발생하며 유충은 건조하거나 마른 먹이보다는 수분이 있는 먹이를 선호하며(약 80~90%의 수분함량) 군집하는 습성이 있다.

(2) 생태

일반적인 파리목 해충과는 달리 성충 구기가 특이하여 섭식 후 역류시키지 않으므로 질병의 매개가 없어 인간에게 직접적인 피해를 주지 않는다. 전 세계적으로 분포하나 위생해충으로 분류되지 않으며 사람의 거주 지역에 침입하지 않고 유기물이 많은 축사나 음식물쓰레기장, 퇴비장에서 서식한다. 성충은 먹이 활동을 하지 않는 것으로 알려져 있다.

아메리카동애등에의 채집 및 선발은 유충 및 번데기, 성충, 난괴 채집의 방법이 있다. 유충 및 번데기는 아메리카동애등에의 서식처인 돈분장, 축분장을 대상으로 7~8월 사이에 가축분을 섭식하여 발육 중인 유충과 습한 곳에서 이동하여 건조한 곳에 모여 있는 번데기를 채집할 수 있다. 성충의 채집은 성충이 유인될 수 있는 산란처를 서식 공간에 트랩으로 설치한 후 포충망을 이용하여 비행 중인 성충을 채집한다. 난괴를 채집하는 방법은 아메리카동애등에가 산란할 수 있는 산란처를 야외에 놓아둔 후 산란된 난괴를 채집하는 방법이다. 주로 야외 종의 채집은 유충 및 번데기를 채집하거나 산란처를 제공하여 산란된 아메리카동애등에가 부화하여 발육 중인 것을 채집하는 것이 좋다.

동애등에(*Ptecticus tenebrifer*)　　　아메리카동애등에(*Hermetia illucens*)

그림 3-2-26. 동애등에와 아메리카동애등에

알은 산란 직후 연노랑의 크림색이며 시간이 지날수록 진한 유백색으로 일반적인 파리목 곤충처럼 여러 개를 덩어리로 산란한 난괴 형태로 산란하며 각 난괴는 약 500여 개의 알들로 이루어진다. 산란처는 주로 유기물질의 건조한 부분이나 유기물질 주변의 플라스틱, 종이, 목재 등 알이 노출되지 않도록 모서리나 천이나 비닐의 주름진 곳 나무 틈 사이에 산란하는 습성이 있다. 알의 크기는 약 1㎜ 정도의 긴 타원형으로 노란색이며 알껍질은 무르고 약해 깨지기 쉽다. 알이 부화하면 부화 유충은 부화 즉시 유기물질로 이동하여 이를 먹이로 먹으며 발육한다. 알은 온도 조건에 따라 약 4~5일이면 부화한다(25±3℃). 온도가 낮으면 부화 기간은 더 소요된다.

유충은 부화 직후 유백색으로 변하며 크기는 2~3㎜ 정도이다. 유충 기간에는 유기물질에 집단적으로 모여서 먹는 습성을 보인다.

아메리카동애등에 유충은 유기물을 섭식하며 일반 가축사료를 비롯하여 음식물쓰레기, 가축분, 농업 부산물 등을 모두 섭식할 수 있다. 사료의 성분은 유충의 발육에 영향을 미치므로 목적에 맞도록 사료를 선정하여 공급하는 것이 중요하다.

유충 기간은 온도가 높아질수록 단축되며 일반적인 사육 온도(25±3℃)에서 약 15~20일의 발육기간을 거친다. 유충 기간 동안 몸길이가 15~27㎜까지 자라며 직경은 5~7㎜ 정도에 이른다. 몸의 앞뒤의 굵기가 일정하며 털이 없으며 광택이 있다. 유충은 통통하며 얇고 평평하고 단단한 머리 부분은 단단하며 몸통보다 색깔이 진하며 표피는 거칠고 단단한 가죽처럼 생겼다. 유충의 가슴부분에 3쌍의 다리가 있다. 유충은 보통 6령까지 탈피하며 종령 단계에 이르면 먹이 섭식 활동이 중지되고 몸통이 약간 구부러지면서 움직임이 없어지면서 번데기가 될 준비를 한다.

번데기는 길이가 약 15~19㎜ 정도이며 용화 직후에는 유백색으로 연하며 부드러우나 시간이 지나면서 점점 경화가 되어 딱딱해지고 색깔도 갈색으로 진해진다. 종령 유충이 번데기가 될 때에는 사료 표면으로 나와서 건조한 곳에서 번데기가 되는 경우가 많다. 이러한 습성을 이용하여 유충과 번데기를 쉽게 분리할 수 있는 장점이 있다. 아메리카동애등에 번데기는 움직일 수 있으며 크기는 폭의 3배가량의 길이로 용이 된다.

성충은 속이 비치는 투명한 갈색의 날개를 가지며 물지 않는 등에 종류이다. 번데기에서 우화하면 몸이 경화되지 않아 부드러운 상태로 시간이 지나면 날개가 굳으면서 전체적으로 검은색으로 변하고 배는 회백색으로 된다. 암컷의 복부는 끝 부분이 붉은색이며 복부 두 번째 체적에 투명한 점들을 두 개 가지고 있고 수컷의 복부는 청동빛이다. 우화 후 암컷과 수컷은 교미를 시작한다. 성충은 우화 4~5일 후부터 산란을 시작하며 산란기는 3~10일로 짧고 평균 산란 수는 약 500~1,000여 개로 알려져 있다. 일반적으로 성충은 먹이 활동을 하지 않는 것으로 알려져 있고 옥내(屋內)로 침입하지 않으므로 사람에게 직간접적으로 피해를 주지 않는다.

성충은 유기물(음식물쓰레기, 농업 부산물, 축분 등)이 있는 곳에 산란을 한다. 이러한 산란 습성으로 인하여 농촌 지역의 유기물쓰레기장, 축사 및 농업 부산물 처리장 등에서 성충 및 유충을 발견할 수 있다.

성충은 교미 활동을 위해 약 2m 이상의 높이 및 넓이가 필요하며 교미 활동이 가능한 온도는 주간 온도가 최소 25℃ 이상은 되어야 한다(2m×3m×2m). 정상적인 교미를 위해서는 자연광이 필요하며 인공조명의 경우 일정한 광도 이상을 유지하여야 한다. 교미 활동은 하루 중 10:00~14:00에 주로 이루어짐으로 보아 온도와 광 조건이 매우 중요함을 알 수 있다.

성충이 몸길이는 평균 13~20㎜ 정도로 유충의 발육 상태에 따라 크기의 차이가 매우 심하다.

알: 4~5일

유충: 15~20일

번데기: 15일 전후

성충: 10일 내외

그림 3-2-27. 아메리카동애등에의 생활사

국내에서는 5월부터 10월까지 활동하며 겨울에는 유충 및 번데기로 월동한다.

(3) 현황

아메리카동애등에는 환경 정화 곤충으로서 유충의 강력한 소화 능력과 생물학적 특징을 이용하여 유기성 폐기물(남은 음식물, 음식물쓰레기, 축분, 산업 폐기물, 농업 부산물 등)을 처리하고 발육한 유충 및 번데기는 동물성 단백질 사료로 활용할 수 있어 국내외에서 많은 연구들이 진행되고 있다.

미국과 베트남의 대학 등에서 연구를 통해 산업화하려는 노력들이 진행 중에 있으며 최근 국내에서도 아메리카동애등에를 이용한 환경 정화 기술을 보급하려는 사업이 각 지자체에서 이루어지고 있다.

① 유기성 폐기물을 처리하는 환경 정화 기술 : 정부 보조 시범사업 진행 중

② 아메리카동애등에를 가금류를 포함한 가축의 사료로 활용하는 기술 : 단백질 성분 활용

③ 아메리카동애등에의 생리 활성물질을 연구하여 신소재를 개발하는 기술 : 장내 미생물 및 생리 활성물질을 이용

파리목 부식(腐食)성 곤충을 이용하여 유기성 폐기물을 분해 처리하는 연구로서 집파리를 이용하는 방법은 러시아 등에서 시작되어 국내에서도 농촌진흥청에서 연구가 이루어진 바 있다. 최근에는 집파리와 비교하여 아메리카동애등에의 장점을 활용한 유기성 폐기물의 처리를 통해 환경 정화 곤충으로의 역할이 부각되고 있다.

(4) 이용 배경

아메리카동애등에는 세계적으로 환경 정화 곤충으로서 널리 이용되고 있다. 부식성 곤충의 특징인 유기성 폐기물을 먹고 분해하는 능력을 활용한 것으로 주로 음식물쓰레기, 축분, 과일과 채소 등의 산업 폐기물, 농업 부산물을 대상으로 친환경적으로 처리할 수 있다.

표 3-2-7. 아메리카동애등에 유충 건물질의 영양 성분

영양성분					
종류	조단백	지방	조섬유	물, 회분	불포화지방산
함량	약 42.1%	34.8%	7.0%	16.1%	16.9%

주) 참고문헌 : 아메리카동애등에 잘 키우기, 곤충 사육 매뉴얼

표 3-2-8. 집파리와 아메리카동애등에의 비교

항목	파리 (집파리)	동애등에 (아메리카동애등에)
크기	5~8mm	15~20mm
수명	20~30일	10~20일
산란 수	100~200, 5~6회	약 500~1,000개
발육 기간(알-유충-번데기)	알 : 12~24시간 유충 : 3~5일 번데기 : 3~5일	알 : 3~4일 유충 : 2주 이상 번데기 : 9일~15일
처리 대상 유기물 종류	음식쓰레기, 축분 동물성잔재물	음식쓰레기, 축분 식물성 동물성잔재물
유기물 처리 후 잔량	30~50%	약 42~56%
성충 사육상 크기 필요량(수)	40~50cm 300cage/ton	2~5m 1cage/ton
성충 먹이공급 비용	설탕, 분유, 물 등	물
성충 사육	실내, 난방	실내·외, 난방
유충 사육	실내, 난방	실내·외, 자연조건
유충 수거비용 및 수거율	기계적 수거 70~80%	자동수거 (self-harvesting) 90%이상
수거 유충 활용방안	사료, 기능성사료	사료, 미끼, 기능성사료

주) 출처 : 블랙솔져플라이를 이용한 유기성폐기물 분해처리 장치 개발, 2005

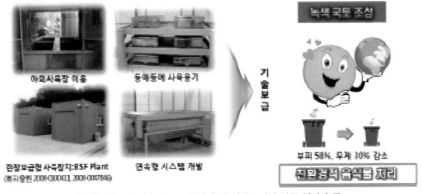

동애등에 사육기술 보급 : 양계장, 음식물쓰레기 전문 처리장 등

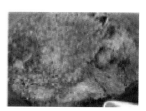

동애등에 이용 친환경 처리기술 보급 : 폐사가축 처리 등

동애등에 사육 기술 보급 : 양계장, 음식물쓰레기 전문 처리장 등

그림 3-2-28. 아메리카동애등에의 이용(국가연구개발 우수성과 100선)

나. 사육 방법

아메리카동애등에의 성충은 8월 이후 야외에서 쉽게 발견되며 유충은 연중 모든 기간에 존재한다. 아메리카동애등에 유충이 발생한 조사 지역에서는 대략 50여 개체 이상의 성충을 발견할 수 있었다. 따라서 야외종의 채집은 여름철 8월과 9월 중이 적당할 것으로 생각된다.

(1) 알 받기

① 아메리카동애등에 성충은 유기물질이 있는 곳에 산란을 한다. 유기물질 주변의 산란처를 이용하여 산란하는 것이 일반적인 습성이다.

- 아메리카동애등에의 알은 건고하지 못하므로 건조되거나 외부에 노출되면 손상되기 쉬운 특성으로 외부에 노출되지 않고 수분이 유지되며 먹이가 되는 유기물질에 가깝게 산란하는 습성이 있다.
- 인공적으로 산란을 유도하기 위한 방법
  - 나무 산란틀 : 나무에 구멍을 뚫어 산란을 유도(농촌진흥청)

- 유기물을 마대자루 등에 넣어 마대자루의 접힌 부분 등에 산란하도록 유도 - 플라스틱 빨대나 볏짚, 골판지 등을 이용하여 산란처를 제공
- 산란 유도용 배지 : 인공적으로 산란을 유도하기 위해서는 가축사료를 물에 불려서 부패되기 직전의 약간 쉰내가 나는 것이면 가장 좋다. 일반적으로 가축사료 불린 것은 수분 함량이 많으므로 톱밥을 섞기도 하며 마대자루에 넣어 통에 넣거나 직접 통에 넣고 산란 유도장치를 놓아두면 된다.
- 산란 관리 : 아메리카동애등에가 산란을 시작하면 산란 유도장치를 교체하여 계속적으로 산란할 수 있도록 관리하거나 산란 유도장치에서 유충이 부화한 후 유충 사육용으로 사용하면 된다.
- 아메리카동애등에는 우화 후 5일 이내에 암수가 교미하고, 교미 후 바로 산란하며 2회에 걸쳐 산란 피크를 나타낸다. 광량 및 서식 공간의 크기에 따라 교미를 하지 않는 경우는 산란 행동이 전혀 일어나지 않는다. 따라서 정상적으로 알을 받기 위해서는 최소 가로×세로×높이가 2~3m 이상인 비행 공간과 자연광이나 자연광과 유사한 인공조명을 유지하여야 한다. 생육 기간 동안에 물을 공급하지 않을 경우 성충 수명이 급격히 감소한다.

② 배지 조성

- 일반 가축사료(송아지 사료, 양돈 사료, 닭 사료 등)를 100% 사용하거나 톱밥을 1:1로 혼합하여 물에 불린 후 2~3일이 지나서 산란 배지로 활용할 수 있다.
- 산란 배지는 자주 혼합하여 곰팡이가 피거나 부패하지 않도록 유지한다.
- 산란 배지가 부패하여 사용할 수 없게 되면 유충 사육용으로 활용하고 새로운 배지로 산란받을 수 있도록 한다.
- 물에 불린 가축사료와 음식물쓰레기 그리고 톱밥을 1:1:1로 혼합한 후 그 위에 톱밥을 깔아주어 물기가 배어 나오지 않게 한 다음 산란 유도장치를 올려놓으면 청결하게 산란받을 수 있어 좋다.

③ 채란 밀도

아메리카동애등에 암컷 한 개체의 산란 수는 약 1,000여 개로 알려져 있고 산란 기간이 10여일 이내로 짧다. 효율적으로 채란 받기 위해서는 항상 일정한 성충 밀도를 유지하는 것이 중요하므로 일정량의 번데기를 채란 상자에 넣어주어 적정한 채란 밀도를 유지하여

야 한다. 최소 성충 사육상자인 가로×세로×높이가 2m의 사육상자에는 100~200개체의 성충을 투입하면 대략 1주일간 50~100여 개의 난괴를 수거할 수 있다.

빨대에 산란된 난괴

골판지에 산란된 난괴

마대자루에 산란된 난괴

그림 3-2-29. 다양한 곳에 산란된 아메리카동애등에 난괴

④ 산란 장치

농촌진흥청에서 제작하여 사용하고 있는 산란 장치는 나무나 스치로폼에 직경 3~5㎜, 깊이 약 7㎜의 구멍을 내어 산란 배지 위에 놓아 산란을 유도할 수 있다.

⑤ 채란 후 관리 요령

채란 받은 산란 장치는 부화할 수 있도록 온도와 습도를 유지하여야 한다. 일반적으로 27℃, 60%의 상대습도에서 보호하면 3~5일 후 부화한다. 따라서 증식용으로 사육할 경우 부화한 유충을 그대로 산란 배지로 사육하거나 다른 목적에 맞도록 이동하여 발육하도록 한다.

(2) 유충 사육

아메리카동애등에의 부화 후 유충은 약 15~20일간 발육한다. 발육 초기에는 옅은 색이었다가 번데기 전단계에는 흑갈색으로 변화한다. 유충은 다양한 유기물(남은 음식물이나 축분, 농업 부산물 등)을 섭식하여 발육한다.

① 유충 사육 용기

유충 사육 용기는 여러 번 사용이 가능한 플라스틱 재질의 사육 상자를 사용하는 것이 좋다. 크기는 60×40×15㎝의 사육 상자가 적합하나 사육 환경에 따라 다양한 크기 및 재질의 사육용기를 사용할 수 있다.

② 유충 사육 밀도

표준 사육 상자(60×40×15㎝)에서 사육할 수 있는 적정한 사육 밀도는 유충 약 5,000~10,000
마리가 좋다. 유충이 먹이를 섭식하면서 배지에서 열이 발생하므로 부화 초기에는 사육 밀
도가 높은 것이 발육에 좋으나, 밀도가 너무 높으면 스트레스를 유발하고 개체의 크기가 작
아지므로 크게 키워야 할 채란용 종충은 밀도를 조금 낮게 유지하는 것이 좋다.

③ 유충 사육 환경관리

아메리카동애등에는 일반적인 곤충 사육 환경(27±3℃, 65% 습도)을 유지하면 정상적으로
사육할 수 있다. 유충 사육실의 경우 광량은 크게 중요하지 않으나 유충 사육 상자는 외
부로부터 유입된 기타 파리류(초파리, 집파리 등) 곤충이 산란할 수 있으므로 외부와 격리
된 사육환경을 유지하는 것이 좋다. 외부와 철저히 격리하지 못하는 경우에는 망을 씌워
서 침입을 막을 수 있다. 경우에 따라 기생성 천적이 유입되는 경우도 있으므로 사육 시
주의하여야 한다.

④ 유충 먹이관리 요령
- 일반 음식물쓰레기를 공급할 경우
  - 음식물쓰레기 선별 : 아메리카동애등에가 먹을 수 없는 불순물(비닐, 무기물질 등)을 골
    라낸다.
  - 음식물쓰레기를 적당한 크기로 파쇄 한다.
  - 음식물쓰레기의 수분함량을 적정하게 맞추기 위해 톱밥 등을 섞는다.
  - 음식물쓰레기를 적당량 유충 사육 상자에 넣는다
- 사료화를 거친 음식물쓰레기를 공급할 경우
  - 건식 음식물쓰레기 사료 : 적당량의 수분을 혼합하여 유충이 먹을 수 있도록 공급한다.
  - 습식 음식물쓰레기 사료 : 적당한 수분을 맞춰 유충에게 공급한다.

(3) 번데기관리
성숙한 아메리카동애등에 유충은 번데기가 되기 전 단계에 이르면 먹이 활동을 중단하고 사

육상에서 탈출하여 건조한 곳으로 이동한다. 이동할 때 사육통 벽면의 각도가 30~60° 정도 유지하면 번데기 수거율이 93.4~98.2%로 높았고, 90°의 경사에서도 평균 80.4%의 유충이 정상적으로 이동하였다. 이러한 생물학적 특징을 이용하여 손쉽게 번데기를 수거할 수 있다. 아메리카동애등에의 번데기의 탈출을 고려한 재질은 나무(합판), 플라스틱(아크릴), 함석판으로 실험한 결과 나무판에서 가장 좋았다.

아메리카동애등에 유충이 번데기가 되는 용화율은 95~96%이었고 성충으로의 우화율은 평균 83~84% 정도였다.

아메리카동애등에의 번데기 기간은 온도에 따라 조금 다르나 일반적인 사육 조건에서 평균 15일 정도 소요된다. 수거된 번데기는 움직임이 있으나 짙은 암갈색으로 유충과 구별할 수 있다. 번데기는 적당한 습도를 유지하기 위하여 톱밥과 같은 충진제와 함께 우화할 수 있는 통에 넣어 우화를 유도한다. 야외에서 유충 및 번데기 상태로 월동하는 습성을 이용하여 번데기 상태로 저온(0~5℃) 상태로 장기 저장할 수 있다. 따라서 채란이 필요한 시기에 사용하기 위해 저장할 수 있다.

(4) 성충 사육

일반적인 파리류 곤충과는 달리 성충은 먹이 활동을 하지 않는다. 이를 조사하기 위해서 밀폐된 사육 환경에서 여러 가지 먹이(꿀물, 설탕, 단백질 사료 등)를 공급한 것과 물만 공급한 경우의 아메리카동애등에 성충 수명을 조사한 결과 평균 수명은 각각 11.2~13.6일과 10.6~11.6일로 큰 차이가 없었다. 하지만 물을 주지 않은 경우에는 2.4~3.4일로 급격히 짧아지는 것으로 조사되었다. 성충 사육실 또는 채란을 받기 위한 공간에 물을 먹을 수 있는 장치가 필요하며, 식물을 식재하여 휴식하거나 식물의 증산작용에 의한 수분을 섭취하도록 하는 것이 좋다.

성충은 비행 중에 교미하는 것으로 알려져 있으며, 우화 후 5일 이내에 암수가 교미(mating)하고 교미 후 바로 산란하는 것으로 조사되었다. 성추의 우화 후 10~15일 사이에 1~2회에 걸쳐 집중적으로 산란하였으며 성충 사육 상자가 작거나 광량이 부족하여 교미를 하지 못하면 산란 행동이 전혀 일어나지 않았다.

(5) 저장관리

유충 및 번데기 상태로 월동하는 습성을 이용하여 저온에서 장기 저장할 수 있다. 저장의 목적은 필요한 시기에 성충으로 우화시켜 채란 받기 위한 경우이다. 저온 저장고(0~5℃)에서 유충 및 번데기가 건조하게 되면 사망률이 높아지므로 수분을 유지 할 수 있는 배지나 톱밥 등을 충진제로 함께 저장하여야 한다. 알은 연약한 성상으로서 저장이 어려우므로 부화 약충 또는 일정한 크기로 발육한 유충을 저장하는 것이 좋다.

(6) 먹이 및 환경 기준
① 먹이 조건
아메리카동애등에 유충은 수분이 적당한 유기물질은 모두 섭식한다. 성충은 먹이 섭식 활동을 하지 않는 것으로 알려져 있다.

② 사료의 제작
아메리카동애등에는 유기성 물질을 먹이로 한다. 영양 성분 중 단백질 함량이 많으면 발육도 빠르고 개체 크기도 커지므로 산란 받을 종령 유충은 가축사료나 단백질 함량이 높은 먹이를 제공하여 주는 것이 좋다.
사료를 제작할 때는 수분함량을 적합하게 조절하여 주는 것이 중요하다

③ 온도 환경
- 사육에 적합한 온도 : 25~30℃
  사육에 적합한 온도는 일반적인 여름철 날씨이며 배지 온도는 조금 높게 유지하여도 된다. 유충의 섭식 활동이 왕성하면 배지 온도가 상승할 수 있다.
- 임계 치사 고온 : 40~45℃
  발육 중인 배지가 40℃ 이상의 온도로 장기간 유지되면 유충이 배지의 위쪽으로 이동하고 시간이 더 지체되면 폐사한다.
- 임계 치사 저온 : 5~10℃
  영하의 저온 상태에서 장기간 노출되면 사망률이 높아질 수 있다.

④ 습도 환경
성충은 습도가 낮으면 수명이 급속히 단축된다. 그리고 유충은 과습에 강한 성질을 가지고 있으나 건조한 사료는 먹지 못하므로 사료의 수분함량을 일정하게 유지하여야 한다.

⑤ 광 조건

성충의 교미 및 산란 행동에는 광 조건이 절실히 필요하여 자연광이나 자연광에 가까운 조도를 유지하여야 한다. 하지만 유충 및 번데기 등의 관리에는 광 조건이 중요하게 작용하지 않는다. 일반적으로 14 : 10 또는 16 : 8의 여름철 광 조건을 유지한다.

다. 사육 단계별 사육 체계

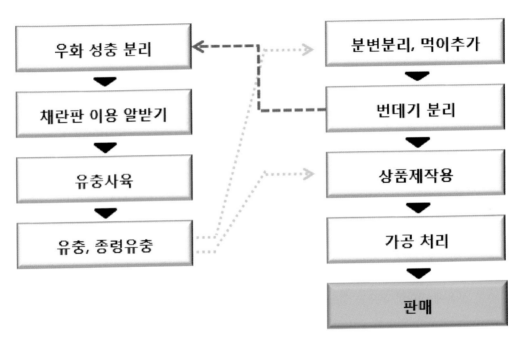

그림 3-2-30. 아메리카동애등에의 사육 체계도(순서도)

그림 3-2-31. 갈색거저리의 사육 체계

표 3-2-9. 아메리카동애등에의 관리 방법 및 사육 조건

사육 단계	알	유충	번데기	성충
사진				
관리 방법	채란 받은 알은 부화까지 적당한 온도와 습도 조건을 유지하여 부화를 유도한다.	적당한 수분을 함유한 사료를 주기적으로 공급한다.	번데기가 되기 위해서 건조한 곳으로 탈출하는 습성이 있으므로 번데기 수거 장치를 설치하는 것이 좋다.	성충 먹이는 따로 줄 필요 없으나 수분을 공급하고 쉼터로 화초나 은신처를 제공하는 것이 좋다.
	5월~10월	연중	연중	4월~10월
발육 기간	3~6일	3~4주	12~15일	10~15일
사육 조건	온도 : 25±3℃ 습도 : 약 65%	온도 : 25±3℃ 습도 : 약 65%	온도 : 25±3℃ 습도 : 약 65%	온도 : 25±3℃ 습도 : 약 65%

라. 사육 시설 기준 및 생산성

(1) 사육 도구 기준

그림 3-2-32. 사육 용기(플라스틱 박스)

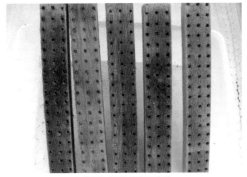
나무틀 산란 유도 장치

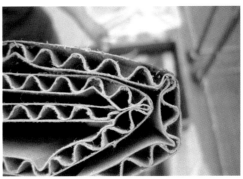
골판지 채란 유도 장치

그림 3-2-33. 나무틀과 종이 산란 유도 장치

① 사육 용기

그림 3-2-34. 플라스틱 사육 용기(농촌진흥청)

그림 3-2-35. 가정용 플라스틱 사육 용기(베트남)

그림 3-2-36. 기계식 사육상
(한국유용곤충연구소)

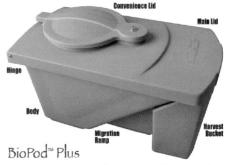
그림 3-2-37. 판매되었던 가정용 사육 용기
(www.microbialearth.com)

그림 3-2-38. 기본형 번데기 분리 장치

그림 3-2-39. 연속형 사육 장치[(주)그린테코]

② 사육 선반

대량 사육을 위해서는 여러 칸으로 쌓을 수 있는 선반이 필요하다.

사육 선반은 조립식 앵글, 와이어렉 선반, 자체 제작한 선반 등이 있으며 고정형이나 바퀴가 있는 이동형을 제작하여 사용할 수 있다.

그림 3-2-40. 유충 사육 선반

그림 3-2-41. 연속형 처리 장치

③ 기타 사육 도구

건습구 온도계

가습기

채반

| 건습구 온도계 | 가습기 | 채반 |

그림 3-2-42. 아메리카동애등에 사육용 기타 도구

(2) 사육 시설 기준

생태 습성상 성충은 자연광이 필수적으로 필요하므로 직사광선이 들어오는 사육 시설로 제작하여야 한다. 유충 및 번데기는 직사광선을 피할 수 있는 시설 또는 구조물로 된 사육 시설로 구성되어야 한다. 일반적인 조립식 패널 건물 및 컨테이너박스 등 온도 조절이 가능한 시설이 좋다. 냉·난방 시설은 아메리카동애등에의 사육 최적 온도인 25~27℃를 유지할 수 있도록 구성되어야 한다.

사육 선반은 공간 활용을 위한 와이어렉 또는 조립식 앵글 선반을 활용할 수 있으며, 선반이 없는 경우는 사육 용기를 가로세로 쌓아서 공기가 잘 통하도록 보관하여도 된다. 사육 용기는 플라스틱을 주로 사용하며 패널 및 나무 등 각각의 장단점을 이해하고 적절한 사육 용기를 선택하여야 한다.

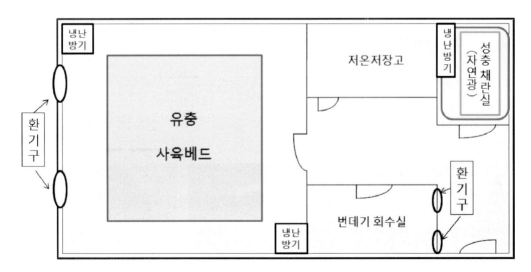

그림 3-2-43. 사육 시설 도면

(3) 단위 생산성

① 아메리카동애등에를 생산하기 위해서는 표준 사육 상자를 선반에 5~12단까지 적재가 가능하며 목적에 따라 단수를 조절하여 사육할 수 있다.

② 생산성은 매일 채란 받는 성충 개체 수와 채란틀의 수에 의해 결정되며 일일 30여 통에서 채란 받으면 주간 150여 통으로서 매월 600여 통이 새로 세팅된다.

③ 아메리카동애등에의 발육 기간 20~30일 정도를 사육한 후 번데기가 되면 상품화할 수 있으므로 용도에 맞도록 활용할 수 있다.

④ 사육통당 생산량은 투입된 부화 약충 기준으로 500~1,000g 정도 된다.

표 3-2-10. 단위 면적당 생산량[순수 사육실 면적 165㎡ (50평) 기준]

사육 방식	성충 수	약충 사육통 수/ 연	먹이 소요량/ 연	처리 기간	필요 인력	총생산량(kg)/연	
단기 사육	암컷 1,000 마리 이상	100통 (500,000마리)	900 ~ 1,000kg	15~ 20일	1명	번데기 : 100~120kg
						분변토 : 250~300kg
연중 누대 사육	암컷 1,000 마리 이상	5,000~10,000통	300톤/연	1년	2~3 명	30~36톤
						75~90톤

주) 각각의 통당 평균 사육 개체 수는 5,000~10,000마리임.
먹이는 음식물쓰레기, 사료등 부산물과 유기물질을 포함한 동애등에사료임.
총생산량은 생체 중량임.

표 3-2-11. 자동 수집장치를 활용한 동애등에 사육

유충투입량(부화 5일 기준)	2kg(각 단 500g)		
처리 기간	15일		
총처리량(파쇄음식물 기준)	150kg		
번데기 산출량	18kg	분변토산출량	46kg

주) 참고문헌 : 동애등에 잘 키우기(최영철 등, 2012)

마. 활용 및 주의사항

(1) 활용 방법 및 예시

① 아메리카동애등에를 이용한 유기성 폐기물 처리 : 아메리카동애등에의 음식물쓰레기 처리 능력은 부피를 약 58%, 무게를 30% 정도 감소시키며 유충 한 마리가 음식물쓰레기 2~3g 을 분해 처리하여 퇴비화할 수 있다.

음식물쓰레기 10㎏에 아메리카동애등에 유충 5,000~10,000마리를 투입하면 3~5일 후에 음식물쓰레기의 80% 이상이 분해된다.

② 아메리카동애등에 유충 및 번데기는 단백질 함량이 높아 고단백 가축사료로 활용할 수 있다

③ 유기성 폐기물을 처리하고 발생되는 아메리카동애등에 분변은 퇴비로 활용할 수 있다.

(가) 상품의 종류

- 아메리카동애등에 분변토 : 지렁이 분변토 가격과 동일하게 판매가능
- 아메리카동애등에 사료(양계 사료, 낚시 미끼 등)
- 미국에서는 8,000~40,000$/ton의 경제적 가치를 갖는다.

(나) 현재 시판되고 있는 상품의 종류

현재 시판되는 아메리카동애등에 상품은 없으며 곤충 사육 농가를 중심으로 가축 및 양어 사료 제품으로 개발 중에 있다.

(2) 사육 시 주의사항

(가) 채란

아메리카동애등에는 유기물에 직접 산란하지 않으므로 산란을 유도할 수 있는 장치가 필요하다. 자연 상태에서는 나무, 풀 등의 겹쳐진 부위에 산란하여 습도를 유지할 수 있게 한다. 인위적으로 산란을 유도하기 위해서는 나무틀에 작은 구멍을 내거나 골판지, 빨대, 마대자루 등을 활용할 수 있다. 아메리카동애등에 성충이 수분을 섭취할 수 있도록 인위적으로 물을 뿌려주고 산란 사육실에 증산작용이 활발한 식물을 넣어 성충의 수명을 증가시키는 것도 좋은 방법이다.

(나) 유충 분리

아메리카동애등에가 부화하기 전에 산란된 산란 유도장치를 수거하여 유충 사육용 배지 위에 놓아 부화를 유도할 수 있으며 산란 상자와 산란 유도장치를 그대로 유충 사육용으로 활용할 수 있다. 작은 유충을 분리하기 위해서는 배지를 모두 먹은 후에 아메리카동애등에가 빠져나가지 않는 작은 채 등을 이용하여 분리할 수 있다.

(다) 번데기관리

아메리카동애등에는 유충에서 번데기가 될 때 건조한 곳으로 이동하여 번데기가 된다. 이러한 원리를 이용하여 자동적으로 유충으로부터 번데기를 쉽게 분리할 수 있다. 번데기가 된 아메리카동애등에는 습도 유지를 위해 톱밥과 함께 혼합하여 우화할 수 있도록 관리한다.

(라) 저장 및 상품 제작

번데기 상태로 월동할 수 있으므로 저온에서 저장이 가능하나 습도가 너무 낮으면 건조하여 사망할 수 있어 주의하여야 하며, 저온 저장 기간이 길어지면 사망률이 증가한다.

(마) 방역 조치

아메리카동애등에 성충은 파리목에 속하는 곤충으로 특별한 질병 습도가 높을 때 집단 사육할 경우 파리목 곤충에 발생하는 곤충병원성곰팡이(entomophthora)가 발생할 수 있으므로 습도 관리 및 성충 먹이용 물이 오염되지 않도록 주의하여야 한다. 아메리카동애등에의 번데기는 기생성 천적으로 오염되지 않도록 관리하여야하며 기생천적이 발견되면 채란용 종충에 대한 격리 사육을 실시허여 오염된 번데기로부터 분리하여야 한다.

4. 흰점박이꽃무지(*Protaetia brevitarsis* seulensis)

그림 3-2-44. 흰점박이꽃무지

가. 일반 생태

(1) 분류학적 특성

흰점박이꽃무지는 딱정벌레목 풍뎅이과 꽃무지아과에 속하는 몸길이 17cm~22㎜, 폭 12~15㎜ 크기이며, 몸은 진한 구릿빛이고 광택이 있으며 황백색 무늬가 흩어져 있다. 애벌레가 썩은 나무나 초가집의 지붕, 낙엽, 건초더미나 퇴비 등 유기물이 풍부한 부식성(腐食性) 토양 속에서 서식하는 곤충으로서 우리나라를 비롯하여 중국, 일본 및 시베리아에 광범위하게 펴져 있다. 우리나라에서는 4월에서 10월에 걸쳐 1~2년에 1회 발생한다고 알려져다(古川 등, 1977 張芝利, 1984). 흰점박이꽃무지는 주로 3령 성숙 유충 상태로 월동을 하고 일부는 성충으로도 월동하는 것도 있다. 3령 유충의 두 폭은 4.3~4.5㎜이고 몸길이는 25~37㎜이며 몸은 유백색으로 전체에 황색의 짧은 털들이 촘촘하게 나 있다. 몸의 크기에 비해 머리 크기가 작고 다리가 발달되지 않아 이동 시 등을 이용하여 이동한다. 성충은 주간 활동성이며 복숭아, 배 등의 성숙한 과일이나 옥수수, 참나무, 상수리나무 등의 즙액을 먹이로 하며 군집 성향을 갖는다. 성충 자체는 더듬이 마지막 마디에 감각점을 5~6개 가지며 복부 마지막 마디의 중앙 부분 위쪽에는 짧은 털들이 나 있다.

유충은 퇴비나 건초더미 등의 유기물이 풍부한 부식성 토양 속에서 서식하며, 살아 있는 식물의 지하 부위는 잘 가해하지 않는다고 알려져 있다. 번데기는 4월 하순부터 성충이 되기 시작하여 약 3개월을 자연 상태에서 먹이를 섭취 하며 활동을 하며 주로 성숙과를 좋아하고 참나무의 수액에 많이 모여 있는 것을 관찰할 수 있다.

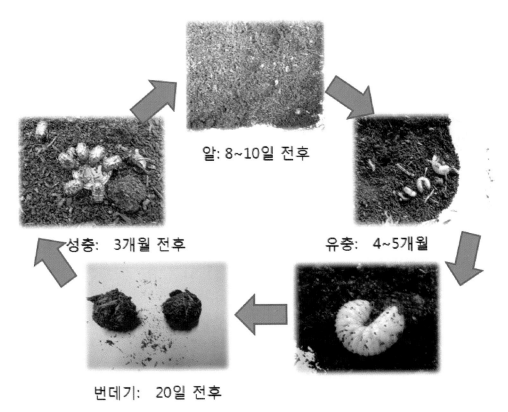

알: 8~10일 전후

유충: 4~5개월

번데기: 20일 전후

성충: 3개월 전후

그림 3-2-45. 흰점박이꽃무지 생활사

(2) 생태

흰점박이꽃무지는 성충이 알을 낳아 부화해서 1령에서 3령을 거쳐 종령을 지나 번데기가 되며 번데기 후에 성충이 되는 완전탈바꿈을 하는 곤충에 속한다.

4월부터 활동을 하여 알을 낳고 약 2~3개월 정도 살다 생을 마감하는 곤충이다.

흰점박이꽃무지는 자연 상태에서는 주로 참나무 수액이나 과일 등의 즙액을 찾아 날아다니다 그곳에 모여 즙액을 하는 것을 자주 목격할 수 있다. 주로 참나무나 삼나무, 부엽토 또는 잡풀이 죽어 쌓인 덤불이나 벼 짚단이 썩은 곳, 때론 두엄에도 알을 놓는 것으로 파악이 되었다.

성충은 우화 후 수일 후부터 교미를 한다. 암컷은 교미 후 약 10여 일이 지나면서부터 산란을 시작하는데 산란 매트에 따라 알을 많이 낳을 수도 아닐 수도 있기 때문에 알을 잘 받을 수 있도록 산란 매트의 질과 수분 그리고 용량을 잘 계산하여 암컷을 산란통에 넣어야 한다. 일반적으로 실내 리빙박스를 통해 산란을 받을 때는 50리터 한 통에 암컷 80~100마리를 수컷과 암컷의 비율을 1:2의 비율로 넣어 산란을 받는 것이 좋다. 그리고 더 많은 채란을 위해서는 산란통을 10일 간격으로 바꾸어 새로운 수컷과 암컷을 섞어 산란을 유도하면 더 많은 알을 받을 수 있다.

흰점박이꽃무지는 알에서 약 8~10일 후부터 부화를 시작하게 된다. 알의 크기는 약 2mm 내외이며 시간이 지나면서 점점 더 자라면서 타원형의 모양으로 발육하며 1령의 애벌레가 부화하게 된다. 알의 무게는 약 0.01g이다.

1령에서 3령까지의 발육 기간은 약 4개월에서 5개월이 걸린다. 온도가 증가할수록 발육 기간이 단축되므로 필요에 따라 사육실 환경 조건을 조절하여 원하는 발육 속도를 유지할 수 있다.

어린 유충의 성장 속도에 가장 중요한 영향을 미치는 것은 사육 환경으로서 온도, 먹이, 습도 등의 요인들이 있다. 어린 유충의 먹이는 잘 발효된 참나무 톱밥이나 부식토를 이용하여 영양분의 결핍에 의한 성장 발육에 영향을 주지 않도록 하여야 한다.

1령은 약 10일 전후에 성장하고 탈피를 하는데 이것이 2령의 유충이다. 몸이 점점 비대하며 커지고 약 20일 지나면 또 탈피를 하는데 이것이 3령의 유충이 되는 것이다. 3령은 약 3~4개월간 열심히 먹고 성장을 하여 종령으로 되기 시작하면서 번데기로 될 준비를 한다.

종령의 구분은 3령의 유충 머리 구분이 황금빛으로 변화되는 것을 볼 수 있는데 이것이 종령이다.

종령에서 용화 단계는 매우 복잡하다. 종령은 그 주위에 있는 것들을 이용하여(자기 분변토 포함) 체액을 분비 단단하게 타원형의 방을 만든다.

방을 만든 후 약 10일이 지나면 그곳에서 번데기를 만든다. 이런 후 약 20일 후 번데기 방의 윗부분을 부수고 성충이 되어 날게 된다.

(가) 성충의 암수 구분

　　　암컷은 배면이 앞으로 볼록하게 나와 있고 수컷은 안으로 함입이 되어 있다.

　　　보통 암컷이 외형상 작고 수컷이 크다.

　　　암컷의 앞다리 부절이 수컷에 비해 날카로운 것이 특징이다.

(3) 현황

현재 애완곤충 및 산업곤충 사육 농가뿐만 아니라 건강보조식품으로서 곤충의 활용에 관심이 많은 농가들에서 흰점박이꽃무지를 사육하고 있으며, 새롭게 곤충을 사육하려는 농가들이 많이 증가하고 있는 추세다.

현재는 주로 생체로 유통되며 때론 약용으로 환이나 엑기스 또는 캡슐화로 유통된다.

예전에는 노지 사육을 많이 하였지만, 지금은 주로 하우스 내에서 사육하고 있으며 조립식 패널이나 건물 내에서 사육 용기를 이용하여 사육하는 농가들이 많이 늘어나고 있다.

(4) 이용 배경

① 흰점박이꽃무지는 주로 약용으로 사용되어 유통되고 있는 실정이다.

② 특히, 간 계통의 질병이나 암의 치료 또는 예방에 많이 애용하고 있다.

③ 《동의보감》에서 약용으로 주로 사용되어 왔고 현재도 그러한 실정이다.

나. 사육 방법

(1) 알 받기

암컷 성충은 교미 후 약 10~13일 정도 지난 후 산란을 하기 시작한다. 산란은 톱밥의 종류(여기서는 발효의 상태)와 환경에 따라 산란의 수가 다른데 보통 65~110개의 알을 낳는다.

① 알의 발육 기간 : 약 1주일에서 10일 전후로 부화한다.

② 알에서 부화된 1령은 약 10여 일 후 탈피를 하여 2령으로 접어든다.

③ 알을 많이 받기 위하여서는 산란 배지(톱밥)의 상태가 좋아야 한다.

④ 알을 받을 때는 사육 용기 리빙박스(45~52L)를 이용하여 충분한 양의 발효 톱밥을 깔고 성충 100마리씩을 넣어 10일 간격으로 사육통을 바꿔 받을 수도 있고, 하우스용에서는 매트에 산란을 유도하여 직접 받을 수도 있다. 사육 환경에 맞게 산란을 유도할 수 있다.

⑤ 성충의 먹이 : 과일이나 곤충 제리포 또는 딸기잼을 주어도 무방하다. 이때 초파리의 발생이 많으므로 실내 리빙박스형으로 사육하는 농가에서는 망을 설치하여 해충의 발생을 최소로 줄여 성충이 스트레스를 받지 않도록 하여야 한다.

⑥ 산란 매트는 다양하게 해도 되나 일반적으로는 참나무 발효 톱밥을 사용하고 그것이 없을 때는 산에 있는 부엽토를 이용하여도 무방하다.

⑦ 리빙박스형으로 사육할 때는 10일에서 15일 후 수컷을 교체하여 산란을 유도하면 더 많은

양의 알을 받을 수가 있다.

⑧ 산란을 받을 때는 같은 곳에서 자란 성충을 이용하지 말고 여러 지방에서 구한 성충을 교미 시켜 유전자원을 풍부히 하는 것이 유충의 크기나 성장에 도움이 되며, 향후 발생되는 각종 질병을 사전에 예방할 수도 있다. 산란 매트의 수분 상태는 사육에서 가장 중요한 요소이다.

- 산란 배지 수분 : 보통 60~70%의 수분을 지닌 톱밥을 만들어 주어야 하는데, 이것을 쉽 게 알 수 있는 방법은 자기 손으로 톱밥을 꼭 쥐었을 때 그대로의 형태를 만들고 있으면 수분이 맞다는 것을 알면 된다.

- 통기 : 리빙박스의 윗부분은(뚜껑) 중간 정도를 절개하여 충분한 공기 유통을 시켜야 한 다. 수분의 증발이 많아 건조할 때는 스프레이로 약 3일에 한 번씩 조심하여 뿌려주는 것이 좋다.

- 광 조건 : 산란장의 온도와 빛은 매우 중요하다. 자연의 빛은 약간만 들어오는 것이 더 좋고, 그렇지 못하는 지하실이나 실내에는 LED등을 설치하여 2일에 한 번씩 점등하여 주면 좋다.

- 산란 적온 : 산란에 필요한 적당한 온도는 25~26℃이나 하우스에서 사육할 때는 여름철 에 온도가 상승할 수 있으므로 대형 선풍기와 환풍 시설은 필수적으로 필요하다.

표 3-2-12. 흰점박이꽃무지 충태별 크기

	발육 충태		
	알	유충	성충
크기	1~2mm 내외	5~30mm 내외	18~25mm 내외

주) 발효톱밥 사료를 이용하여 사육함

표 3-2-13. 흰점박이꽃무지의 발육 기간

	발육 충태(령)			
	1령	2령	3령	번데기
발육 기간	10일 전후	20일 전후	35~40일	30일 내외

주) 25℃ ~ 26℃ 사육실 조건에서 사육함

(2) 유충 사육

유충을 잘 키우기 위해서는 습도와 온도를 잘 맞춰주어야 성장에 지장이 없다. 일반적인 사육 온도는 25℃ 내외가 좋으며 습도는 60~70%를 유지하는 것이 좋다. 온도의 영향으로 발육 기간이 길어지거나 단축될 수 있으므로 연중 사육을 위해서나 대량 증식을 위해서는 안정된 온도 관리 시스템이 필요하다.

① 유충의 먹이 : 유충 발육을 위한 영양분을 충분히 공급하여야만 충실한 유충의 생산이 가능하다.

- 유충은 참나무 발효 톱밥으로 사육이 가능하다.
- 버섯을 따낸 배지를 숙성시켜 사육해도 무방하다.
- 부엽토를 사용하여 사육해도 된다.

② 먹이 제작법 : 참나무 발효 톱밥을 만드는 과정

- 표고버섯을 사용한 참나무 톱밥을 먼저 구해 부수고 흑설탕이나 당밀, 그리고 미강, EM 을 구해 잘 배합한다.
- 약 한 달가량 숙성을 시킨다.

(3) 번데기관리

흰점박이꽃무지 종령은 전용 과정을 거친 후에 배지로 먹고 자란 주위의 재료인 톱밥 등을 이용하여 타원형의 단단한 고치를 만들고 그 속에서 번데기가 된다.

① 수분의 공급 : 번데기가 된 것을 그대로 두고 배지의 윗부분에 경미하게 수분을 2~3일에 한 번씩 배지 조건에 따라 추가 투입하면 약 한달 후 성충으로 우화하는 것을 관찰할 수가 있다.

② 주의사항 : 번데기 방을 만들기 위한 단계에서 그 속을 보기 위해 톱밥을 뒤적이면 만들고 있는 고치집이 파괴되므로 종령부터는 세심한 관리가 있어야 하며 수분이 너무 많으면 번데기 방이 썩게 되는 경우가 종종 있으므로 조심해야 한다.

- 이미 만들어 둔 고치 방에 병이 들어 성충의 우화가 되지 않을 경우가 간혹 발생하는데 이것은 사육통의 소독이나 발효 톱밥과 수분에서 기인한 것이기 때문에 매우 조심할 필요가 있다.
- 번데기 방은 매우 연약하여서 갓 만든 번데기 방은 만지지 말아야 하며 조용한 곳에 두고 관찰하는 것이 좋다.

● 과도한 수분의 투입 오히려 과습으로 질병 감염 등 사망률을 증가시킬 수 있으므로 주의하여야 하며 사육에 미숙한 초보자는 특히 주의하여야 한다.

(4) 성충 사육

우화된 성충은 본능으로 암컷과 짝짓기를 한다. 교미 후 암컷은 발효 톱밥 속으로 들어가 산란을 한다.

① 성충의 먹이 : 자연 상태에서는 굴참나무나 상수리나무의 수액이나 보리수나무의 화분 등을 먹고 약 2~3개월을 생활하다 사망하나 사육하는 현장에서는 먹이 급여를 충분히 할 때는 이것보다 더 오래 생존할 수 있다.

② 성충의 대체 먹이 : 바나나, 수박, 참외, 배, 사과 등 과일을 좋아하며 인공 배지를 만들거나 딸기잼 등을 희석하여 주어도 무방하다.

● 인공 먹이 제작법 : 한천(아가)이나 젤라틴을 끓인 후 여러 가지 영양물질(분유, 계란 난황, 복합비타민, 요쿠르트, 과일, 소르빈산 등)을 넣고 믹서로 잘 섞은 후 식히면 성충이 잘 먹는 먹이를 만들 수 있다.

③ 출현 시기 : 자연 상태에서 성충의 발현 시기는 4월 말에서 9월까지 활동을 주로 하는 것을 관찰할 수 있다.

(5) 저장관리

① 흰점박이꽃무지 유충을 저장하는 방법은 동결 건조하는 방법과 열 건조 방식이 있다. 이 모두 약 이틀간 먹이를 주지 말고 굶겨 체내에 있는 배설물을 모두 배출하도록 유도하는 것이 냄새를 덜 나게 만드는 방법이다.

● 열 건조 방법 : 유충을 깨끗하게 세척하여 100℃ 이상 끓는 물에 10초 정도 담가 들어내어 고기 말리는 망에 넣어 이틀 정도 말리면 된다.

● 동결 건조 방법 : 동결 건조기에 넣어 말리는 방식이다.

② 유충을 좀 더 오래 보관하기 위하여서는 10℃되는 저온 저장고에 보관하면 약 4~5개월 더 보관할 수가 있다.

(6) 먹이 및 환경 기준

(가) 사육 조건

① 온도 : 최적의 온도 조건은 25℃~29℃ 내외를 가장 선호하며 직사광선은 피해야 한다. 특히 하우스형 사육 시설에서는 실내 온도에 민감하므로 최적의 온도를 제공하기 위해 자동 점적관수 시설이나 안개 분무 시설 등을 갖추는 것이 좋고 대형 환풍 시설, 선풍기 등의 시설이 되어야 좋다.

② 습도 : 60~70%가 가장 좋다. 수분이 너무 많으면 각종 곰팡이균이나 세균이 많아져 사육 환경이 극도로 떨어질 뿐 아니라 각종 병에 걸릴 가능성이 많음에 유념해야 한다.

③ 빛 : 자연광이 약간 있는 것이 좋다. 하지만 직사광선은 피해야 하며 약간의 광선은 사육에도 좋은 효과를 제공한다.

다. 사육 단계별 사육 체계

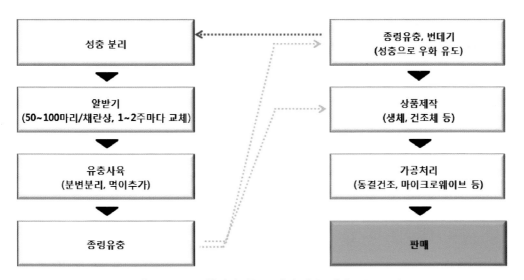

그림 3-2-46. 흰점박이꽃무지의 사육 체계도(순서도)

표 3-2-14. 흰점박이꽃무지의 관리 방법 및 사육 조건

사육 단계	사진	발육 기간	관리 방법	사육조건
채란 및 알		10일 전후	알을 받는 사육상자는 그대로 두고 수분만 관리함	습도60~70% 온도25~29℃
유충		2개월	사육 상자 내의 배지 윗부분이 마르면 수분을 보충함	습도60~70% 온도25~29℃
번데기		30일 내외	번데기가 된 그대로 관찰	습도60~70% 온도25~29℃
성충		약 3개월	과일, 곤충 제리포, 인공먹이 등	습도60~70% 온도25~29℃

라. 사육 시설 기준 및 생산성

(1) 사육 도구 기준

① 흰점박이꽃무지의 사육 용품은 사육 용기 외 별도의 기구는 필요 없고 사육에 필요한 유충의 발효 톱밥과 성충의 먹이만 있으면 된다.

② 실내 선반식 사육을 할 때는 리빙박스(40~52L)에 사육하면 된다.

③ 하우스형은 비닐과 차광망을 잘 설치하고 이중문을 설치하여 밖으로 탈출하지 못하게 해야 한다. 하우스 내 사육 시 대형 환풍기와 온도 센스를 설치하여 폭염 시를 대비하여야 한다.

④ 가정에서 학습용으로 사육할 경우는 일반형 사육통 안에 넣어 관찰하면서 사육할 수 있다.

그림 3-2-47. 애완 학습용 사육통(250×130×170㎜)

그림 3-2-48. 리빙박스 사육(360×510×285㎜)

그림 3-2-49. 패널식 실내 사육(500cm×100cm×70cm)

그림 3-2-50. 실내 선반식 사육(165㎡, 50평형)

(2) 사육 시설 기준

흰점박이꽃무지는 실내나 실외에서 다 사육이 가능하나 실외에서는 직사광선을 피할 수 있는 시설을 하여야 한다.

실내 선반 리빙박스형 또는 패널형이나 하우스형의 구조물은 겨울을 대비하여 너무 추워 월동 상태의 조건이 파괴되지 않으면 관계없다. 실내에서는 선반을 만들어 공간을 활용하면 보다 많은 양의 사육이 되리라 생각된다.

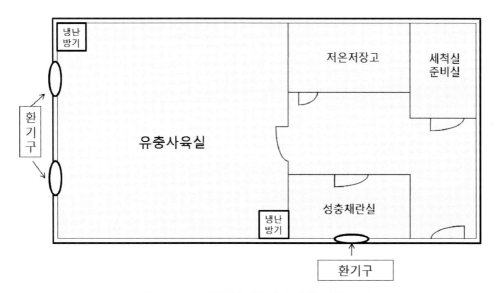

그림 3-2-51. 흰점박이꽃무지 사육 시설 도면

(3) 단위생산성

현재 일반적인 흰점박이꽃무지 사육 농가에서는 보통 20~30평 규모로 사육하고 있는 실정이다. 평균적으로 단위면적당 수확량은 아래 표와 같다.

표 3-2-15. 흰점박이꽃무지 생산성 비교[순수 사육실 면적 165㎡(50평) 기준]

채란통수/10일	유충 사육통수/연	먹이소요량/연	필요인력	총생산량(kg)/연
50개	200여개	약 800kg	2명	200kg

주) 각각의 통당 평균 사육 개체 수는 200마리임. 기준 사육통인 리빙박스(50L)에 대한 사육 기준임

마. 활용 및 주의사항

(1) 활용 방법 및 예시

흰점박이꽃무지는 예로부터 한약재로 널리 사용되어 왔고 현재에도 우수한 약재로서 각광받고 있다. 현재 암환자나 간 기능이 좋지 않은 환자, 숙취해소뿐만 아니라 임산부의 젖의 양을 증가시키는 귀중한 약재로 널리 사용되고 있다.

현재 흰점박이꽃무지를 굼벵이의 대명사로 사용할 만큼 그 인기는 대단하며《동의보감》에서는 '제조'란 이름을 사용하고 있다. 하지만 두엄에서 채집한 것은 독성이 많으므로 사용 시 조심해서 다루어야 한다.

사용 방법은 주로 엑기스 추출, 환, 가루를 내어 캡슐로 복용하며 최근 들어 식품으로 만들어 먹는 사례가 간혹 곤충 포럼이나 곤충 전시회 때 시연이 되고 있다.

(2) 사육 시 주의사항

① 사육 시 가장 주의할 것은 온도, 습도이며 환기에도 신경을 써야 한다.

② 하우스 시설물을 이용하는 사육 농가는 배수에 유념해야 한다.

③ 톱밥은 1년만 사용하고, 혹시 톱밥의 상태가 양호하면 톱밥을 약 3일간 태양 소독을 하여 사용할 수도 있다.

④ 질병에 감염된 경우는 즉시 제거하여야 한다.

5. 우리벼메뚜기(*Oxya chinensis sinuosa* Mistshenko)

그림 3-2-52. 우리벼메뚜기

가. 일반 생태

(1) 분류학적 특성

우리벼메뚜기는 메뚜기상과(Acridoidea) 벼메뚜기속(Oxyini)에 속하는 곤충으로 우리나라에 서식하는 벼메뚜기는 검은줄벼메뚜기(*Oxya agavisa*), 중국벼메뚜기(*Oxya chinensis chinensis*), 우리벼메뚜기(*Oxya chinensis sinuosa*), 벼메뚜기(*Oxya japonica japonica*), 만주벼메뚜기(*Oxya nakaii*)와 같이 5종이 기록되어 있다. 몸길이는 약 21~35㎜이며 성충은 8~10월 중에 나타난다. 약충은 5~7회 탈피하며 앞가슴 등판에는 흰 줄무늬가 있다. 성충은 황록색이나 황갈색의 날개 양쪽에 짙은 갈색 줄무늬가 있고 머리와 가슴은 황갈색이다. 광택이 있는 회갈색의 타원형의 겹눈이 있으며 앞가슴 등판은 가느다란 3개의 가로 홈이 있고 양쪽에 갈색의 세로줄이 있고 황갈색 날개가 있다.

암컷   수컷

그림 3-2-53. 우리벼메뚜기의 암컷과 수컷 비교

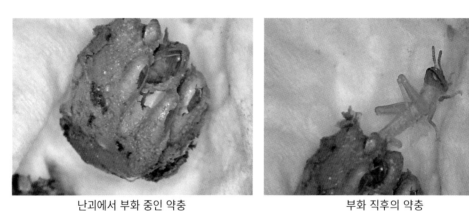

난괴에서 부화 중인 약충   부화 직후의 약충

그림 3-2-54. 우리벼메뚜기 난괴와 부화 약충

(2) 분포 및 생태

우리벼메뚜기는 한국·중국·일본 등지에 분포한다. 논이나 물가 주변의 볏과 식물 군락지 및 경작지 근처 풀밭에 많이 산다. 우리나라에서는 연 1회 발생하며, 땅속에 알 덩어리[난괴(卵塊)]로 월동한다. 알 덩어리는 아교질의 엷은 막으로 싸여 있다. 우리벼메뚜기는 주로 볏과 식물의 잎을 먹는 곤충으로 대발생할 경우 배추를 비롯한 다른 농작물에도 피해를 준다. 그러나 최근 농약의 대량 살포와 환경오염으로 개체 수가 감소하여 보기가 힘들어지고 있다.

우리벼메뚜기는 불완전탈바꿈을 하는 곤충으로 5~7회 정도 탈피하여 성충이 된다. 성충은 8~9월경에 논에서 많이 발견된다.

자연 상태에서 우리벼메뚜기는 논둑이나 논 주변의 부드러운 흙에 2㎝ 정도의 깊이에 복부를 삽입한 후 알 덩어리로 산란하며 보통 1주일 간격으로 5~6회 산란한다. 산란된 알은 월동을 거쳐 다음 해 봄 5월 말에서 6월경에 부화한다.

인공적인 목적으로 사육할 때 일반적인 사육밀도는 사육 목적 및 환경에 따라 달라질 수 있으며, 부화 약충 시기에는 많은 수를 작은 사육망에 넣어 집단적으로 사육하는 것이 효율적이다. 발육이 진행되면 하우스나 사육장에 풀어놓고 사육하는 것이 좋다. 일반적인 사육밀도는 ㎡당 성충 700~900마리 정도로 할 수 있다. 부화 약충의 먹이는 연한 밀, 보리, 옥수수 종류를 먹을 수 있도록 공급하면 좋고 자라면서 옥수수 등의 먹이를 사육장에 직접 심거나 화분이나 포트 등에 심어 섭식할 수 있도록 제공할 수 있다. 작물을 심거나 화분에 심어 먹이로 공급할 때는 햇빛과 물 등 작물의 생육이 잘될 수 있는 조건을 갖춰야 한다.

인공적으로 산란을 받기 위해서는 적당한 습도가 유지되는 부드럽고 청결한 토양을 공급하여 채란 받을 수 있다. 성충에게 제공한 산란 배지는 산란한 난괴를 확인한 후 목적에 따라 보관한 후 적당한 시기에 꺼내어 부화시켜야 한다. 자연 상태로 보관하거나 산란된 배지의 난괴를 수거하여 냉장 보관할 수 있다. 특히 휴면 처리를 위해 냉장 보관할 때는 토양 배지 속에 넣어 수분이 마르지 않도록 주기적으로 수분을 공급하면 사망률을 줄일 수 있다.

우리벼메뚜기의 알은 20~50여 개의 알이 단단하게 쌓여 있는 난괴 상태로 산란된다. 인공 증식을 위하여 인위적으로 채란 받은 알은 자연 상태의 알과 달리 산란 배지의 수분이 말라 알 발육에 영향을 주어 폐사할 수 있으므로 수분 유지에 주의하여야 한다. 알은 자연 상태에서 월동하거나 인공적으로 냉장 보관을 거쳐 휴면(동면) 기간이 지나야 부화한다.

산란된 난괴는 1일 정도가 지나서 표면이 경화되면 수확하여 25℃ 내외에서 10여 일 정도 알 보호 기간을 거친 후 휴면 타파를 위해 냉장 보관을 하면 필요할 때 정상적으로 부화를 유도할 수 있다(곤충잠업연구소 연구보고서, 2013).

부화 직후의 약충은 망 케이지 또는 아크릴 케이지에서 보리나 밀, 옥수수 등을 이용하여 사육할 수 있다. 일정 기간 사육한 후 대형 사육장에 적응하도록 하는 방법을 활용할 수 있다. 사육밀도는 ㎡당 대략 1,000마리 이상의 약충을 넣어 사육할 수 있으며 필요에 따라 사육밀도를 높일 수 있다.

중국에서는 풀무치를 15㎡에 10,000마리 정도 사육한다고 알려져 있다.

약충 기간은 2~3개월 정도 소요되며 암컷의 발육 기간이 수컷보다 길며 크기도 크다.

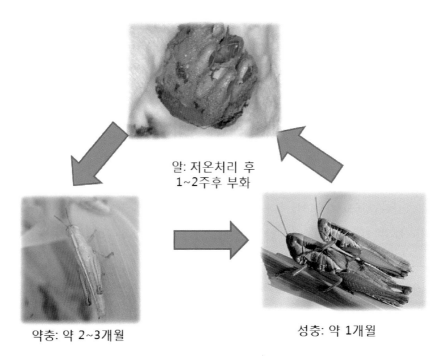

알: 저온처리 후
1~2주후 부화

약충: 약 2~3개월

성충: 약 1개월

그림 3-2-55. 우리벼메뚜기의 생활사

(3) 현황

우리벼메뚜기는 환경의 오염 및 살충제의 사용으로 개체 수가 감소하면서 귀한 식용곤충으로 인식되고 있다. 최근에는 기호식품과 술안주용으로 이용되기 위하여 대량 사육하려는 시도가 이루어지고 있다. 식용의 목적으로 활용되는 것은 단백질 섭취가 필요한 발육 부진의 성장기 어린이를 포함한 간 기능 이상의 질병을 포함한 허약 체질의 민간요법으로의 섭취 및 다양한 음식의 단백질원으로서 또는 기호식품, 영양 간식으로서 활용이 가능하다. 아프리카 등에서는 시장이나 길거리에서 간식으로 판매되는 메뚜기를 흔히 볼 수 있다. 수수밭에서 채집된 메뚜기는 수수보다 높은 가격으로 판매되기도 한다.

아프리카 등 세계적으로 메뚜기의 활용은 주로 풀무치에 대해 잘 알려져 있다.

아시아에서는 주로 우리벼메뚜기를 식용으로 먹는다(중국은 풀무치를 대량 사육하여 식용으로 판매하고 있다). 우리나라에서는 우리벼메뚜기를 반찬, 간식으로 먹었으며 살충제의 활용으로 감소되었던 개체 수가 최근 유기농 벼농사를 경작하는 곳에서 늘어나서 판매되고 있다. 경남 차황 면에서는 농협에서 메뚜기를 수매하여 판매한 바 있고, 1991년과 92년에 많은 양의 메뚜기가 유통되었다는 기록이 있다(FAO보고서, 2013). 최근 차황면에 친환경 유기농 벼농사 재배지를 대상으로 메뚜기를 보호하여 상품화하려는 노력이 이루어지고 있어 조만간 유통이 가능할 정도의 대량으로 야외 사육된 우리벼메뚜기 제품을 볼 수 있을 것으로 기대된다.

메뚜기의 상업화 사례는 동남아의 태국에서는 기름에 바짝 튀긴 메뚜기를 크래커의 원료로 사용하거나 요리 소스로 만들기 위해 발효시키기도 하고, 라오스 등에서 메뚜기를 새우튀김처럼 먹기도 한다. 멕시코에서는 일상적인 가판대와 음식점에서 볼 수 있으며 고급 음식점 메뉴에도 포함되어 있고 건조 포장 메뚜기를 고급 상점에서 구입할 수 있다. 통조림으로 만들어 판매하기도 한다.

우리나라는 전라남도농업기술원의 곤충잠업연구소에서 농촌진흥청 연구 사업을 통해 2011년부터 대량 인공사육 방법을 연구하여 농가에 보급하려고 준비하고 있다.

<출처 : 곤충잠업연구소, 2014>

그림 3-2-56. 메뚜기 인공사육 실험

(4) 이용 배경

곤충을 먹는 관습은 기독교, 유대교, 이슬람교의 종교 문헌 곳곳에 언급되어 있으며 성경의 레위기에서는 각종 메뚜기를 먹을 수 있다고 기록하고 있다.

세계적으로 약 80%의 메뚜기종이 섭취되며 대부분의 메뚜기종은 식용의 용도이다. 메뚜기는 채집이 쉬운 곤충으로 중국에서는 풀무치를 아프리카에서는 사막풀무치, 풀무치, 붉은풀무치 등을 식용으로 이용하고 있다.

표 3-2-16. 우리벼메뚜기 일반 성분 분석표

건조 조건	성별	수분	조단백질	조지방	조회분
열풍건조 60℃	암컷	7.68	70.74	10.07	4.62
	수컷	8.26	69.16	10.79	4.67
열풍건조 80℃	암컷	6.14	73.79	6.17	4.32
	수컷	6.29	70.41	8.14	6.31
동결건조	암컷	4.65	75.60	11.11	4.85
	수컷	7.82	65.21	10.31	4.22

건조 조건	성별	나트륨	철	칼슘	칼륨	마그네슘
열풍건조 60℃	암컷	117.74±0.81	0.68±0.002	659.54±2.61	184.21±1.7	20.11±0.23
	수컷	119.46±0.54	2.48±0.002	612.04±3.2	198.51±1.67	13.70±0.26
열풍건조 80℃	암컷	116.69±0.4	0.71±0.002	622.84±7.18	203.10±1.66	19.89±0.13
	수컷	114.79±0.26	1.56±0.001	558.80±6.39	157.75±1.67	12.50±0.26
동결건조	암컷	108.99±0.8	2.66±0.002	552.43±4.29	203.66±1.6	35.4±0.12
	수컷	118.11±0.15	2.73±0.003	601.82±6.18	177.29±1.69	33.41±0.23

주) 출처 : 곤충잠업연구소, 2014

표 3-2-17. 우리벼메뚜기 지방산 성분 분석표

지방산	우리벼메뚜기(암) (area %)		우리벼메뚜기(수) (area %)	
	열풍건조 40℃	열풍건조 60℃	열풍건조 40℃	열풍건조 60℃
팔미트산	12.84	12.82	14.01	18.86
스테아르산	13.16	9.63	11.61	8.23
올레산	13.81	15.70	17.74	16.78
리놀레산	17.91	16.04	14.44	15.70
리놀렌산	42.29	45.81	42.20	40.43

주) 출처 : 곤충잠업연구소, 2014

표 3-2-18. 메뚜기의 성분 분석

g %	수분	조단백	조지방	키틴
	5.00	28.04	5.12	7.75

mg %	인	칼슘	철	마그네슘	구리	망간	아연	비타민 B₁	비타민 B₂	비타민 A	비타민 C	니아신
	750	52	3.9	19.3	0.56	0.28	0.63	0.32	4.10	0.95	10	2.10

주1) 평균체장 : 3.5cm, 평균체중: 0.65 g
주2) 출처 : 김 등, 1987

표 3-2-19. 가공 메뚜기의 성분 분석(%, 생체)

유형	수분	조단백	순수단백[a]	조지방
자연광 건조[b]	8.10	73.44(79.91)	68.59(63.40)	11.84(12.88)
탈지와 자연광건조	6.65	73.92(79.19)	72.88(98.59)	6.64(7.11)
동결건조				
암컷+수컷	7.60	68.41(74.04)	65.80(96.18)	15.62(16.90)
수컷	7.63	68.61(74.28)	59.24(86.34)	15.90(17.21)
암컷	7.20	67.74(73.00)	64.40(88.22)	15.10(16.27)
탈지와 동결건조				
암컷+수컷	5.92	78.27(83.20)	69.58(88.89)	5.02(5.34)
수컷	6.24	76.88(82.00)	67.07(87.24)	4.83(5.15)
암컷	5.64	73.40(77.79)	62.98(85.80)	5.71(6.05)
건조기로 건조	5.07	75.27(79.29)	51.87(68.91)	11.20(11.80)
탈지후 건조	5.96	73.81(78.49)	70.38(95.35)	7.12(7.57)

주1) a : 조단백질의 비율
　　b : 건조하기 전에 30분 동안 열처리
　　모든 실험 곤충들은 수컷과 암컷을 3 : 7의 비율로 섞었다. 괄호 안에 데이터는 건조체의 내용을 보여준다.
주2) 출처 : 김 등, 1987

나. 사육 방법

(1) 알 받기

① 배지 조성 및 성충 투입 : 메뚜기의 산란을 위한 알 받이는 부드럽고 수분이 유지되는 청결한 흙을 사용할 수 있다. 산란 배지별로 산란 선호도는 부드러운 모래흙을 선호하였으며 밭흙, 사양토, 모래흙 및 원예용 상토에도 산란하였다. 산란판에 넣어 운반하기 쉬운 원예용 상토를 활용할 때는 수분을 충분히 넣어 토양 습도가 65±5% 정도로 유지한 후 배지를 손으로 눌러 사용하여야 한다. 밭 흙 등을 산란 배지로 야외에서 채취하여 사용할 때는 토양 속의 곤충병원성 선충 및 기타 해충(개미, 거미 등)이 유입될 수 있으므로 주의하여야 한다. 산란을 마친 산란 배지는 수분함량을 60% 이상으로 유지할 수 있도록 관리하여야 한다. 준비된 산란판에 성충으로 우화한 후 2주 정도 경과하여 교미를 마친 암수를 투입하면 산란한다.

② 채란 상자(산란판) : 채란 상자는 산란된 난괴를 쉽게 수거하여 이용할 수 있도록 사용한다. 일반적으로 플라스틱이나 나무를 이용하여 제작하여 사용할 수 있으며 기존의 상자 제품을 응용하여 활용할 수 있다. 가격이 저렴하고 운반 등이 편리한 크기의 삽목 상자(360×520㎜)를 이용할 수 있다. 밀폐 용기에 비하여 삽목 상자는 수분의 공급 및 분리가 쉬우므로 산란된 난괴의 발육이 원활한 장점이 있다.

메뚜기 사육 기술이 널리 보급된 중국에서는 상자의 틀을 25×40㎜ 크기의 나무로 제작한다. 그리고 작은 칸의 바닥과 서랍문은 베니어합판으로 만들고 나머지 부분은 망사를 입힌다. 작은 칸의 바닥은 120×250×2㎜의 크기로 산란용 구멍을 내고 다시 140×270×2㎜의 덮개를 만들어서 잘 덮어준다. 산란용 작은 상자는 나무로 273×140×120×2㎜의 크기로 만들며 산란용 구멍을 잘 맞추어서 틈이 생기지 않게 하여 메뚜기가 도망가지 못하도록 한다(유, 2008).

③ 채란밀도 및 횟수 : 채란 상자(삽목 상자, 360×520㎜)당 메뚜기 성충 밀도는 평균 30~50쌍 정도로 투입하는 것이 좋다. 성충은 성충 우화 후 2주 내에 교미를 마친 후 보통 1주일 간격으로 총 5~6회(최대 9회) 정도 산란하므로 1주일마다 새로운 산란판으로 교체하여 주면서 5~6주간 채란할 수 있다(곤충잠업연구소 연구보고서, 2014). 이때 먹이는 옥수수잎 등을 잘라서 넣어주면 된다.

④ 부화 방법 : 실내에서 산란된 알을 인위적으로 부화시키기 위해서는 온도와 습도를 맞춰야 하므로 부화 상자를 제작하여 사용할 수 있다. 항온·항습 사육 상자를 이용하면 편리하며 사육실 온도를 부화에 적합한 25~32℃, 습도를 65% 내외로 맞춰 사용하여도 된다. 온습도를 조절할 수 있도록 자체적으로 인큐베이터를 제작하여 사용하여도 된다. 중국에서는 베니어합판을 사용하여 1,200×600×1,400㎜의 크기로 부화 상자를 만들되 내부는 보온 재료를 채워서 단단히 밀봉한다. 각각의 작은 칸의 내부는 200㎜로 나누어 3층으로 만드는데 작은 나무를 대어서 부화함을 받치도록 하고 중간에 80㎜의 작은 구멍을 뚫어 온도계를 넣어 온도를 잴 수 있도록 한다. 또 작은 칸 안에 15~60W의 백열등을 설치해서 골고루 열을 받을 수 있게 하되 사육 환경에 따라 조절한다. 또 온도 조절기를 반드시 설치하여 일정한 온도를 유지해야 하며 내부에 방화 페인트도 칠하기도 한다. 부화 요인에 광 조건은 크게 영향을 미치지 않아 암 조건에서도 부화를 유도할 수 있다.

⑤ 우리벼메뚜기 알의 부화 온도 조건

산란된 우리벼메뚜기 알은 자연 상태에서 가을을 보낸 후 겨울을 거쳐 월동을 마치면 이듬해 봄에 부화한다. 인공 사육을 위해서 필요할 때 부화시키기 위해서는 상온에서의 난발육기간과 저온에서의 월동 휴면을 위한 일정 기간이 필요하다. 실험실 조건 25℃에서 산란된 알의 발육 기간을 5일, 10일, 15일, 20일 동안 처리 후 동면 조건으로 8℃에서 40~50일간 저온 저장하여 부화율을 조사한 결과 부화율은 10일 처리에서 92.8%로 가장 높았고, 5일, 15일, 20일 처리에서는 각각 77.4%, 88.1%, 80.4%로 조금 낮았다. 부화 소요 일수는 8℃ 처리구에서 40~50여 일간 저온 저장한 후 28℃에서 18~13일 후에 부화하였고, 32℃에서는 8일이 지나면 부화하였다. 부화율은 90% 이상으로 비슷하였다(곤충잠업연구소 연구보고서, 2014). 야외 조건의 난괴를 4월 말에 채집하여 습도를 유지하도록 흙속에 넣어 냉장고 2~5℃ 온도 조건에서 보관한 후 난괴를 5월 21일부터 실내 사육실 조건 25±5℃에서 부화를 유도한 결과 5월 29일부터 부화를 시작하였다. 야외에서 충분히 월동한 난괴는 사육실 (25±5℃)에서 1~2주일 사이에 부화하는 것으로 생각되었다.

따라서 연중 사육을 위해서는 산란 받은 알을 25℃에서 10일 정도 알이 발육할 수 있도록 보관한 후 8℃ 저온 조건에서 40~50일 정도 동면할 수 있도록 한 후 필요할 때 꺼내어 부화시켜 사육할 수 있다.

(2) 약충 사육

메뚜기는 군거성이므로 표준화된 약충의 사육을 위해서는 사육하기 적당한 마릿수를 넣어 주어야 효과적으로 발육할 수 있다. 또한 이동성이 있으므로, 메뚜기가 자라면 성충이 될 때까지를 고려하여 사육 상자의 크기를 적당히 크게 제작하여 충분히 이동하면서 활동할 수 있도록 하여야 한다.

① 적정 사육 밀도 : 부화 약충은 400×400㎜의 망케이지에 100~1,000마리 정도 사육할 수 있으며 2~3주가 지나 발육하면 좀 더 큰 사육장으로 옮겨 사육하는 것이 좋다. 성충은 충분히 활동할 수 있는 크기의 사육장에서 사육하면 효과적으로 사육하여 채란 받을 수 있다.

② 사육 밀도 선정 시 주의사항 : 부화 약충은 밀도를 높게 사육하는 것이 사망률에 영향을 미치지 않으며 경쟁에 의해 발육 속도가 증가하는 것으로 조사되었다. 부화 직후부터 3령까지는 개체 크기가 작고 먹이를 먹는 양이 적으므로 집단적으로 사육하는 것이 효율적이고, 자라면서 좀 더 넓은 면적이 필요하다.
성충 사육 밀도는 ㎡당 700~900마리 정도로 유지할 수 있다.

③ 수분의 공급 및 습도 유지 : 비를 직접 맞거나 과건조, 과습에 노출되지 않도록 사육장을 관리하여야 한다. 비닐하우스가 아닌 망실로 제작된 야외 사육 하우스에서 사육할 수도 있다.

④ 먹이 공급 : 부화 직후의 약충은 연한 기주식물(밀, 교잡수수, 보리, 옥수수 등)을 먹이로 공급하여야 하며 종령으로 발육한 약충은 옥수수잎과 같은 먹이가 되는 식물을 바닥에 깔아주어 먹을 수 있도록 할 수 있다.

⑤ 자연 사망 : 부화 직후부터 3일 이내에 자연적으로 폐사하는 개체가 발생하며 그 후 1개월 가량 발육하면서 평균 1주일 간격으로 탈피를 하여 3~4령 정도 될 때까지 집중적으로 관리하면 그 후에는 생존율이 70~80% 이상으로 폐사하는 개체가 거의 없다.

⑥ 약충 사육상 : 약충의 사육은 사육 목적에 따라 실내 또는 비닐하우스 내부에서 망케이지나 망실로 처리된 사육상에서 사육할 수 있다.

그림 3-2-57. 우리벼메뚜기 약충 발육 실험

표 3-2-20. 30℃ 사육실에서 우리벼메뚜기의 발육 단계별 평균 발육 기간

성(sex)		발육 기간(일)							합계
		1령	2령	3령	4령	5령	6령	7령	
수컷	평균	7.3	6.4	6.0	6.7	8.9	12.5	15.7	63.6
	편차	0.9	0.8	0.1	0.1	1.6	5.2	4.1	5.6
암컷	평균	11.3	8.8	7.8	8.7	9.7	16.2	17.7	80.2
	편차	3.2	3.1	1.2	0.8	2.2	3.9	9.9	5.6

주) 주, 1991

(3) 저장관리

사육을 위한 우리벼메뚜기의 저장은 난괴 상태의 알로 1년까지 보관이 가능하다. 알 상태로 보관할 때는 수분의 함량이 중요하므로 배지가 과습하거나 과건조하지 않도록 주의하여 저장한다.

식용으로 활용할 성충을 저장할 때는 가공하기 전에 1~2일간 먹이를 주지 않아 장속의 배설물을 모두 배설할 수 있도록 하여야 한다.

① 생체 보관 : 성충을 살아 있는 상태로 보관할 때는 저온(10~15℃) 상태에서 보관할 수 있으나 보관 기간이 늘어나면 사망률이 높아진다. 사육실 온도를 평균 20℃ 정도로 낮게 유지

하여 발육 및 생체 활동을 낮추는 방법도 있다.

② 제품 보관
- 우리벼메뚜기 성충 생체를 끓는 물에 데치거나 찜통에서 죽인 후 건조되는 것을 막기 위해 물과 함께 얼려 냉동(20℃) 보관하면 우리벼메뚜기의 외부 형태 및 색체가 훼손되지 않게 장기 보관할 수 있다.
- 생체를 끓는 물에 데치거나 찜통에서 죽인 후 열풍 건조, 동결 건조, 원적외선 건조 등의 방법을 사용하여 건조하여 충체를 원형 그대로 또는 분말로 가공하여 냉장 및 냉동 보관한다.

(4) 먹이 및 환경 기준
① 먹이 조건 및 종류
먹이는 사육장에 직접 파종하여 먹을 수 있도록 하는 방법과 파종판 및 화분 등에 파종하여 이용하는 방법을 활용할 수 있다.
직접 파종하여 사용하는 경우에는 사육 하우스의 토양관리 및 토양에 거름을 보충하고 관수 시설을 하면 편리하다.

그림 3-2-58. 우리벼메뚜기 먹이(옥수수) 파종(삽목 상자 이용)

② 사료의 제작 : 인공 사료를 제작하여 사육하는 방법이 연구되고 있으나 아직 대량 생산을 위한 사육 농가용으로는 상용화되지는 않았다. 인공 사료는 주로 밀기울 및 곡류를 주원료로 하여 분말 및 팰렛으로 제작되어 벼메뚜기가 먹을 수 있도록 제작하는 것으로서 학술적인 연구에서 활용되어진다(Yasuhiko, 2004).

따라서 자연기주를 재배하여 사료로 사육하는 것이 일반적인 사육법으로 알려져 있다.

표 3-2-21. 벼메뚜기 인공 사료 성분

성분	Diet A	Diet B	Diet C
벼의 잎분말	5g	—	—
강아지풀의 잎분말	—	5g	—
억새의 잎분말	—	—	5g
드라이 이스트	1g	1g	1g
카제인	1g	1g	1g
맥아분말	5g	5g	5g
설탕	0.5g	0.5g	0.5g
B-시토스테롤	0.03g	0.03g	0.03g
염류	0.2g	0.2g	0.2g
아스코르브산	0.2g	0.2g	0.2g
비타민 B 혼합물	0.1g	0.1g	0.1g
L-시스테인	0.02g	0.02g	0.02g
소르빈산	0.02g	0.02g	0.02g
프로피온산	0.2mℓ	0.2mℓ	0.2mℓ
한천	1g	1g	1g
물	60mℓ	60mℓ	60mℓ

주) 출처: Yasuhiko, 2004

<출처: Sharaby et al., 2010(좌); Yasuhiko, 2004(우)>

그림 3-2-59. 인공 사료를 이용한 메뚜기 사육

표 3-2-22. 인공 사료와 자연 먹이를 이용하여 사육한 벼메뚜기의 발육 기간

	실험 수	약충 기간(일)		성충 우화율 (%)	성충 무게(mg)		산란 난괴수
		수컷	암컷		수컷	암컷	
인공 사료	360	76.8~ 78.2	83.3~ 84.4	43.3~ 45.0	316.8~ 319.3	517.5~ 529.5	2.52~ 2.48
자연 먹이 (기주식물)	120	77.8	82.2	46.7	318.0	521.9	2.58

주) 출처 : Yasuhiko, 2004

(5) 사육 환경

우리벼메뚜기는 통기가 잘되며 직사광선을 피할 수 있는 환경의 사육 상자에서 사육하는 것이 좋다. 그리고 병원균에 의한 오염을 최소화시킬 수 있는 환경을 조성하여야 한다.

① 온도 환경 : 온도가 15℃ 이하로 낮아지면 움직임이 거의 없고 먹이 활동도 중지된다. 사육에 적합한 온도는 25~30℃이고 임계 치사 고온은 40℃ 이상이며, 임계 치사 저온은 -1℃ 이하이다.

② 습도 환경 : 메뚜기는 사육 온도가 25~32℃일 때 상대습도가 85~92%, 토양 함수량이 15~18%의 조건에서 사육하는 것이 좋다

③ 광 조건 : 실내 사육실에서 메뚜기는 자연광이나 주간의 광 조건에 해당하는 인공조명이 필요하며 야외 사육상에서는 강한 직사광선은 별로 좋지 않다.

다. 사육 단계별 사육 체계

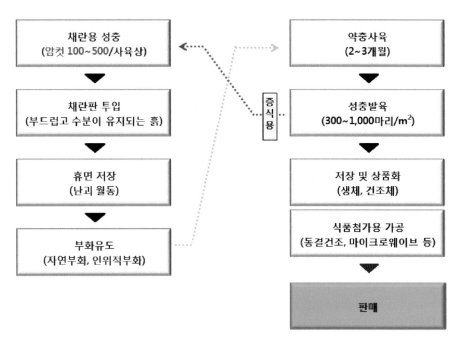

그림 3-2-60. 우리벼메뚜기 사육 체계도(순서도)

표 3-2-23. 우리벼메뚜기의 사육 단계별 관리 방법 및 사육 조건

사육 단계		기간	특징 및 관리 방법	사육 조건
난괴		1~8개월 (휴면 기간은 12개월까지 가능)	• 산란 받이용 흙을 준비하여 채란틀에 넣어 산란 • 산란 받은 알은 휴면을 거치도록 휴면 조건 유지	휴면 조건 : 4~8℃, 65% RH
부화 약충		1개월	• 부화 직후의 약충 : 연한외떡잎 식물(보리, 밀 등) 섭취 • 부화 직후 : 모여서 먹이 섭취 • 스트레스를 주지 않도록 하며 해충으로부터 보호 필요	상온 조건 65% RH

사육 단계		기간	특징 및 관리 방법	사육 조건
2~3령약충		2~3개월	• 부화 후 평균 1주일 간격으로 탈피를 하면 먹이 섭식량이 증가 • 먹이가 부족하지 않도록 주의하여 사육	상온 조건 65% RH
성충		1개월	• 성충으로 우화하면 짝짓기를 한 후 1주일 정도의 간격으로 5~6회 가량 산란	상온 조건 65% RH

라. 사육 시설 기준 및 생산성

(1) 사육 도구 기준

① 사육 용기

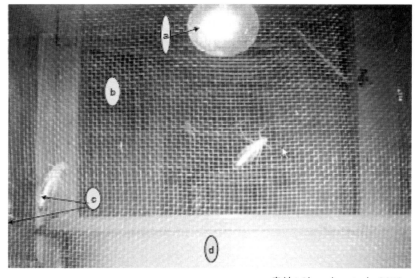

<출처 : Sharaby et al., 2010>

그림 3-2-61. 그림 1-3-10. 철망 케이지에서 사육 중인 메뚜기

② 대량 사육상 하우스

그림 3-2-62. 메뚜기 사육용 단동하우스

그림 3-2-63. 중국의 메뚜기 사육 망실

③ 기타 사육 도구

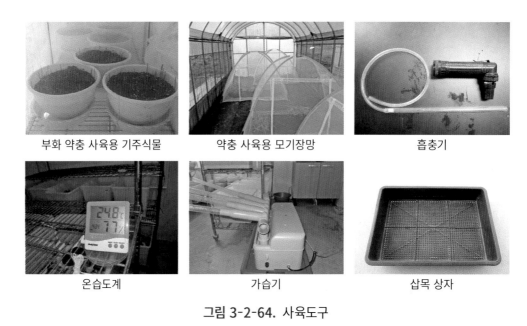

부화 약충 사육용 기주식물	약충 사육용 모기장망	흡충기
온습도계	가습기	삽목 상자

그림 3-2-64. 사육도구

(2) 사육 시설 기준

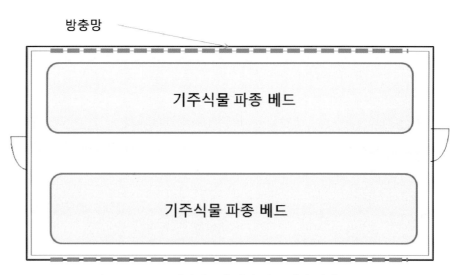

그림 3-2-65. 우리벼메뚜기 권장 사육 시설 설계(개념도)

(3) 단위 생산성

① 우리벼메뚜기의 발육 기간은 온도에 따라 다소 차이가 있으며 평균 2~3개월가량 소요된다. 수컷이 빨리 자라 알에서 부화한 약충이 평균 63일 정도 발육하면 성충이 되며 암컷은 성충까지의 발육 기간이 평균 80여 일로 발육이 느리다.

표 3-2-24. 단위 면적당 생산량(순수 사육실 면적 15㎡ 기준)

투입 난괴 수	발육 기간	필요 인력	총생산량(kg)
200~300	3~4 개월	1	약 5,000~10,000 마리

주) 산란 수 : 30~50알/난괴, 60~70% 생존율로 계산

마. 활용 및 주의사항

1. 사료용 : 메뚜기는 오리, 닭, 돼지의 기능성 사료로 활용할 수 있다.

2. 식용

(1) 식품영양학적 가치

① 영양 성분 : 우리벼메뚜기는 고지방, 고단백, 비타민, 섬유질, 미네랄 등이 풍부한 영양가 높은 건강식품이다. 곤충의 영양학적 가치는 매우 다양하며 같은 종의 곤충이라도 충태(stage), 서식지, 먹이원 등에 따라 영양학적 가치도 달라질 수 있고 가공 방법(예: 건조, 삶기, 튀기기 등)도 영양소 구성에 영향을 준다.

② 식이 에너지 : 우리벼메뚜기의 에너지 함량은 120 kcal/100g이다.

③ 단백질 : 메뚜기목의 단백질 함량은 23~65% 이상이다.

④ 아미노산과 지방산이 풍부하다.

⑤ 미량영양소와 미네랄이 풍부하다.

⑥ 비타민과 섬유질을 다량 함유하고 있다.

(2) 활용 방법 및 예시

세계적으로 약 80%의 메뚜기종이 섭취되며 대부분의 메뚜기종은 식용으로 활용된다. 우리나라 외에도 중국에서는 메뚜기를 보편적으로 식용으로 먹고 약재로 쓰이기 시작한 때는 당나라

때 부터라고 기록되어 있다. 소수민족인 거라오족(仡佬族)들은 매년 6월 2일이 곤충 먹는날(吃虫节)인데 집집마다 잔치를 열어 기름에 튀긴 메뚜기를 먹는다. 세계적으로도 메뚜기를 먹는 나라가 꽤 많아서 이미 유행이 되어 있다.

메뚜기는 동남아의 태국 사람들이 좋아하는 식품이고, 멕시코도 현재 곤충 상품의 본고장이다. 유럽에서는 곤충을 흔히 먹지 않으나 최근 벼메뚜기를 포함하여 귀뚜라미 등을 식용으로 활용하고 있다. 보도에 따르면 최근 비만이나 고혈압, 심장, 뇌혈관환자들이 곤충을 식용으로 먹는 추세가 강한데 이는 다이어트나 각종 질병을 치료하려는 목적이다. 이러한 추세에 맞춰 여러 나라와 지역에서 곤충 식품 및 가공 기업들이 속속 설립되어 곤충을 이용한 요리와 통조림, 과자, 아이스크림, 사탕 등을 생산하고 있는데 아주 잘 팔리고 있다. 직접 메뚜기를 이용하여 가공한 식품과 요리 및 음료 등은 외국에서 계속 출하되고 있다.

중국의 메뚜기 요리의 예를 들면, 기름에 튀긴 유작(油炸) 메뚜기, 매운 마라(麻辣) 메뚜기, 새콤달콤한 탕초(糖醋) 메뚜기, 다미(多味) 튀김 메뚜기, 소탕(烧汤) 메뚜기 등의 요리와 통조림, 장(酱), 과자, 빵, 카레, 샌드위치와 같은 식품들이다.

① 튀김 메뚜기 1(油炸蚂蚱) : 깔끔하게 처리한 메뚜기를 진한 소금물에 담갔다가 말린 후 바삭바삭하게 튀겨서 먹는다. 또는 메뚜기를 직접 기름에 튀긴 후에 산초염 조미료를 뿌려서 먹는데 그 맛이 새우 맛과 같다.

② 튀김 메뚜기 2(酥炸蚂蚱) : 메뚜기를 소금물에 담갔다가 건져서 밀가루와 계란을 섞어 바른 후 바삭바삭하게 튀겨서 먹는다. 설탕을 넣어서 달게 먹어도 된다.

③ 다미 메뚜기(多味蚂蚱) : 기름에 튀긴 메뚜기를 충분한 양의 레몬주스에 담근다. 적당량의 양파, 무, 상추, 순무, 소고기와 배를 잘게 다져서 소금과 올리브기름을 넣고 골고루 비빈 후에 튀긴 메뚜기와 잘 비벼서 바로 먹는다.

④ 메뚜기 소탕(烧汤) : 물에 적당량의 식초를 넣고 끓이고 깔끔하게 처리한 메뚜기를 넣어서 연하게 익힌 후에 완두, 감자편, 토마토편, 고추 등을 넣고 삶는다. 소금과 조미료를 넣어 먹으면 더욱 맛이 좋다(유, 2008).

아시아에서는 귀뚜라미 종류 중에서 쌍별귀뚜라미를 야생에서 채집하여 일상적으로 섭취하여 왔고, 태국에서는 집귀뚜라미(*Acheta domesticus*)를 사육하고 식용으로 이용한다. 집귀뚜라미는 몸통이 부드러워 다른 종보다 인기가 많다. 2002년 태국의 조사에 따르면 76개 주(州) 중에서 53

개 주에 귀뚜라미 농장이 있으며, 2012년 현재 약 2만 개의 귀뚜라미 농장이 있다고 보고된 바 있다. 경제적으로 사육되어 식용으로 이용되는 귀뚜라미는 쌍별귀뚜라미와 집귀뚜라미의 2종이 다(FAO보고서, 2013).

3. 약용

메뚜기는 한약재로 책맹(蚱蜢)이라고 하며 맛이 좋은 요리로서 뿐만 아니라 병을 치료하는데 도 아주 좋은 약재이다. 단독으로도 약용으로 쓰이고 혹은 다른 약재와 배합하여 여러 가지 질 병을 치료하는데 예를 들면, 약한 불에 쬐어 말린 메뚜기를 가루로 만들어 한 번에 3g을 하루에 3번 술에 타서 복용하면 파상풍을 치료하며, 《본초강목(本草綱目)》에는 사탕과 함께 복용하면 소아경풍(小儿惊风)을 치료한다고 기록되어 있다. 또 경련이 멈추고 어지럼증을 완화시키는 작용 도 있는데 근본을 치료하는 약재와 배합하여 사용하면 좋다.

《백초경(白草镜)》에 보면, 풀무치 10마리와 구등 15g, 박하잎 10g을 함께 물을 붓고 다려서 복용하면 풍과 경련이 멈추고, 풍열을 가라앉히며 경풍발열에도 효험이 있다.

《본초강목초유(本草綱目招遗)》에는 풀무치 30마리에 물을 붓고 다려서 하루에 3번 복용하면 기침이 멈추고 천식을 가라앉히며 숨이 차거나 백일해, 기관지염에도 복용하면 좋다.

그리고 혈압 강하와 살 빼는데, 콜레스테롤을 낮춰주며 보양강장에 좋고 비장(脾脏)을 강화시 켜 준다. 또 오래 복용하면 뇌와 심장 질병 발생을 방지해 주므로 많이 먹는 것이 좋다.

(1) 사육 시 주의사항

① 먹이 : 메뚜기의 먹이는 광범위하나 외떡잎식물을 좋아하며 부화 직후에는 보리나 밀, 강 아지풀, 옥수수 등의 연한 잎을 선호하며 발육이 진행되면 밀, 교잡 수수, 옥수수 등을 선 호한다. 먹이를 줄때는 살충제 등의 농약에 오염되지 않은 먹이를 공급해야 한다.

② 해충관리 : 일반적인 식용곤충의 사육 환경을 준수하면 된다. 사육 중에 수시로 천적에 의 한 피해가 없도록 주의 깊게 관찰하여야 한다. 천적은 개미, 땅강아지, 조류, 개구리(청개구 리), 뱀, 도마뱀, 거미(늑대거미, 황산적거미 등) 등이다

③ 질병관리 : 메뚜기는 특별한 질병이 보고되거나 알려지진 않았으나 집단으로 사육하면 곰 팡이나 세균에 감염될 수 있으므로 공기 순환이 잘되도록 사육하여 질병을 예방하는 것 이 좋다. 특히 충분한 영양을 섭취할 수 있도록 사육하여야 한다.

(2) 식품 안전 및 보존

식품의 안전을 보장하기 위해 곤충과 그 생산물의 가공 및 저장 과정에서도 다른 전통 식품이나 사료 품목과 동일한 건강과 위생 규정을 준수하여야 한다. 곤충의 생물학적인 구성으로 인해 미생물 안전, 독성, 기호성, 무기화합물의 존재 등 몇 가지 문제들이 고려되어야 한다. 매우 드물긴 하지만 곤충 섭취로 인한 알레르기 반응도 분명히 존재하므로 절지동물에 대한 알레르기 반응에도 주의하여야 한다(FAO보고서, 2013).

식품의 안전, 가공, 보존은 서로 밀접하게 연결되어 있다. 다른 육류 제품과 같이 곤충에는 영양분과 함께 수분이 풍부하여 미생물이 번식하기 좋은 조건을 갖추고 있다. 맛과 풍미를 높이기 위해 삶기, 굽기, 튀기기와 같은 전통적인 방법으로 식용 곤충을 조리하면 식품 안전성도 보장되는 추가적인 이점을 누릴 수 있다. 보존 방법을 선택할 때는 문화적 선호도 및 감각적 측면이 중요한 역할을 한다. 현대적인 보존 방법에는 여러 가지가 있지만, 다양한 곤충류의 생물학적 성분에 따라 높은 품질과 식품 안전성을 보장하기 위한 특정 조치가 필요할 수 있다.

① 보존 및 저장

곤충은 채집 및 사육 후에 빨리 소비되는 경우가 많다. 그러나 일부 곤충은 국내 또는 장거리 판매를 위해 오랜 기간 유통되기도 한다. 살아 있는 곤충은 채집 즉시 씻어서 주로 냉장 보존 용기에 담겨 배송된다(아이스박스에 냉매를 넣어 활용). 그리고 튀기거나 삶은 곤충의 경우에는 냉동 방식이 권장된다. 곤충을 튀김 또는 구이로 미리 조리하여 판매할 경우에는 재오염 및 교차오염 위험을 방지하기 위한 위생처리가 중요하다. 각 가정에서 신선한 곤충을 위생적으로 조리해야 하고 세균으로부터 안전하도록 충분히 가열하여야 한다. 유럽의 전문 판매점에서는 식용으로 생산 및 특별 가공되는 벼메뚜기, 귀뚜라미, 거저리애벌레 등을 가공하기 위해 내장 속을 비우는 목적으로 하루 굶긴 후 통째로 동결 건조한다. 그 후 냉장보관하면 상대적으로 유통기한이 긴(1년) 안전한 제품이 생산된다. 동결 건조의 장점은 고온에서 파괴되는 곤충의 영양소 손실이 적고 완벽히 건조된다는 점이며, 단점은 처리 비용이 고가이며 불포화지방산의 산화로 인한 영양분의 감소와 냄새와 맛이 손상되어 식감이 감소하는 문제점 등이 있다.

6. 땅강아지(*Gryllotalpa orientalis* Burmeister)

그림 3-2-66. 땅강아지

가. 일반 생태

(1) 분류학적 특성 및 외부 형태

땅강아지는 메뚜기목(Orthoptera) 땅강아지과(Gryllotalpidae)에 속하는 곤충으로 몸길이는
30~50㎜ 정도이며 알은 1.5×1.2㎜ 크기이며 연한 우윳빛에서 점차 검게 발육한다. 몸 색깔은 갈
색이나 암갈색이다. 온몸에 미세한 털이 나 있고 머리에 한 쌍의 더듬이가 채찍 모양으로 짧게
나 있다. 앞다리는 삽 모양으로 변형되어 땅을 파기에 적합하여 흙속에서 생활한다. 수컷은 앞다
리 종아리마디에 청음기관이 있어 소리를 낸다.

 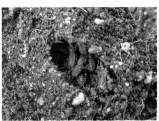 

그림 3-2-67. 땅강아지 산실 속의 알과 부화 약충

암컷: 날개 중앙에
종맥(縱脈)을 갖는다.

수컷: 날개 중앙에
시맥(翅脈)을 갖는다.

그림 3-2-68. 땅강아지의 암컷과 수컷 비교

(2) 분포 및 생태

우리나라 전국에 분포하며 아시아(일본·중국·타이완·필리핀)와 유럽 전역에 걸쳐 넓게 분포하고 있으며 여러 농작물의 뿌리를 갉아먹는 해충으로 인식되어 왔다. 특히 국내에서는 인삼의 주요 해충으로 보고되어 이의 효율적인 방제를 위한 성충의 산란기, 우화기, 비산활동 연구(김 등, 1989) 및 개체군 연령 분포의 계절적 변화와 성충의 산란 수(김, 1995) 등이 연구되어 왔다. 땅강아지에 대한 일반적인 야외 분포에 대한 연구인 1995년 김의 연구에 의하면 5~7월에 산란된 알로부터 부화한 약충은 대부분 당해 연도에 7~8령으로 발육하여 성충이 되어 월동하고, 일부가 5~6령의 약충으로 월동하여 이듬해 8월경에 성충이 되는 것으로 보인다고 하였다.

땅강아지는 논둑이나 잔디밭(골프장 등)이나 인삼밭 및 경작지 근처 풀밭에 많이 산다. 우리나라에서는 연 1~2회 발생하며, 땅속에 알 무더기(난괴)로 산란하는데, 알 무더기는 흙을 다져서 단단하게 둥근 산실을 만들어 그 안에 산란한다. 암컷이 산실에 산란된 알을 보호하며 돌보는지는 잘 알려져 있지 않으나 산실을 훼손하면 부화하지 않거나 부화 약충이 사망하기 쉽다고 알려져 있다. 땅강아지는 주로 식물의 뿌리를 먹는 곤충으로 잔디, 인삼, 재배 농작물의 해충으로서 밀도가 높을 때는 농작물에 큰 피해를 준다. 가끔은 하우스 재배 작물에 침입하여 모종의 뿌리를 가해하여 피해를 주기도 한다. 그러나 최근 농약의 대량 살포와 환경 오염으로 도시림에서는 보기가 힘들어지고 있다. 서울시에서는 보호종으로 정하기도 하였다.

땅강아지는 다른 메뚜기목의 곤충과 같이 불완전탈바꿈을 하는 곤충으로 6~8회 정도 약충으로 탈피하여 성충이 된다. 성충이 되면 짝짓기를 한 후 논둑이나 논 주변의 부드러운 흙에 산실을 만들어 산실당 30~50여 개의 알을 덩어리[난괴(卵塊)]로 산란한다. 산란된 알은 25℃ 내외의 사육실에서 18~20일이 지나면 부화한다. 영기별 발육 기간은 암컷보다 수컷이 2주정도 짧아 성충까지의 총 발육 기간은 수컷이 약 110일, 암컷이 약 126일 정도 소요되었다.

표 3-2-25. 땅강아지의 발육기간

성 (조사 수)	발육 기간(일)									
	알	1령	2령	3령	4령	5령	6령	7령	8령	합계
암컷 (8)	18.5	13.0±1.6	9.3±0.7	9.9±3.3	16.6±1.8	18.5±7.5	16.0±2.2	20.0±2.4	23.4±4.7	126.6±8.9
수컷 (12)	18.5	12.8±1.1	9.3±0.6	7.5±2.2	15.3±1.9	19.8±4.4	17.3±2.1	22.3±2.6	24.3±6.1	110.3±7.8

주) 사육 조건 : 실온 27±2℃, 16L : 8D
부화 약충을 개체 사육하여 탈피각으로 발육 기간을 조사함

암컷과 수컷을 짝짓기해서 넣은 사육상을 일정 기간 먹이만 주면서 산란된 서식처를 훼손하지 않는 것이 좋다. 3~6개월이 지나 3~4령 정도 발육한 경우에는 사육 통당 50~100개체씩 집단으로 사육하여도 사망률이 크게 증가하지 않는다(50L 사육상에 60개체를 사육하였을 때 평균 생존율은 71.7%(63.3~78.3)로 조사되었다). 하지만 사육상의 토양 습도 및 관리 방법(먹이공급 및 종류)에 따라 사망률이 크게 차이나기도 한다.

땅강아지는 야외의 큰 사육장 또는 퇴비 등이 적재된 사육 환경을 이용하여 사육할 수 있으나 각종 해충의 유입으로 인한 피해가 생기며 다양한 환경 요인으로 인해 균일한 사육이 어렵다. 조사 결과 실내 사육과 비교하여 생산량도 적었다. 하지만 여러 가지 문제점 및 단점을 극복한다면 야외에서도 충분히 사육이 가능하다.

산실과 약충부화

약충: 약 5~6개월

성충: 약 1개월 이상

그림 3-2-69. 땅강아지의 생활사

(3) 현황

땅강아지는 환경의 오염 및 살충제의 사용으로 개체 수가 감소하면서 도시 지역에서는 보기 힘든 곤충이다. 예전부터 한약재로 소염, 항염 기능성으로 사용되면서 약용곤충으로 알려져 왔다. 장어 낚시 미끼로 판매하기 위해 대량 사육하려는 시도들이 늘어나고 있고, 외국에서는 식용곤충으로 활용되고 있다. 최근에는 체험 학습장에서 교육용으로 전시되기도 하며 사육 키트에 넣어 판매되기도 한다. 사육 키트는 주로 아크릴로 외형을 제작하여 아가나 젤라틴을 고형배지로 활용하기위해 녹일 때 색소를 넣어 굳힌 후 땅강아지를 투입하여 제작할 수 있다. 개미 사육 키트에 땅강아지를 넣어도 굴착 행동 및 섭식 행동을 잘한다.

그림 3-2-70. 땅강아지 사육 키트

나. 사육 방법

사육을 위해서는 낚시 미끼용으로 판매하는 땅강아지를 구매하거나 야외에서 채집하여 사육할 수 있다. 야외에서 채집하는 방법은 서식처에서 직접 채집하는 방법과 불빛이나 수컷의 소리에 유인된 성충을 채집하는 방법(김, 1993; Walker, 1982) 등이 있다.

1. 땅강아지 채집

(1) 등화 채집(수은등)

땅강아지는 성충으로 우화한 후 비행하는 습성이 있고 야간에 밝은 불빛에 모여드는 습성이 있다. 특히 성충으로 우화가 많이 되는 시기인 가을에 인공조명과 같은 불빛이 밝은 곳에서 수십여 마리의 암컷 및 수컷을 채집할 수 있다. 주로 많은 개체가 채집되는 곳은 서식처에서 가까운 곳으로 초지가 많은 곳이며 골프장 주변(골프장의 중요 해충으로 방제의 대상이다), 간척지, 시골의 한적한 장례식장, 주유소 등에서도 많이 채집할 수 있다.

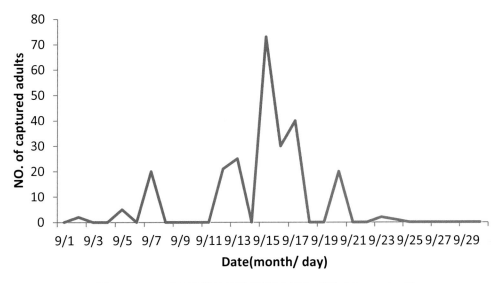

그림 3-2-71. 가로등에서 채집한 땅강아지 개체 수(2011년 9월)

(2) 서식처 채집(퇴비장 및 부식물이 많은 곳)

서식처인 퇴비장이나 논둑 등에서도 채집할 수 있으나 채집이 어렵다. 하지만 서식이 확인된 곳에는 은신처를 설치한 후 모여든 약충이나 성충을 손쉽게 채집할 수도 있다.

그림 3-2-72. 땅강아지 야외 서식처에서의 채집

그림 3-2-73. 땅강아지의 수평 갱도 및 은신처를 이용한 채집

인공적으로 야외 서식처를 조성하여 자연적으로 땅강아지가 증식되도록 유지하여 필요할 때 채집할 수도 있다.

2. 땅강아지 사육

(1) 알 받기

① 배지 조성 : 땅강아지는 흙속에서 생활하므로 토양 배지가 중요하다. 밭 흙이나 사양토, 황토 등 일반 흙을 사용할 수 있으나 산란을 위해서는 부드럽고 뭉쳐질 수 있는 재질의 흙이 좋다. 배지는 기본적으로 소독하여 사용하는 것이 좋으나 번거로움으로 태양광 소독 및 멸균소독을 하기 어려운 경우에는 해충이 섞여 들어가지 않도록 각별히 주의해야 한다. 원예용 상토나 부엽토를 혼합하거나 토양 배지 위에 5~10㎝ 정도 쌓아 사육할 수 있다. 배지는 수분함량을 60% 내외로 유지될 수 있도록 관리하여야 한다.

② 사육 상자 : 사육 상자의 재질은 크게 상관없으나 일반적으로 플라스틱 기성품이나 패널로 제작하여 사용할 수 있다. 기존의 상자 제품을 응용하여 활용할 수 있다(리빙박스, 수납장 등을 이용할 수 있다). 땅강아지는 성충 시기에 비행을 할 수 있으므로 약충 시기에는 사육상의 뚜껑이 없어도 상관없으나 수분의 증발 및 해충의 유입을 막기 위해 사육상의 상부를 노출시키는 것보다는 망이나 뚜껑을 활용하는 것이 좋다.

③ 성충 투입 밀도 : 표준 사육 상자(360×510×285㎜, 50L)당 땅강아지 성충 밀도는 평균 암컷 2~3(수컷은 1~2마리 정도) 정도로 투입하는 것이 좋다. 이때 증식 성공률은 관리 방법 및 환경에 따라 40~80% 수준이며 사육상당 평균 증식 수는 50~100마리 정도이다.

④ 부화 특성

산란된 땅강아지의 알은 약 18일 정도(25℃ 내외의 사육실)면 부화할 수 있다. 특히 주의할 것은 부화 기간이나 부화 직후에 스트레스를 주면 사망할 수 있으므로 주의하여야 한다. 온도만 유지되면 연중 산란 및 부화할 수 있다.

(2) 약충 및 성충 사육

① 적정 사육 밀도 : 부화 약충은 50L의 사육상에 50~100마리 정도 사육하는 것이 좋으며 3~6개월이 지나 발육하면 성충을 골라내고 약충만 사육하는 것이 좋다. 골라낸 성충은 적당한 용도로 활용할 수 있다. 성충은 약충보다 적은 50마리 내외의 수를 사육하면 된다.

② 수분의 공급 및 습도 유지 : 사육실은 통기가 잘되며 적정한 습도가 유지되면 좋다. 토양에서 생활하므로 공기 중의 상대 습도는 크게 중요하지 않으나 너무 습하면 곰팡이 등이 생길 수 있으므로 주의한다. 토양 배지의 습도는 매우 중요하므로 적정한 습도(50~60%)를 유지하도록 하여야 한다.

③ 주의사항 : 성충으로 우화하면 사육상에서 짝짓기를 하고 산란할 수 있다. 약충 사육상에서 산란이 이루어지면 폐사율이 높고 관리가 어려우므로 성충이 된 개체는 즉시 분리하여 산란을 위한 채란용 사육통으로 옮겨야 한다.

④ 먹이 공급 : 먹이는 매일 먹을 수 있는 양을 공급하는 것이 좋다. 하지만 번거로울 경우는 1주일에 2~3회 정도로 나누어 공급한다. 먹이는 부패하지 않도록 주의하며 부패한 먹이나 오염된 먹이는 즉시 제거한다. 물을 따로 공급할 필요는 없다. 먹이를 넣고 돌이나 판자, 무거운 인공 조형물 등으로 눌러놓아 먹을 수 있게 공급할 수 있다.

⑤ 사육 환경관리 : 광 조건은 크게 영향을 주지 않는 것으로 생각되나 야외의 여름 조건과 유사하게 유지하면 될 것으로 판단된다. 통기가 잘되며 외부의 해충이나 쥐 등이 침입하지 못하게 하며 토양 습도를 유지하여 건조하거나 과습하지 않도록 관리한다.

(3) 저장관리

땅강아지는 약충이나 성충으로 월동하므로 생체를 토양 배지에 넣어 저온에서 저장이 가능하다. 하지만 장기간 보관하는 것은 폐사율이 증가하므로 좋지 않다. 가공하여 건조하면 장기 보관할 수 있다.

식용으로 활용할 때는 가공하기 전에 1~2일간 먹이를 주지 않아 장속의 배설물을 모두 배설할 수 있도록 하여야 한다.

① 생체 보관 : 살아 있는 상태로 보관할 때는 저온(10~15℃, 2~5℃) 상태에서 보관할 수 있으나 보관 기간이 늘어나면 사망률이 높아진다. 사육실 온도를 평균 15℃ 정도로 낮게 유지하여 발육 및 생체 활동을 낮추는 방법도 있다.

② 제품 보관

생체를 끓는 물에 데치거나 찜통에서 죽인 후 응달에 말려 건조할 수 있다. 생체의 모양을 유지하기 위해서는 건조되는 것을 막기 위해 물과 함께 얼려 냉동(-20℃) 보관하면 외부 형태 및 색체가 훼손되지 않게 장기 보관할 수 있다.

죽은 생체를 열풍건조, 동결건조, 원적외선 건조 등의 방법을 사용하여 건조한 충체를 원형 그대로 또는 분말로 가공하여 냉장 및 냉동 보관할 수 있다.

(4) 먹이 및 환경 기준

① 먹이 조건 및 종류 : 땅강아지는 식물의 뿌리를 먹이로 한다고 알려져 있으며 잡식성으로 다양한 먹이를 먹는다.

② 사료의 제작 : 인공 사료를 제작하여 사육하는 방법이 있으나 대량 생산을 위한 사육 농가 용으로는 손쉽게 구할 수 있는 양어 사료 등을 활용할 수 있다. 양식 어류 사료는 알갱이 가 작은 것을 주면 잘 먹는다. 또한, 여러 가지 영양 물질을 섞어 인공 먹이로 만들어서 덩 어리나 전병 형태로 공급할 수 있다.

※ 인공 사료 제조 과정

1. 물(1,000ml)에 한천(Agar)을 녹인다.
2. 아래 표의 조성표에 따라 각각의 시료를 계량하여 놓는다.
3. 한천을 녹인 물을 끓인다. 완전히 끓은 후 믹서에 넣는다.
4. 각각의 시료를 믹서에 넣고 충분히 혼합한다.
5. 인공 사료를 보관할 용기에 붓는다.
6. 식으면 냉장 보관한 후 필요할 때 사용한다.

표 3-2-26. 땅강아지 인공 사료 조성 성분

인공 사료 성분	함량(g)
한천(Agar)	16
밀배아(Wheat germ)	100
분유	28
염류(Salt mix.)	9
소르빈산	3
기타 방부제	2
복합 비타민	11
물	1 L

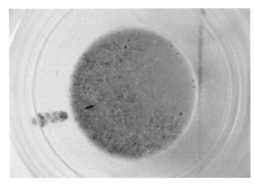 

약충

그림 3-2-74. 땅강아지 인공 사료와 약충

(5) 사육 환경

땅강아지는 통기가 잘되며 직사광선을 피할 수 있는 환경의 사육상에서 사육하는 것이 좋다. 그리고 병원균에 의한 오염을 최소화시킬 수 있는 환경을 조성하여야 한다.

① 온도 환경 : 온도가 15℃ 이하로 낮아지면 움직임이 거의 없고 먹이 활동도 중지된다. 사육에 적합한 온도는 25~30℃이고 임계 치사 고온은 40℃ 이상이며 임계 치사 저온은 -1℃ 이하이다.

② 습도 환경 : 메뚜기는 사육 온도가 25~32℃일 때 상대습도가 60~70%, 토양함수량이 50~60%의 조건에서 사육하는 것이 좋다

③ 광조건 : 땅강아지는 토양 속에서 생활하므로 광 조건에 크게 영향을 받지 않으나 여름철 광 조건을 유지하는 것이 좋다.

다. 사육 단계별 사육 체계

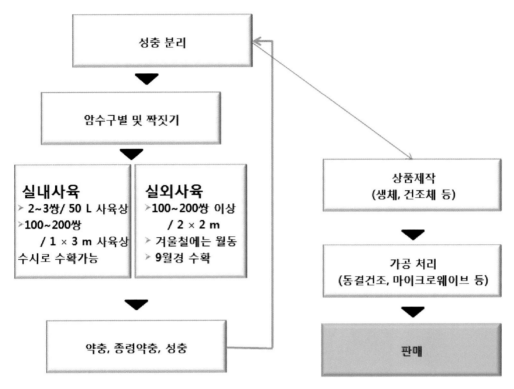

그림 3-2-75. 땅강아지 사육 체계도(순서도)

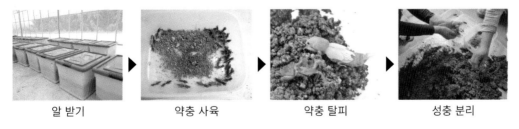

| 알 받기 | 약충 사육 | 약충 탈피 | 성충 분리 |

그림 3-2-76. 땅강아지의 사육 체계

표 3-2-27. 땅강아지의 사육 단계별 관리 방법 및 사육 조건

사육 단계		기간	특징 및 관리 방법	사육 조건
난괴		부화 기간 18~20일	• 토양배지를 넣은 산란용 사육상에 암컷과 수컷을 넣어 산란 유도 및 먹이 공급 • 스트레스를 받지 않도록 관리	25~30℃, 65% RH
부화 약충		2~3개월	• 부화 직후의 약충 : 먹이 공급, 스트레스를 받지 않도록 관리	상온조건 65% RH
약충		5~6개월	• 3령 이상 약충시기 : 사망률이 감소하므로 적당한 용도로 분배 사육	상온조건 65% RH
성충		1개월 이상	• 성충 : 우화 즉시 목적에 맞도록 구분하여 분리	상온조건 65% RH

라. 사육 시설 기준 및 생산성

(1) 사육 도구 기준

① 사육 용기

5L 원형 용기(지름 170×높이 250㎜)	사각 용기(220×170×70㎜)

그림 3-2-77. 소형 사육 용기

그림 3-2-78. 실내 사육용 표준 사육 상자(360×510×285㎜, 50L)

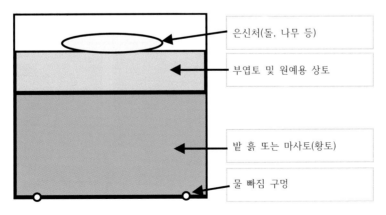

그림 3-2-79. 표준 사육 용기 내부 구성(360×510×285㎜, 50L)

② 대량 사육상 하우스 구성

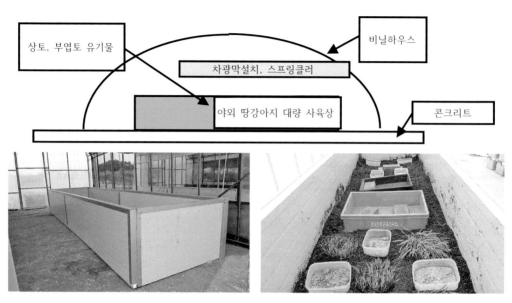

그림 3-2-80. 대량 사육상(1×3m)

③ 기타 사육 도구

선반에 적재한 사육 용기	실내 사육 용기(50L)	소형 사육 용기(5L)
온습도계	가습기	분무기

그림 3-2-81. 사육 도구

(2) 사육 시설 기준

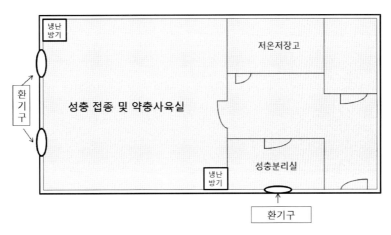

그림 3-2-82. 땅강아지 권장 사육 시설 설계(개념도)

(3) 단위 생산성

① 땅강아지를 대량 사육하기 위해서는 실내 및 야외에 큰 수조를 설치하여 대량으로 사육할 수 있으며 생산량은 환경 및 사육 방법에 따라 달라질 수 있다. 대량 사육상에 비하여 50L 정도 되는 표준 실내 사육상에는 암컷을 2~3마리씩 넣고 사육하면 평균 50~100마리 정도의 약충을 얻을 수 있다.

② 생산성 계산을 위해서는 사육상 접종 성공률을 50% 정도로 계산하여 사육상의 평균 증식률(암컷 2~3마리 투입)을 25~50배율로 계산할 수 있다.

③ 땅강아지의 발육 기간은 온도에 따라 다소 차이가 있으나 평균 5~6개월가량 소요된다. 수컷이 암컷보도 조금 빨리 자란다.

표 3-2-28. 단위 면적당 생산량(순수 사육실 면적 165㎡ 기준)

성충접종 사육통수	종충(암컷)	발육기간	필요 인력	총생산량(마리)
100~200	200~400마리	3~6개월	1	3,750~7,500마리

주) 표준 사육통 : 50 L 리빙박스로 사육하며 사육 통당 암컷은 2~3마리 수컷은 1~2마리 비율로 투입

마. 활용 및 주의사항

(1) 활용 방법 및 예시

① 식용

국내에서는 아직 식용으로 등재되지 않은 곤충이나 외국에서는 식용으로 통조림 및 건조체로 판매되고 있다. 국내에서도 식용으로 등재될 것으로 기대된다. 땅강아지는 메뚜기목 곤충으로 식용으로 등재되어 있으며 가장 널리 식용화된 메뚜기와 영양 성분이 유사할 것으로 생각된다.

② 낚시 미끼용

땅강아지는 장어 낚시의 미끼로 알려져 있어 낚시 가게나 인터넷으로 판매되고 있다. 하지만 채집하여 활용하는 것은 한계가 있으므로 물량이 적은 편이다.

③ 체험 학습장용 및 사육 키트

체험 학습장에서 땅강아지의 굴착 모습 및 수영하는 행동 등을 교육적인 목적으로 전시하기도 하며, 개미집처럼 투명한 재질의 사육상에 넣어 관찰할 수 있는 사육 키트를 개발하여 판매하기도 한다.

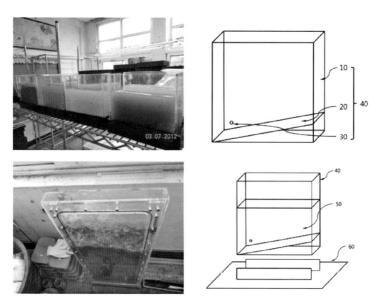

그림 3-2-83. 다양한 사육 키트

④ 약용

땅강아지는 누고(螻蛄)라고 하여 피부염, 염증의 치료, 이뇨제로 한약재로 활용되었다(허, 1610; 박, 2000; 오 등, 2000, 2002; 최 등 2002). 최근에는 갑상선, 편도선 등의 염증 치료와 항산화작용에 대한 효과를 연구하였으며(허 등, 2008) 혈액순환 및 결석, 불면증 등에 사용하였고 약리적으로 항히스타민 작용이 있다고 보고되었다.

표 3-2-29. 약용 곤충의 적용 분야

번호	적용 대상	곤충종
1	강장제	벼메뚜기, 여치, 방울벌레, 잠자리, 나방, 하늘소, 꿀벌애벌레, 박쥐나방애벌레 등
2	영양제	누에, 벼메뚜기, 굴벌레나방애벌레, 하늘소(알락하늘소, 참나무하늘소, 뽕나무하늘소)
3	위장(건위제)	나방류 애벌레(복숭아심식나방, 박쥐나방, 포도유리나방, 노랑쐐기나방 등)
4	기침	백강잠, 무당벌레, 꿀
5	해열제	벼메뚜기, 사마귀, 왕사마귀, 땅강아지, 귀뚜라미, 누에, 굴벌레나방, 박쥐나방, 알락하늘소, 참나무하늘소, 반딧불이, 풍뎅이, 유지매미, 검정매미 탈피각, 고추잠자리(성충, 애벌레), 밤나무혹벌, 날도래애벌레, 백강잠, 오배자
6	발한제	장수말벌 애벌레
7	감기	바퀴벌레
8	이뇨제	좀, 바퀴벌레, 귀뚜라미, 날도래, 가뢰, 잠자리애벌레, 땅강아지
9	위장(하제)	생꿀, 꿀벌의 애벌레
10	천식	고추잠자리, 물방개 애벌레
11	신경쇠약	물매미, 장구애비
12	폐결핵	사마귀알
13	신경병, 신경마비	벼메뚜기, 고추잠자리, 매미
14	중풍	하늘소, 누에번데기, 누에똥, 벼룩(생)
15	인후염	사마귀, 박쥐나방애벌레, 꿀벌
16	간장병, 간암	굼벵이

번호	적용 대상	곤충종
17	소염제	땅강아지
18	피부염	땅강아지
19	당뇨병	굼벵이, 누에 애벌레
20	파상풍	굼벵이
21	어혈	굼벵이
22	월경폐지	굼벵이
23	화상	뱀잠자리 약충
24	편도선염	고추잠자리
25	간질	굴벌레나방애벌레, 분충(파리목애벌레)
26	히스테리, 발작, 진정제	장수말벌의 소, 벼메뚜기, 사마귀, 하늘소애벌레, 누에똥(생), 매미의 탈피각
27	중이염	매미의 탈피각
28	어린이의 지랄병,	백강잠
29	중풍(中風), 구안와사(口眼蝸斜), 반신불수(半身不隨)	백부자 전갈 배합
30	후비종통(喉痺腫痛)	사간, 울금, 대황
31	어린이의 급성경기	담성(膽星), 전갈, 조구등
32	해열, 소염, 복어독 해독	오배자, 박쥐나방애벌레, 파리애벌레, 백부자(白附子), 흑부자(흑부자)
33	해열, 진통, 소염제, 어린이의 경풍, 산모의 유즙분비 촉진	죽봉 (竹蜂)
34	조충구제, 혈액의 응고작용, 이뇨작용, 지사제, 강장, 강정제	로봉방(露蜂房)
35	피로회복, 어린이 해열제, 매독이나 임질, 진정 및 최면작용, 항균작용	동충하초(冬蟲夏草)
36	파상풍의 치료제, 구어혈제, 월경폐지, 강정보신용	제조(풍뎅이애벌레)
37	이뇨, 월경불순 및 난산, 발라리아의 예방약, 어린이의 경기와 지랄병, 이질과 하리	강랑(풍뎅이 말린것)

번호	적용 대상	곤충종
38	독물로 인한 구토증, 소화불량, 감적(疳積)	오곡충(五穀蟲)
39	폐병, 정력감퇴, 요실금, 해열제, 뇌막염, 관절염, 오줌싸개	사마귀알집(알껍질 2-3개와 감초 다린물),
40	구어혈제, 낙태효과, 변비, 갑상선 비대증, 감기약, 위장약, 어린이의 뇌막염, 어린이 늑막염, 심막염, 이뇨제나, 궤양이나 암	바퀴류(지구충)
41	진경작용, 소장 평활근에 대한 억제 작용(아편과 필적), 경기, 백일해, 파상풍 및 급성설사, 어린이의 위장병	벼메뚜기(책맹)
42	흥분제	청가뢰
43	진통제	생꿀, 밤나무혹벌의 애벌레, 바퀴벌레, 누에똥(생것)
44	요통, 중풍	지네

(2) 사육 시 주의사항

땅강아지는 산란 시 토양에 알을 낳을 수 있는 공간을 만들어 산실을 형성하여 산란한다. 산란 시기에 산실을 부수거나 부화 직후의 약충을 건드리면 사망할 수 있다. 특히 산실을 훼손하면 부화에 실패하거나 부화하여도 사망하기 쉬우므로 주의하여야 한다.

① 먹이 : 땅강아지가 흙 속에 있으므로 먹이 공급에 소홀하기 쉽다. 기본적으로 은신처를 설치하여 은신처 아래에 먹이를 넣어주면 잘 먹고 먹는 양을 확인할 수 있다.

② 해충관리 : 사육 과정에 수시로 천적에 의한 피해가 없도록 주의 깊게 관찰하여야 한다. 천적은 쥐, 개미, 조류, 개구리, 뱀, 도마뱀, 거미 등이다.

③ 질병관리 : 땅강아지는 특별한 질병이 보고되거나 알려지진 않았으나 집단으로 사육하면 곰팡이나 세균에 감염될 수 있으므로 공기 순환이 잘되도록 사육하여 질병을 예방하는 것이 좋다. 특히 충분한 영양을 섭취할 수 있도록 사육하여야 한다.

7. 아메리카왕거저리(*Zophobas atratus* Fabricius)

그림 3-2-84. 아메리카왕거저리

가. 일반 생태

(1) 분류학적 특징

아메리카왕거저리는 슈퍼 밀웜이라고 불리는 절지동물문 곤충강 딱정벌레목 거저리과에 속하는 곤충이다. 슈퍼 웜 또는 슈퍼 밀웜을 응용적으로 다룬 일부 논문이나 자료들에서는 'Z. morio Fabricius, 1776' 이란 학명을 적용해 오고 있으나 1941년에 Gebien에 의해 Z. *atratus* 의 동물이명임이 밝혀져 유효학명으로 사용해 오고 있다. 2013년 박 등에 의해 이 종의 정식 국명에 대한 분류학적인 측면의 국명 제정의 필요성에 의해 이 종의 원산지와 형태적 크기 등을 참고하여 유사종인 대왕거저리와의 구별을 명확히 할 수 있는 '아메리카왕거저리'로 신칭되었다.

(2) 형태학적 특징

애벌레의 몸길이는 45~50㎜, 성충은 30~35㎜이며 몸의 생김새는 길쭉하며, 몸 색깔은 검은색이다. 머리에는 매우 작은 점각이 아주 성기게 나 있고, 겹눈은 콩팥 모양으로 그의 겹눈 가장자리는 테두리져 있으며, 겹눈 사이의 거리는 겹눈 지름의 2배 정도이고, 복안돌기는 위쪽으로 올라가 있다. 더듬이는 염주 모양으로 끝으로 가면서 약간 곤봉 모양을 띠는데, 6번째 마디부터 마지막 마디까지 점점 넓어지며 별 모양의 감각모가 있고, 마지막 마디는 타원형이다. 작은 턱수염의 마지막 마디는 넓은 도끼 모양이고, 아랫입술 수염의 마지막 마디는 좁은 삼각형 모양이다. 앞가슴 등판은 볼록하고, 가운데 부분에만 미세한 점각이 매우 성기게 나 있다. 모든 가장자리는 뚜렷하게 테두리져 있고, 옆 가장자리는 앞쪽과 뒤쪽으로 가면서 둥글게 좁아지는데, 기부각은 무디다. 앞기절은 납작하고 넓은 앞가슴배판돌기에 의해 나뉘어져 있다. 딱지날개의 양 옆 부분이 거의 평행하며, 끝쪽 1/4 부분이 약간 넓고, 홈줄의 점각은 뚜렷하고 깊고 약간 성기며, 간실은 약간 볼록하다. 다리의 종아리 마디들은 모두 끝쪽으로 가면서 점차 넓어지나, 끝쪽 1/3 부분의 노란색 센털 배열은 앞종아리 마디는 아래쪽에만, 가운데와 뒷종아리 마디는 아래와 옆쪽으로도 나 있다. 모든 발목 마디의 아랫쪽과 옆쪽 부분에는 센털이 나 있다. 뒷가슴배판에는 센털이 없다. 암수 구분은 머리의 이마방패봉합선의 유무로서, 수컷이 깊게 패여 있고, 암컷은 직선형으로 패여 있지 않다(박 등, 2013).

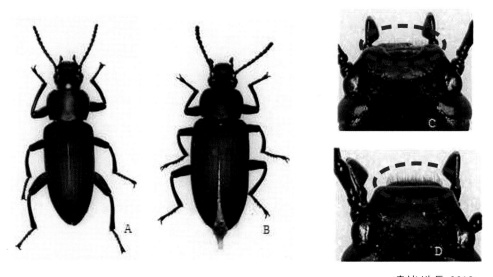

<출처: 박 등, 2013>

그림 3-2-85. 그림 1-3-34. 아메리카왕거저리의 수컷(A, C)과 암컷(B, D)

그림 3-2-86. 정면으로 본 아메리카왕거저리의 암컷과 수컷 성충

(3) 생태학적 특징

아메리카왕거저리 성충과 애벌레는 식물성 먹이[곡류(穀類), 채소 등]를 먹으며 발육 기간이 4~6개월로 길다. 열악한 환경에서도 생존 능력이 강한 곤충으로 먹이가 없거나 온도의 변화가 심해도 생존할 수 있다. 이러한 생물학적 특성으로 연중 실내 대량 사육이 가능한 곤충종이다.

알은 불투명한 유백색으로 산란할 때 점착물질(점액)이 붙어 있어 산란배지(밀기울 등)나 사육 용기에 붙어 산란한다. 알의 크기는 2㎜ 정도의 장타원형으로 알껍질은 무르고 약해 깨지기 쉽다. 알은 일반적으로 여러 개를 덩어리로 산란하거나 한 개씩 사료 중간에 흩어 낳거나 사육통 바닥에 붙여 낳기도 한다. 알이 부화하면 부화 애벌레는 부화 즉시 알껍질과 알껍질에 붙은 사료를 먹으며 발육한다. 알은 온도 조건에 따라 약 1~2주일이면 부화한다(25±3℃). 10℃ 이하에서는 부화하지 못하며 15~20℃에서는 3~4주가 소요된다.

애벌레는 부화 직후 유백색에서 갈색으로 변하며 크기는 2~3㎜ 정도이다. 부화 직후에 충분한 수분을 지닌 채소를 공급하여야 사망률을 줄일 수 있다. 애벌레 기간에는 사육 밀도가 높을 수록 사망률이 감소하고 정상적으로 발육한다. 애벌레의 먹이는 밀기울을 기본으로 하여 수분이 많은 채소나 과일 등을 공급하면 집단적으로 모여서 먹는 습성을 보인다.

애벌레의 식성은 성충과 마찬가지로 일반 가축사료를 비롯하여 농업 부산물, 과일, 채소 등을 모두 섭식할 수 있다. 사료의 성분은 애벌레의 발육에 영향을 미치므로 목적에 맞도록 사료를 배합하여 공급하는 것이 중요하다. 가축의 사료용으로 활용할 때에는 사료비용의 절감을 위해서 다양한 농업 부산물을 활용할 수 있다.

애벌레는 어두운 곳을 좋아하며 사육상에서 밀도가 높아질수록 개체의 크기가 작아지는 것으로 조사된 바 있다. 따라서 적정한 사육 밀도의 선정이 중요할 수 있다. 일반적으로 부화 후 어린 령기일 때는 집단 사육하여 밀도가 높아야 발육이 좋다고 알려져 있고 발육이 진행되어 크기가 커지면서 밀도가 높으면 서로의 마찰로 충체의 혈액순환과 소화를 촉진하여 활성을 증가시킨다는 조사도 있는데, 종령 시기에는 높은 밀도에서 서로 간에 경쟁에 의해 사망률이 증가할 수 있다. 이러한 결과는 온도와 습도 등 사육 환경에 따라 차이를 보인다.

애벌레 기간은 온도가 높아질수록 단축되며 일반적인 사육 온도(25±3℃)에서 약 3~4개월의 발육기간을 거친다. 애벌레 기간 동안 평균 12회의 탈피를 거쳐 발육이 진행되면 몸길이가 45~50㎜ 까지 자라며 직경은 6~9㎜ 정도에 이른다. 몸의 앞뒤의 굵기가 일정하며 털이 없으며 광택이 있다. 머리 부분은 단단하며 몸통보다 색깔이 진하며 애벌레의 가슴 부분에 3쌍의 다리가 있다. 애벌레가 종령 단계에 이르면 먹이 섭식 활동이 중지되고 몸통이 약간 구부러지면서 움직임이 없어지면서 번데기가 될 준비를 한다.

애벌레 단계에서 분변의 분리는 1~2회 정도 하는 것이 작업의 효율적인 부분이나 애벌레의 스트레스를 줄이는데 도움을 준다. 따라서 채란 받은 후 1~2개월을 높은 밀도에서 사육한 후 분변을 분리하고 새로운 먹이를 공급한 후 다시 1~2개월 사육한다. 이때 표준 사육 상자의 사육 밀도는 1번 분리 시 애벌레를 2개의 사육통에 나누어 사육하였을 때 최종적으로 종령 애벌레 2.5㎏ 정도가 생산된다.

번데기는 길이가 약 30~35㎜ 정도이며, 용화 직후에는 유백색으로 연하며 부드러우나 시간이 지나면서 점점 경화가 되어 딱딱해지고 색깔도 갈색으로 진해진다. 종령 애벌레가 번데기가 될 때에는 독립된 공간에 개체로 분리하여야 번데기가 된다.

아메리카왕거저리는 채란 받는 기간이 달라서 개체 간 발육 기간의 차이가 발생해도 종령이 된 후 사육상에서 번데기가 되지 않으므로 최종적으로 개체 간의 크기는 유사하게 된다. 종령이 되어 폐사충이 생기기 전에 일정한 크기의 애벌레를 수확할 수 있는 장점이 있다.

번데기는 이동성이 없으므로 복부운동만으로 외부의 공격에 방어한다. 아메리카왕거저리는 애벌레의 탈피 시나 번데기가 되기 직전에 서로 공격하여 죽이거나 기형을 만들기 때문에 여러 마리를 함께 사육할 때는 번데기가 되지 않는다. 따라서 독립된 공간에 개체로 분리하여 번데기로 만드는 것이 매우 중요하다. 사육 환경을 50~70%의 습도와 25±3℃ 정도로 유지하면 대부분의 종령은 번데기가 된다.

성충은 번데기에서 우화하면 옅은 유백색으로 점차 시간이 지나면서 황백색, 황갈색, 흑갈색으로 변화하며 최종적으로 흑적갈색으로 된다. 약 7일간에 걸쳐 체색이 흑적갈색으로 된 후 암컷과 수컷이 교미를 시작한다. 성충의 산란기는 1~4개월로 길며 평균 산란량은 약 100~400여 개로 알려져 있다. 일반적으로 성충의 먹이 종류와 환경 등 사육 기술에 따라 산란량은 차이가 크다. 성충의 뒷날개는 퇴화하여 날지 못하므로 사육 시설에 망실을 처리하지 않아도 되므로 경제적으로 사육이 가능한 곤충이다. 아메리카왕거저리는 주로 걸어 다니면서 이동하는데 플라스틱 등 미끄러운 수직경사는 오르지 못한다. 성충은 일생 여러 번의 교미를 하며 산란한다. 성충은 밝은 곳을 싫어하므로 어둡게 관리하면 좋다.

(4) 현황

아메리카왕거저리는 국내외에서 식용 또는 동물 사료용으로 이용되고 있다. 중국에서는 대단위 공장 규모의 사육 및 유통이 이루어지고 있으며, 국내에서도 사육 기술이 축적되어 여러 농가에서 사육하면서 시장을 형성하기 위해 노력 중에 있다. 국내에서는 아직까지 식용으로 등재되어 있지 않아 식용으로의 연구가 필요한 곤충종이다. 중국에서는 주로 갈색거저리를 식용, 사료용, 건강보조식품의 단백질원으로 100여 년의 사육 경험과 축적된 활용 기술을 바탕으로 다양하게 이용되고 있다. 아메리카왕거저리는 갈색거저리에 비하여 크기가 크고 사육이 편리한 장점이 있어 애완동물들의 단백질원으로 사용되고 있으며, 가축(양계, 양돈 등)의 기능성 사료로 활용하기 위한 연구 및 사업화가 진행 중이다.

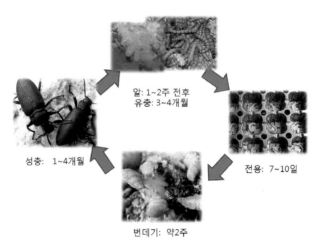

알: 1~2주 전후
유충: 3~4개월

전용: 7~10일

번데기: 약2주

성충: 1~4개월

그림 3-2-87. 아메리카왕거저리의 생활사

우리나라는 최근 곤충 산업에 대한 관심이 높아지면서 갈색거저리가 2014년 7월에 한시적 식품으로 등재되었고, 기능성 가축사료로 개발하여 산업화하려는 노력들이 있다. 이미 식품으로 등재된 곤충인 메뚜기, 누에번데기와 함께 식용 곤충으로서 술안주, 단백질 첨가제, 기능성 보조식품 등으로 제작될 것으로 생각된다.

전국에서 관심 있는 농민을 중심으로 아메리카왕거저리의 사육 기술의 보급을 통해 대량 생산을 준비 중에 있으므로 충분한 원료의 생산 및 시장이 형성되면 국내에서도 곤충 사육 농가를 중심으로 시작하여 본격적인 산업화가 시작될 것으로 기대된다. 그 예로 전국의 산업곤충협회의 구성 및 산업곤충의 생산 및 유통에 많은 관심이 있는 농민으로 구성된 농업회사법인 녹색곤충주식회사가 설립되기도 했다.

(5) 이용 배경

아메리카왕거저리는 원 서식지가 중남미로 알려져 있으며 세계적으로 인공 사육된 시기는 알려지지 않았으나 대량으로 동물의 사료로 활용된 것은 인터넷을 통한 애완동물 애호가들 사이에서 사육에 관한 정보가 널리 확산되면서부터로 생각된다. 국내의 유입은 약 10여 년 전에 불법적으로 수입되어 애완 및 동물원 동물의 먹이용으로 사용된 것으로 기록되어 있으며, 2011년부터 갈색거저리와 함께 식물 검역소의 법적 절차를 통해 수입이 허가된 곤충종이다.

표 3-2-30. 아메리카왕거저리의 단백질과 아미노산 함량 비교

구성	비율(%)	
	아메리카왕거저리	대두박a
건물	87.63	90.00
조단백	43.58	48.50
아미노산		
아르기닌	4.03	3.67
히스티딘	1.08	1.22
아이소루신	1.07	2.14
루신	1.47	3.63
리신	1.44	3.08

구성	비율(%)	
	아메리카왕거저리	대두박a
메디오닌	0.57	0.68
페닐알라닌	0.88	2.44
트레오닌	1.30	1.89
트립토판	0.70	0.69
발린	1.51	2.55

주) 출처 : Farahiyah, 2012

나. 사육 방법

(1) 알 받기

아메리카왕거저리는 갈색거저리처럼 애벌레의 먹이가 되는 사료 또는 사료 근처에 알을 낳는다. 일반적으로 애벌레 사육용으로 널리 사용하는 밀기울을 이용하여 밀기울 등의 곡물 가루에 산란하는 습성을 이용하여 알을 받을 수 있다. 균일한 애벌레 사육 및 번데기의 분리를 쉽게 하기 위해서 알 받이 통의 성충 밀도에 따라 달라지나 표준 사육 용기(80×40×15㎝)에서 성충의 밀도가 400~600마리인 경우 알받기는 4~7일 사이로 받으면 최종적으로 약 5㎏의 종령 애벌레를 생산할 수 있다. 충태가 섞이지 않도록 하고 계획적인 생산을 하기 위해서는 성충 밀도를 높여 짧은 기간에 채란하는 방법을 활용할 수 있다.

그림 3-2-88. 채란 틀에서 산란 중인 아메리카왕거저리(중국의 사육 농가)

① 직접 알 받기 : 채란 틀을 이용하지 않고 산란 배지와 성충을 함께 넣어 채란 받는 방법이다. 채란을 받은 후 성충을 분리하여 새로운 배지에 넣고 산란 받는 방식으로 계속 채란 받을 수 있다.

② 채란 틀을 이용한 알 받기 : 채란 틀은 시중에서 기성품(깨망, 채반 등)을 활용하기도 하며 대량으로 사육하기 위해서는 나무나 스테인리스로 제작하기도 한다. 주로 망이나 타공망을 이용하여 제작할 수 있다. 아메리카왕거저리 성충이 빠져나가지 않는 크기의 구멍이 뚫린 타공망이나 채를 이용하여 산란할 수 있도록 유도하는 방법으로 간편하고 여러 가지 장점이 있어 보편적으로 사용하는 방법이다. 중국에서는 오래전부터 나무상자의 바닥에 철망을 고정하여 갈색거저리나 아메리카왕거저리의 채란 틀로 사용하고 있다.

③ 산란 종이로 알 받기 : 갈색거저리와 마찬가지로 사육 상자의 바닥에 얇은 종이를 1장 놓고 그 위에 사료를 0.5~1.0㎝ 두께로 깔아주며 성충을 종이 위에 넣어 알을 받는 방법으로 산란 종이에 산란된 알을 애벌레 사육통으로 옮겨 사육한다.

④ 기타 알 받기 : 사육 농가에서 독창적으로 여러 가지 효율적인 방법으로 알을 받기도 한다.

(가) 알 받이 배지 조성 : 알 받기에 사용하는 배지는 애벌레 먹이로 사용하는 밀기울을 사용하면 된다. 경우에 따라 이스트를 넣기도 하고 가축사료를 혼합하거나 단백질 성분을 보충하여 주기도 한다. 단백질 성분이 풍부한 사료를 혼합하면 산란 수가 증가하는 경우도 있다.

(나) 알 받기의 성충 밀도는 사육 상자의 크기 및 사육 계획에 따라 달라진다. 표준 사육 상자(80×40㎝)에서는 한 판에 성충을 평균 400~600마리(암컷 200~300마리) 넣어 알받기를 한다.
사례 1) 표준 종이 사육 상자(80×40㎝)에 성충 400~600여 마리를 넣고 5일 간격으로 채란 받으면 생산되는 종령 애벌레는 표준 사육 상자당 평균 5~10㎏이다.

(다) 채란 후 관리 요령
아메리카왕거저리의 알은 온도와 습도의 영향을 많이 받으므로 사육실의 습도를 60±5%를 유지하여야 한다. 부화 애벌레가 부화 즉시 먹을 수 있는 수분이 충분한 채소를 공급하는 것이 중요하다. 일반적인 곤충과 마찬가지로 온도가 상승함에 따라 부화 기간은 짧아지고 온도가 25~30℃일 때 알 기간이 약 5~8일 정도이다. 그러나 온도가 15℃ 이하에서는 부화율이 현저히 낮아지므로 알로 저장하는 것은 좋은 방법이 아니며 저장이 필요한 경우는 부화한 애벌레를 저장하는 것이 좋다(아메리카왕거저리의 경우 애벌레도 사육 온도가 영하로 내려가면 죽는다). 채란된 알은 충분한 온도와 습도가 유지되는 사육실에서 적합한 먹이를 충분히 공급하여 사육하여야 한다.

(2) 애벌레 사육

아메리카왕거저리는 사육실에서 산란된 상태로 5~8일 후 부화한다. 부화 직후에는 군거성(群居性) 곤충이므로 개체군의 밀도가 너무 낮으면 애벌레의 활동과 섭식 활동이 저하될 수 있으므로 평균 생산량이 줄어들 수 있다. 하지만 애벌레가 발육하여 크기가 커진 후 밀도가 너무 높고 먹이가 부족하거나 건조하고 수분이 부족하면 서로 스트레스를 유발하고 탈피할 때 물어 죽이는 경우가 많아져 생산량이 감소할 수 있다.

① 표준화된 애벌레의 사육을 위해서는 채란 기간을 짧게 유지하여(1~3일 이내)에 채란 받은 그룹을 사육하는 것이 좋다.
② 사육을 시작하기 전에 사육 용기는 세척 후 완전히 건조한 용기를 사용하는 것이 좋다. 세척을 할 경우 오염이 심한 사육실의 경우 하라솔이나 락스 등 염소계 살균제를 사용하여 살균할 수 있고 햇빛에 말려 사용하면 좋다.
③ 일반적으로 채란 용기로 채란한 알에서 부화한 애벌레를 사육 상자를 옮기지 않고 그대로 사육하는 경우가 많은데 채란 용기에 산란된 애벌레가 많거나 적을 때는 원하는 사육 밀도를 유지하기 위하여 채란 후 부화한 애벌레를 합치거나 나누어서 사육할 수 있다. 일반적으로 1주일 정도 채란한 기준 사육상의 경우 2개월 후 1회 애벌레를 나누어 사육통을 늘린 후 1개월 후 추가적으로 1회 더 분리하여 밀도를 낮추는 방식으로 사육한다.
④ 사육하는 애벌레의 밀도가 너무 높으면(애벌레의 두께가 3~4㎝ 이상) 스트레스를 유발하여 발육에 지장을 줄 수 있으므로 적정한 밀도를 유지하도록 한다. 일반적인 적정 밀도는 1㎠ 당 1~2마리 정도[플라스틱 소형 사육상 (길이)22×(넓이)16×배지두께를 3㎝로 했을 때]가 적합할 것으로 생각된다. 사육 기준은 소형 사육 상자에 애벌레가 1~2 kg(1,000~2,000마리)이며 번식용 성충의 사육 밀도는 표준 사육 상자에 400~600마리를 유지한다.
⑤ 애벌레 사육 시 채소(무)나 과일 등을 배지의 위에 깔아주어 먹을 수 있도록 한다.
⑥ 아메리카왕거저리는 10~12령까지 4~5개월 내외(27℃) 발육 후 용화한다.
⑦ 일반적으로 애벌레가 60~70㎜ 정도 자라 종령이 되면 식용 및 사료용으로 활용할 수 있다. 이때부터 먹이 먹는 양이 감소한다.

(가) 애벌레 사육 용기 : 애벌레는 미끄러운 재질을 기어오르지 못하는 특성을 가지므로 사육 용기가 미끄러운 재질이면 좋다. 만약 나무상자나 종이 등과 같이 기어오를 수 있는 재질을 사용해야 한다면 비닐테이프를 붙여서 기어올라 탈출하지 못하도록 해야 한다. 일반적인 플라스틱 상자는 기어오르지 못하므로 그냥 사용하여도 좋은 장점이 있다. 오랜 기간 사용하여 표면의 매끄러움이 감소하면 왁스 등으로 닦거나 테이프를 붙여 사용할 수 있다.

(나) 애벌레 사육 용기의 종류 : 일반적인 사육 용기는 플라스틱 상자로서 크기는 사육 여건에 맞게 선택할 수 있다. 가장 보편화된 크기는 플라스틱 공구 상자(22×16㎝)와 플라스틱 빵 상자(58×35㎝), 그리고 종이 상자(80×40㎝) 등이다. 애벌레 사육 용기는 적재가 쉽고 운반이 편리하도록 가볍고 공기가 통하는 재질이면 좋다.

(다) 채소의 공급 : 무, 배추, 양배추 등 수분이 많은 채소를 잘라서 애벌레 사육상 위에 얹어 먹을 수 있도록 하는 것이 일반적이다. 어떠한 방법을 사용하는가는 상대습도 및 배지 습도 등을 고려하여 효율적인 방법을 사용하는 것이 좋을 것으로 생각된다. 채소는 시중에서 쉽게 구할 수 있는 종류 중 수분이 많은 배추, 무 등을 사용하거나 과일이나 과일의 부산물(과일껍질 등)을 이용하면 경제적으로 사육할 수 있다.

(라) 종령 애벌레 : 채란 받은 후 평균 3~4개월이 지나면 종령 애벌레로 발육하여 번데기가 될 준비를 하게 된다. 이 시기에는 섭식 활동이 둔화되므로 투입되는 먹이량(밀기울과 채소)을 조절하여야 한다. 성충을 만들기 위해서는 개별 사육통 종이컵, 농업용 포트 등을 사용하여 종령 애벌레를 번데기로 만들어야 한다. 종령 애벌레는 여러 마리가 같이 있을 경우 서로 경쟁하여 번데기로 변하지 않기 때문이다. 개별 사육통을 사용하며 적정 습도와 온도만 유지하면 먹이 공급을 하지 않아도 되며 애벌레 〉 번데기 〉 성충 등으로 변화는 과정을 지켜볼 수 있다 이때 농업용 포트를 사용하면 효율적으로 번데기로 만들 수 있다. 농업용 포트의 구멍은 비닐테이프로 막고 아메리카왕거저리의 분변을 이용하여 종령 애벌레가 달라붙지 않도록 하면 좋다.

(3) 번데기관리

아메리카왕거저리는 갈색거저리와 달리 종령 애벌레를 한 마리씩 각각 분리하여 어두운 곳에 보관하여야 번데기로 용화한다. 번데기로 된 후 성충이 되기까지의 기간은 10~15일 정도가(27±3℃) 소요되며, 갓 우화한 성충은 유백색에서 황갈색을 띠며 평균 1주일이 지나면 흑갈색에서 흑적갈색으로 바뀐다. 흑적갈색으로 바뀐 후 짝짓기와 산란을 시작한다. 이 시기에 많은 에너지를 필요로 하므로 수분과 영양분을 충분히 공급해 주어야 한다.

(4) 성충 사육

성충은 보통 1~4개월가량 생존하며 산란하며 먹이로는 과일, 채소 등을 먹는다. 우화한 성충은 용화 틀에서 꺼내어 채란 용기 내에 놓고 밀기울이나 각종 사료와 채소를 먹이로 준다. 몸의 체색이 점점 흑갈색으로 변하면 교미를 한 후 알을 낳기 시작한다. 성충기에는 스트레스를 줄이고 온도 조건을 적정하게 유지하여 교배 및 산란이 정상적으로 이루어지도록 한다. 교배 및 산란기에는 영양이 풍부한 사료와 과일 등을 공급해 주는 것이 좋다.

(5) 저장관리

아메리카왕거저리는 갈색거저리와 달리 저온에서 저장이 어렵다. 갈색거저리는 생육이 멈추기 때문에 저온에서 저장이 가능하나 아메리카왕거저리는 발육이 중지되어 사망하는 경우가 많다. 일반적으로 며칠간 저장하기 위해서는 5℃ 이하의 냉장 창고에서 보관할 수 있다. 그러나 장기 보관할 때는 가공하여 건조한 상태로 보관하는 것이 좋다. 완전히 건조시킨 상태로 밀봉하여 2년 이상 보존할 수 있다.

(6) 먹이 및 환경 기준

① 먹이 조건 : 잡식성으로 대부분의 농업 부산물을 먹이로 발육한다. 일반적인 사료로 밀기울(소맥피), 미강(쌀겨), 옥수수가루 등이 많이 사용되는 먹이이며 이것에 단백질 성분(어분, 콩가루, 비타민, 효모 등) 및 기능성 성분을 혼합하여 먹이로 공급하기도 한다. 최근 대량 사육을 위해 다양한 부산물(볏짚, 작물 수확 후 남은 부산물, 남은 음식물 사료 등)을 이용한 사육이 시도되고 있다.

(가) 밀기울 : 가장 잘 알려진 아메리카왕거저리 사육용 주사료이다. 살충제 및 독성에 노출되지 않은 채소잎, 과일껍질, 수박껍질 등 과일을 보충하여 주면 수분과 기타 영양소를 섭취하는 데 도움이 된다.

② 사료의 제작

(가) 밀기울 사료 + 채소 및 과일

(나) 밀기울(60%) + 어분(5%) + 옥수수가루(10%) + 과일, 채소나 작물의 줄기(20%) + 설탕 희석액(2%) + 사료용 복합비타민(1.5%) + 혼합염(1.5%) : 이상의 사료를 잘 혼합하여 15~20일 간 발효시킨 후 말려서 과립 사료로 만들거나 전병 모양으로 만들어 그늘에 말린 후 사용한다(최 와 송, 2011).

(다) 밀기울(80~90%) + 양돈 사료(20~10%)

성충과 애벌레는 모두 채소 및 과일의 수분과 영양분을 섭취한다. 특히 성충에게 과일껍질 등을 먹이로 공급하면 산란 수와 수명이 증가한다.

③ 온도 환경

아메리카왕거저리는 고온성 곤충으로 최소 15℃ 이상의 온도로 사육하여야 폐사율을 줄일 수 있고 정상적인 사육을 위해서는 25℃ 이상에서 사육하는 것이 좋다.

(가) 사육에 적합한 온도 : 20~30℃

아메리카왕거저리의 최적의 온도 조건은 일반적인 곤충의 사육 온도와 같은 25~30℃ 이나 계절에 따라 설정 온도를 다르게 사육하는 것이 폐사율을 줄일 수 있다. 일반적으로 온도가 증가하면 발육 기간은 단축되나 겨울철에는 외부가 건조하므로 온도를 20~25℃로 유지하는 것이 좋고, 여름철에는 외부 기온이 높으므로 25~30℃ 정도로 사육실을 관리하는 것이 좋다. 이때 습도는 여름과 겨울에 관계없이 65±5% 내외를 유지하는 것이 좋다

(나) 임계 치사 고온 : 40~45℃

아메리카왕거저리가 고온으로 인해 폐사가 시작되는 온도는 40~45℃이며 온도가 증가하면 생식기능이 가장 민감하게 영향을 받는다.

(다) 임계 치사 저온 : 5~10℃

아메리카왕거저리 알과 애벌레는 5~10℃에서 발육을 멈추며 번데기는 10~15℃, 성충은 15℃ 내외에서 발육을 멈춘다. 저온 상태가 길어지면 대부분 사망하게 된다.

④ 습도 환경

아메리카왕거저리는 대부분의 수분을 채소 및 과일 등의 먹이와 밀기울이 포함하고 있는 수분으로부터 섭취한다. 적당한 수분은 암컷의 산란 및 알의 발육 및 부화, 번데기의 우화에 필수적인 중요한 요소이다. 습도 변화에 적응하는 능력이 강하나 최적 상대 습도가 65 ±5% 정도 유지되는 것이 좋다. 습도가 낮으면 발육이 저해되고 높은 경우는 먹이의 부패 및 질병 감염의 원인이 될 수 있다. 따라서 상대 습도를 유지하면서 매일 일정한 수분을 섭취할 수 있는 채소와 과일 등을 먹이로 공급하는 것이 좋다.

⑤ 광 조건

아메리카왕거저리는 갈색거저리와 마찬가지로 어두운 환경에 적응하여 강한 직사광선보다는 약한 광선 및 어두운 사육 환경에서 안정적으로 발육한다.

다. 사육 단계별 사육 체계

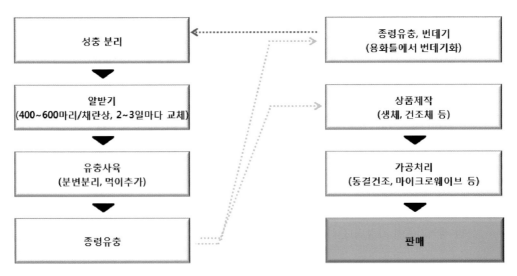

그림 3-2-89. 아메리카왕거저리 사육 체계도(순서도)

| 알 받기 | 애벌레 사육 | 종령 애벌레 용화 틀 | 성충 |

그림 3-2-90. 아메리카왕거저리의 사육 체계

표 3-2-31. 아메리카왕거저리의 사육 단계별 관리 방법 및 사육 조건

사육단계		기간	특징 및 관리 방법	사육 조건
알		5~8 일	• 채란한 알 : 적정 조건 유지 및 부화 유도	온도 25~30℃ 습도 약 65%
애벌레		3~4 개월	• 신선한 채소 단독 또는 사료에 혼합하여 공급	온도 25~30℃ 습도 약 65%
번데기		1~2 주	• 종령 애벌레가 모여 있으면 번데기 형성이 안 됨 • 한 마리씩 분리 한 후, 먹이를 주지 않으면 번데기 형성	온도 25~30℃ 습도 약 65%
성충		2~3 개월	• 과일이나 채소를 먹이로 공급하면 산란 수 증가	온도 25~30℃ 습도 약 65%

라. 사육 시설 기준 및 생산성

(1) 사육 도구 기준

그림 3-2-91. 표준 사육 용기(종이 박스, 플라스틱 박스)

① 사육 용기

대량 생산을 목적으로 한 사육을 위해서는 규격화된 사육 상자를 사용하는 것이 생산성 및 경제성에서 유리한다. 국내에서는 농가 실정에 따라 여러 가지 상자를 사용하고 있으며 재질로는 종이와 플라스틱을 가장 선호한다.

사육 상자는 아메리카왕거저리가 벽을 타고 올라 탈출할 수 없는 표면 재질(플라스틱, 비닐, 매끈한 종이 등)로 제작되는 것이 필요하며 사육 배지의 높이에 따라 높이는 조절할 수 있다. 대량 사육을 위해서는 사육 선반에 놓기 좋은 규격으로 사육자가 쉽게 운반하고 먹이를 투입할 수 있도록 가볍고 견고하며 반영구적으로 사용이 가능하고 가격이 저렴해야 한다. 일반적인 공구 상자로 알려진 플라스틱 박스((길이)22×(넓이)16×(높이)7㎝)와 빵 상자((길이)58×(넓이)35×(높이)15㎝)로 알려진 플라스틱 박스 등을 사육 농가의 실정 및 사육 기술에 따라 사용하고 있다.

② 사육 선반

대량 사육을 위해서는 여러 칸으로 쌓을 수 있는 선반이 필요하다.

사육 선반은 조립식 앵글, 와이어렉 선반, 자체 제작한 선반 등이 있으며 고정형이나 바퀴가 있는 이동형을 제작하여 사용할 수 있다. 선반이 없는 경우는 지그재그로 쌓아 사육할 수 있다.

그림 3-2-92. 사육 선반

③ 분변 분리 용체

아메리카왕거저리를 사육하면서 발생한 배설물을 분리하는 채를 사용하여야 한다.

그림 3-2-93. 분변 분리용 채

④ 산란용 채판

아메리카왕거저리의 채란을 받기 위해서 산란판을 사용한다. 산란판은 타공망이나 철망을 사육 용기에 맞게 제작하여 사용할 수 있다.

산란용 채반은 아메리카왕거저리 성충이 기어오르지 못하는 재질로 제작해야 하며 바닥은 거저리 성충이 빠져나가지 못하면서 산란 배지가 잘 통과할 수 있는 체의 메쉬(눈)이어야 한다.

⑤ 부화 용기

아메리카왕거저리의 채란 용기와 부화 용기는 동일하며 애벌레 사육 용기와 동일한 것을 사용하여도 된다. 사육 중에 밀도가 높아지면 사육 용기를 늘려 분배하면 된다.

⑥ 기타 사육 도구

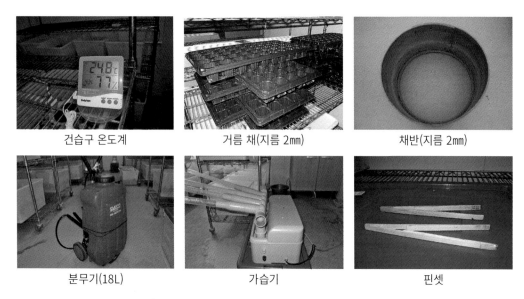

건습구 온도계	거름 채(지름 2mm)	채반(지름 2mm)
분무기(18L)	가습기	핀셋

그림 3-2-94. 아메리카왕거저리 사육용 기타 도구

(2) 사육 시설 기준

생태 습성상 직사광선을 피할 수 있는 시설 또는 구조물로 된 사육 시설로 구성되어야 한다. 일반적인 조립식 패널 건물 및 컨테이너박스 등 온도 조절이 가능한 시설이 좋다. 냉·난방 시설은 아메리카왕거저리의 사육 최적 온도인 25~27℃를 유지할 수 있도록 구성되어야 한다. 온도와 함께 습도 조절이 필수적으로 필요하므로 가습기와 제습기가 필요하다.

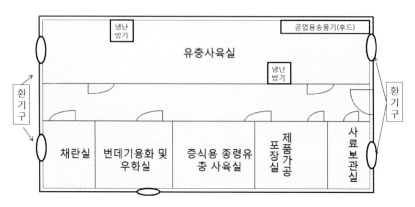

그림 3-2-95. 아메리카왕거저리 권장 사육 시설 설계(개념도)

그림 3-2-96. 사육 시설(패널 건물과 비닐하우스 시설)

(3) 단위 생산성

① 아메리카왕거저리를 생산하기 위해서는 표준 사육 상자를 선반에 5~12단까지 적재가 가능하며 목적에 따라 단수를 조절하여 사육할 수 있다.

② 생산성은 매일 채란 받는 채란통 수에 의해 결정되며 일일 30여 통에서 채란 받으면 주간 150여 통으로서 매월 600여 통이 새로 세팅된다.

③ 아메리카왕거저리의 발육 기간 3~4개월 정도를 사육한 후 성충이 되면 상품화할 수 있으므로 3개월 동안의 누적된 사육통은 약 1,800여 개로써 매일 30여 통을 수확할 수 있게 된다.

④ 사육통당 생산량은 투입된 부화 약충 기준으로 1~2kg 정도 된다.

표 3-2-32. 단위 면적당 생산량(순수 사육실 면적 165㎡ (50평) 기준)

사육 방식	채란 수/일	약충 사육통수	먹이소요량 (톤)/년	필요 인력	총생산량 (톤)/년
5~12단 선반	20~30개 (성충 400~600마리 이상)	1,500~3,000	20~30	1명	2~3

주) 각각의 통당 평균 사육 개체 수는 1,000~2,000마리임. 채란 후 발육 기간은 4개월로 계산하였음
먹이는 밀기울(소맥피) 기준임. 총생산량은 생체중량임.

마. 활용 및 주의사항

(1) 활용 방법 및 예시

① 과학 실험의 재료로 활용 : 아메리카왕거저리는 사육하기 쉽고 관찰이 편리하여 곤충생리학, 유전학적인 연구의 실험에 사용되고 있다.

② 동물 먹이로 활용 : 고슴도치, 양서 파충류, 희귀 조류의 먹이로 활용하고 있다. 중국에서는 새, 관상동물 외에 기타 경제동물(전갈, 지네, 뱀, 자라, 어류, 개구리류, 합개, 열대어, 금붕어, 도마뱀, 참새, 포식성 갑충 등)의 기본 먹이로 활용할 목적으로 활용되고 있다.

- 관상조류 : 외국에서는 식용과 관상용의 수요를 만족시키기 위한 인공 양조(養鳥)업이 발전하고 있어 먹이원으로서 산업화가 이루어지고 있다.

- 약용동물 및 곤충의 사육에 활용 : 약용으로 활용하는 동물 중 생체를 먹어야 사육이 가능한 종에 대해 아메리카왕거저리는 아주 좋은 먹이 자원이 된다. 또한, 애완용, 공예품에 사용되는 각종 갑충의 사육을 위한 생체 먹이로 활용할 수 있다.

- 두꺼비, 산개구리 등 개구리류 사육 : 식용 및 약용 양서류의 사육에서 필수적으로 필요한 생체 먹이 자원으로 활용할 수 있다.

- 어류 : 주로 관상, 희귀 어종을 대상으로 아메리카왕거저리의 작은 약충을 먹이원으로 공급할 수 있다.

- 기타 : 거미, 지네 등 약용동물을 사육할 수 있다.

③ 사료용 : 세계적으로 육골분(肉骨粉) 오염과 다이옥신(dioxin) 오염으로 광우병 사태를 초래하여 폐가축 등의 사료화에 어려움이 있고 최근 구제역으로 많은 가축들을 살처분하는 등 가축들의 면역력 저하에 따른 전염병의 위험성이 커지고 있다. 가축 사육에서 무분별한 항생제의 오남용을 비롯하여 자연 친화적이 아닌 사육 환경으로 인해 축산업이 어려움을 겪고 있다. 최근 양질이 우수한 어분의 연간 생산량이 떨어지면서 신형 동물 단백자원의 개발과 이용이 절실히 필요하게 되었고, 사료 첨가용 항생제를 대체할 수 있는 기능성 물질의 요구가 커지고 있다. 아메리카왕거저리는 곤충 자원 중 대량 사육할 수 있는 곤충으로서 메뚜기, 파리류 애벌레, 귀뚜라미 등 다른 곤충과 배합하면 양질의 가축사료용 단백질원으로 상품화가 가능하다.

④ 식용 : 인류가 곤충을 식용으로 사용한 것은 상당히 오랜 기간이었으며 최근에도 여러 가지 곤충들이 기호식품으로 생산, 판매되고 있다. 아메리카왕거저리 애벌레와 번데기는 인체에 필요한 아미노산과 단백질 등의 영양 성분이 함유되어 있고 또 흡수가 용이해서 직

접 또는 건조 분말의 식품첨가물로의 활용이 가능하다.

⑤ 기능성 물질 추출용 원료로의 활용 : 거저리로부터 기능성 유지(油脂), 갑각소(키틴) 추출 등

(2) 사육 시 주의사항

모든 단계의 사육 시 주의할 것은 기본적인 곤충 사육과 유사하나 환경이 좋지 않으면 서로 잡아먹거나 질병에 감염되는 수가 증가하므로 주의하여야 한다.

① 채란 : 최대한의 알을 받기 위해서는 성충이 알을 잘 낳을 수 있는 온도, 습도 조건을 유지하며 스트레스를 적게 하고 암 조건으로 맞춰준다. 산란 시 필요한 영양분을 공급받을 수 있도록 채소 외에도 과일, 단백질 등을 추가로 보충하면 좋다. 애벌레의 발육을 균일하게 유지하도록 채란 기간은 보통 1주일 내외로 하는 것이 좋다. 온도 조절이 되지 않는 사육실에서 온도가 낮아지면 산란 수가 급격히 감소하므로 주의하여야 한다.

② 부화 애벌레 : 부화 직후의 애벌레의 관리가 매우 중요하다. 부화 직후에 적정한 수분을 섭취하지 못하면 사망률이 증가하므로 주의 깊게 관찰하여 부화 직후에 무나 채소 등을 충분히 공급하여야 한다. 그리고 부화 애벌레는 밀도가 높을수록 발육이 활발하므로 적정한 밀도를 유지시켜 주어야 한다.

③ 방역 조치 : 아메리카왕거저리는 생물이므로 질병에 감염될 수 있다. 질병은 특히 습도 조건이 매우 낮거나 높은 열악한 환경 조건에서 많이 발생할 수 있다. 병이 발생하면 충체가 마르고 시들다가 죽거나 검게 변하면서 죽으며 말라서 딱딱하게 경화되기도 한다.

④ 질병의 예방 : 사료용 및 식용으로 사용할 경우 약제의 사용은 주의하여야 한다. 환경관리로 질병을 예방하는 것이 좋다.

⑤ 동종 포식 : 아메리카왕거저리는 종령이 되어 번데기가 되기 직전에 동족 포식으로 사망률이 증가할 수 있다. 따라서 용화 직전에 종령 애벌레를 개체별로 구분하여 번데기로 만들거나 생체 또는 건조 제품으로 제작하여야 한다.

8. 왕지네(*Scolopendra subspinipes multilans* L. Koch)

그림 3-2-97. 왕지네

가. 일반 생태

(1) 분류학적 특징 및 형태

우리가 흔히 약용으로 사용하는 지네는 절지동물문 지네강의 왕지네과에 속하는 왕지네이다. 우리나라와 중국의 각지에 분포한다. 왕지네의 몸은 편평하고 길며 길이가 10~16㎝ 이고 폭은 0.5~1.1㎝ 정도이며 전체 22개의 동형(同型)의 원형으로 앞쪽이 조금 좁아지면서 돌출하였고 길이는 제1배판의 2배 정도이다. 두판과 제1배판은 금황색이며 더듬이가 1쌍 있는데 17마디로 되어 있고 기부의 6개 마디에는 털이 적게 나 있으며, 홑눈은 4쌍이다. 머리의 복면에는 악지가 1쌍 있고 위에 독구(毒鉤)가 있으며, 악지 밑 마디의 안쪽에는 한 거형 돌기가 있고 돌기에는 4개의 소치가 있으며 악지치판 앞 가장자리에도 소치가 5개 있다. 몸은 제2배판으로부터는 종녹색 혹은 묵녹색이고 광택이 있으며 말판은 황갈색이다. 배판은 제4배판부터 제20배판까지 보통 종구선이 2개씩 있으며, 제2, 4, 6, 9, 11, 13, 17, 19 체절들의 배판은 조금 짧고 복판은 담황색이다. 제2체절부터 매 체절 양측에는 다리가 1쌍씩 있고 21쌍의 다리는 모두 황색이며, 말단은 흑색이고 발톱모양이며, 마지막 부속지의 기측판 끝에 침형 기시가 2개 있고 앞뒤절 복면 외측에 가시가 2개, 내측에 1개, 배면 내측에도 가시가 1~3개 있다.

채란 틀 속에서 산란 중인 암컷 왕지네   사육상 속의 채란 틀

<출처 : 지리산산업곤충연구소, 2012>

그림 3-2-98. 왕지네 채란판과 산란된 알

(2) 생태

왕지네는 빛을 싫어하여 낮에는 서식처에서 움직이지 않고 휴식하면서 지내고 밤이 되면 활동하기 시작한다. 서식 환경은 습하고 따뜻하면서 공기가 잘 통하는 곳을 좋아한다. 이른 봄에서 여름이 되면서 기온이 높아지는 5월경이면 월동 처에서 나와 먹이 활동을 할 수 있는 서식처로 이동하여 실개천, 도랑이나 잡초가 많은 숲, 작은 틈 사이, 돌 틈 등에 숨어서 생활한다. 늦가을이 되면 월동에 유리한 바람을 등지고 햇빛이 잘 드는 부드러운 흙더미나 나무구멍 등 은신처에서 서식한다. 월동을 마친 왕지네는 일반 가옥으로 침입하여 피해를 주기도 한다.

모체와 난괴

약충: 약 2~3년   성충: 약 2년

그림 3-2-99. 왕지네의 생활사

● 산란과 부화 : 왕지네는 난생(산란)동물인데 매년 늦은 봄이나 초여름에 난소 안의 알이 점점 발육하여 성숙해지며 보통 20~60개(평균 50여 개)의 알을 낳는다. 산란기는 6월경에서 9월경이다. 산란 전에 왕지네는 복부를 땅에 밀착시켜 굴을 판다. 산란 시에 왕지네의 몸은 S자형으로 굽으며 뒷다리를 받치고 촉각을 앞으로 뻗으면서 꼬리 부분은 위로 치켜들고 생식기로부터 하나씩 하나씩 알을 배출하는데 산란 과정은 2~3시간 소요된다. 산란이 끝나면 왕지네는 교묘하게 몸을 기울여 다리로 알을 한 데 모아서 품고 부화시키는데 부화 및 보육 기간은 43~50일 정도이다. 알의 모양은 타원형이고 크기는 일정치 않으며 엷은 황색에 반투명하다. 부화는 비교적 느려서 처음 5일간은 별로 변화가 없으며 10일 후에는 길게 변하고 15일 후에는 중간이 갈라지며 20일 후에는 초승달같이 변하고 1개월 후에 초기 유체의 형태를 갖추지만 아직 모체에 붙어서 꿈틀꿈틀한다. 35~40일 후에는 위아래로 기어 다니며 43~45일 후면 모체로부터 떨어져 홀로 활동하며 먹이를 찾아 먹는다.

표 3-2-33. 왕지네 난의 생물학적특징

산란 수(개)		난 크기(㎜)		부화율 (%)
평균	범위	장경	단경	
36.3 ± 10.3	9~52	2.87 ± 0.18	2.83 ± 0.18	92.3 ± 6.2

주) 출처 : 곤충잠업연구소, 2013

(3) 현황

우리나라에서는 약용 지네로서 많은 양을 중국으로부터 수입하고 있으며, 국내 제주도를 비롯한 섬지방 및 충청북도 괴산 등지에서 채집하여 판매되고 있다.

중국에서는 왕지네를 오공(蜈蚣)이라고 하며 약용으로 대량 증식되고 있다.

왕지네는 빛을 싫어하며 낮에는 은신처에 숨어 있다가 밤이 되면 활동한다. 어둡고 습하며 따뜻하면서 공기가 잘 통하는 곳을 선호한다. 중국에서는 양식 기술이 널리 보급되어 있어 약용으로 큰 시장을 형성하고 있다.

왕지네의 약용 가치로서 맛은 맵고, 성질은 따뜻하며 독이 있으며 거풍, 진경, 항암, 독을 풀어 주는 등의 효과가 있다. 현대 의학에서는 왕지네를 약으로 사용하면 소아경풍, 구안와사, 구축, 파상풍, 백선 등의 병을 치유한다고 하였고 결핵성 흉막염, 결핵성 늑막염, 산발성 결핵, 유선 결핵, 경임파 결핵, 악창, 종독, 만성궤양, 약한 화상 등을 치료한다고 하였다.

(4) 이용 배경

약용적 가치가 높아 한약 재료 및 민간요법으로 널리 활용된다. 최근 왕지네 및 왕지네의 독에서 의약용 소재를 개발하려는 연구들이 진행 중이다.

국내에 유통되는 왕지네의 많은 부분을 중국에서 수입된 제품이 차지하고 있으나 제주도, 충북 제천 등에서 채집하여 판매하기도 한다. 서해안 일부 섬에서 직접 채집한 것을 생체로 판매하기도 한다.

- 국내 사육 현황 : 최근 중국의 왕지네 사육 기술을 견학하여 국내에서도 왕지네를 사육하는 농가들이 늘어나고 있다. 하지만 왕지네의 발육 기간이 길고 국내에 사육 기술이 축적되어 있지 않아 사육에 실패하는 경우가 많다.

나. 사육 방법

(1) 알 받기

왕지네는 알을 산란하는 동물로서 매년 늦은 봄이나 초여름에 암컷의 난소 안의 알이 발육하여 성숙해지면 20~60여 개의 알을 산란한다. 산란기는 일반적으로 6월 하순에서 8월 상순이다.

산란 습성으로서 왕지네는 복부를 땅에 밀착시켜 굴을 판다. 굴속에서 몸을 S자형으로 굽히며 뒷다리를 받치고 더듬이를 앞으로 뻗으면서 생식기로부터 한 개씩의 알을 2~3시간에 걸쳐 산란한다. 산란이 끝나면 몸을 원형으로 구부려 몸과 많은 다리로 알을 가운데 모아서 품는다. 이 상태로 먹이 활동도 중지하며 40~50여 일을 알이 부화하도록 보살핀다. 산란실의 평균 상대 습도는 60% 내외로 유지하며 배지인 토양의 습도는 20% 내외로 낮게 유지하는 것이 좋다.

알의 모양은 타원형이며 엷은 황색에 반투명하다.

※ 알 발육 과정 및 발육 기간
　가. 1~5일 : 알 발육 준비
　나. 10~15일 : 알이 세로방향으로 길게 확장된다.

다. 15~20일 : 중간이 갈라진다.

라. 20~30일 : 초승달 모양으로 배 발생이 이루어진다.

마. 30~35일 : 유체형태로 부화한다.

바. 35~40일 : 조금씩 움직이기 시작한다.

사. 45일~이후 : 먹이 활동을 시작한다.

표 3-2-34. 왕지네의 산란일 분포

산란일(월/일)	6월 상순	6월 중순	6월 하순	7월 상순	7월 중순	7월 하순
개체수	0	3	9	8	2	0
산란일 분포(%)	–	13.6	40.9	36.4	9.1	–

주) 출처 : 곤충잠업연구소, 2013

표 3-2-35. 왕지네의 유체의 크기

구분	부화 유체	탈피 유체	모체 이탈 유체
크기(mm)	0.41±0.02	2.36±0.16	2.93±0.13
기간(일)	–	8.7±1.54	18.9±3.08

주) 출처 : 곤충잠업연구소, 2013

① 산란 전 먹이 주기 : 산란기에는 먹이를 섭취하지 않으므로 산란 전에 영양이 풍부한 먹이를 충분히 공급하여야 한다.

② 부화 기간 관리 : 외부로부터 격리되어 큰 소리나 빛이 영향을 주지 않도록 관리한다. 산란 후에는 함부로 옮기지 말아야 하며 손전등을 비추는 것도 좋지 않다.

③ 채란 틀 관리 : 부화 기간 중 건조해지는 것을 막기 위해 채란 틀에 물을 적당량 흘러내리도록 부어서 습도를 유지할 수 있도록 한다. 하지만 채란 틀이 공기 순환이 잘되지 않는 재질일 경우에 과도한 습도 공급은 사망률을 높일 수 있다. 통기가 잘되는 채란 틀을 이용하는 것이 좋다.

④ 부화 후 관리 요령 : 부화 후 유체가 먹이 활동을 시작할 때가 되면(산란 후 약 50여 일 후) 동종 포식의 습성이 생길 수 있으므로 암컷과 부화 유체를 분리하여 사육하여야 한다.

(2) 유체 사육

왕지네는 알에서 부화하여 유체를 거쳐 성체로 발육하기까지 여러 번 허물을 벗는 탈피를 한다. 탈피할 때는 매우 민감하고 탈피 직후에는 겉껍질인 큐티클이 연하므로 스트레스를 받지 않도록 해야 하며 해충으로부터 보호를 받을 수 있어야 한다. 왕지네는 발육 속도가 느린 종류로서 부화하여 그해 동면하기까지 3~4㎝ 정도 발육하며 이듬해에 약 6㎝까지 그리고 3년째에 10㎝ 이상으로 발육한다. 따라서 알에서 발육하여 성체가 되어 다시 알을 낳을 수 있는 한 세대는 3~4년 정도 시간이 소요된다.

탈피 : 일반적으로 탈피 시간은 한 마디에 4~6분 정도가 소요되며, 모두 탈피하는데 2시간 정도이며, 연중 1회 또는 그 이상 탈피한다. 일생 총 11회 정도 탈피한다.

① 유체의 적정 사육 밀도

- 부화 유체 : 4,500~5,000마리/㎡
- 5㎝ 유체 : 2,500~3,000마리/㎡
- 7~10㎝ 유체 : 1,000~1,200마리/㎡
- 12㎝ 유체 : 200~300마리/㎡

표 3-2-36. 왕지네 유체 사육 밀도

사육 용기 크기(cm)	생존 마리 수				
	7월 25일	8월 5일	8월 12일	8월 하순	9월 상순
10×10	84	61	56	51	48
20×20	99	98	95	94	94
30×30	100	100	100	99	99
50×50	100	99	99	99	99

주1) 최초 100마리를 넣고 사육을 시작, 모체에서 이탈한 유체를 대상으로 실험함
주2) 출처 : 곤충잠업연구소, 2013

② 사육 밀도 선정 시 주의사항 : 유체 투입량은 사육 환경과 사육 기술에 따라 필요 시기나 용도별 요구량이 다를 수 있으므로 항상 같은 양을 넣고 키우는 것은 아니다.

③ 수분의 공급 및 습도 유지 : 60% 내외의 적당한 상대 습도가 유지되도록 관리하여야 한다. 사육실의 온도 및 관리법에 따라 적합한 습도 상태를 맞춰야 한다.

④ 주의사항 : 통기가 잘되지 않으면 사망률이 증가하므로 사육상 내부에 신선한 공기가 순환될 수 있도록 하여야 한다.

⑤ 먹이 공급 : 먹이는 매일 신선한 것으로 교체하는 것이 좋다. 외부에서 해충(쥐, 고양이 등)이 들어오지 않도록 철망으로 덮어 놓거나 사육장에 다른 동물이 침입하지 못하도록 관리하여야 한다. 물은 마르지 않도록 신선하게 공급하며 부패된 먹이는 즉시 제거하는 것이 좋다. 특히 산란 전에는 단백질 등 영양분이 풍부한 먹이를 충분히 공급하여야 한다.

⑥ 유체 사육상

유리, 아크릴, 플라스틱, 패널, 벽돌 등으로 된 위쪽이 뚫린 사육 용기가 효율적이며 크기는 사육 밀도에 따라 달라진다. 일반적으로 1×3m 정도 이상의 크기를 이용하는 것이 좋으며 높이는 약 60㎝ 정도로 높지 않은 것이 먹이 주기 및 공기 순환에 유리하다. 경우에 따라 실내와 실외 사육을 병행할 경우 바퀴가 달린 사육상을 이용하면 효율적으로 사육할 수 있다.

그림 3-2-100. 패널 사육상

⑦ 유체 사육 환경관리

왕지네는 습도가 높고 어두운 서식처를 선호하므로 사육상의 은신처 등이 많으며 간접적으로 사육장의 상대 습도가 60% 내외로 유지되도록 해야 한다. 토양의 습도는 20%로 낮게 유지하여 질병의 감염 등에 대비하여야 하며 신선한 공기가 공급될 수 있도록 하는 등의 세심한 주의가 필요하다. 특히 물을 먹을 수 있도록 접시에 부어 주면 좋다.

⑧ 유체 먹이 관리 요령

먹이는 일주일에 2~3회 교체하여 준다. 매일 새로운 것으로 공급해 주면 더욱 좋으며 부패하기 전해 제거하여야 한다.

(3) 탈피와 성장 속도

왕지네는 알에서 부화하여 유체를 거쳐 성체가 되기까지 수차례 허물을 벗는다. 매 번 한 차례 탈피할 때마다 크게 자란다. 어떤 것은 1년에 한 번 탈피하고 어떤 것은 두 번 탈피한다. 탈피 시에는 놀라지 않게 해야 하는데, 그렇지 않으면 탈피 시간이 길어진다. 탈피 시간은 보통 2시간 정도 소요되며 이때 개미떼의 습격을 방지해야 한다. 이는 탈피 중의 왕지네는 방어 능력이 없기 때문이다. 왕지네의 성장 속도는 비교적 느려서 첫 해에는 부화해서 유체가 되어 동면하기 전까지 3~4cm가 되며 다음 해에는 3.5~6cm, 3년째에는 10cm 이상 된다. 그러므로 왕지네는 알에서 발육하여 성체가 되어 다시 알을 낳기까지 3~4년의 시간이 걸린다.

(4) 성체 사육 및 사육 환경

왕지네는 조용한 환경을 좋아한다. 특히 산란 활동 및 먹이 활동을 할 때는 놀라거나 스트레스를 받게 되면 알이나 유체를 먹기도 한다. 산란 기간이라고 하더라도 동시에 산란을 시작하지 않으므로 미처 산란하지 않은 성체가 산란 중인 다른 암컷을 방해하거나 알을 먹는 것을 방지하기 위하여 사육상 안에 서로 분리될 수 있는 구조물(기와, 낙엽, 대나무, 바닥이 없는 유리컵, 페트리 디쉬 등의 은신처)을 산란장에 넣어야 한다.

왕지네는 산란 및 부화 중에는 먹이나 물을 먹지 않고 몸속의 영양분을 이용하여 생활한다. 따라서 산란 전에 영양분이 많은 풍부한 먹이를 섭취하고 축적하는 습성이 있으므로 산란이 임박하면 영양이 풍부한 먹이를 충분히 공급하여야 한다.

표 3-2-37. 왕지네 성체의 사육 밀도

사육용기 크기(㎝)	생존 마리 수				
	7월 25일	8월 5일	8월 12일	8월 하순	9월 상순
10×10	10	4	3	3	3
20×20	14	12	10	9	8
30×30	19	18	18	17	17
50×50	20	20	20	2020	20

주1) 최초 10㎝ 이상의 성체 20마리를 넣고 사육을 시작함
주2) 출처 : 곤충잠업연구소, 2013

그림 3-2-101. 중국의 왕지네 사육장

(5) 동면

왕지네는 가을을 지나 온도가 낮아지면 월동에 들어간다. 일반적으로 11월경이 되면 월동을 시작한다. 동면기에는 활동을 하지 않으며 먹이도 먹지 않고 은신처에서 몸을 구부려 더듬이(촉각)를 몸 안쪽으로 말아 넣고 다리를 모아 월동하며, 월동 은신처는 온도가 유지되는 산의 양지 혹은 땅속 등의 따뜻한 곳에 마련한다.

왕지네는 11월 말에 동면에 들어간다. 동면기에 왕지네는 활동을 하지 않으며 먹이도 먹지 않고 몸을 S자형으로 구부리며 촉각은 안쪽으로 말아 접고 꼬리 부분의 다리를 한 데 모은다. 월동잠복의 정도는 기온, 땅속 온도의 높낮이와 직접 관계가 있다.

(6) 저장관리

왕지네는 일반적으로 데친 후 바람이 잘 드는 햇빛에서 건조하여 보관할 수 있다.

건조 시에는 생체의 모습을 간직하도록 대나무 등에 꽂거나 핀으로 고정하여 마디가 유지되도록 건조하여 상품성을 높일 수 있다.

(7) 먹이 및 환경 기준

① 먹이 조건 및 종류 : 왕지네는 잡식성으로 야생에서는 작은 곤충류를 먹는다. 자연 먹이로는 귀뚜라미, 메뚜기, 풍뎅이, 매미, 지렁이, 거미, 달팽이, 개구리, 쥐, 참새, 도마뱀, 뱀류 등을 먹을 수 있다. 인공 사육을 할 때는 물고기, 돼지 부산물(허파 등의 내장), 미꾸라지, 개구리 등을 먹이로 줄 수 있다. 현재 곤충 사육 농가에서 사육 중인 갈색거저리, 귀뚜라미, 메뚜기 등을 먹이로 공급할 수 있으며 수박, 사과, 토마토 등의 과일도 먹는 것으로 알려져 있다.

왕지네의 먹이 섭식량은 유체의 경우 약 0.1g 정도이며 성체의 경우는 2~3일에 약 1g 정도를 섭식하였다(곤충잠업연구소, 2013).

표 3-2-38. 왕지네의 먹이 선호도

먹이원		계란	붕어	닭고기	닭내장	닭뼈	돼지피
섭식량(g)	유체	5.18	4.76	2.38	1.55	1.15	0.99
	성체	18.0	238.8	137.0	70.1	45.3	22.9

주1) 각 10마리씩을 대상으로 10일간 조사함
주2) 출처 : 곤충잠업연구소, 2013

② 사료의 제작 : 왕지네는 육식동물에 속하고 그 먹이가 광범위하며 작은 곤충류를 먹기 좋아한다. 왕지네는 독이 있어서 자신보다 큰 동물을 죽일 수도 있다. 먹이로는 귀뚜라미, 메뚜기, 풍뎅이, 매미, 심지어 거미, 지렁이, 달팽이 및 개구리, 쥐, 참새, 도마뱀, 뱀류 등이다. 인공 양식을 할 때에는 미꾸라지, 물고기, 개구리, 새우, 게 등을 먹이로 줄 수 있는데 반드시 신선한 것이어야 한다.

③ 온도 환경 : 왕지네의 활동에는 적당한 기온이 중요하다. 20℃에서는 보통의 활동이며

25℃ 이상으로 온도가 상승하면 활발히 활동한다.

왕지네의 활동 빈도는 기온, 기압, 상대 습도, 일조 시간 등과 일정한 관계가 있다. 낮엔 활동이 적고 밤에는 활발하다. 날씨가 더워져서 온도가 25℃ 이상 높아지면 활동량이 늘어난다. 20℃ 정도에는 활동량이 보통이다. 바람이 6급 이상이거나 비가 오면 활동량이 줄어든다.

④ 사육에 적합한 온도 : 25~32℃

왕지네의 최적의 온도 조건은 일반적인 곤충의 사육 온도보다 조금 높은 25~32℃이다. 일반적으로 온도가 증가하면 발육 기간은 단축된다.

⑤ 하면(夏眠) : 33~35℃

왕지네의 사육 온도가 높아지면 겨울에 월동하듯이 여름잠을 잔다. 일반적으로 하우스에서 사육할 때는 온도가 하면에 도달할 정도로 높아지므로 주의하여야 한다.

⑥ 임계 치사 고온 : 36℃ 이상

온도가 올라가면 서늘한 곳 음지를 찾아 이동하나 밀폐된 공간에서 온도가 36℃ 이상 상승할 경우 왕지네의 성체는 건조해지고 사망할 수 있다.

⑦ 임계 치사 저온 : 0℃ 이하

온도가 11~15℃일 때에 먹이 섭취량이 감소하고 교배, 산란을 중지한다. 이러한 온도가 지속되어 10℃ 이하로 낮아지면 땅속으로 들어가 월동을 하게 된다. 온도가 더 낮아져 서식처의 온도가 0℃ 이하로 떨어지면 동면 중인 왕지네가 동사할 수 있다.

⑧ 습도 환경 : 비가 오면 활동이 줄어든다. 왕지네는 습한 환경을 좋아하나 사육 배지인 흙이 너무 습하면 사망할 수 있으므로 토양 습도는 15~20%를 유지하는 것이 좋으며 공기 중의 상대 습도는 60~70% 정도를 유지하는 것이 필수적이다.

- 여름철 : 22~25%
- 봄, 가을 : 10~20%
- 겨울 : 8~15%

⑨ 광 조건 : 어두운 사육 조건을 좋아하지만 하루 중 1~2시간은 햇빛을 보도록 사육해야 질병을 예방할 수 있다.

⑩ 바람 : 바람이 세면 활동량이 줄어든다. 사육장의 공기가 순환될 수 있도록 바람을 유지하여야 한다.

⑪ 사육 배지 : 사육 배지는 황토를 해충(개미 등)이나 병균이 없도록 소독하여 사용할 수 있

다. 일반적인 사양토나 원예용 상토 등도 사용할 수 있으며 해충이 없도록 햇빛에 충분히 건조하거나 멸균하여 사용하면 좋다. 사육 배지에 은신처(나무, 돌, 인공구조물 등)를 많이 제공하여 개체 간에 접촉을 최소로 줄일 수 있도록 관리하는 것이 좋다.

다. 사육 단계별 사육 체계

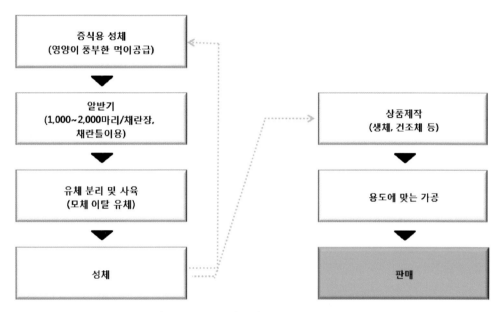

그림 3-2-102. 왕지네 사육 체계도(순서도)

왕지네 양식은 위가 뚫린 밀폐 용기, 항아리, 단지, 수조 등을 이용할 수 있다. 단, 도망가지 못하도록 해야 한다. 사육 수조의 내부의 벽을 유리, 아크릴이나 비닐로 입혀 기어오르지 못하게 하고 주위에 배수구를 만든다. 인공 양식 과정 중에 산란, 부화, 유체 사육에 일정한 환경 조건이 필요하며 적시에 잘 관리해야 한다.

표 3-2-39. 왕지네의 사육 단계별 관리 방법 및 사육 조건

사육 단계		기간	특징 및 관리 방법	사육 조건
알		약 50일	• 산란 전 : 단백질이 풍부한 먹이 공급 • 산란 중 : 섭식 중지 • 스트레스를 주지 않도록 유지	온도 25~30℃
유체		2~3년	• 부화하여 모체가 보호 후 약 50여일이 지나면 모체로부터 독립하여 활동 • 성체로부터 분리하여 사육 • 사육통 당 적정 밀도 유지	온도 27~30℃
성체		2~3년	• 성체가 되면 필요에 따라 증식용과 판매용으로 구분하여 사육	온도 27~30℃

주) 사진출처 : 곤충잠업연구소, 2013

라. 사육 시설 기준 및 생산성

(1) 사육 도구 기준

① 사육장

양식을 위한 왕지네의 사육을 위해서는 인공적으로 제작된 사육상, 항아리, 어항 및 수조 등을 이용할 수 있다. 이러한 사육상이 내부 벽을 왕지네가 기어오르지 못하는 재질로 제작해야 하며 통기 및 수분이 배출 될 수 있는 구조로 되어야 한다.

대량 생산을 목적으로 한 사육을 위해서는 규격화된 사육 상자를 사용하는 것이 생산성 및 경제성에서 유리하다. 국내에서는 농가 실정에 따라 여러 가지 상자를 사용하고 있으며 재질로는 아크릴, 유리, 패널을 이용하여 제작할 수 있다.

유리나 패널 사육장은 왕지네가 기어 올라오지 못하며 반영구적이며 세척이 용이하고 운반이 편리하고 보관이 편리하여 공간을 적게 차지한다. 일반적으로 높이 90㎝를 기준으로

가로와 세로는 사육 목적 및 사육량에 따라 결정할 수 있다.

왕지네는 실내의 밀폐된 공간에서 서로 싸우는 습성이 있으므로 서로 간에 충분히 쉬거나 숨어 있을 수 있는 공간을 제공해 주어야 한다. 특히 산란 후 알과 새끼를 돌보기 위한 외부와 격리될 수 있는 은신처가 필수적으로 필요하다.

② 산란 벽돌

대량 사육을 위해서는 여러 칸으로 쌓을 수 있는 산란 벽돌을 주로 이용한다. 기와를 이용하기도 하나 채란을 병행할 수 있는 채란 틀이 주로 이용된다.

채란 틀은 여러 장을 겹쳐서 많은 수의 왕지네를 사육할 수 있는 장점이 있다. 산란 벽돌은 공기가 잘 통하는 재질이어야 한다.

③ 사육장 배지(토양 및 은신처)

사육장의 배지는 모래, 황토, 부엽토, 분변토, 축분토 등을 사용할 수 있다. 하지만 일반적으로 황토를 멸균하여 사용하길 권장한다. 사육장의 배지는 통기가 잘되는 재질을 사용하면 좋다.

④ 수정용 인조잔디

왕지네는 수컷이 정충을 풀 등에 묻혀 놓으면 암컷이 활동하면서 수정이 된다고 알려져 있다. 따라서 인공 사육실에는 자연 상태의 풀을 대체할 수 있는 인조잔디 등을 설치하면 좋다.

⑤ 기타 사육 도구

사육에 필요한 도구는 사육 환경 및 사육 기술에 따라 다양한 도구를 응용하여 사용할 수 있다.

수정을 위한 인조잔디와 은신처 벽돌

나무 핀셋

먹이 접시

| 인조잔디 | 산란 틀(중국) | 산란 틀(국산) |

| 조명기구 | 산란 틀을 쌓아 놓은 모습 |

그림 3-2-103. 사육도구

(2) 사육 시설 기준

왕지네의 생태 특성상 직사광선을 피할 수 있는 시설 또는 구조물로 된 사육 시설로 구성되어야 한다. 일반적인 조립식 패널 건물, 컨테이너박스 비닐하우스, 지하실 창고 등 온도 조절이 가능한 시설이 좋다. 겨울에도 발육시키려는 목적으로는 냉·난방 시설이 필요하며 왕지네의 사육 최적온도인 25~30℃를 유지할 수 있도록 구성되어야 한다. 여름과 겨울철에 온도와 함께 습도 조절이 필수적으로 필요하므로 가습기와 제습기가 필요하다.

사육상은 유리, 아크릴, 플라스틱, 벽돌, 조립식 판넬 등 왕지네가 올라오지 못하도록 격리된 사육상을 활용할 수 있도록 한다.

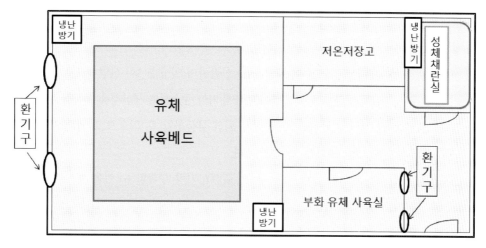

그림 3-2-104. 왕지네 권장 사육 시설 설계(개념도)

유리, 아크릴 재질 사육장

패널 재질 사육장

벽돌 재질 사육장(중국의 왕지네사육장)

벽돌과 비닐 재질 사육장
(중국의 왕지네 사육장)

그림 3-2-105. 왕지네 사육상

(3) 단위 생산성

① 왕지네를 대량 생산하기 위해서는 증식용 암컷을 이용하여 채란 틀로 채란할 수 있다.

② 생산성은 암컷 1개체당 평균 50여 개의 알을 산란하며 일생 2~3회 산란하므로 포란한 암컷의 개체 수와 동일한 채란틀을 공급하여 80% 내외의 증식률로 생산성을 계산할 수 있다.

③ 발육 기간 2~3년 정도를 사육한 후 성체가 되면 상품화할 수 있으므로 채란 시작 후 2~3년 후부터 상품을 연중 수확할 수 있게 된다.

④ 사육상당 생산량은 투입된 유체 수를 기준으로 80%가량 수확할 수 있을 것으로 기대된다.

표 3-2-40. 단위 면적당 생산량[순수 사육실 면적 165㎡ (50평) 기준]

성체 수	채란틀 수	생산된 유체 수	소요 인력	최종 생산량(마리)
20,000	200~300개	100,000~150,000	1인	80,000~120,000

주) 연중 평균 산란수 50개, 유체 사망률 20% 로 계산하며, 최종 생산량은 마리임.

마. 활용 및 주의사항

(1) 활용 방법 및 예시

① 가공 방법

약용 왕지네는 말린 것을 사용하므로 살아 있는 왕지네를 가공하여야 한다. 가공이 끝난 왕지네는 길이 14~16㎝, 넓이 0.6~1.0㎝ 정도로 22마디로 이루어진다.

- 살아 있는 적당한 크기의 왕지네를 골라 끓는 물 또는 소금물에 넣어 죽인다.
- 죽은 왕지네를 딱딱한 판위에 곧게 늘려 펴서 머리와 꼬리에 핀을 꽂는다.
- 틀 제작 : 머리와 꼬리 부분에 몸통 크기의 얇은 대나무[죽편(竹片)] 등을 꽂아 펴준다
- 건조 : 햇볕에 말린다.

② 활용

- 생체의 활용 : 왕지네의 독을 추출하거나 술을 담그는 용도로 활용할 수 있다.
- 거체의 활용 : 한약재로 활용할 수 있다.

J 한방약초   J 지네마을

그림 3-2-106. 인터넷에서 판매 중인 왕지네

(2) 사육 시 주의사항

① 알 받기

- 왕지네의 산란 기간은 약 한 달가량 되며 이 시기에 스트레스를 주면 알을 훼손하거나 정상적인 발육을 하기 어렵다. 부화 후에도 50여 일간 모체가 돌봐줘야 한다. 그러므로 암컷의 산란기에는 절대 건드리지 않고 스트레스를 주지 않도록 해야 한다.
- 산란 틀이 쾌적한 환경을 유지하도록 해야 하며 산란 기간 동안은 암컷이 먹이 활동을 하지 않는다.

② 질병 예방

- 고온 다습 저온 다습 환경에서 응애류의 발생과 과건조 상태에서의 탈피의 어려움이 상존하므로 철저한 환기가 중요하다.
- 환기가 잘되는 사육 환경을 유지하여 질병을 예방하여야 한다.
- 중국에서는 녹매병(복부 다리 절편에 검정색의 작은 반점이 발생함), 복창병(복부가 부풀어 행동이 느려지며 서식처에서 탈출한다)이라고 하여 질병에 대해 주의하여야 한다고 보고되어있다.

(3) 부화 기간 관리

왕지네가 알을 품고 유체를 기르는 기간 중에 시끄럽게 소란스럽거나 놀라게 하거나 강한 빛이나 큰소리가 나면 일정한 반응을 보이므로 사육장은 반드시 조용하고 어두워야 한다. 실내에는 빨간 등을 설치해 주면 좋고 천이나 대나무로 창문에 차양을 하여 강한 빛을 막는다. 실내에 부화 단지를 잘 놓고 일단 산란 후에는 함부로 옮기지 않는다. 차단용 유리도 함부로 옮기지 말고 손전등으로 비추지 않도록 한다. 부화 둥지 내에 습도가 너무 낮으면 알의 정상 발육에 영향이 있으므로 부화 수조 안을 물로 적셔서 수분을 보충한다. 보충할 때는 수조 벽을 따라 천천히 부어서 부화둥지 내벽에 약간 습기가 있으면 된다. 부화가 끝나면 왕지네는 먹이를 다투고 큰 놈이 작은 놈을 잡아먹는 현상이 있으므로 즉시 암컷이나 유체를 분리하여 사육한다.

① 조용한 환경 유지 : 왕지네가 산란, 부화할 때는 주위가 조용해야 하는데 만약 놀라게 하면 알이나 유체를 먹어 버리는 현상이 발생한다. 보통 같은 수조 안에서도 암컷들이 알을 낳는 시간이 서로 일치하지 않는데, 아직 알을 낳지 않은 암컷이 다른 암컷이 산란 중이거나 부화 중에 방해하거나 알을 먹어 버리기도 한다. 그러므로 암컷들이 산란전에 분리 사육하거나 또는 사육 수조 안에 유나 밑바닥이 없는 유리컵 혹은 단지함을 이용하여 따로따로 분리시킨다.

② 산란 전 먹이 더 주기 : 왕지네는 부화 중에는 먹이나 물도 먹지 않고 몸속의 영양분을 소모하며 활동한다. 산란 전에 암컷은 먹이를 많이 먹어 영양분을 축적하는 습성이 있으므로 이때 먹이를 많이 주어야 하며, 먹이 종류를 잘 조절해서 많이 먹도록 하여 부화 전에 영양을 많이 섭취하도록 한다.

담흑부전나비 번데기

남방노랑나비 산란

별선두리왕나비

산호랑나비 흡밀

암끝검은표범나비

호랑나비 짝짓기

애반딧불이 수컷

장수풍뎅이

📖 참고문헌

- 공우식. 2012. 키워드로 보는 기후변화와 생태계. 지오북. 239pp.
- 구리시. 2010. 구리시 곤충생태관 운영성과보고서. 구리시. 87pp.
- 금은선, 김지원, 박두상, 정철의. 2012. 사료용 산업곤충 왕귀뚜라미와 쌍별귀뚜라미의 형태적 유전적 비교. 한국토양동물학회. 16(1~2) 42~46.
- 김기황. 1993. 땅강아지의 주음성에 관한 연구. 한국응용곤충학회지 32(1): 76 ~ 82.
- 김기황. 1995. 수원지방에서의 땅강아지 개체군 연령 분포의 계절적 변화와 산란수. 한국응용곤충학회지. 34(1): 70 ~ 74.
- 김기황, 김상석, 손준수. 1989. 인삼해충, 땅강아지(Gryllotapa africana Palisot de Beauvois) 성충의 산란수, 우화기 및 비산활동. 고려인삼학회지. 13(1): 119 ~ 122.
- 김남정, 홍성진, 설광열, 권오석, 김성현. 2005. 왕귀뚜라미(Teleogryllus emma)알의 실내 인공 채란 및 저장. 한국응용곤충학회지. 44(1) 61~65.
- 김남정, 김미애, 김성현, 김원태, 김정환, 김종희, 박해철, 윤형주, 이준석, 정명표, 조창섭, 최영철. 2012. 곤충사육 매뉴얼. 농림수산식품부. 93~99p.
- 김미애, 김태우, 박해철, 장승종, 이영보. 2001. 한국산 귀뚜라미상과(Grylloidae)의 분류. 한국응용곤충학회 추계 포스터발표. 52p.
- 김성수. 2003. 나비와 나방. 교학사. 335pp.
- 김성수, 서영호. 2012. 한국나비생태도감. 사계절출판사. 539pp.
- 김성수, 이원규. 2006. 우리가 정말 알아야 할 우리나비 백가지. 현암사. 476p.
- 김용식. 2002. 원색도감 한국의 나비. 교학사. 298p.
- 김용식. 2010. 원색도감 한국의 나비-개정증보판. 교학사. 305pp.
- 김정환. 2005. 곤충쉽게찾기. 진선출판사. 639pp.
- 김철학, 이준석, 정근, 박규택. 2004. 왕사슴벌레(Dorcus hopei)의 대량사육 기술개발을 위한 생태특성 조사. 한국응용곤충학회지 43(2): 135 ~ 141.
- 김태수, 이종호, 최병대, 류홍수. 1987. 벼메뚜기 단백질의 영양가에 관한 연구. J. Korean Soc. Food Nutr. 16(2): 98 ~ 104.
- 김태정. 1998. 한국의 자원식물 I. 서울대학교출판부. 323pp.
- 김태정. 1998. 한국의 자원식물 II. 서울대학교출판부. 321p.
- 김태정. 1998. 한국의 자원식물 III. 서울대학교출판부. 345p.
- 김태윤. 2012. 장수풍뎅이 사육용 사료조성물. 실용신안특허 제101158086호.
- 김하곤. 2005. 흰점박이꽃무지와 장수풍뎅이의 생태특성에 관한 연구. 전주대학교 박사학위논문. 86pp.
- 김하곤, 강경홍. 2005. 장수풍뎅이의 생육특성에 관한 연구. 한국응용곤충학회지 44(3):207~212.
- 김하곤, 강경홍, 황창연. 2005. 흰점박이꽃무지와 장수풍뎅이의 산란과 발육에 미치는 환경요인. 한국응용곤충학회지 44(4):283~286.
- 김하곤, 권용정, 서상재. 2008. 애반딧불이의 생육특성. 한국생명과학회지 18(12): 1728~1732.
- 남상호, 이수영, 이원규. 1998. 한국곤충생태도감 III. 고려대학교, 한국곤충연구소. 255p.
- 남상호, 이수영, 이원규. 1998. 한국곤충생태도감 V. 고려대학교, 한국곤충연구소. 259pp
- 노용태, 백광민, 신임철, 문인호. 1990. 한국산 애반딧불이의 보호에 관한 기초연구. 한국곤충학회지 20(1) 1 ~ 9.
- 농림수산식품부. 2010. 곤충산업의 육성 및 지원에 관한 법률. 농림수산식품부. 5p
- 농림수산식품부. 2010. 곤충산업의 육성 및 지원에 관한 법률 시행령. 농림수산식품부. 3p
- 농림수산식품부. 2010. 곤충산업의 육성 및 지원에 관한 법률 시행규칙. 농림수산식품부. 3p
- 농림수산식품부, 농촌진흥청. 2010. 원예특작시설 내재해형 규격설계도·시방서(비닐하우스, 간이버섯재배사, 인삼재배시설). 농림수산식품부고시 제2010-128호. p123~194
- 농림수산식품부. 2012. 곤충사육 매뉴얼. 농림수산식품부. 271p.
- 농촌진흥청. 1994. 곤충의 산업적 이용기술. 농촌진흥청 45p
- 농촌진흥청. 2002. 유용곤충 자원화 연구동향 분석과 금후 연구방향. 농촌진흥청연구동향분석보고서 2002-7 381p
- 농촌진흥청. 2011. 표준영농교본180-애완학습곤충. 농촌진흥청 141p
- 농촌진흥청. 2012. 농업기술보급 기본서 산업곤충. 157p
- 농촌진흥청 농업과학기술원. 2011. 곤충의 새로운 가치. 농촌진흥청 농업과학기술원. 129p
- 농촌진흥청 농업과학기술원. 2013. 산업곤충 사육기준 및 규격(I). 농촌진흥청. 347p
- 농촌진흥청, 한국반딧불이연구회. 2011. 한국의 반딧불이. 농촌진흥청. 92p
- 박규택. 2001. 자원곤충학. 아카데미서적. 334p
- 박영준. 2000. 한방동물보감. 푸른물결. 459p
- 박해철, 정부희, 한태만, 이영보, 김성현, 김남정. 2013. 도입된 상업용 거저리(Zophobas atratus)의 분류 및 형태 유사종 갈색거저리(Tenebrio molitor)와 대왕거저리(Promethis valgipes)와의 DNA 바코드 특성 분석. 한국잠사곤충학술지. 51(2): 1~6.

- 석주명. 1947. 조선나비이름의 유래기. 백양사. pp61
- 설광열, 김남정. 2001. 배추흰나비의 실내 계대사육법 확립. 한응곤지 40권 2호, p131~136.
- 설광열, 김남정, 김홍선. 2005. 곤충사육법. 한림원. 294p
- 설광열, 김남정, 홍성진. 2003. 네발나비과 나비류의 실내생태 파악에 의한 계대사육 체계확립. 2002잠사곤충연구. p30 ~ 41
- 설광열, 김남정, 홍성진. 2005. 네발나비과 나비류의 계대사육법 체계확립. 한응곤지 44권 4호 p257~264.
- 오양님. 2010. 먹이, 온도, 광조건 및 바닥재가 쌍별귀뚜라미 개체군의 생육에 미치는 영향. 대진대학교 대학원 석사학위논문. pp 15~17
- 오창영, 등명노, 강병수, 신민교, 이장천. 2000. 동의약용동물학. 의성당. 837p.
- 오창영, 등명노, 강병수, 신민교, 이장천. 2002. 약용동물학. 예성당. 155 ~ 158.
- 오홍식, 강영국, 남상호. 2009. 애반딧불이(Luciola lsteralis)의 생태학적 특성. 한국응용곤충학회지 48(2) 197 ~ 202.
- 유옥승. 2008. 황충 고효율생산양식 및 종합이용기술.
- 이기열, 안기수, 강효중, 박성규, 김종길. 2003. 온도가 애반딧불이의 생식과 발육에 미치는 영향. 한국응용곤충학회지 42(3) 217~223.
- 이기열, 황종택, 박성규, 박종연. 2006. 장수풍뎅이 유충의 대량 증식을 위한 사육장치 및 사육방법. 실용신안특허 제100584035호
- 이상현. 2008. 장수풍뎅이 유충의 대량증식을 위한 실내사육장치. 실용신안특허 제100830400호
- 이상현, 김세권, 남경필, 손재덕, 이준석, 박영규, 최영철, 이영보. 2012. 남방노랑나비의 생태환경 및 실내사육조건에 관한 연구. 한국잠사곤충학회지 50권 2호 p133~139
- 전라남도농업기술원(곤충잠업연구소). 2014. 벼메뚜기 연중생산과 다용도 이용기술 개발. 농촌진흥청 어젠다과제 연차보고서.
- 정철의, 배윤환. 2007. 국내 도입종인 쌍별귀뚜라미(Gryllus bimaculatus De Geer)의 산란 및 온도별 알 발육. 한국토양동물학회. 12(1~2) 28~32.
- 정헌천. 2007. 한국산 나비류의 인공 증식 기법 및 유전적 변이에 관한 연구. 안동대학교 박사학위논문. p9~58
- 주홍재, 김성수, 손정달. 1997. 한국의 나비. 교학사. p50~51
- 주동률, 임홍안. 1987. 조선나비원색도감. 과학백과사전출판사. pp248
- 주은영. 1991. 항온조건하에서의 우리벼메뚜기(Oxya sinuosa)의 발육. 한국곤충학회지. 14(1): 9~13.
- 최영, 안미영, 이영보, 류강선. 2002. 원색 곤충류 약물 도감. 신일상사. 32 ~ 33.
- 최영철, 박관호, 남성희, 강필돈, 이용득. 2012. 동애등에 사육 핸드북. 농촌진흥청 국립농업과학원 곤충산업과. pp 1~39.
- 최영철, 박관호, 남성희, 강필돈. 2012. 동애등에 잘 키우기. 농촌진흥청 국립농업과학원 곤충산업과. pp 1~77.
- 한국곤충산업협회. 2012. 한국의 자연유산 곤충자원 제1권. 94p
- 한국곤충산업협회. 2012. 국내외 식·약용 및 사료화 곤충산업 발전을 위한 심포지엄. 160p
- 한국곤충자원연구회. 2002. 곤충자원 Vol.1 No.1 56p
- 한국유용곤충연구소. 2005. 블랙솔저플라이를 이용한 유기성폐기물 분해처리 장치 개발. 중소기업기술혁신개발사업최종보고서. pp 46.
- 한국인시류동호인회. 1989. 강원도의 나비상, 한국인시류동호인회지 2권 1호 p5~44
- 허준. 1610. 동의보감
- 허진철, 이동엽, 손민식, 윤치영, 황재삼, 강석우, 김태호, 이상한. 2008. 땅강아지(Gryllotapa orientalis) 추출물의 항산화 및 항염증 활성. 생명과학회지 18(4): 509 ~ 514.
- 환경부. 2012. 야생동식물보호법 시행규칙. 환경부. pp181
- 환경부. 2014. 토종 왕사슴벌레 디엔에이 이름표 최초 개발. 환경부 정책브리핑
- Bernd Heinrich. 1979. Bumblebee Economics. Harvard University Press. 245pp.
- Chi, H., 1980. Feind-Beute-Beziehungen zwischen Onychiurus fimatus Gisin (Collembola, Onychiuridae) und Hypoaspis aculeifer Can. (Acarina, Laelapidae) unter Einfluss von Temperatur und Insektiziden. Dissertation, Georg August Universitat, Gottingen. 77pp.
- David R. Gillespie, Caroi. A. Ramey. 1988. Life history and cold storage of Amblyseius cucumeris(Acarina:Phytoseidae). J. Entomol. Soc. Brit. Columbia 85: 71~76
- I.J. Farahiyah*, H.K. Wong. A.A.R. Zainal. Super worm larvae, Zophobas morio as protein source for fish. Proceedings of the 5th International Conference on Animal Nutrition 2012 Malacca, Malaysia, 24th~26th April 2012.
- J.C. van Lenteren. 2003. Quality Control and Production of Biological Control Agents; Theory and Testing Procedures. CABI Publishing. 327pp.
- Matthews RW, Gonzalez JM, Matthews JR and Deyrup LD. 2009. Biology of the parasitoid Melittobia (Hymenoptera: Eulophidae). Annu. Rev. Entomol. 54:251~266.
- Messelink, G.J., S.E.F. van Steenpaal and P.M.J. Ramakers. 2006. Evaluation of phytoseiid predators for control of western flower thrips on greenhouse cucumber. Biocontrol 51:753~768.

- M. H. Malais, W.J. Ravensberg, 1992. Knowing and recognizing, the biology of glasshouse pests and their naturl enemies. Koppet B.V. 288pp.
- Noureldin Abuelfadl Ghazy, Takeshi Suzuki, Hiroshi Amanoe and Katsumi Ohyamaa. 2014. Air temperature optimisation for humidity-controlled cold storage of the predatorymites Neoseiulus californicus and Phytoseiulus persimilis (Acari:Phytoseiidae). Pest Manag Sci 70: 483~487.
- Paco Lozano Rubio. 2011. The most common pests and their natural enemies. Biobest.
- Orchard pest management online, http://jenny.tfrec.wsu.edu/opm/displaySpecies.php?pn=5010
- Schneider JC. 2009. Principles and procedures for rearing high quality insects. Mississippi State Univ. pp 9~41.
- Sharaby, A. Montasser, S.A., Mahmoud, Y.A. and Ibrahim, S.A. 2010. The possibility of Rearing the Grasshoper, Heteracris littoralis(R.) on Semi Synthetic Diet. J Agric. Food. Tech. 1(1): 1-7.
- UN FAO. 2013. 식용곤충보고서.
- Upton, M. S. 1991. A trap for insects emerging from the soil. Can. Entomol. 89:455~456.
- Walker, T.J. 1982. Sound traps for sampling mole cricket flights(Orthoptera: Gryllotalpidae: Scapteriscus) Fla. Entomol. 65: 105~110.
- Yasuhiko Konno. 2004. Artificial diets for the rice grasshopper, Oxya yezoensis Shiraki (Orthoptera: Catantopidae). Appl. Entomol. Zool. 39(4): 631~634.
- http://baba-insects.blogspot.kr/2013/11/blog-post_6.html
- http://www.diptera.info/articles.php?article_id=1
- www.scientificbeekeeping.com
- www.pasieka.pszczoly.pl

┃저자 약력┃

이상현

광운대 정보컨텐츠대학원
농업회사법인 (주)선유 대표이사
(사)한국곤충산업협회 부회장
구리시곤충생태관 관장
전) 농촌진흥청 곤충현장명예연구관

┃ 논문 ┃

공작나비 서식지조사 및 실내사육조건 규명
남방노랑나비 생태환경 및 실내사육조건에 관한 연구 외

┃ 과제수행 ┃

• 학습애완곤충 사육기준 및 규격설정 연구 / 세부과제책임자 / 농촌진흥청
• 남방노랑나비 실내사육기준 정립 / 세부과제책임자 / 농촌진흥청
• 소규모 전시를 위한 공작나비 사육법 정립 / 과제책임자 / 농촌진흥청

박영규

인천대학교 생물학과
동국대학교 이학박사
농업회사법인 (주)한국유용곤충연구소 이사
한국응용곤충학회 상임평의원
전) 경기도산림환경연구소 예찰지도원

┃ 논문 ┃

땅강아지(Gryllotalpa orientalis Burmeister)의 실내 누대사육 기술개발
쌍별귀뚜라미, Gryllus bimaculatus (Orthoptera : Gryllidae)의 사육밀도 섭식량,
성충사망률 및 부화 약충수에 미치는 영향 외 다수

┃ 과제수행 ┃

• 사료용, 환경정화곤충의 사육기준 및 규격설정 연구 / 세부과제책임자 / 농촌진흥청
• 아메리카왕거저리의 식용화를 위한 기반연구와 집파리와 아메리카동애등에유충을 이용한 닭사료첨가제 개발 및
  상품화 / 과제책임자 / 농림수산식품기술기획평가원
• 땅강아지 실내사육시스템 확립 및 산업화 이용 연구 / 세부과제책임자 / 농촌진흥청 외 다수

산업곤충 사육기준
(학습애완곤충/사료용, 식·약용곤충)

2016년	6월	27일	1판	1쇄	인 쇄
2016년	7월	1일	1판	1쇄	발 행

지 은 이 : 이 상 현 · 박 영 규

펴 낸 이 : 박　　　정　　　태

펴 낸 곳 : **광　　　문　　　각**

10881
파주시 파주출판문화도시 광인사길 161
광문각 B/D 4층
등　　　록 : 1991. 5. 31 제12 - 484호
전 화(代) : 031-955-8787
팩　　　스 : 031-955-3730
E - mail : kwangmk7@hanmail.net
홈페이지 : www.kwangmoonkag.co.kr

ISBN : 978-89-7093-802-8　93520

값 : 35,000원

한국과학기술출판협회
Korean Science & Technology Publisher Association